KB119999

제5판

# 세계화 시대의
# 세계지리 읽기

김학훈·옥한석·심정보 지음

이 도서의 국립중앙도서관 출판예정도서목록(CIP)은 서지정보유통지원시스템 홈페이지(http://seoji.nl.go.kr)와 국가자료공동목록시스템(http://www.nl.go.kr/kolisnet)에서 이용하실 수 있습니다. CIP제어번호 : CIP2019032371(양장) CIP2019032366(무선)

제5판

# 세계화 시대의

Reading World Regional Geography in Global Context

# 세계지리 읽기

김학훈·옥한석·심정보 지음

한울
아카데미

# 제5판 서문

　지구촌의 다양한 정치, 경제, 사회, 문화 현상을 이해하는 것은 세계로 진출하여 개인의 역량을 펼치고자 하는 청년뿐 아니라 세계 시장을 확대하여 기업의 이익을 증대하고자 하는 기업인, 국가 간의 갈등을 해소하여 안정적인 외교를 추구하는 공직자에게도 필수적인 것이다. 특히 지금과 같은 세계화 시대에는 상이한 지역의 사람과 문화가 상업 활동, 미디어, 여행 등을 통해 연계되는 현상이 더욱 강화되고 있다. 세계화는 정치, 경제, 문화 등 사회의 여러 분야에서 국가 간 교류가 증대하여 개인과 사회집단이 하나의 세계 안에서 삶을 영위해 나가는 과정이다. 세계화라는 용어가 보편적으로 사용되기 시작한 것이 1970년대이므로 본격적인 세계화는 그 역사가 아주 오래된 것은 아니다.

　세계화의 사상적 배경이라고 할 수 있는 신자유주의가 1970년대 미국과 영국에서 대두되었고, 1980년대부터는 경제정책의 주류 사상이 되면서 자본주의 시장경제의 세계화는 급물살을 탔다. 1995년에 결성된 세계무역기구(WTO)는 '국경 없는 하나의 자유로운 시장'을 지향하면서 세계화의 상징적 기구가 되었다. 신자유주의 정책은 일부 선진국에서 복지 정책의 역기능을 줄이고 경제를 활성화시키는 데는 어느 정도 성공했지만, 상당한 부작용도 일으켰다. 개인과 기업의 자유 경쟁을 보장하면서 사회 복지를 축소하는 정책은 빈익빈 부익부 현상을 심화시켰다. 또한 2008년의 금융위기와 최근 미국의 보호무역주의 부활을 계기로 세계화에 대한 도전도 거세지고 있다. 이렇게 세계화에 대한 논란은 아직도 진행 중이지만, 세계화는 피할 수 없는 현대 사회의 대세이다.

　이러한 세계화 시대에 살아가기 위해서 세계 각 지역에 대한 정보를 체계적으로 축적한 세계지리 지식은 필수 불가결한 것이다. 그러나 우리나라의 경우 초중등 교육과정에서 세계지리 과목은 2000년대 이후 교육과정 개편으로 인하여 그 비중이 줄어들었다. 이에 따라 고등학교에서 세계지리 과목을 수강하지 못하고 대학에 진학한 학생들과 사회에 진출한 젊은이들이 세계 문제를 이해하는 데 어려움을 겪고 있다. 특히 최근에 발생한 시리아 전쟁과 난민 문제, 아프리카의 내전과 이슬람 반군, 중국의 산업화와 환경문제, 미국 불법 이민과 멕시코 국경의 장벽 설치, 영국의 브렉시트(Brexit) 추진, 홍콩 주민과 중국 정부의 갈등 등 하루가 멀다 하고 발생하는 세계 각국의 뉴스는 기초적인 세계지리 지식이 없으면 이해하기 어려울 수밖에 없다. 그러므로 대학생뿐 아니라 일반인들이 쉽게 접근할 수 있고 이해하기 쉬우면서 세계화 추세 속에서 가장 최근의 지구촌 모습을 담은 세계지리 책이 절실하게 요구되는 상황이다.

　이러한 독자층의 요구에 부응하여 『세계화 시대의 세계지리 읽기』 제5판으로 출판된 이 책은 기본적으로 제4판까지 이어진 책의 체제를 따랐지만, 새로운 집필진을 구성하면서 주제 배열과 내용에 변화를 시도하였다. 제1부는 세계화와 지구 환경 전체를 다루면서 3개의 장으로 나누어 산업화와 도시화, 인구와 자원, 지구 환경과 기후변화에 관한 주제에 대해 서술했다. 제2부는 지리상의 발견 시대부터 세계화를 선도해 온 유럽 문화권의 세계화를 다루었으며, 크게 유럽과 러시아 및 주변국으로 나누어 서술했다. 제3부는 신대륙의 세계화를 다루었는데, 역사적으로 신대륙에 해당되는 미국과 캐나다, 라틴아메리카, 오세아니아로 장을 나누어 서술했다. 제4부는 이슬람 세계와 아프리카의 세계화를 다루었는데, 이슬람 국가가 대부분인 서아시아 및 북부 아프리카를 중부 및 남부 아프리카와 장을 분리하여 서술했다. 제5부는 아시아의 세계화를 다루었는데, 크게 남아시아, 동남아시아, 중국과 일본 등 3개의 장으로 나누어 서술했다. 마지막으로 제6부에서는 권역을 초월하는 세계화의 사례로서 한류의 세계화, 실크로드와 중국의 일대일로, 북극권과 남극대륙을 제시하고 서술했으며, 세계화와 지구촌의 미래라는 제목의 마지막 절은 이 책의 결론을 대신하도록 서술했다.

이 책에서는 독자의 이해를 돕기 위해 지도와 사진 자료를 풍부하게 사용했으며, 어려운 용어들은 각 쪽의 여백에 용어해설을 달았다. 또한 최신 통계를 반영하여 시의적절한 지식이 되도록 내용을 구성하고 쉽게 서술했으며, 시사적으로 관심을 끄는 사항은 곳곳에 글상자를 넣어 상세하게 제시한 것이 이 책의 특징이다. 아울러 본문과 사진 등에는 인용 출처를 철저히 밝혔으며, 뒷부분에는 참고문헌 목록과 찾아보기, 그리고 국가별 통계자료를 제시하여 독자들의 이해와 연구에 도움을 주고자 했다.

이 책의 초판이 발간된 1999년 이후 20년의 세월이 지나면서 독자들의 성원에 힘입어 4차례나 판을 개정하게 되었다. 앞으로도 판을 거듭할 수 있을지는 전적으로 독자들에게 달려 있으니 많은 독자 여러분들의 관심과 성원을 기대하는 바이다. 또한 책의 내용 중 미흡한 부분에 대한 독자들의 건설적인 질책과 충고는 기꺼이 받아들일 것이며, 다시 새로운 내용을 보강하여 판이 이어지도록 노력할 것이다. 이 책을 집필한 청주대학교 김학훈 교수, 강원대학교 옥한석 교수, 서원대학교 심정보 교수는 모두 지리학자로서 이 책을 통하여 세계 각 지역에 대한 연구 성과를 일반 대중에게 알리고 세계지리 지식을 보급하는 데 일익을 담당하게 된 것에 큰 보람을 느낀다. 전면 개정된 이 책의 출판을 위해서 새롭게 지도를 작성하고 세심하게 편집을 수행해 주신 한울엠플러스의 임직원 여러분께 깊은 감사를 드린다. 끝으로 이 책이 청년, 기업인, 공직자의 필독서가 된다면 더 이상 바람이 없겠다.

2019년 8월
김학훈·옥한석·심정보

오늘날 우리 세대에게 주어진 과제는 무엇인가? 그것은 다음 세대를 위한 부와 지속 가능한 번영을 도모하는 일이다. 제2차 세계대전 직후 약 25억 명이던 인구는 2010년 약 67억 명에 이르렀고, 5조 달러이던 총생산액은 2009년 55조 달러에 이르렀다. 이렇게 짧은 기간 동안 전 세계의 인구는 2.6배 이상, 부는 10배 이상 증가했다는 것은 인류 집단의 번영이라고 불러도 과언이 아니다. 하지만 이렇게 왕성한 인간 활동의 결과 생물 다양성과 기후가 급변하여, 현재의 부와 번영이 다음 세대에도 실현될 것인지가 도전을 받게 되었다. 이에 지속 가능한 개발에 대한 세계정상회의(World Summit on Sustainable Development: WSSD)가 2002년 요하네스버그에서 개최되었다. 이 회의에서는 지속 가능한 발전을 위한 각국 정부와 국민 그리고 사회 핵심 구성원 사이의 참여가 이루어지는 세계적 차원에서의 새롭고도 평등한 파트너십이 강조되었다. 이러한 파트너십은 정의와 사랑에 기초하여야 함은 말할 것도 없다.

세계적 차원에서의 새롭고도 평등한 파트너십이 실현되기 위해서는 세계 여러 지역에 대한 상호 이해가 필수적이며, 특히 중국을 중심으로 한 아시아 태평양권의 이해가 중요하다. 지난 10년 동안 연평균 경제성장률이 높아 새로운 소비층이 몰려 있는 여러 국가 중에서 인도와 중국의 장래 추이가 주목된다. 이들 국가의 국민이 경제적인 풍요를 누리게 되면서 에너지·물질·토지의 소비가 늘고 심각한 자연환경 훼손이 이루어지고 있다. 이에 이 책은 자유, 인권, 창조성에 기초한 부와 지속 가능한 번영을 위한 지리적 이해를 시도했다. 예를 들어 중국의 경우 번영의 절대 요소 중의 하나인 자유민주주의가 정착되지 않아 지속 가능한 번영이 위협을 받고 있으며, 자원과 산업의 블랙홀이기 때문에 그 진전 방향과 속도가 문제가 된다. 장소, 지역, 환경, 공간, 경관을 중점적으로 탐구하는 지리학이 다음 세대의 미래, 이른바 부와 지속 가능한 번영에 대한 해답을 구해보고자 하는 것이 이 책의 목적이다.

다음 세대의 부와 지속 가능한 번영에 논의의 초점을 맞추기 위하여 제1부에서는 자유시장경제의 세계화, 인구와 자원, 기후변화 적응 및 저감 노력 등을 다루었으며, 제2부와 제3부에서는 전 세계를 10개 지역으로 나누어 각 지역별 특징을 서술했다. 또한 각 장의 이해를 돕기 위하여 국가별 사회·경제·환경 통계자료를 부록으로 덧붙였다. 이 통계에서 국가별 국내총생산, 농가 인구, 1인당 국민총소득, 경제성장률, 에너지 소비량, 전력 소비량 등은 부의 정도를 아는 지리적 변수로 보았다. 한편 면적, 인구, 기대수명, 실업률, 여성권한척도, 노령화지수, 외채액, 이산화탄소

배출량, 해외관광객 수입 등은 지속 가능한 번영의 정도를 알려주는 지리적 변수로 보았다. 이들 변수는 한국 통계청(www.kostat.go.kr)과 미국 중앙정보국(www.cia.gov)의 자료를 참고로 했으며, 그래프로 작성하여 독자들의 이해를 돕도록 했다. 자료의 수집과 정리, 그래프의 작성은 강원대학교 사범대학 지리교육과 김창섭 군의 도움이 컸다.

이 책은 1999년 초판이 발간된 이후 두 차례 개정판을 내면서 지난 10여 년 동안 많은 독자들의 사랑과 격려를 받아왔다. 이번 전면2개정판(4판)은 초판으로부터 완전히 탈피하여 '부와 지속 가능한 번영'이라는 주제에 초점을 맞추고 대중적 인문 서적으로 편집을 일신했다.

지리상의 발견 이후 제국을 위하여 봉사해온 엘리트적인 지리학의 전통이 새롭게 다듬어져 오늘날 대중을 위한 지리학이 되기 위해서는 여행, 오락, 문화, 예술 등의 분야에 관한 지리적 탐구가 절실하다. 이 책은 세계의 여러 지역별로 이러한 내용을 보완하되 다음 세대의 부와 지속 가능한 번영이 보장되기 위해서는 생산보다는 소비, 사회구성원 간의 불평등 탈피와 신뢰, 자연과의 지속 가능한 삶 등이 실현되어야 한다는 관점에서 조명해 보았다. 지리학이 추구하는 궁극적인 목적은 다양한 장소, 지역, 환경, 공간에 살고 있는 인류 집단의 지속 가능한 번영이라고 생각하며, 다음 세대의 미래에 이러한 가치가 꼭 실현될 수 있도록 노력해야 할 것이다. 이 책의 내용 중 아직은 불충분한 부분에 대해서는 독자 여러분의 질책과 충고를 기꺼이 받아들일 각오가 되어 있다. 전면개정판의 저자 이영민 교수와 이민부 교수의 일부 원고가 본의 아니게 부분적으로 인용된 점이 있다면 양해를 구한다.

2011년 8월 글로벌 시대의 자기 성찰에 대하여

저자들을 대표하여 옥한석

# 전면개정판(제3판) 서문

21세기 벽두에 전 세계를 강타한 미국 주도의 이라크 전쟁, 이에 대한 보복적 성격이 강한 런던 지하철 테러사건, EU 회원국 25개국 돌파, 유가의 가파른 상승 등 지구촌을 이루고 있는 여러 지역의 지각판은 끊임없이 요동치고 있다. 이러한 요동 속에서도 한국은 IT 강국으로 초고속 인터넷망을 비롯한 정보 인프라 구축이 탁월하며 정보 테크놀로지 영역은 다른 나라에 비하여 월등하게 우수함을 자랑하고 있다. 또한 최근까지 불고 있는 '한류 열풍'은 아시아인과 아시아 지역에 문화적으로 사회적으로 커다란 영향을 미치고 있다.

오늘날처럼 빠르게 지역 간 그리고 국가 간의 상호작용이 전 지구적으로 일어나는 시기는 없었다. 이처럼 급속하게 변화하는 오늘날의 세계 속에서 한국과 한국인에게 중요한 것은 세계는 어디로 가고 있으며, 또 한국인은 이 세계 속에서 어디로 가고 있는가 하는 점이다. 세계를 통해서 한국을 보고 한국을 통해서 세계를 볼 수 있는 눈을 기르는 것이 우리에게는 시급한 과제인 셈이다. 한국인은 긍정적인 측면에서 개방적이고 역동적이라는 평가를 받는다. 그것은 어떤 학자가 말했듯이 한국인은 과학, 기술, 종교 등 서구의 문화 전반을 개방적인 마인드로 수용할 뿐 아니라 이와 동시에 동양의 문화적 전통과 뿌리를 보존하면서 동서 문명에 대한 균형 감각을 발휘하고 있기 때문이다.

이 책은 한국인의 세계를 보는 시야를 보다 넓히기 위하여 집필되었다. 수많은 한국인이 전 세계의 여러 지역과 장소로 여행을 다녀오고 있으며, 이로 인해 우리나라의 지역과 문화, 그리고 자아 정체성도 쉼 없이 바뀌고 있다. 그리고 시공간의 압축에 의하여 지역의 문화적 특수성이 희생되고 세계적인 언어·규범·생활양식 등에 편입하여 변화해 나가고 있다. 여기서 분명한 것은 우리 속에는 세계화로 인해 만들어진 세계적인 보편성과 우리의 고유성이 동시에 존재한다는 사실이다.

이 책은 일반 시민들뿐 아니라 고등학교 학생들도 읽을 수 있고, 대학교에서 전공 교재로서 사용할 수도 있도록, 쉽게 풀어서 쓰면서도 문제와 쟁점을 중심으로 세계 각 지역의 지역변동을 깊이 있게 이해할 수 있도록 하였다. 특히 문화 분야는 인간들의 정체성 그리고 삶의 질이라는 측면을 고려할 때 반드시 풀어야 할 과제이므로, 문화적 관점에서 바라보는 주제들을 많이 설정하였다. 그것은 지역적 특수성을 간직한 지역의 문화가 지역 정체성의 확보나 삶의 질 향상에 더 많은 도움을 주기 때문이다. 또한 문화가 시·공간적으로 제한된 국지적인 환경에서 집단 구성원들의 대면 접촉을 통해 인간을 사회적 주체로 성장시키고 인간의 의식을 지배하는 원리로서 기능하는 데 비해, 정치나 경제 현상은 사회적 주체로 형성된 인간의 의도적, 계획적 노력들에 의해 이루어진다고 할 수 있기 때문이다.

그렇지만 여전히 이 책의 중점은 세계가 하나가 되어가는 모습, 그리고 하나 속에서 서로 차별화되어 다양한 모자이크를 이루는 세계 개별 지역의 특별한 모습을 보여주는 데 있다.

이 책은 모두 4부로 구성되어 있다. 제1부는 자유시장경제의 세계화가 진행된 과정과 문화의 지역 정체성 문제 그리고 세계의 인구 규모와 자원을 다루었다. 이번 전면개정판에는 세계의 다양한 자연과 지구 환경 문제를 세계화의 기저로서 중시하였다. 2부와 3부에서는 세계화의 메커니즘을 이해한 다음 전 세계 지역을 유럽지역, 비유럽지역으로 양분하여 지역 특성을 다루고 있다. 유럽지역에는 미국, 캐나다와 오세아니아, 라틴아메리카, 유럽연합, 러시아연방 등을, 비유럽지역에는 서남아시아와 북부아프리카, 사하라 사막 이남의 아프리카, 남부아시아, 동남아시아, 일본, 중국 등으로 장을 달리하여 구성하였다. 각 지역의 1, 2절은 그 지역을 개괄적으로 이해하는 데 도움을 줄 수 있도록 하였으며 3, 4, 5절은 각 지역에서 쟁점이 되고 있는 현안 문제를 중심으로 다루었다. 제4부는 세계화에 따른 지구촌의 문제를 지역 간 계층화의 문제와 지역 변화, 지구 환경 문제와 지속 가능성, 세계 문화의 출현과 지역 문화의 다양성이란 측면에서 한국의 한류 열풍 등을 다루어보았다.

이 책의 각 지역에서 다루고 있는 지도는 자연지리, 특히 지형과 기후 정보 및 국가별 통계 자료를 중점적으로 표현한다. 이해를 돕기 위하여 단순화시켰으며 위치와 지역별 자연지리도 간략하게 소개하였다. 부록에서 다루는 자료는 이 책에서 전개되고 있는 지역을 소개하는 통계자료이며 2003년판 World Bank Atlas를 기초로 했다.

그리고 전면개정판을 컬러로 하다 보니 많은 자료들이 요구되었는데, 특히 현장감 있게 세계 각지역의 모습을 전달할 사진들이 많이 요구되었다. 저자들이 직접 경험하지 못한 지역의 사진들은 다른 지리학자들의 도움을 크게 받았다. 남극과 북극을 비롯하여 세계 각 지역에 걸쳐 많은 사진들을 제공해 주신 육사의 한욱 교수님, 연락을 받고 인도의 사진을 직접 찍어 보내주신 부산대 박준건 교수님, 아프리카 사진들을 선뜻 내놓으신 동국대 권동희 교수님, 수차례 러시아 답사를 통해 찍은 귀중한 사진을 제공해주신 김추윤 교수님, 그리고 이화여대 성효현 교수님과 그밖에 사진을 제공해주신 분들께 깊은 감사를 드립니다. 그리고 마지막 교정 작업을 도와준 안종욱 선생에게도 고마움을 전하고 끝으로 완전 컬러로 만드는 힘든 작업 때문에 그 어느 때보다 더 많은 노력이 필요했던 책을 만드느라 수고하신 도서출판 한울의 관계자들에게도 감사를 드립니다.

2005년 8월 23일
옥한석, 이영민, 이민부, 서태열

# 개정판(제2판) 서문

새천년 벽두를 흔들었던 2001년 9월 11일 미국 뉴욕 맨해튼에서 일어난 테러 사건은 전 인류를 전율 속으로 몰아넣었다. 자본주의 경제의 세계화의 상징이라고 할 수 있는 세계무역센터 쌍둥이 빌딩이, 이슬람 세력의 가미카제식 공격을 받고 힘없이 주저앉는 모습은 실로 믿을 수 없는 사건이었다. 도대체 왜 이런 일이 발생하였으며, 향후 인류의 미래는 어떤 방향으로 전개될 것인가? 비록 엄청난 파괴 장면과 처참한 사상자들이 우리의 눈과 이성을 사로잡았지만, 사실 그 원인은 의외로 간단한 것이며, 이미 예견되었던 바이기도 하다. 그 원인의 기저에는 기독교와 이슬람 세력의 오래된 갈등과 원한이 깔려 있으며, 그것을 더욱 복잡하게 만든 것은 전 세기부터 가속화되어온 자본주의 경제의 세계화와 미국의 패권주의이다. 사실 새천년을 맞이한 후 지난 2년간 지구촌 여기저기서 일어난 갖가지 사건들은 이미 그러한 원인의 연장선상에서 일어난 것이기에 전혀 새로울 것은 없다. 9·11 테러 사건도 마찬가지일 것이다.

이미 이러한 원인에서 배태된 여러 가지 문제점들은 전 세기 말부터 세계 곳곳에서 터져 나왔다. 자유시장경제의 세계화 과정에서 고착된 중심과 주변 간의 격차가 더욱 벌어지면서 다양한 문제들이 파생되고 있고, 문화적 차이를 인정하지 않으려는 자본주의 경제의 획일화 전략이 지역적 수준에서 난관에 봉착하고 있다. 필자들은 획일화로 치닫는 자본주의 경제의 세계화가 지역의 다양성을 결코 함몰시켜서는 안 되며, 그럴 수도 없다는 입장을 고수하고 있다. 특히 문화적인 면에서, 그것이 전통적이고 전근대적인 것이든, 현대적이고 탈근대적인 것이든 다양성 자체가 가지고 있는 가치로움에 주목하고자 한다. 이런 기본적인 입장은 초판이 나온 이후 3년의 세월이 지난 지금의 시점에서, 문화 충돌의 시대를 맞이하여 필자들이 개정판을 내게 된 중요한 계기였다.

세계지리 개론서의 핵심은 세계 각 지역의 특성을 시각적으로 확인할 수 있는 지역통계 및 그래픽 자료들이며, 그러한 각 지역을 체계적으로 연결시킬 수 있는 거시적 통찰력이라고 할 수 있다. 이를 충실하게 반영할 수 있도록 개정판에서는 세계 각 지역의 통계자료를 최신의 것으로 바꾸고, 새로운 지도와 사진들을 추가하였다. 자본주의 경제의 세계화와 세계 문화의 지역적 다양성이라는 관점을 통해 세계 지역에 대한 통찰력을 높일 수 있도록 하였고, 특히 문화와 관련된 새로운 장 2개(2장과 17장)를 교체·추가하였다. 아울러 각 장에서 지역의 특성, 특히 문화지리적인 특성들이 더욱 부각될 수 있도록 새로운 내용을 첨가하였다.

　이러한 개정 작업으로 일반인들의 세계지리에 대한 관심이 더욱 커질 수 있기를 기대한다. 또한 그 위상이 위축된 초중고 학교 현장에서의 세계지리교육에서도 유용하게 사용될 수 있기를 기대한다. 그러나 잘 쓰이고 다듬어진 책이어야 많은 이들의 관심을 끌 수 있을 터인데, 과연 그러한 책으로 거듭났는지에 대해서는 두려움이 앞선다. 어떠한 질책과 지도 편달도 달게 받을 것이며, 차후 계속될 개정 작업을 통해서 더욱 좋은 책이 될 수 있도록 노력할 것이다. 이 개정판이 나오는 데는 귀중한 사진을 기꺼이 제공해준 여러분들이 있었기에 가능한 일이었다. 건국대학교 지리학과의 이희연 교수, 여의도여자고등학교의 백승복 선생, 강원발전연구원의 염돈민 실장, 서울대학교 국토문제연구소의 김상빈 박사, 서울대학교 대학원의 장은영 양에게 깊은 감사를 드린다. 또한 초판보다 더 많은 노력이 필요했던 책을 만드느라 수고하신 도서출판 한울의 관계자들에게도 감사를 드린다.

2002년 8월 20일
옥한석, 이영민

1997년 12월 13일은 한국이 국제통화기금의 지원을 받은 날이다. 과거 영국, 멕시코 등 여러 선진국과 개발도상국이 국제통화기금의 지원을 받기도 하였는데 그렇다면 왜 한국은 이날을 특별히 기억해야 하는가? 그것은 그 이전과 다른 양상으로 우리 자신이 변화해야 생존할 수 있다는 압력에 시달리게 되었기 때문이다. 그 압력이란 무엇인가? 그리고 우리 자신이 어떻게 변화해야 하는가? 이것이 이 책을 집필하게 된 동기이다.

지금으로부터 100여 년 전 개항기에 우리의 선조는 단발령을 맞아 수많은 유림이 자결로써 외세의 침입과 새로운 문화 유입에 항거하였다. 당시는 '충효'를 근간으로 하는 유교 사회였기 때문에 유럽 문화의 유입에 대한 유교 문화의 대응은 한편으로는 의병 항쟁과 국권 회복의 동인이 되기도 하였다. 또 다른 한편으로는 19세기 말의 근대화에 능동적으로 대응하지 못하여 일제강점, 6·25 전쟁 등 약 60년에 걸친 혼란과 궁핍, 전란을 자초하는 결과를 가져왔다. 중국보다도 더 꽃을 피운 한국의 유교 문화가 가진 명분주의는 본래의 정체성(正體性)에도 불구하고 변화에 적용한 변신이 부족하였던 것이다. 최근에 와서는 다시 유교 문화가 재조명되어 1960년대 이후 한국을 포함한 동아시아의 경제발전이 한때 기적으로서 찬미되었으며 유교자본주의라고 일컬어지기도 하였다. 그래서 몰락과 발전에 대한 유교 문화의 양면성을 보는 것 같다.

그러나 1990년대 이후 일본, 한국 등의 경제적 침체는 미국 자본주의, 이른바 자유시장경제의 승리로서 귀결되는 듯하며 유교자본주의의 종언을 고하고 있다. 어떤 이는 유교 정신의 폐기를 공공연히 주장하고 있기도 하다. 국가의 개입을 최소화하여 개인의 행복과 사회 전체의 번영을 도모하자는 신자유주의의 사조가 유교주의를 대신하고, 미국 문화에 근거를 둔 개인주의와 자유주의를 과연 무분별하게 도입할 수 있을 것인가? 유교주의가 개인주의·세속주의·물질주의를 표방하는 근대 정신과 반드시 일치하지는 않지만 그렇다고 전혀 일치하는 점이 없다고 볼 수는 없다. 이러한 문제는 단지 우리에게 국한된 일만이 아니라 전 세계적인 차원에서 진행되고 있는 일로서, 자유시장경제가 전 세계를 어느 정도 변화시킬 수 있을까 하는 문제는 전 세계적인 시각에서 살펴보아야 할 일이다. 이는 전 세계 인류의 인구 규모와 자원에 관련된 지리학적 이해를 필요로 한다. 왜냐하면 지리학은 지역적 차원에서 진행되고 있는 다양한 문화 변동을 다루는 분야이기 때문이다.

이 책은 J. Cole의 *Geography of the World's Major Regions*와 P. L. Knox and S. A. Marston의 *Places and Regions in Global Context: Human Geography*를 일부 참고, 재정리 하였으며 이와 별도로 ≪타임≫지 등 관련 문헌을 수집하여 필자 나름대로의 시각으로 이해하 려고 시도하였다. 특히 세계은행(World Bank)에서 발간한 각종 정책보고서가 많은 도움을 주었다. 미국 시애틀 소재 워싱턴 대학교의 방문교수로 있을 때 자료수집에 이원호 박사가 도움을 주었 고, 이 책을 완성하기까지는 '세계의 지역문제'란 강의를 이수한 강원대학교 학생들과의 토론이 큰 힘이 되었으며, 또한 원고를 읽어준 강원도청 통상담당관 박의정 씨와 주문진고등학교 최영 택 선생, 세계 각국의 사진자료를 이용할 수 있도록 허락해준 강원대 전운성 교수, 전남대 강승 삼 교수, 성신여대 신중성 교수, 서원대 박희두 교수, 문장을 다듬어준 양인경 시인에게 감사드린 다. 또한 이 책을 발행하는 데 지도의 그래픽 제작과 편집 실무를 담당한 이정경 씨 및 한울 여러 분께 감사드린다.

그러나 본서의 기본 아이디어는 어느 누구의 것도 아닌 필자 자신의 것으로 전적으로 필자에 게 책임이 있다. 아무쪼록 이 책이 시대의 문제를 지리학적으로 생각하는 조그만 디딤돌이 되었 으면 하는 생각이 간절하며 여러 선배, 동료의 질책을 마다하지 않는다.

1999년 7월 26일
벤처빌딩이 보이는 춘천의 강변에서
옥한석

# 차례

## 제2부 유럽문화권의 세계화

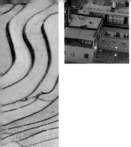

제**1**부

세계화와
세계지리

■ 제1장 산업화, 도시화, 그리고 세계화
■ 제2장 세계의 인구와 자원
■ 제3장 지구의 환경과 기후변화

# 01 산업화, 도시화, 그리고 세계화

1995년 세계무역기구의 출범과 함께 가속화된 시장경제의 세계화는 앞날이 순탄치 않다. 2008년 미국에서 촉발된 금융위기가 그 증거다. 세계 각국의 경제가 전례 없이 밀접하게 연관되면서 예측 불허의 위험성이 도사리게 되었다. 세계화 추세에 따라 교역이 확대되고 세계 경제가 전반적으로 활성화되고 있지만 국가 간 소득 격차는 오히려 확대되고 있다.

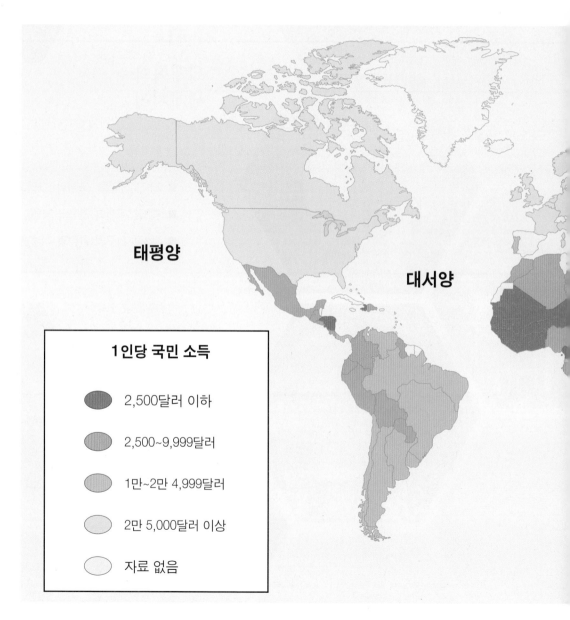

태평양

대서양

**1인당 국민 소득**

2,500달러 이하

2,500~9,999달러

1만~2만 4,999달러

2만 5,000달러 이상

자료 없음

최근의 산업구조 변화를 살펴보면 탈산업화를 넘어서 4차 산업혁명 시대를 눈앞에 두고 있다. 도시화의 물결은 거대 도시와 세계도시의 출현으로 이어지고 있으며, 문화 현상의 세계화는 세계 각국의 다양한 도시 문화를 수렴해 나가고 있다. 지구촌의 지속 가능한 번영을 위하여 세계적인 문제에 대한 깊은 고민이 필요하다.

0    1,000   2,000km

자료: World Bank, 2015.

# 세계화의 연표

<table>
<tr><td>1405</td><td>중국의 정화, 인도양 원정</td><td>1858</td><td>영국, 인도 대륙 접수</td></tr>
<tr><td>1492</td><td>콜럼버스, 서인도 제도 발견</td><td>1867</td><td>러시아, 알래스카를 미국에 매도</td></tr>
<tr><td>1494</td><td>에스파냐·포르투갈, 신대륙을 양분하는 토르테시야스 조약 체결</td><td>1870년까지</td><td>프랑스, 알제리 대부분 점령</td></tr>
<tr><td></td><td></td><td>1880년까지</td><td>백인의 남아프리카 공화국 지배</td></tr>
<tr><td>1499</td><td>바스코 다가마, 인도에 도착</td><td>1880~1900</td><td>유럽 열강, 아프리카 분할 점령</td></tr>
<tr><td>1519</td><td>에스파냐, 아즈텍제국 정복</td><td>1895</td><td>일본, 타이완 점령</td></tr>
<tr><td>1519~1522</td><td>마젤란~엘카노 최초의 세계일주</td><td>1898</td><td>미국, 쿠바·푸에르토리코·필리핀 합병</td></tr>
<tr><td>1531~1533</td><td>에스파냐, 잉카제국 정복</td><td>1910</td><td>일본, 한국 점령</td></tr>
<tr><td>1530년대</td><td>포르투갈, 브라질에 식민지 정착촌 건설</td><td>1914~1918</td><td>제1차 세계대전</td></tr>
<tr><td>1557</td><td>포르투갈, 마카오항에 식민지 건설</td><td>1918</td><td>독일, 아프리카 식민지 상실, 오스만제국 소멸</td></tr>
<tr><td>1565</td><td>에스파냐, 필리핀 세부에 식민지 건설</td><td></td><td></td></tr>
<tr><td>1600년경</td><td>영국, 버지니아와 뉴잉글랜드에 식민지 건설</td><td>1929~1939</td><td>대공황</td></tr>
<tr><td></td><td></td><td>1935</td><td>이탈리아, 에티오피아 점령</td></tr>
<tr><td>1608</td><td>프랑스, 퀘벡주에 뉴프랑스 식민지 건설</td><td>1939~1945</td><td>제2차 세계대전</td></tr>
<tr><td>1648</td><td>러시아, 베링 해협 통과</td><td>1958</td><td>알제리, 프랑스로부터 독립</td></tr>
<tr><td>1697</td><td>에스파냐령 아이티, 프랑스에 합병</td><td>1960년경까지</td><td>아프리카 식민지 대부분 독립</td></tr>
<tr><td>1715</td><td>영국, 인도에 동인도회사 설립</td><td>1991</td><td>소련 붕괴, 러시아와 14개 공화국 독립</td></tr>
<tr><td>1775~1783</td><td>미국, 영국과 독립 전쟁</td><td>1993</td><td>유럽연합(EU) 출범</td></tr>
<tr><td>1788</td><td>영국, 오스트레일리아에 식민지 건설</td><td>1994</td><td>북미자유무역협정(NAFTA) 발효</td></tr>
<tr><td>1789</td><td>프랑스 대혁명</td><td>1995</td><td>세계무역기구(WTO) 출범</td></tr>
<tr><td>1803</td><td>미국, 프랑스로부터 루이지애나 구입</td><td>1997</td><td>홍콩, 영국이 중국에 반환</td></tr>
<tr><td>1804</td><td>아이티, 프랑스로부터 독립</td><td>1999</td><td>마카오, 포르투갈이 중국에 반환</td></tr>
<tr><td>1808~1826</td><td>라틴아메리카 국가들, 에스파냐와 포르투갈로부터 독립</td><td>2001</td><td>미국, 9·11 테러 발생</td></tr>
<tr><td></td><td></td><td>2008</td><td>미국 금융위기 발생</td></tr>
<tr><td>1840</td><td>영국, 뉴질랜드 지배</td><td>2011</td><td>시리아 내전 발생</td></tr>
<tr><td>1846~1876</td><td>제정 러시아, 중앙아시아 진출</td><td>2016</td><td>영국의 EU 탈퇴(Brexit) 국민투표 통과</td></tr>
</table>

그림 1-1. 미국 뉴욕의 맨해튼 지구  뉴욕(New York)은 미국 최대의 도시일 뿐 아니라 세계 금융, 국제 무역, 예술, 패션 등을 선도하고 있다. 맨해튼섬에는 뉴욕시의 도심부가 자리 잡고 있으며, 섬 한가운데에는 뉴욕 주민들의 휴식 공간인 센트럴파크가 조성되어 있다(자료: Wikimedia ⓒ Martin St-Amant).

# 1. 세계화 물결과 반세계화의 도전

지역 간 또는 국가 간의 교류는 그 역사가 오래된 것이긴 하지만, 상이한 지역의 사람과 문화가 상업 활동, 미디어, 여행 등을 통해 연계되는 현상은 최근에 와서 점점 강화되고 있다. 이런 현상은 세계화(globalization)의 주요 특징이라 할 수 있는데, 그 세계화라는 용어가 보편적으로 사용되기 시작한 것이 1970년대이므로 본격적인 세계화는 그 역사가 아주 오래된 것은 아니다.

세계화는 정치, 경제, 문화 등 사회의 여러 분야에서 국가 간 교류가 증대하여 개인과 사회집단이 하나의 세계 안에서 삶을 영위해 나가는 과정이다. 국제화(internationalization)가 국가 간의 교류가 양적으로 증대되는 현상을 말한다면, 세계화는 국가 간의 양적 교류 확대를 넘어서 국민들의 사회생활이 세계를 지향하여 새롭게 재구성되는 과정을 뜻한다.

역사적으로 세계화는 유럽인들이 시작했던 '지리상의 발견(geographical discoveries)' 시대(15~17세기)에서 그 연원을 찾아볼 수 있다. 지리상의 발견 시대가 열리게 된 것은 르네상스(renaissance) 운동과 관련이 있다. 즉 중세의 기독교적 세계관에서 벗어나 지구구체설, 지동설이 다시 대두되었고, 고대 그리스와 로마 시대의 지리학과 함께 이슬람 지리학이 전래되어 세계지리에 관한 지식이 급증한 것이다.

이때 넓은 세상에 대한 호기심을 갖고 새로운 무역로를 확보하며 부를 축적할 기회를 찾는 선구자들이 나타났다. 대표적인 인물은 1492년 서인도 제도를 발견한 **콜럼버스**(Christopher Columbus, 1451~1506), 1498년 아프리카 남단의 희망봉을 거쳐 인도에 도달하여 동인도 항로를 개척한 포르투갈의 바스코 다가마(Vasco da Gama, 1469~1524), 1519년 세계일주 항해에 나서 대서양, 남아메리카 남단을 거쳐 태평양을 횡단한 포르투갈의 마젤란(Ferdinand Magellan, 1480~1521)이다.

이처럼 지리상의 발견 시대에 세계지리에 대한 지식이 폭발적으로 증가했으며, 이후 유럽 각국은 세계 여러 지역과의 교역과 식민지 개척을 통해 부를 축적하고 국력을 키웠다. 이러한 과정을 거치면서 20세기에 이르기까지 유럽은 더욱 부강해지는 반면 식민지의 주민들은 압제와 약

**콜럼버스**
그의 출생지는 이탈리아의 제노바(Genova)이다. 스페인 왕실의 지원으로 1492년 서인도 제도에 처음 도착한 것을 포함해 총 네 차례 대서양을 횡단했으며, 서인도 제도에 유럽인 최초로 식민지를 건설했다. 그의 이탈리아어 이름은 Cristoforo Colombo, 스페인어 이름은 Cristóbal Colón이며, Christopher Columbus는 라틴어 Christophorus Columbus를 영어로 옮긴 것이다.

탈 속에 신음하게 되었다. 이렇게 세계화는 역사적으로 볼 때에도 긍정적인 측면과 부정적인 측면이 공존해 왔다.

현대적인 의미의 세계화는 제2차 세계대전 이후 정치, 경제, 문화의 세 분야에서 동시적 그리고 상호 연관을 이루며 진행됐지만, 세계화가 본격적으로 논의되기 시작한 시기는 1970년대이다. 제2차 세계대전 이후 유럽 각국에서는 복지국가를 지향하는 정책을 시행해 왔으나 차츰 그 한계가 드러났으며, 1944년 체결된 브레턴우즈(Bretton Woods) 협정에 의한 고정환율제는 1971년 사실상 붕괴되었다. 이에 따라 1970년대 미국과 영국에서는 세계화의 사상적 배경이라고 할 수 있는 신자유주의(neo-liberalism) 경제사상이 대두되었고 1980년대부터 이러한 사상이 경제 정책의 주류를 이루면서 자본주의 시장경제의 세계화는 급물살을 탔다. 1995년에 결성된 세계무역기구(WTO)는 '국경 없는 하나의 자유로운 시장'을 지향하면서 세계화의 상징적 기구가 되었다. 신자유주의 정책은 일부 선진국에서 복지 정책의 역기능을 줄이고 경제를 활성화시키는 데는 어느 정도 성공했지만, 상당한 부작용도 발생했다. 개인과 기업의 자유 경쟁을 보장하면서 사회 복지를 축소하는 정책은 빈익빈 부익부 현상을 심화시켰다. 또한 2008년의 금융위기와 최근 미국의 보호무역주의 부활을 계기로 세계화에 대한 도전도 거세지고 있다.

세계화와 관련하여 1970년대 이후 세계적으로 진행된 변화는 네 가지로 요약할 수 있다. 첫째, 노동비 절감을 위해 생산기지를 해외로 이전하고 시장 확대를 위해 현지 법인을 설립하는 다국적 기업과 초국적 기업이 많아졌다. 이러한 기업의 본사는 관리 및 의사 결정 기능을 수행하고 해외 생산기지는 생산을 전담하면서 국제적인 분업을 촉진하고 전 세계의 생산과 교역을 증대시켰다. 둘째, 교통·통신의 발달로 산업 활동의 범위가 확대되고 투자와 교역이 원활해졌다. 국가 간의 교통수단으로 항공기가 보편적으로 이용되고 있으며, 국제전화망 확대와 팩스(fax)의 보급은 신속하고 원활한 통신을 가능하게 했다. 특히 인터넷망의 구축으로 이전과는 전혀 다른 방식인 전자우편으로 의사소통할 수 있게 되었다. 최근에 보급된 스마트폰은 모바일 정보통신기술의 결정체로서 소통을 포함한 우리의 생활방식을 바꾸어놓았다. 셋째, 컴퓨터와 정보통신의 발달은

**브레턴우즈 협정**

1944년 미국 뉴햄프셔주의 브레턴우즈에서 열린 연합국 금융통화회의에서 채택된 국제금융기구에 관한 협정으로, 이에 따라 IMF(국제통화기금)와 IBRD(국제부흥개발은행)가 창설되었다. 미국이 보유한 금과 각국의 보유 달러를 일정 비율(금 1온스 = 35달러)로 교환하는 금환본위제도를 기본으로 각국 통화는 달러에 대해 고정환율을 유지하는 제도였다. 1971년 미국의 금태환 중지로 인하여 브레턴우즈 체제는 사실상 붕괴되고 각국은 변동환율제를 채택하게 되었다.

**신자유주의**

자유주의(liberalism)는 국가나 공동체의 속박을 벗어나 개인의 자유를 존중하는 사상이다. 신자유주의는 자유방임주의에 뿌리를 둔 자본주의 경제 사상으로 국가의 시장 개입을 반대하고 시장의 자유화, 개방 경제, 기업의 자유 경쟁을 추구한다.

**세계무역기구**

1947년의 GATT(관세 및 무역에 관한 일반협정) 체제를 보완하기 위해 1986년부터 1994년까지 지속된 우루과이 라운드(Uruguay Round) 협상의 이행과 세계무역의 증진을 목적으로 1995년에 결성되었다. 세계무역기구는 국가 간의 무관세 자유무역을 지향하고 있으며, 국가 간 무역분쟁에 대한 판결권과 강제집행권을 가지고 있다. 현재 세계 164개국이 회원으로 가입했으며, 본부는 스위스 제네바에 있다.

**다국적 기업과 초국적 기업**

다국적기업(multinational corporation)은 본국의 모회사(본사)가 세계 각지에 자회사, 지사, 공장 등을 확보하고, 생산·판매 활동을 국제적 규모로 수행하는 기업이다. 반면에 초국적기업(transnational corporation)은 본국의 모회사를 초월해 자회사의 외국 현지 법인화와 독립적 의사 결정 조직으로 자본축적을 국제적 규모로 수행하는 기업이다.

그림 1-2. 중국 상하이의 푸동 지구 상하이(上海)는 세계에서 가장 인구가 많은 도시로서 약 2400만 명이 거주하고 있다. 상하이 동부에 위치한 푸동은 1990년부터 개발된 신도시 지구로서 중국의 금융과 무역의 중심지로 부상하였다(자료: Wikimedia ⓒ Simon Desmarais).

금융의 세계화를 촉진시켰다. 즉 해외 주식시장 및 외환시장에 대한 정보를 실시간으로 얻을 수 있게 되었으며, 해외투자를 위한 의사 결정과 금융 결재를 신속하게 진행할 수 있게 되었다. 넷째, 국제적인 방송 매체와 인터넷망의 보급으로 문화의 세계화가 촉진되었다. 이러한 매체를 통해 전 세계의 다양한 문화에 접근할 수 있게 되었으며, 또한 다국적 기업의 상품 보급으로 세계 각국 소비자의 기호가 비슷하게 수렴하는 문화의 동질화 현상도 나타났다.

세계화에 대한 논란은 아직도 진행 중이다. 그러나 세계화는 피할 수 없는 현대 사회의 대세이며, 국가 간의 교류는 이미 일상화되었다. 세계화가 세계경제에 미치는 긍정적인 면과 부정적인 면을 요약하면 다음과 같다. 긍정적인 측면은 세계화가 세계 시장에서의 상호 교역과 경쟁 원칙을 강화함으로써 인류에게 발전을 가져온다는 것이다. 각 기업은 자유로운 교역 과정에서 수많은 외국 기업들과 경쟁해야 하기 때문에 저렴하면서도 질 좋은 상품을 만들기 위해 끊임없이 연구 개발을 해야 한다. 이 과정에서 산업의 생산성과 효율성이 향상되어 기업의 이익이 증대되며, 교역에 참여한 국가들의 소득 증대와 부의 축적이 이루어진다.

부정적인 측면은 세계화로 인해 초국적 자본의 세계경제 지배와 국가 및 계층 간 소득의 양극화가 심화될 수 있다는 것이다. 무한 경쟁 속에서 자본과 기술이 풍부한 선진국의 다국적 기업들은 이윤을 극대화하지만,

## 세계경제포럼과 세계사회포럼

세계화의 상징적 기구 중 하나인 세계경제포럼(WEF: World Economic Forum)은 독일 태생의 제네바대학 교수 슈밥(Klaus Schwab)이 1971년 세계경제의 발전을 위해 설립한 비영리 민간 재단인 유럽경영포럼에서 출발했다. 이후 전 세계의 기업 및 정치 지도자로 참석 대상을 확장하고 1987년에는 세계경제포럼으로 명칭을 변경했

그림 1-3. 2017년 세계경제포럼(WEF) 스위스 다보스에서 매년 1월 말에 개최되는 세계경제포럼에는 2000명 이상의 세계 기업가들과 정치 지도자들이 약 2000만 원에 달하는 참가비를 내고 세계경제와 사회문제에 관한 토론을 벌인다(ⓒ WEF).

다. 현재 유럽과 미국을 중심으로 1200개 이상의 기업체와 단체가 가입해 있고, 그 본부는 스위스 제네바에 있다. 스위스의 휴양도시 다보스에서 매년 1월 말에 5일간 개최되는 세계경제포럼 회의를 다보스포럼이라고도 한다(그림 1-3).

다보스포럼에는 세계 각국에서 총리, 장관, 대기업의 최고경영자 등 유력 인사들이 대거 참가하여 세계의 정치·경제 및 문화에 이르는 폭넓은 분야에 걸쳐 토론을 벌인다. 다보스포럼에 참가하는 세계 지도자들과 학자들은 대체로 세계화를 지지하는 반면, 미국 중심의 세계화와 심화되는 빈부 격차를 성토하는 반세계화의 물결도 거세다.

세계경제포럼의 대안 모임을 자처하는 세계사회포럼(WSF: World Social Forum)은 1999년 미국 시애틀에서 열린 세계무역기구(WTO) 회의에 반대하며 세계 각국에서 온 시위대의 집회에 뿌리를 둔다. 2001년 브라질의 휴양도시 포르투 알레그리(Porto Alegre)에서 개최된 제1회 회의부터 세계사회포럼은 매년 다보스포럼과 같은 시기에 제3세계 도시들을 순회하며 개최된다(그림 1-4). 세계사회포럼 기획자들은 공공연히 다보스포럼의 신자유주의자들의 오만에 맞서겠다고 말하고 있다. 그들은 "다른 세계는 가능하다(Another World is Possible)"라는 슬로건을 내세우고, 그 대안을 모색하고 있다.

세계사회포럼에서는 경제 위기, 빈곤 퇴치, 페미니즘, 인종차별, 성차별, 아동노동, 인권, 교육, 환경, 기후변화 등을 주제로 토론을 벌인다. 구체적으로 개발도상국의 부채 탕감, 아동 학대 금지, 여성운동 활성화, 인종주의 청산, 유전자변형식품 금지, 민주주의 개혁, 농산물 수출보조금 폐지, 국제 투기 자본 규제 등을 주장하고 있다. 세계사회포럼에는 매년 세계 각국에서 수천 명이 모이지만, 토의만 무성하고 행동은 없다는 비판을 받고 있다.

그림 1-4. 2005년 세계사회포럼(WSF) 브라질 포르투 알레그리(Porto Alegre)에서 열린 2005년 세계사회포럼에서 참가자들이 전쟁 반대와 자본주의 반대의 팻말을 들고 있다(ⓒ 최성욱).

미처 경쟁력을 갖추지 못한 후진국 기업들은 도태될 것이다. 이러한 후진국 기업의 노동자들은 실업의 위기에 몰리며, 가난한 생활을 면치 못하게 된다. 계층 간에도 같은 논리가 적용될 수 있는데, 고소득층은 세계화에 잘 적응하여 기업 활동을 통해 소득을 증대할 수 있지만, 저소득층은 자본과 정보의 부족으로 세계화의 흐름에 편승하지 못하기 때문에 빈부 격차는 더 심해진다.

## 2. 탈산업화와 4차 산업혁명

인간의 의식주를 해결하고 삶을 영위하기 위해서 경제활동은 반드시 필요하다. 다양한 재화와 서비스의 생산, 분배, 소비와 관련된 인간의 경제활동은 클락(Colin Clark, 1957)이 제안한 바와 같이 1차 산업(primary industry), 2차 산업(secondary industry), 3차 산업(tertiary industry)으로 분류할 수 있다. 1차 산업은 자연으로부터 자원을 획득하는 활동을 말하며, 농업, 임업, 어업, 광업이 해당된다. 2차 산업은 1차 산업에 의해 획득된 자원을 가공하는 활동을 말하며, 제조업, 건설업이 해당된다. 3차 산업은 1차 산업과 2차 산업의 생산물을 유통·판매하거나 기타 서비스를 제공하는 활동을 말하며, 흔히 서비스산업이라고 한다. 최근에는 정보의 생산, 처리, 관리 등과 관련된 지식 기반 서비스산업들, 즉 행정, 언론, 통신, 광고, 금융, 보험, 부동산, 신용정보, 대학, 연구소, 출판, 법률, 자문 등을 3차 산업으로부터 분리해서 4차 산업(quaternary industry)이라 부르기도 한다(Gottmann, 1970).

고전적인 경제발전단계이론(근대화 이론)에 의하면, 경제발전에 따라서 산업구조의 중심이 1차 산업에서 2차 산업으로, 그 다음은 3차 산업으로 이행한다고 한다. 서양의 경우, 19세기의 산업화 이래로 제조업 고용이 증가해 왔으나, 1960년대부터 전체 고용에서 제조업 비중은 감소하고 서비스업의 비중은 빠르게 증가했다. 이러한 현상을 서비스 경제화라고 하는데, 벨(Daniel Bell, 1973)은 자원 소모적인 제조업은 쇠퇴하고 서비스업 중심의 탈산업사회(post-industrial society)가 도래한 것으로 파악했다.

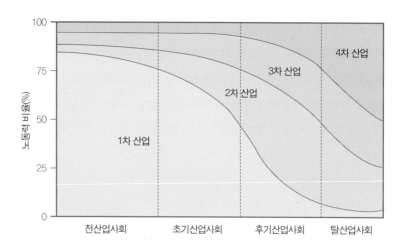

그림 1-5. 경제발전에 따른 산업구조의 변천   한 국가의 경제가 발전하면서 1차, 2차, 3차, 4차 산업의 노동력 비율이 어떻게 변하는가를 보여주는 그래프이다(자료: Berry et al., 1976: 47).

　한 국가의 경제가 발전하면서 산업구조가 어떻게 변해가는가는 1차, 2차, 3차, 4차 산업의 노동력 비율을 살펴보면 알 수 있다(그림 1-5). 전(前)산업사회는 산업화 이전의 농경 사회를 말하며, 노동력의 대부분은 1차 산업에 종사하고 있다. 초기산업사회는 산업혁명이 시작된 후 2차 산업의 고용이 가속적으로 늘어나는 산업화 초기를 말한다. 후기산업사회에서는 제조업이 대량 생산 체계를 갖추게 되며 고용은 계속 늘어나서 최대 규모에 이르게 된다. 이때 농업 부문 고용은 급격하게 감소하며, 3차 산업과 4차 산업의 고용은 제조업과 마찬가지로 증가한다. 탈산업사회에서는 기계화, 자동화에 의해서 제조업 고용 비율이 줄어든다. 이때 농업 부문의 고용은 최소화되며, 3차 산업은 큰 변화가 없는 반면에 4차 산업의 고용은 계속적으로 증가한다.

　미국과 서유럽은 이미 1960년대에 탈산업사회로 진입했으며, 한국은 1990년대부터 탈산업사회에 진입한 것으로 보인다. 고용 성장을 공업이 주도하던 산업화 시대가 지나가고 서비스산업이 주도하는 탈산업화 시대가 도래한 것이다. 이러한 탈산업화, 즉 서비스 경제화 추세는 도소매업이나 음식숙박업 같은 전통적인 서비스업이 아니라 금융, 보험, 부동산, 언론, 통신 등 4차 산업이 주도하고 있다.

앨빈 토플러(Alvin Toffler, 1980)는 산업사회에서 정보사회로 변해 가는 미래를 예측하면서, 제1의 물결(농업혁명)과 제2의 물결(산업혁명)에 이어서 정보혁명을 제3의 물결(The Third Wave)이라고 정의한 바 있다. 미국의 정치경제학자인 제러미 리프킨(Jeremy Rifkin)은 『3차 산업혁명(The Third Industrial Revolution)』(2011)이라는 저서에서 3차 산업혁명의 개념을 제시한 바 있다. 그에 의하면 '1차 산업혁명'(기계화 혁명)은 1760년대 영국에서 시작된 산업혁명으로서 석탄을 사용하는 증기기관을 동력으로 사용하는 기계 공장에서 노동 집약적인 산업을 발전시켰다. '2차 산업혁명'(대량생산 혁명)은 1860년대 전기와 석유를 동력원(에너지)으로 사용하는 기술혁신을 의미하며, 이에 따라 전기통신 및 대량생산 체계를 갖추어나갔다. '3차 산업혁명'(정보혁명)은 1990년대 컴퓨터와 인터넷의 보급으로 정보기술(IT)이 비약적으로 발전한 것을 말하며, 이에 따라 제조업에서는 자동화가 확산되었고 일상생활에서는 스마트폰의 보급으로 모바일 활용이 본격화되었다. 그리고 독일 정부는 2010년부터 '인더스트리(Industry) 4.0' 정책을 추진했다. 인더스트리 4.0은 제조업의 혁신을 통해 경쟁력을 강화하기 위한 것으로 제조업의 완전한 자동생산 체계를 구축하고 전체 생산과정을 최적화하는 목표로 추진되었다. 이런 생산체계를 갖춘 공장을 스마트 공장(smart factory)이라고 한다(그림 1-6).

그림 1-6. 독일의 로봇공학 회사인 KUKA의 자동차 제작용 로봇(자료: Wikimedia © Mixabest).

2016년 세계경제포럼(다보스포럼)에서는 '4차 산업혁명'을 주제로 토론했다. 여기서 4차 산업혁명은 인공지능(AI: artificial intelligence)이나 사물인터넷(IoT: Internet of Things) 등 첨단 정보기술이 사회 및 경제 전반에 융합되는 차세대 산업혁명을 말한다. 이를 위한 기술혁신에는 로봇공학(robotics), 3D 프린팅, 자율주행차, 증강현실(VR: virtual reality), 빅데이터(big data) 등이 포함된다. 이러한 기술의 기반은 3차 산업혁명의 연장선안에 있다고 볼 수 있으며 일부 기술들은 현재 개발 중이기도 하지만, 아직 일상생활이나 산업 현장에서의 활용은 미흡하다. 그러므로 세계경제포럼의 회장인 클라우스 슈밥(Klaus Schwab)의 『4차 산업혁명(The Fourth Industrial Revolution)』(2016)에서도 4차 산업혁명이 언제 도래할 것인가에 대해서는 물음표(?)로 나타냈으며, 3차 산업혁명과 4차 산업혁명의 차이점이나 개념 정의도 불명확한 상태이다.

미래의 4차 산업혁명에 대한 논란거리 중 하나는 일자리에 관한 것이다. 인공지능과 로봇이 사람의 일자리를 빼앗는 것이 아니냐는 우려가 그것이다. 전통적인 직업 중에서 단순 노동 직종은 사라질 가능성이 높다. 그러나 많은 직업이 사라지는 대신에 새로운 직업이 나타날 것이라는 낙관론도 있기 때문에 그러한 변화에 적응하고 창의력을 키우는 교육개혁이 필요한 것이다. 아직 4차 산업혁명이 본격화되지 않았지만, 우리가 그러한 방향으로 들어섰다는 것은 분명하다. 이러한 4차 산업혁명을 성공적으로 수용하기 위해서는 기술혁신뿐 아니라 경제, 사회, 문화, 교육 등전 영역에서 사회적 혁신이 동반되어야 한다(김대호, 2016).

## 3. 자본의 세계화와 금융위기

19세기 제국주의 시대에는 선진국의 산업화와 자본 축적을 위해 해외식민지와 약소국들의 희생이 요구되었다. 19세기 말에는 국제 교역의 황금기라 불릴 만큼 많은 물자가 선박을 통해서 세계를 이동했으며, 선진국들의 식민지에 대한 투자도 활발하여 자본의 세계화가 태동하였다.

이러한 산업자본주의를 비판한 칼 마르크스(Karl H. Marx, 1818~1883)

그림 1-7. 중국 칭다오에 진출한 미국 버거킹 매장(ⓒ 김학훈)　　그림 1-8. 러시아 모스크바에 진출한 한국의 삼성 지사(ⓒ 옥한석)

등의 사회주의 사상은 1917년 러시아 혁명을 계기로 차츰 세계로 확산되었다. 소련이 해체된 1990년대부터 세계적으로 공산주의가 퇴조했으나, 중국, 베트남, 라오스 같이 시장경제를 채택한 공산주의 국가와 북한, 쿠바와 같은 교조적 공산주의 국가가 남아 있다. 중국은 1980년대부터 시장경제를 도입하고 2001년에는 세계무역기구(WTO)에 가입했으며, 국내 총생산(GDP)에서 미국 다음으로 큰 G2(Group of Two) 국가로 성장했다(그림 1-7). 1991년 소련 해체 이후 러시아는 다당제 민주정치체제로 전환하고 자본주의 시장경제를 채택했으며, 2008년에는 WTO에도 가입하여 세계화에 동참하고 있다(그림 1-8).

국제 교역에서 전통적으로 상품 거래가 큰 비중을 차지하지만, 오늘날에는 자본의 국제 이동도 점차 확대되고 있다. 자본의 국제적 이동은 직접 투자와 증권 투자 형태로 나타나는데, 직접 투자는 외국에 생산 공장을 직접 건설하고 기업을 소유하거나 운영하는 것이며, 증권 투자는 다른 나라에서 발행한 주식이나 채권 등을 구입하는 것을 말한다.

고정환율제를 채택한 브레턴우즈 체제가 1971년 붕괴되면서 세계무역의 새로운 질서로서 자유 시장을 추구하는 신자유주의 사상이 대두되었으며, 그 영향으로 1980년대 영국의 대처(Margaret Thatcher) 수상과 미국의 로널드 레이건(Ronald Reagan) 대통령은 규제 철폐, 자유무역, 자유 투자, 공기업의 민영화 등을 정책으로 추진했다(Ellwood, 2001). 이러한 정책의 영향은 전 세계로 파급되었다. 상품과 서비스의 자유무역 확산과 함께 세계 금융시장의 규제 철폐가 이어졌다. 국경 안에 갇혀 있던 선진국의 은행, 보험회사, 투자회사들이 전 세계를 다니며 개발도상국들의 유약한 금융시장에 진출했다. 때마침 발달하기 시작한 팩스 및 인터넷망 등의 정보통신 기술은 금융시장의 세계적 연결과 확산에 크게 기여했다.

세계 금융시장은 뉴욕, 런던, 도쿄가 주도적으로 지배하고 있다. 이 도시들뿐 아니라 시카고, 파리, 프랑크푸르트, 서울, 홍콩, 싱가포르 등 세계 많은 도시의 은행 및 주식 시장 간 금융 거래가 실시간 정보통신 네트워크에 의해 이루어진다. 주식시장을 개방해서 외국 자본의 투자를 유도하는 것은 상장 기업의 발전을 도모할 수 있는 방법이다. 그러나 해외 주식시장 및 외환시장에 투자해 단기 이익을 추구하는 **헤지펀드**(hedge fund) 같은 투기성 자본은 국제 금융시장을 교란하는 한 요인으로 지적된다. 실제로 헤지펀드는 1997년 태국, 한국 등 아시아의 외환 위기를 초래한 주요 요인으로 지적되고 있다.

세계화는 경제의 대외 의존도를 심화시키므로 외국에서 발생한 경제 위기가 국내 경제에도 파급되어 심각한 영향을 미칠 수 있다. 2008년의 금융위기(financial crisis)는 미국에서 시작됐지만 전 세계로 퍼져 나갔기 때문에 금융자본의 세계화가 초래한 위기라고 할 수 있다. 미국에서 주택 가격이 상승하던 2000년대 초반까지 **서브프라임 모기지**(subprime mortgage)가 크게 증가하다가 2000년대 중반부터 주택 가격이 하락하고 대출 이자가 상승하자 저소득층 대출자의 채무불이행이 증가하고 경매로 넘어가는 주택이 크게 늘었다. 서브프라임 모기지 채권을 많이 가지고 있던 미국의 4위 투자은행인 리먼브라더스(Lehman Brothers)는 결국 6130억 달러의 부채를 지고 2008년 9월 15일 파산신청을 했다. 여러 개의 자회사를 가진 글로벌 투자은행인 리먼브라더스의 몰락은 세계 금융시장에 도미노 현상을 일으켰으며 주가 폭락, 소비 위축 등 전 세계적인 경기 침체를 가져왔다. 이러한 사태로 세계적인 네트워크를 형성한 금융산업의 맹점이 드러난 것이다.

이러한 금융위기는 세계경제에 심각한 악영향을 미쳤다. 그래서 금융위기 이후 10년간은 세계화가 퇴조한 시기라는 주장도 있다. 그 기간 동

**헤지펀드**
민간에서 조성한 자금을 국제증권시장이나 국제외환시장에 투자하여 단기이익을 노리는 투자신탁이다. 헤지펀드는 소수의 고액투자자를 대상으로 하는 사모(私募) 펀드로서 투자지역이나 투자대상에 구애받지 않고 고수익을 노리지만 투자 위험도 높은 투기성 자본이다. 뮤추얼펀드(mutual fund)는 다수의 소액 투자자를 대상으로 한 공모(公募) 펀드로서 주식, 채권 등 비교적 안전한 상품에 투자하는 데 반해, 헤지펀드는 주식, 채권뿐 아니라 고위험, 고수익의 파생상품에도 적극적으로 투자한다.

**서브프라임 모기지**
미국에서 신용등급이 낮은 저소득층에 대한 주택담보 대출을 말하며, 한국에서는 '비우량 주택담보대출'이라고 한다. 서브프라임 등급은 부실 위험 때문에 대출 금리가 프라임 등급보다 2~4% 높으며, 실제 대출은 서브프라임 모기지론 전문회사에서 주로 담당한다.

안 국가 간 물자, 자본, 사람의 흐름이 그 이전보다 저조했기 때문이다. 이러한 추세를 역세계화(deglobalization)라고 표현하기도 한다(Sharma, 2016).

2009년에 처음 출현한 **암호화폐**(crypto-currency)는 실물 없이 온라인에서만 거래되는 화폐로서 전 세계에서 1000여 종 이상 발행되었다. 아직 결제 수단으로의 활용은 저조하지만 투기의 대상이 되기도 하여 일부 국가에서는 규제에 나서고 있다. 그러나 암호화폐는 이미 세계화된 인터넷을 기반으로 국경 없이 통용되고 있기 때문에 국가 단위의 규제로는 그 효과를 기대하기 어려운 상황이다. 이처럼 금융의 세계화는 세계경제에 활력소가 되기도 하지만 다양한 역기능도 발생하고 있다.

## 4. 메가시티와 세계도시의 등장

현대의 세계는 도시의 세계라고 할 만큼 인간의 모든 활동은 도시를 중심으로 이루어지고 있다. 인류 문명의 꽃이라고 하는 도시의 기원은

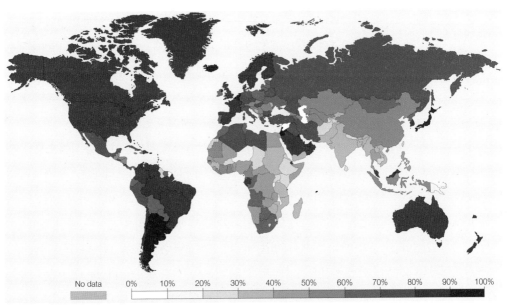

No data   0%   10%   20%   30%   40%   50%   60%   70%   80%   90%   100%

그림 1-9. 세계 각국의 도시화율(2018년) 도시화율이란 한 국가의 인구 중 도시에 거주하는 인구의 비율을 말한다. 산업화된 선진국일수록 도시화율이 높다. 한국의 도시화율은 약 90%에 달하고 있다(ⓒ un.org).

신석기 시대의 인류가 농경 생활을 영위하면서 차츰 촌락을 형성하고 다양한 직종에 종사하는 주민들이 모여 살게 된 것에서 찾아볼 수 있다. 이후 오랫동안 지속된 농경 사회에서는 행정 및 교역 중심지에 도시가 발달했으며, 산업혁명을 거치면서 공업 도시가 발달하여 지금에 이르렀다. 근대 이후 산업화에 의하여 도시의 제조업이 급성장하면서 농촌의 유휴 노동력을 도시가 흡수한 결과로 나타난 인구의 도시 집중 현상이 도시화(urbanization)이다.

후기산업사회에 들어선 후에는 전철, 자동차 등 교통수단이 발달하면서 도시 인구가 교외로 빠져나가는 교외화(suburbanization) 현상이 나타난다. 그리하여 도시 중심부에서는 거주 인구가 유출되면서 도심의 공동화(空洞化) 현상이 심화되고, 도심의 소매업 및 서비스 기능도 교외로 차츰 이동하고 있다. 1980년대 이후 선진국에서는 농촌의 전원생활이나 값싼 주택을 선호하는 도시인들이 교외를 넘어 농촌으로 이주하는 역도시화(counter-urbanization) 현상도 나타났다. 최근에는 출퇴근이 편리하고 도시 재생에 성공한 도심부로 교외 주민들이 회귀하는 재도시화(re-urbanization) 현상도 볼 수 있다. 그러나 현재까지 선진국에서도 역도시화나 재도시화는 보편화된 인구 이동 현상은 아니다.

국가나 지역의 도시화 수준을 나타내는 지표로는 전체 인구에 대한 도시 인구의 비율, 즉 도시화율(urbanization rate)을 사용한다. 1800년에는 세계 인구의 약 3% 정도가 도시에 거주한 것으로 추정되는데, 1950년에는 약 30%, 2018년에는 약 55%가 도시에 거주하는 것으로 나타났다. 이렇게 19세기 이후 세계의 도시화는 빠르게 진행되어 왔다.

2018년 기준으로 북아메리카는 가장 도시화율이 높은 대륙으로서, 인구의 82%가 도시에 살고 있다(그림 1-9). 반면 아프리카에는 농촌 인구가 더 많아 전체 인구의 43%만이 도시에 거주하고 있다. 아시아의 도시화율은 약 50% 정도이지만, 국가별로 편차가 심한 편이다. 특히 동아시아의 한국, 일본, 대만(타이완)의 도시화율은 80%를 넘는다. 라틴아메리카의 도시화율은 81%로서 유럽(74%)보다도 높게 나타났는데, 이는 가도시화(假都市化, pseudo-urbanization) 또는 과잉도시화(over-urbanization) 현상으로서 산업화 수준에 비해서 과도하게 도시 인구의 비율이 높은 경우에

그림 1-10. 뉴욕 맨해튼  뉴욕은 미국 최대의 도시일 뿐 아니라 최고의 세계도시로서 세계 금융, 무역, 예술, 패션 등을 선도하고 있다. 뉴욕시의 도심부는 맨해튼(Manhattan)섬에 자리 잡고 있으며, 그중에서 고층 건물들은 남쪽의 금융가(financial district)에 밀집해 있다(자료: New York City).

해당된다. 선진국에서는 산업화에 따라 도시 인구가 증가하여 더욱 경제를 발전시키지만, 개발도상국(후진국)에서는 경제가 낙후한 농촌을 떠나 도시로 이주한 사람들이 도시 빈민으로 전락하는 경우가 많다.

이러한 도시화의 결과로 세계의 대도시(metropolis)들은 인구가 계속 증가하여 주변의 교외 도시들을 망라하는 거대한 대도시권(metropolitan area)을 형성했다. 특히 인구가 1000만 명이 넘는 대도시는 메가시티(megacity)라고 한다. 2018년 기준 전 세계에는 19개의 메가시티가 있는데, 그중 가장 큰 도시는 상하이이고 서울은 17번째 순위에 올랐다(표 1-1). 1980년에는 인구가 1000만 명이 넘는 대도시권이 전 세계적으로 6개에 불과했던 것과 비교하면 그동안 급속하게 대도시화가 진행된 것을 알 수 있다. 그러나 도시 인구가 많다고 세계 정치나 경제에 영향력이 큰 것은 아니다. 이러한 사실은 19개 메가시티 중에서 도쿄, 모스크바, 서울을 제외하면 모두 개발도상국 도시인 것을 보면 알 수 있다.

세계 경제에 큰 영향을 미치는 도시를 세계도시(global city 또는 world city)라고 부른다. 세계도시는 인구 규모가 클 뿐만 아니라 국제 금융기관과 다국적기업 본사들이 위치하여 세계경제에 대한 영향력이 큰 도시를

표 1-1. 메가시티 순위(2018년 추정)

| 순위 | 메가시티 | 국가 | 인구(천 명) |
|---|---|---|---|
| 1 | 상하이 | 중국 | 24,153 |
| 2 | 베이징 | 중국 | 18,590 |
| 3 | 카라치 | 파키스탄 | 18,000 |
| 4 | 이스탄불 | 터키 | 14,657 |
| 5 | 다카 | 방글라데시 | 14,543 |
| 6 | 도쿄 | 일본 | 13,617 |
| 7 | 모스크바 | 러시아 | 13,198 |
| 8 | 마닐라 | 필리핀 | 12,877 |
| 9 | 톈진 | 중국 | 12,784 |
| 10 | 뭄바이 | 인도 | 12,400 |
| 11 | 상파울루 | 브라질 | 12,038 |
| 12 | 선전 | 중국 | 11,908 |
| 13 | 광저우 | 중국 | 11,548 |
| 14 | 델리 | 인도 | 11,035 |
| 15 | 우한 | 중국 | 10,608 |
| 16 | 라호르 | 파키스탄 | 10,355 |
| 17 | 서울 | 한국 | 10,290 |
| 18 | 청두 | 중국 | 10,152 |
| 19 | 킨샤사 | 콩고(자이르) | 10,125 |

자료: City Mayors, 2018, *Largest Cities in the World*.

표 1-2. 세계도시 순위(2018년 추정)

| 순위 | 세계도시 | 국가 | 인구(천 명) |
|---|---|---|---|
| 1 | 뉴욕 | 미국 | 8,550 |
| 2 | 런던 | 영국 | 8,674 |
| 3 | 파리 | 프랑스 | 2,230 |
| 4 | 도쿄 | 일본 | 13,617 |
| 5 | 홍콩 | 중국 | 7,235 |
| 6 | 로스엔젤레스 | 미국 | 3,976 |
| 7 | 싱가포르 | 싱가포르 | 5,607 |
| 8 | 시카고 | 미국 | 2,720 |
| 9 | 베이징 | 중국 | 18,590 |
| 10 | 브뤼셀 | 벨기에 | 1,175 |
| 11 | 워싱턴DC | 미국 | 694 |
| 12 | 서울 | 한국 | 10,290 |
| 13 | 마드리드 | 스페인 | 3,141 |
| 14 | 모스크바 | 러시아 | 13,198 |
| 15 | 시드니 | 오스트레일리아 | 5,005 |
| 16 | 베를린 | 독일 | 3,671 |
| 17 | 멜버른 | 오스트레일리아 | 4,641 |
| 18 | 토론토 | 캐나다 | 2,731 |
| 19 | 상하이 | 중국 | 24,153 |
| 20 | 샌프란시스코 | 미국 | 884 |

자료: A.T.Kearney, 2018, *2018 Global Cities Report*.

**세계도시 순위**
기업자문회사인 A.T.Kearney에서는 매년 세계도시지표(Global Cities Index)를 발표한다. 이 지표는 세계도시들의 기업 활동, 인적 자본, 정보 교환, 문화 체험, 정치 참여의 수준을 가중치에 따라 평가해서 순위를 제시한 것이다.

말한다. 세계화의 관점에서 세계도시는 선진 자본주의 경제 질서 속에서 세계경제 네트워크의 주요 결절점을 형성하여 금융과 무역의 세계체제를 이끌어가고 있다. 1980년대부터 시작된 세계도시에 관한 논의에서 프리드먼(Friedmann, 1986)은 노동의 국제분업 과정에서 경영, 금융, 생산이 세계적으로 분산되었으며 다국적기업의 관리 기능이 원활히 작동하기 위해서는 세계도시 간의 네트워크가 필요하다고 했다. 세계도시들은 국제금융과 국제무역이 세계화의 물결을 따라 활성화되면서 성장했다. 정보통신의 발달은 이러한 세계도시들을 더욱 긴밀하게 연결시키고 있다.

세계도시들은 기능과 연결망의 수준에 따라 여러 가지 지표를 사용하여 계층과 순위를 부여할 수 있다. 기업자문회사인 A.T.Kearney에서 발표한 2018년 **세계도시 순위**를 보면 뉴욕, 런던, 파리, 도쿄, 홍콩 등 5개 도시가 선두에 있으며, 서울은 12위를 기록하고 있다(표 1-2).

# 5. 포스트모더니즘과 문화의 세계화

　이성과 합리성을 바탕으로 한 절대 진리를 최고의 덕목으로 간주하는 모더니즘은 점차 퇴색하고, 인간 의식과 주관성에 대한 가치를 새롭게 평가하는 **포스트모더니즘**(postmodernism)이 등장하였다. 사회를 규정하는 요인들이 매우 복잡하게 얽혀 있다는 인식이 확산되고 개인적 삶의 이질성을 인정하는 상대주의적 문화가 보편화되고 있다. 바야흐로 획일화된 사회로부터 탈피하여 사회 체계의 개방성을 지향하는 방향으로 현대 문화의 특성들이 재정립되고 있다.

　포스트모더니즘은 지역과 장소의 변화에도 큰 영향을 미친다. 정보통신기술의 발달로 인한 **시공간 압축**(time-space compression)이 근대화 사회에서 주체성이 약해진 몰개성적 지역과 장소를 만들어가고 있는 한편, 이러한 **무장소성**(placelessness)을 극복하기 위한 인간들의 의도적, 창조적 장소 만들기가 의욕적으로 진행되고 있다. **장소 마케팅**(place marketing)은 장소의 차별화 전략으로서 세계화 시대의 치열해진 지역 간 경쟁에서 낙후되지 않기 위한 지역 주체들의 경쟁력 강화 전략이며, 그 방법으로는 **건조 환경**(built environment)의 효과적인 조성과 지역의 이미지 개선, 그리고 지역 주체들의 사회문화적 관계망과 정체성의 강화 등이 있다.

　차별화된 개성을 지닌 지역과 장소가 문화적 소비의 대상이자 자본 유치의 수단이 되고 있다. 지역과 장소를 하나의 상품으로 치장하는 것이, 생산자에게는 지역경제 활성화로서, 그리고 소비자에게는 문화적 욕구 충족의 요건으로서 인정되기 시작한 것이다. 또한 도시 공간상에서 직선미와 효율성을 강조하는 근대적 도시계획이 다양한 시각과 환경 친화성이 강조되는 **탈근대적 도시계획**으로 변경되고, 이에 따라 기능성보다는 개성과 미학을 중시하는 새로운 경관들이 출현하게 되었다(그림 1-11).

　포스트모더니즘과 관련된 또 다른 문화적 변화는 보편적 대중문화가 급속하게 팽창하고 있으며, 선진 지역을 중심으로 소득이 증대함에 따라 소비문화도 급속하게 팽창하고 있다는 사실이다. 대중문화, 소비문화의 급팽창은 자본주의 경제의 세계화와 맞물려 있기에 비단 선진 지역에만 국한된 것은 아니며 전 지구적으로 영향을 미치고 있다. 이는 자본의 이

**포스트모더니즘**
획일화되고 표준화된 모더니즘에 대항하여 나타난 사조이며 개개인의 개성과 다양한 문화가 중요하다고 생각하는 일련의 문화현상으로서 탈근대주의라고도 한다.

**시공간 압축**
지구상의 각 지역의 절대 면적이나 절대 거리는 변함이 없으나, 교통과 정보통신기술의 발달은 그러한 면적과 거리의 중요성을 축소시켜왔다.

**무장소성**
근대화, 산업화 과정에서 각 지역과 장소의 고유한 특징들이 사라지고 개성을 잃어가는 현상이다.

**장소 마케팅**
지역과 장소 자체를 발전의 수단으로 삼아 관련 전략을 수립하는 것이다. 이의 궁극적인 목표는 지역경제의 활성화와 지역 주민의 사회적 통합을 도모하는 데 있다.

**건조 환경**
지리 공간 상에 인간들이 인위적으로 조성한 다양한 경관물을 말한다. 특히 도시 공간 상에 조성된 밀도 높은 인문 경관들에 한정해서 사용되기도 한다.

**탈근대적 도시계획**
근대 사회에서 기능적 효율성을 추구하여 획일적인 모습으로 자리 잡았던 기능주의적 도시계획의 문제점을 극복하고, 미적인 다양성과 친환경적 조화성을 추구하는 새로운 도시계획을 일반적으로 표현한 용어이다.

그림 1-11. 영국 동런던의 포스트모던 도시 커내리 워프 커내리 워프(Canary Wharf)는 영국 런던 템스강 도크랜즈에 위치한 신도시로 런던 금융의 중심지 역할을 하고 있다. 전통과 현대를 조화시키는 포스트모던 경관이 유명하다(© 옥한석).

윤 추구 논리와도 밀접한 관련이 있다. 즉 근대 산업화사회에서의 대량생산체제를 통한 경제의 성장이 한계에 부딪치게 되었고, 이를 타개하기 위해서는 소비 시장을 확보하고 수요를 지속적으로 창출하는 일이 필요했다. 게다가 생산품의 다양화를 통해 개인의 구매 욕구를 자극함으로써 소비를 진작시키려는 전략이 결국 포스트모더니즘 문화와 연계되어 있는 것이다.

그러나 이처럼 대중문화와 소비문화가 자본주의 경제의 세계화에 편승해 전 지구적으로 확산되는 것을 진정한 문화의 세계화라고 할 수 있는가? 자본주의적 대중문화와 소비문화가 범지구적으로 획일화된 보편적 세계 문화로 자리 잡아 문화의 고유한 기능인 개인의 정체성과 심리적 안정감을 진작시킬 수 있을 것인가? 이에 대해서는 냉철한 판단과 분석이 요망된다.

산업화가 진전되어 자본주의 물질문명이 꽃핀 후부터 문화라는 말은 상품의 소비나 예술, 관광 등 여가활동을 통한 소비와 같은 것으로 의미가 축소되어 통용되고 있다. 비록 선진국에 한해서지만 분명 산업화의 진전에 따라 소득 수준이 증가했고 이에 따라 개인의 상품 구매 능력이 증대되고 인간들의 취향은 더욱 다양해져 가고 있다. 예술과 같은 비가시적 여가활동을 위한 소비도 증가 추세에 있다. 문명으로서의 문화가 외적인 발전과 이를 통한 삶의 질 고양이라는 의미를 내포하고 있다면, 여가활동으로서 문화의 소비는 예술이나 지적 삶을 통한 내적 또는 정신적 과정이라는 의미를 내포하고 있다.

여기에 덧붙여져 자본주의적 메커니즘과 맞물린 상품 소비를 통한 욕망의 충족도 현대문화의 중요한 일부분으로 자리를 잡고 있다. 그러나 이러한 문화상품의 세계화를 통해 세계인들이 같은 문화 상품을 소비한다는 것이 곧 문화의 세계화를 의미한다고 볼 수는 없다. 문화상품의 세계화는 문화의 세계화의 일부분을 차지하고 있을 뿐 결코 양자가 동일한 의미와 가치를 지닌다고 볼 수는 없다. 문화상품의 세계화는 오히려 경제의 세계화에 속하는 것으로, 국지적인 문화가 단지 자본주의 경제의 전지구적 확산을 위한 하나의 도구로서 기능하고 있다고 보는 편이 나을 것이다.

문화는 하나의 상품이기 이전에 한 집단의 생활양식이고 정신적 사고작용과 집단 범주화의 수단이다. 단지 문화상품을 소비한다는 것이 의식과 정체성을 형성하는 독립변수라고 볼 수 없으며, 오히려 현대사회에서 문화상품의 소비가 각 지역의 문화적 특징에 의해 선택되고 있다고 볼 수도 있다. 물론 국지적인 문화와 자본주의 문화상품의 소비가 충돌하면서 **문화변용**(acculturation)이 이루어지기도 한다. 문화와 문화 간 접촉도 빈번해지면서 기존 문화의 파괴와 변용도 빠른 속도로 진행되고 있다.

문화가 변해가는 것은 당연한 일이다. 변하지 않는 전통문화는 현대사회에서 불가능한 일이며, 끊임없는 재창출의 과정으로 겪는다. 따라서 타문화에 대한 개방과 수용은 당연한 일이며 이것이 **세계주의**(cosmopolitanism)의 본질이다. 세계주의에서 보다 중요한 것은 세계시민사회의 교류와 연대이다. 이미 세계화의 문제 해결은 세계시민사회 참여 정도와 인식능력 여부에 달려 있다고 해도 과언이 아니므로 세계시민으로서의 권리와 책무를 인식하고 성찰하는 세계인을 양성하는 일이 중요하다. 오늘날 모바일 통신기기에 의한 **소셜네트워크서비스**(SNS), 즉 트위터나 페이스북 등에 의한 접촉이 세계적인 문제에 관하여 수천 만 명의 이목을 집중시키게 되었으므로 세계화는 새로운 방향으로 진화하게 될 가능성이 있다.

**문화변용**
문화와 문화가 서로 만나 상호 영향을 주고 받으면서 각각의 문화 자체가 변화해 나가는 것을 의미한다.

**세계주의**
민족주의적 배타성과 지역성을 넘어서서, 한 국가의 시민이 아닌 세계시민적 덕목을 함양하고, 세계 인류의 다양한 문화를 수용하는 사상이다.

**소셜 네트워크 서비스**
소셜 네트워크 서비스는 온라인상의 참가자가 서로에게 친구를 소개하여 친구 관계를 넓힐 것을 목적으로 개설된 커뮤니티형 웹사이트이다. 오늘날 매일 수백만 명의 사람들이 소셜 네트워킹 웹사이트를 일상적으로 이용하고, 소셜 네트워크는 뉴미디어로서 1인 미디어, 1인 커뮤니티, 다수의 정보 공유 등을 포괄하는 개념이다.

## 공유경제의 현재와 미래

공유경제(sharing economy)는 생산된 재화와 서비스를 독점적으로 소유하지 않고 공동으로 사용하여 절약한다는 의미로서 하버드대학의 로런스 레시그(Lawrence Lessig) 교수가 제안한 개념이다. 그의 2008년 저서(Remix)에서 공유경제는 상업 경제와 달리 경제재에 대해 금전적인 이익을 추구하지 않고 사용자들이 친구들처럼 공유하는 것이라 했다. 대표적인 예는 위키백과(Wikipedia)로서 인터넷에서 사용자들이 자발적으로 백과사전의 내용을 직접 편집하면서 지식을 확대하고 공유하고 있다. 그러나 현실에서 통용되는 공유경제는 이익을 추구하는 플랫폼(platform) 사업자들이 공유 서비스 제공자와 사용자에게 상호 이익을 제공하는 개념이다.

공유경제는 2008년의 세계 금융위기 직후 개인 소득의 감소로 위축된 경제 상황에서 급성장했다. 이러한 공유경제는 계속 확대되어 2025년에는 세계 공유경제의 규모가 전통적인 렌털(rental) 경제와 맞먹는 3350억 달러에 이를 것으로 추정된다(세계경제포럼 자료).

바람직한 공유경제는 경제적 효율성, 공동체 지향성, 친환경성이라는 세 가지 조건을 갖추어야 한다. 공유경제는 비용을 절감하는 경제적 효율성을 추구하지만 공유를 통하여 자원 낭비를 막고 환경 오염을 줄이는 효과도 있다. 또한 서비스 제공자와 사용자 간의 유대를 통한 공동체 형성도 기대할 수 있다. 상호 간에 단순한 금전적 이익을 추구하는 것은 공유경제가 아니라는 것이다. 그런 의미에서 공동체 형성과 무관한 일용직 고용 위주의 '긱 이코노미(gig economy)'는 공유경제라고 할 수가 없다(April Lynn 인터뷰: 김창우·강남규, 2019)

공유경제의 유형으로는 모빌리티(차량, 자전거)

그림 1-12. 공유경제 기업들의 로고

그림 1-13. 오스트레일리아 멜버른의 공유 자전거(자료: Wikimedia ⓒ Papier)

공유, 숙박 공유, 인력 공유, 미디어 스트리밍, 클라우딩 금융 등이 있다. 그동안 세계 각국에서 기존 서비스업체들과 새로운 공유 서비스업체 간의 갈등이 발생했으며 법적인 타협이 이루어지기도 했다. 특히 우버(Uber), 그랩(Grab) 등 카풀(car pool, 승차 공유) 서비스에 대한 기존 택시 운전사들의 반발은 한국을 포함한 세계 각국에서 심각한 갈등을 불러왔다.

차량을 단시간 빌려주는 차량 공유(car sharing) 서비스인 집카(Zipcar)는 세계 주요 도시로 확산되고 있는데, 한국에서는 '쏘카', '그린카' 같은 기업이 운영하고 있다. 빈집이나 민박을 활용하는 세계적인 숙박 공유 서비스인 에어비앤비(Airbnb)는 한국 내에서 '코자자' 같은 숙박 서비스와 경쟁하고 있다. 그리고 사무실을 공동으로 사용하여 임대료를 절약할 수 있는 공유 오피스, 식당용 주방 시설을 공동으로 이용하는 공유 주방 등을 제공하는 업체들도 증가하고 있다.

그 밖에 한국에서 인기 있는 공유경제 사례로는 정장 의류를 공유하는 '열린 옷장', 아동 의류와 아동용품을 공유하는 '키플', 서적을 공유하는 '국민도서관 책꽂이' 등이 있다.

공유경제의 문제점은 세계화의 부작용과 비슷한 점이 많다. 세계화의 진전으로 일부 개발도상국은 전통적인 제조업이 발달하면서 전체적인 소득이 증대되기도 했지만, 비정규직 고용이 늘어나고 업종 간의 소득 격차가 심화되는 부작용을 겪었다. 공유경제에서는 공유 서비스의 공급자와 수요자가 상호 이익을 얻지만, 관련된 기존 산업은 위축되어 일자리가 감소할 수 있다. 카풀 서비스가 활성화 되면 택시 영업이 위축될 것이며, 차량 공유가 활발해지면 자동차 제조업이 타격을 입을 것이다. 동영상 및 음원 스트리밍 서비스가 확대되면 지적재산권(저작권)이 침해될 가능성도 있다.

자기 차량을 활용하는 공유 서비스인 카풀 서비스, 택배 배송, 음식 배달 등에 전업 또는 부업으로 참여하는 사람들은 대개 최저임금 수준의 소득을 얻을 뿐이다. 게다가 이들은 법적으로 개인사업자이기 때문에 건강보험이나 연금 등의 사회안전망 혜택을 받지 못하고 있다. 그러므로 공유경제가 더욱 활성화되기 위해서는 경제 기반이 취약한 서비스 제공자에 대한 사회적 지원제도가 뒷받침 되어야 한다.

---

**긱 이코노미** 미국 재즈(록) 클럽에서 단기(일용) 계약으로 고용한 연주자들의 공연을 긱(gig)이라 하는데, '긱 이코노미'는 정규직 고용 대신에 독립적인 전문직 근로자를 단기로 활용하는 경제 활동을 의미한다.

# 02 세계의 인구와 자원

전 세계의 인구는 1975년 40억 명이었으나 이후 12년마다 10억 명씩 증가하여 2023년에는 약 80억 명에 이를 전망이다. 1970년대에는 조만간 자원의 고갈을 전망했지만, 다행히 기술 혁신에 의하여 산업 생산이 획기적으로 증가하고 부의 축적이 계속 이루어지고 있다. 그러나 지구의 인구는 지속적으로 증가하고 있는 반면, 한국을 포함한 일부 선진국은 인구 감소를 걱정해야 하는 등 전 세계적인 인구문제의 양상이 복잡하다.

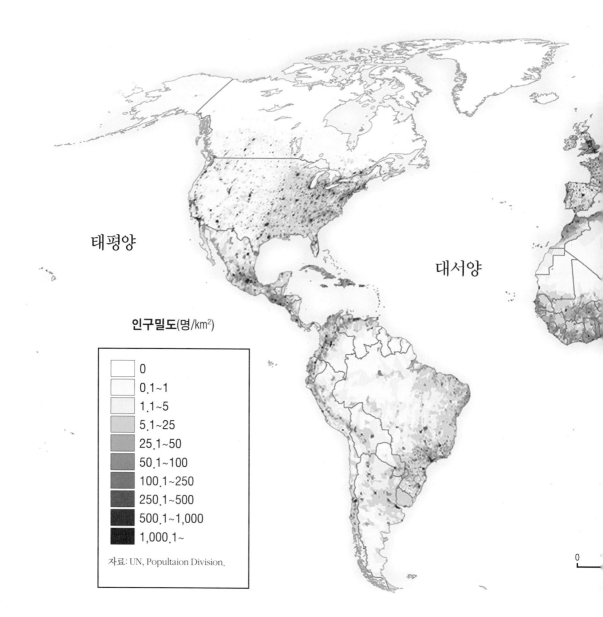

태평양

대서양

**인구밀도(명/km²)**

| | |
|---|---|
| | 0 |
| | 0.1~1 |
| | 1.1~5 |
| | 5.1~25 |
| | 25.1~50 |
| | 50.1~100 |
| | 100.1~250 |
| | 250.1~500 |
| | 500.1~1,000 |
| | 1,000.1~ |

자료: UN, Popultaion Division.

민족별, 국가별 문화 현상으로서 언어와 종교의 분포를 파악하는 것은 세계의 인구문제를 이해하는 초석이 된다. 지속적인 경제성장을 도모하기 위해서는 자원과 에너지를 확보하는 것이 중요한데, 자원 선점을 위한 국가 간의 갈등도 나타나고 있다. 인류의 지속 가능한 발전을 위해서는 자원을 둘러싼 갈등을 해소하고 화석연료를 대체할 수 있는 신재생에너지의 개발에 기술력을 집중해야 할 것이다.

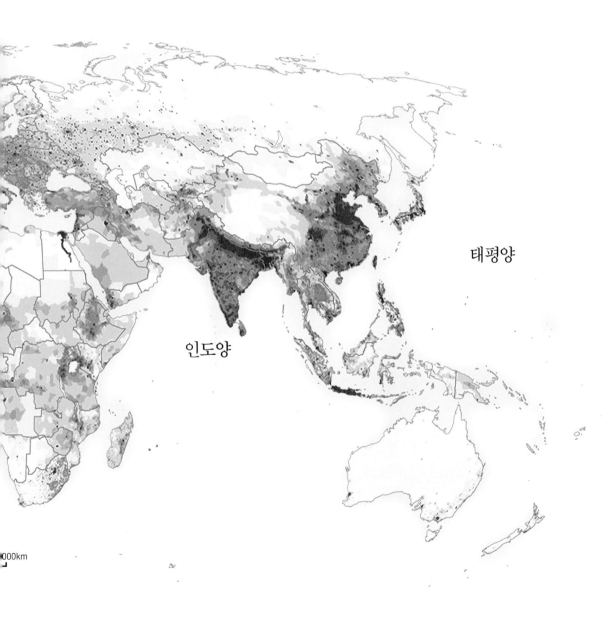

000km

인도양

태평양

## 1. 세계 인구의 성장과 분포

인류는 지구상에 존재하는 그 어느 생명체보다도 우월한 능력을 가지고 지구를 지배하면서 지구상에 다양한 인문 환경을 만들어가고 있다. 또한 인류는 발전을 거듭하면서 지금과 같은 지구촌(global village)을 건설해 냈다. 인간의 삶을 영위하기 위한 경제활동에 있어서 인간은 노동력을 제공하는 생산자이면서 동시에 생산된 재화와 서비스의 소비자이기도 하다. 그러나 인류 사회는 한정된 지구의 자원으로 인하여 생산과 소비의 불균형과 빈부 격차 등의 갈등을 아직 해결하지 못하고 있다. 전 세계적으로 볼 때 이러한 문제는 급격한 인구 성장과 인구의 불균등한 분포에 의해 더욱 악화되고 있다.

인류의 긴 역사를 통해서 볼 때, 인간의 수명이 짧고 사망률이 높았던 근대 이전에는 세계 인구가 크게 증가할 수 없었다. 17세기까지 세계 인구의 성장률은 연간 0.1%에도 미치지 못했기 때문에 세계 인구의 성장은 매우 느린 편이었다(그림 2-1). 게다가 1348년경 유럽에서 발생한 흑사병은 유럽 인구의 약 30%(약 2500만 명)를 잃게 만들었다.

1650년경부터는 의학이 상당히 발전하여 사망률은 줄어들고 인간의 수명도 늘어났다. 18세기 후반 영국에서 시작된 산업혁명(industrial

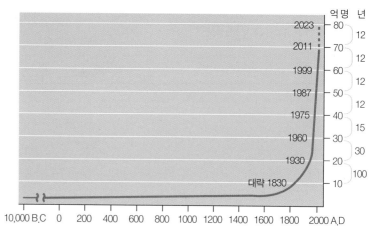

그림 2-1. 세계 인구의 증가 추세  세계 인구는 대략 1830년경부터 산업화와 의학의 발달로 인하여 급증했다. 1975년 이후 매 12년마다 10억의 인구가 증가하여 2023년에는 세계 인구가 약 80억 명에 이를 것으로 예상된다(자료: Peters and Larkin, 1983: 9; 필자 수정).

revolution) 또한 주변 국가로 확산되면서 인구 증가에 기여했다. 농업 위주의 경제체제가 공업 위주의 경제체제로 바뀌면서 유휴 노동력을 공장으로 흡수했으며, 증기기관을 사용하여 노동생산성이 향상되었다. 결국 전체적인 소득수준이 향상되고 물자가 풍부해졌기 때문에 인구 부양력도 높아졌다. 부수적으로 생활환경도 개선이 되었으며 의학도 더욱 발전하게 되자 사망률은 격감하고 인구는 급증하게 된 것이다. 특히 19세기 후반에는 서양 의학이 비약적으로 발전하여 의학 혁명(medical revolution)을 맞이하게 되었다(Getis et al., 1985: 50).

세계 인구는 약 10억에 도달한 1830년경부터 급속하게 증가했으며, 1930년경에 20억, 1975년에 40억, 1999년에 60억, 2011년에 70억을 넘어섰다. 21세기 들어 세계 인구증가율이 다소 낮아지고 있지만 2023년에는 세계 인구가 약 80억에 이를 것으로 예상된다. 이러한 인구 증가는 지구 자원의 개발과 기술 발전에 힘입은 결과로서, 앞으로 지속적인 기술개발과 부와 식량의 편재 문제를 해결해 나간다면 비관적인 일은 아니다.

한 국가 또는 지역의 인구 증가는 자연적 증가(출생-사망)에 인구 이동에 의한 사회적 증가(전입-전출)를 더한 것이다. 마찬가지로 국가별 인구성장률은 출생과 사망에 의한 자연증가율에 인구 이동에 의한 사회적 증가율을 더한 것이다. U.N. 인구통계에 의하면 2015년부터 2020까지 세계의 연평균 인구성장률(population growth rate)은 1.09%이다. U.N.의 인구집계가 시작된 1950년 이래 가장 높은 인구성장률을 보인 때는 1965~1970년으로서 연평균 2.05%였으나, 이후 차츰 감소하여 현재에 이르렀다. 2015~2020년 연평균 인구성장률이 -1% 이하로 나타난 국가들을 살펴보면, 리투아니아(-1.48), 라트비아(-1.15), 베네수엘라(-1.13) 등이다. **발트 3국**과 동유럽 국가들의 인구는 대부분 감소하고 있으며 베네수엘라는 정치 상황이 불안정하기 때문에 잠정적으로 인구가 감소했다. 반면에 인구성장률이 3% 이상인 나라들은 바레인(4.31), 오만(3.59) 등의 중동 국가와 니제르(3.82), 적도기니(3.66), 우간다(3.59) 등의 아프리카 국가이다. 몇몇 주요 국가들의 인구성장률을 살펴보면, 한국 0.18%, 북한 0.47%, 일본 -0.24%, 중국 0.46%, 인도 1.04%, 나이지리아 2.59%, 이집트 2.03%, 프랑스 0.25%, 독일 0.48%, 미국 0.62%, 멕시코 1.13% 등이

**발트 3국**
발트해 연안의 에스토니아, 라트비아, 리투아니아를 말하며, 과거 소련의 지배하에 있던 나라들로서 출산율이 낮으며 서유럽으로 이주하는 사람들이 많아서 인구가 감소하고 있다. 대부분의 동유럽 국가들도 같은 추세를 보이고 있다.

다(U.N., *World Population Prospects: The 2019 Revision*).

U.N.의 인구 추계에 의하면 2019년 현재 세계 인구는 77억 명으로 추정된다. 그중에서 약 83.5%는 개발도상국(developing country)에 거주하고 있으며 나머지 16.5%는 **선진국**(developed country)에 거주하고 있다. 대륙별 인구 분포를 보면 아시아에는 압도적 비율인 약 59.5%가 분포하고 있으며, 나머지 인구는 대부분 아프리카(16.9%), 아메리카(13.3%), 유럽(9.7%)에 분포하며, 오세아니아에는 0.5%만이 거주하고 있다.

2018년 기준 국가별 인구 분포를 살펴보면 1억 이상의 인구를 가진 나라가 13개국에 이른다(표 2-1 참조). 중국에는 세계 인구의 약 18%에 해당하는 약 14억의 인구가 거주하며, 인도는 약 13.5억의 인구를 가지고 있다. 한국의 인구는 세계 27위로서 5100만 명이며, 북한의 인구는 약 2600만 명이므로 남북한을 합치면 약 7700만 명의 인구가 된다. 그러므로 남북한의 통일이 달성될 경우에는 세계 20위의 인구 규모를 가진 나라가 될 것이다. 2050년의 인구 예측을 보면 인도(16억 7600만 명), 중국(13억 4300만 명), 나이지리아(4억 1100만 명), 미국(3억 9700만 명), 인도네시아(3억 2200만 명) 등으로 인구 순위가 바뀔 것이다(Population Reference Bureau, 2018 World Population Data Sheet).

**선진국**
선진국의 범위는 확정된 것이 없지만, UN은 통계 편의상 서유럽 국가들과 미국, 캐나다, 오스트레일리아, 뉴질랜드, 일본, 한국을 선진국에 포함시키고 있다.

표 2-1. 국가별 인구 순위(2018년)                                      단위: 천 명

| 순위 | 국가 | 인구 | 순위 | 국가 | 인구 |
|---|---|---|---|---|---|
| 1 | 중국 | 1,415,046 | 16 | 콩고민주공화국 | 84,005 |
| 2 | 인도 | 1,354,052 | 17 | 독일 | 82,293 |
| 3 | 미국 | 326,767 | 18 | 이란 | 82,012 |
| 4 | 인도네시아 | 266,795 | 19 | 터키 | 81,917 |
| 5 | 브라질 | 210,868 | 20 | 타이 | 69,183 |
| 6 | 파키스탄 | 200,814 | 21 | 영국 | 66,574 |
| 7 | 나이지리아 | 195,875 | 22 | 프랑스 | 65,233 |
| 8 | 방글라데시 | 166,368 | 23 | 이탈리아 | 59,291 |
| 9 | 러시아 | 143,965 | 24 | 탄자니아 | 59,091 |
| 10 | 멕시코 | 130,759 | 25 | 남아프리카공화국 | 57,398 |
| 11 | 일본 | 127,185 | 26 | 미얀마 | 53,856 |
| 12 | 에티오피아 | 107,535 | 27 | 한국 | 51,164 |
| 13 | 필리핀 | 106,512 | 28 | 케냐 | 50,951 |
| 14 | 이집트 | 99,376 | 29 | 콜롬비아 | 49,465 |
| 15 | 베트남 | 96,491 | 30 | 스페인 | 46,397 |

자료: U.N. Population Division, World Urbanization Prospects: The 2018 Revision.

## 2. 인구문제와 인구 정책

어떤 국가나 지역에서 현재 가용한 자원에 의해 지지될 수 있는 최대한의 인구 규모를 인구 부양력 또는 가용력(可容力, carrying capacity)이라고 한다. 만약 인구가 부양력만큼 유지되고 있다면 적정인구(optimum population)를 가졌다고 할 수 있다. 그러나 부양력보다 인구가 크다면 과잉인구(over-population)이며, 부양력보다 인구가 적다면 과소인구(under-population)가 된다.

과잉인구는 맬서스(Malthus)가 주장하는 인구론의 근간을 이루는 주제이며 지금도 많은 개발도상국에서 겪고 있는 문제이다. 자원에 비해 과다한 인구, 식량 생산을 초과하는 인구 증가, 높은 출생률과 낮은 사망률 등이 그 주요 원인이다. 반면 과소인구는 자연환경이 인간생활에 부적합한 지역이거나 인구가 유출된 지역에서 볼 수 있는 현상이다. 아마존의 밀림 지대, 시베리아의 툰드라 지대, 아프리카의 사하라 사막 지대 등은 자연환경이 거주하기에 부적합하여 인구가 적을 수밖에 없다.

인구 유출(population leakage)은 낙후된 농촌이나 경제가 침체된 지역에서 나타나는 인구문제이다. 농촌의 인구 유출은 농촌의 공동화(空洞化), 노령화, 노동력 부족 등을 초래하고 있다. 농촌을 떠나서 도시로 향하는 인구 이동을 이촌향도(離村向都) 또는 이농현상(離農現象)이라고 하는데, 이는 도시의 과도한 인구 집중을 초래할 수 있다. 인구 집중(population concentration)은 도시화가 급속하게 진행되는 개발도상국에서 흔히 나타나는 문제로서 주로 농촌 인구가 대도시로 과도하게 유입되기 때문에 농촌의 인구 유출과 맞물려 있다. 인구가 대도시로 과도하게 집중하면 도시 내의 주택 부족, 범죄 증가, 교통 혼잡, 기반시설 부족 등의 도시문제를 야기하게 된다.

저출산은 전쟁이나 불경기 때문에 한시적으로 나타나기도 하지만, 일반적으로 출산의 **기회비용**(opportunity cost)이 부담이 되어 출산을 기피하기 때문에 나타나는 인구문제이다. 이는 여성의 경제활동이 활발한 선진국에서 흔히 볼 수 있는 현상인데, 저출산이 지속되면 국가 전체의 인구 감소와 생산인구의 감소로 이어지며, 국가 경제에도 악영향을 미치게 된

**기회비용**
어떤 활동에 참여함으로서 다른 경제활동의 기회를 포기하여 입은 손해를 비용의 개념으로 환산한 것. 출산으로 인하여 경제활동의 기회를 포기한 경우 발생한 소득의 감소를 비용으로 환산한 것이 출산의 기회비용이다. 여성의 취업이 활발한 선진국에서는 후진국보다 출산의 기회비용이 크기 때문에 출산을 꺼리는 경향이 있다.

## 인구 이동과 세계화

이주(migration)는 한 장소에서 다른 장소로 거주지를 이동하는 것으로서 인구 이동이라고도 한다. 인구 이동이 발생하는 요인은 압출 요인(push factor)과 흡인 요인(pull factor)으로 나눌 수 있다. 압출 요인은 현재의 거주지를 떠나게 만드는 부정적 요인으로, 기근, 경지 부족, 전쟁, 빈곤, 실업, 인종차별, 열악한 주거환경 등이 있다. 반면에 흡인 요인은 이주 목적지가 제공하는 긍정적 요인으로, 취업, 경제적 기회, 교육 여건, 사회복지, 안락한 주거환경, 피난처 제공 등이 있다. 흡인 요인을 따라 자발적으로 이주하는 것을 '선택적(selective) 이주'라 하며, 압출 요인에 의해 어쩔 수 없이 이주하는 것을 '비선택적(nonselective) 이주'라고 한다.

한 국가 내에서 일어나는 인구 이동은 도시화를 초래하는 이촌향도(離村向都) 현상이나 중소도시에서 대도시로 이동하는 현상이 대표적이다. 국가 간의 인구 이동은 해외 이민이나 해외 취업 등이 있는데, 이주 기간에 따라 일시적 또는 계절적 이동과 영구적 이민으로 나눌 수 있다. 한 국가 내혹은 국가 간의 인구 이동의 특수한 형태로는 난민(refugee)의 이주가 있는데, 이러한 이주는 자연재해, 정치적·종교적·민족적 박해, 전쟁 등의 압출 요인에 의해 발생한다.

세계화는 인구 이동에도 영향을 미친다. 세계화가 본격적으로 진행된 1970년대 이후의 세계적인 인구 이동 추세를 보면 일자리를 찾기 위한 이민자(선택적 이주)와 전쟁 및 자연재해에 의한 난민(비선택적 이주)이 주류를 이룬다(그림 2-3). 일자리를 찾는 이민자들은 북미, 서유럽, 오스트레일리아 등 선진국으로 향하고 있다. 라틴아메리카, 카리브해 및 아시아에서의 이주는 미국의 인종 구성을 변화시켰으며, 아프리카 및 아시아에서의 이주는 서유럽을 변화시키고 있다. 민족적으로 동질성이 강한 한국과 일본에도 최근 이민자의 유입이 늘고 있다. 이러한 인구 이동은 대체로 국가 간의 경제적 불균등에 의해 초래되고 있다.

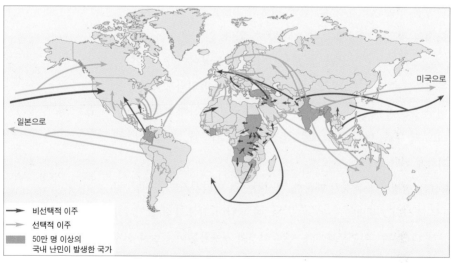

그림 2-2. 세계의 인구 이동 1970년대 이후 세계적인 인구 이동 추세는 일자리를 찾기 위한 이민자와 전쟁 및 자연재해에 의한 난민이 주류를 이룬다(자료: Hobbs, 2009: 58).

그림 2-3. 뉴욕 맨해튼에 위치한 코리아타운(왼쪽)과 차이나타운(오른쪽) 세계도시 뉴욕은 가히 세계 경제의 중심지라 할 만하다. 세계 각국의 이민자들이 경제적 기회가 많은 뉴욕으로 이주하여 새로운 삶의 터전을 가꾸고 있다(자료: Wikimedia 왼쪽 ⓒ Ingfbruno, 오른쪽 ⓒ chensiyuan).

다. 2017년도 세계 각국의 **합계출산율**(total fertility rate)을 보면, 세계 평균은 2.5인데 아프리카는 4.6인 반면 유럽은 1.6으로서 큰 차이를 보이고 있다. 다출산 국가들은 대체로 아프리카 국가들이며, 저출산 국가들은 동아시아와 유럽 국가들이 해당된다(표 2-2). 2017년 한국의 합계출산율은 세계 최저 수준인 1.05로서 이미 학령인구 감소, 노동력 감소, 인구의 고령화 현상이 나타나고 있으며 장차 인구 감소로 이어질 것이다. 한때 과잉인구로 인한 식량 부족과 빈곤으로 고통을 겪던 중국은 1979년부터 한 자녀 정책을 시행하여 상당한 성공을 거두었으나 최근 저출산으로 인한 노동력 감소 등 사회문제가 발생하자 2016년부터 두 자녀 정책을 시행했다.

고령화(노령화)는 총인구 구성에서 65세 이상의 노인 인구(노령 인구) 비율이 높아지는 현상으로서 저출산과 마찬가지로 선진국에서 먼저 나타나는 인구문제이다. 이는 의학 발달에 의한 인간 수명의 연장과 출산율 하락이 결합하여 나타나는 현상이다. 노령 인구의 비율이 높아지면 상대적으로 생산연령인구(15~64세)의 노인 부양 부담이 늘어나는 결과를 초래한다. 즉 국가 재정에서 상대적으로 감소한 근로자 세입으로 노인 복지를 위한 세출의 증액을 감당해야 한다. UN의 분류에 의하면 국가 총인구 중에 65세 이상 노인의 비율이 7% 이상이면 고령화사회(aging society), 14% 이상이면 고령사회(aged society), 20% 이상이면 초고령사회(post-

**합계출산율**
가임 연령인 15세부터 49세까지의 여성 1인당 평균 출산 자녀수를 뜻한다. 현재의 인구가 유지되기 위해서는 합계출산율이 2.0이 되어야 한다.

표 2-2. 국가별 합계출산율(2017년)

| 순위 | 다출산 국가 | 합계출산율 | 순위 | 저출산 국가 | 합계출산율 |
|---|---|---|---|---|---|
| 1 | 니제르 | 7.3 | 1 | 한국 | 1.1 |
| 2 | 차드 | 6.4 | 2 | 타이완 | 1.2 |
| 3 | 소말리아 | 6.4 | 3 | 루마니아 | 1.2 |
| 4 | 콩고민주공화국 | 6.3 | 4 | 싱가포르 | 1.2 |
| 5 | 앙골라 | 6.2 | 5 | 보스니아·헤르체고비나 | 1.2 |
| 6 | 말리 | 6.0 | 6 | 이탈리아 | 1.3 |
| 7 | 부르키나파소 | 5.7 | 7 | 스페인 | 1.3 |
| 8 | 나이지리아 | 5.5 | 8 | 그리스 | 1.3 |
| 9 | 부룬디 | 5.5 | 9 | 몰도바 | 1.3 |
| 10 | 감비아 | 5.5 | 10 | 리히텐슈타인 | 1.3 |

주: 한국 통계청에서는 2017년 합계출산율을 1.05로 발표하여 표에 반영했다.
자료: Population Reference Bureau, 2017 World Population Data Sheet.

그림 2-4. 베트남 가족계획 홍보 간판  인구가 급증하고 있는 동남아시아 국가에서는 산아제한을 유도하는 가족계획을 홍보하고 있다. 2000년대 둘만 낳아 잘 기르자는 메시지가 담긴 베트남의 홍보 간판이다(© 서태열).

aged society)라고 한다. 한국은 2000년에 이미 고령화사회에 진입했으며, 2017년에는 고령사회로 진입했다.

각종 인구문제에 대처하기 위한 인구 정책에는 여러 가지가 있다. 과잉 인구 문제에 대해서는 산아제한, 가족계획, 이민 장려 같은 인구 조절 정책을 시행하고 있다(그림 2-4). 과소인구 문제에 대해서는 경제를 활성화하고 고용을 창출하여 국내외에서 이주자들을 받아들이는 인구 유인 정책이 필요하다. 인구 유출을 줄이기 위해서는 농촌의 소득 증대 사업을 지원하고 생활환경을 개선하는 정책을 시행해야 한다. 인구 집중을 완화하기 위해서는 기업, 기관, 대학교 등의 이전을 통한 인구 분산 정책과 함께 지역 간 균형발전 정책을 병행한다. 저출산 문제의 해결을 위해서는 출산과 육아 지원뿐 아니라 취업 및 임대주택 지원 등 전방위적인 출산 장려 정책을 실시해야 한다. 인구의 고령화에 대한 대책으로는 각종 노인복지 사업의 확대와 노인 소득 증대를 위한 취업 지원이 필요하다.

## 3. 민족, 언어, 그리고 종교

민족은 다양한 생활문화를 만들어내는 사회 환경의 기본이다. 민족은 의식주를 비롯하여 언어, 종교 등의 문화를 공유하는 경우가 많기 때문에 같은 민족에 속하는 사람들 사이에는 쉽게 연대감이 형성되지만, 다른 민족에 대해서는 무관심이나 적대감을 드러내기도 한다. 그래서 19세기 무렵부터 단일 민족국가가 바람직하다고 이야기되는 시대가 있었는데, 그러한 사고방식은 식민지 지배를 받던 사람들에게 독립운동의 원동력이 되었다. 그러나 지구상에는 동일 민족으로 구성된 나라는 거의 없고, 대부분 복수의 민족이 하나의 나라에 혼재한다. 이러한 경우 여러 가지 권리와 경제적 우위를 둘러싸고 여기에 속하지 않는 사람들의 불만이 높아진다. 또한 민족을 내세워 서로의 주장이 다르면, 자주 심각한 충돌이 발생하기도 한다.

민족을 결부시키는 요소로서 동일한 생활습관이나 가치관을 들 수 있는데, 특히 공통의 언어를 갖는 것은 동일 민족에 속한다는 연대감을 강화하는 작용을 한다. 세계의 언어는 인간의 이동과 종교의 전파 등에 의해 조금씩 변화하면서 장기간에 걸쳐 확산된다(그림 2-5). 국가는 성립하는 과정에서 강한 민족의 언어가 **국어**나 **공용어**로 정해지는 경우가 많다. 국어나 공용어는 비록 그것이 모국어가 아닌 민족에게도 그 나라에 거주하는 한, 그것을 배우지 않으면 교육, 취직, 재판을 받을 때에 불리하다. 이것을 차별로 볼 것인가는 역사적 경위에 따라 다르다. 처음부터 다른

**국어**
국가를 대표하는 언어로 국가어라고도 하며, 헌법 등에 정해진 언어이다.

**공용어**
국가, 주와 같이 어떤 집단이나 공동체 내의 공공의 장소에서 공식적으로 사용하는 것을 국가가 정하는 언어이다. 1국가 1공용어의 국가도 있지만, 복수의 공용어를 정한 국가도 드물지 않다.

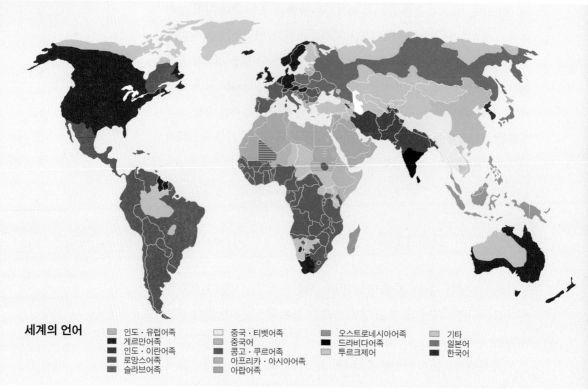

세계의 언어

| | | |
|---|---|---|
| 인도·유럽어족 | 중국·티벳어족 | 오스트로네시아어족 | 기타 |
| 게르만어족 | 중국어 | 드라비다어족 | 일본어 |
| 인도·이란어족 | 콩고·쿠르어족 | 투르크제어 | 한국어 |
| 로망스어족 | 아프리카·아시아어족 | | |
| 슬라브어족 | 아랍어족 | | |

그림 2-5. 세계의 언어 분포  세계의 언어 분포는 민족 분포와 밀접한 관련이 있다. 세계의 언어 중에서 중국어가 가장 많이 사용되고 있으며, 그 다음은 영어, 힌두어, 스페인어, 아라비아어 등의 순이다(자료: Wikimedia).

언어를 사용하는 민족들로 구성된 스위스는 하나의 국어를 정할 수 없어서 독일어, 프랑스어, 이탈리아어, 로망슈어의 네 가지 언어가 공용어로 정해졌다. 최근에는 교통 및 통신이 더욱 발달하면서 많은 언어가 소멸하고 있다.

언어와 종교의 관련은 아프리카 및 아시아 어족과 이슬람교의 분포에서 볼 수 있듯이 매우 밀접하다. 이처럼 언어와 종교가 일치하는 사람들 사이에는 강한 민족의식이 생겨난다. 세계 각지에 전파된 종교의 지역적 분포는 크게 보편 종교와 민족 종교로 나누어진다. 전자는 크리스트교, 이슬람교, 불교와 같이 인종이나 민족을 초월한 교의를 갖는다. 후자는 유대교와 같이 특정 민족을 중심으로 신앙되는 종교이다.

크리스트교는 로마제국 지배하의 예루살렘에서 유럽으로 전해졌고, 유럽인은 아메리카와 오세아니아에 확산시켰다. 그리고 선교사와 식민지

그림 2-6. 아시아 민족의 다양성  이 그림에는 20세기 초 아시아의 35개 민족을 대표하는 사람들의 모습이 담겨 있다. 한국인도 한명이 있으니 찾아보자(자료: G. Mützel, 1904).

지배로 라틴아메리카를 비롯하여 아시아와 아프리카에도 전파되었다. 반면 아라비아반도에서 발생한 이슬람교는 교역과 정복에 의해 북아프리카에 전해졌고, 이후 터키에서 중앙아시아에 걸친 지역과 남아시아, 동남아시아로 확대되었다. 인도에서 발생한 불교는 남아시아에서 동남아시아와 동아시아로 전파되었다.

　많은 사람들이 종교와 깊은 관계를 갖고 생활하는 지역이 있다. 힌두교는 종교라기보다는 인간 행동의 규범이 되는 전통적인 제도와 관습의 총체이다. 사람은 태어나면 **카스트**(caste)에 속한다고 생각하는 카스트 제도도 힌두교 가르침의 중요한 부분이다. 또한 중동의 이슬람 제국에서는 이슬람교를 축으로 국가의 체제를 만드는 이슬람 부흥운동이 활발하다.

　생활과 밀착된 종교의 가르침은 식생활에도 반영되어 있다. 어떤 음식을 금지하는 것과 식사 때에 신도들끼리 함께 기도를 드리고 식사를 하는 행위는 동일 신앙을 확인하는 의미이다. 같은 음식을 함께 먹는 의식은 이슬람교의 희생제에서 볼 수 있다. 매년 메카 순례의 마지막 날에 행해지는 희생제는 전 세계의 이슬람교도가 순례를 무사히 마쳤다는 것을 축하하여 신에게 희생의 동물(양과 소)을 바치고, 그 고기를 가난한 사람

**카스트**

인도 사회 특유의 신분제도를 영어로 표현한 것으로서, 인도에서는 바르나(varna)라고 한다. 브라만(Braman: 사제·성직자), 크샤트리아(Kshatriya: 귀족·무사), 바이샤(Vaisya: 상인·농민·지주), 수드라(Sudra: 소작농·청소부·하인)의 네 가지로 분류된다. 1947년 인도 정부는 이러한 차별적 신분제도를 철폐했으나, 여전히 인도인의 생활 저변에 영향을 미치고 있다.

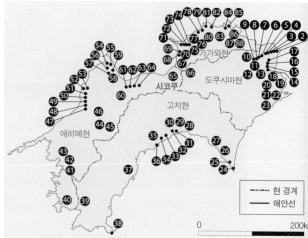

그림 2-7. 인도 바라나시의 갠지스 강변(왼쪽) 인도 갠지스강에서 힌두교도들이 몸을 씻고 있다. 힌두교도들은 갠지스 강물이 죄를 씻어준다고 믿으며, 자신이 죽어 화장한 유해가 갠지스강에 뿌려지길 소망한다(© tktktk).

그림 2-8. 일본 시코쿠 88개 사찰 위치도(오른쪽) 시코쿠섬은 고보우(弘法, 774~835년) 대사가 탄생하고 수행한 지역이다. 그는 88 곳의 영지(靈地)에 사찰을 창건했는데, 이곳의 순례를 오헨로(お遍路)라고 한다. 원래 순례는 수행 승려 등이 중심이었는데, 대사에 대한 신앙심이 높아지면서 전국에서 많은 사람들이 그의 연고지를 순례하고 싶어하는 영지로 발전했다. 1번부터 88번 절까지 순례 길은 총 1200km에 달하며, 하루에 20km씩 걸으면 약 60일이 걸린다(자료: Wikimedia © On-chan).

이나 이웃 사람들과 나누어 먹는다.

금기시하는 음식은 종교에 따라 다르다. 이슬람교도는 돼지고기와 피가 남아 있는 고기, 이교도에 의해 처리된 고기를 먹지 않고, 음주도 금지한다. 유대교도는 돼지나 말과 같이 위장에서 되새김질하지 않는 동물과 오징어, 낙지, 패류 등 비늘이 없는 바다의 생물을 먹는 것도 금지하고 있다. 힌두교도는 성스러운 동물로 여기는 소고기를 먹지 않을 뿐만 아니라, 불살생의 가르침에 따라 육식을 하지 않고 채식주의를 유지하는 사람도 많다. 불교가 전해진 지역에도 살생을 경계하는 생각에서 동물의 고기를 먹지 않는 사람이 많은데, 중국이나 일본에서는 육식에 대해서 관대한 편이다. 크리스트교는 음식에 대한 규제가 관대하지만, 예수가 십자가에 매달렸다고 전해지는 금요일에는 고기가 아닌 생선을 먹는 습관이 남아 있다.

글로벌화에 따라 종교 관련 도시와 지역은 각종 이벤트에 참가하는 관광객들로 북적거린다. 종교의 성지순례는 동서고금을 막론하고 세계 각지에서 볼 수 있는 현상인데, 최근에 더욱 많은 사람들이 방문한다. 이슬람권 사람들의 메카 순례, 크리스트교에서는 예루살렘, 바티칸, 산티아고 데 콤포스텔라(Santiago de Compostela)가 3대 성지 순례지로 유명하다. 힌두교의 성지 바나라시(그림 2-7), 티베트 불교 성지 가이라스산, 일본의 이세(伊勢) 순례와 시코쿠(四國) 88개소 순례 등이다(그림 2-8). 이러한 성지 순례는 신앙심에 근거한 종교적인 행위임과 동시에 거주지를 떠난 장소에서 행해지는 일종의 체험으로 소비 활동을 생각하면 관광의 시점에서 보는 것도 가능하다.

## 4. 자원과 에너지

자원의 개념에는 문화자원, 인적자원도 포함되지만, 일반적으로는 천연자원을 가리킨다. 천연자원이란 자연에서 얻을 수 있는 자원을 말하는데, 구체적으로는 광물자원, 에너지자원, 식량 자원(농산자원, 임산자원, 수산자원), 토지자원, 수자원 등이 있다. 천연자원은 자원의 재생 특성을 기준으로 재생(renewable) 자원과 비재생(nonrenewable) 자원으로 나눌 수 있다. 재생 자원은 물, 공기, 토양, 태양에너지(빛과 열), 조력, 풍력, 수력처럼 거의 무한으로 공급되며 순환되는 자원을 말한다. 반면에 비재생 자원은 석탄, 석유, 철, 구리처럼 매장량이 한정되어 있으며 사용함에 따라 점차 고갈되어 가는 자원을 말한다.

여기서 물, 공기, 토양 등의 재생 자원은 환경오염에 의해서 재생이 지연될 수 있으며, 철, 알루미늄 같은 비재생 자원은 재순환 또는 재활용하여 고갈되는 속도를 늦출 수 있다. 그러나 석탄, 석유, 천연가스 같은 **화석연료**(fossil fuel)는 재생은 물론 재활용도 불가능하다. 비재생 자원은 총량이 한정되어 있기 때문에 언젠가 고갈될 경우에 대한 대비책이 필요하다.

광물이란 지구의 지각에서 자연적으로 생성된 무기물질을 말한다. 광물은 크게 금속광물과 비금속광물로 분류되며, 금속광물에는 철, 구리, 알루미늄, 금, 은 등 잘 알려진 광물뿐 아니라 스칸듐(Sc), 세륨(Ce)과 같은 **희토류**(rare earth elements)도 포함된다. 비금속광물은 석회석, 규사, 고령토, 유황, 활석, 수정 등이 있으며, 금속광물과 달리 대부분 지구상에

**화석연료**
유기물인 동식물이 화석화하면서 형성된 연료로서 석탄, 석유, 천연가스가 해당된다. 화석연료는 에너지자원이면서 지하자원이지만 광물은 아니다.

**희토류**
자연계에 매우 드물게 존재하는 금속 원소의 총칭이다.

## 세계의 문화권과 가치관

문화권은 다른 지역과 구별되는 동질적 문화 유형을 가진 지구상의 지리적 범위를 말하는 것으로, 크게는 대륙 규모의 문화지역이 해당될 수 있다. 즉 문화권은 인종(혹은 민족), 언어, 종교 등의 문화 요소가 비슷한 지역으로, 산맥·해양·사막 등 뚜렷한 자연 조건에 의하여 구분되기도 한다. 그러나 그 경계에 점이 지대가 존재하여 권역 구분이 모호할 수 있다. 그리고 문화권은 영구 고정된 것이 아니라 인류 이동과 문화 전파 등에 따라 변화된다.

문화권에 관한 연구는 19세기 말부터 독일·오스트리아 등의 지리학자·민족학자들이 주도해 왔다. 이 학자들은 서로 멀리 떨어진 지역의 문화에서 어떤 문화 요소가 유사한 형태를 보이고, 그것을 포괄하는 지리적인 권역에서 공통된 문화적 통일성이 나타나면 이를 하나의 문화권으로 볼 수 있다고 하였다.

언어와 종교는 문화의 소산으로서 민족의 정체성을 대변할 뿐 아니라, 민족 문화의 주요 요소들이기 때문에 세계의 문화권을 구분할 때 유용한 지표로 사용되고 있다. 언어는 민족 구성원 간의 기본적인 의사소통 수단이기 때문에 문화적 정체성을 규정하고 문화 집단을 구분하는 명확한 기준이 될 수 있다. 또한 종교는 언어보다 배타적 성격이 강하기 때문에 문화적 정체성을 더욱 확연히 드러내기도 한다. 세계화 추세에 따라 두 개의 언어를 구사하는 사람들을 많이 볼 수 있지만, 두 개의 종교를 신봉하는 사람은 거의 없기 때문이다.

하지만 언어권이나 종교 분포가 세계의 문화권 구분과 반드시 일치하는 것은 아니다. 같은 언어를 사용하더라도 같은 민족이 아닐 수도 있고, 종교가 다를 수도 있다. 아랍어를 사용하는 서남아시아 국가들의 경우 종교는 이슬람교가 대부분이지만, 민족이 다른 경우가 많다. 한국어를 사용하는 한국 사람들도 신봉하는 종교는 매우 다양한 것이 사실이다.

다양한 문화 요소들을 검토하고 종합하여 분류한 세계 문화권의 종류는 학자마다 다르게 나타날 수 있다. 〈그림 2-9〉에서는 세계의 문화권을 10가지

그림 2-9. 세계의 문화권  세계의 문화권은 대륙을 중심으로 구분할 수도 있지만, 이 지도처럼 좀 더 세분해서 총 10개의 문화권으로 구분할 수 있다(자료: 장호 외, 2003: 44).

로 구분하였는데, 인종, 민족, 언어, 종교를 기본적인 요소로 하여 자연적 위치를 반영한 상당히 합리적인 구분이라고 볼 수 있다. 이 지도에서 한국은 동아시아 문화권에 속해 있다.

세계 100여 개 국가의 사회과학자들이 참여하여 1981년부터 대략 5년 주기로 실시하는 세계가치관조사(World Values Survey)에서는 흥미로운 문화지도(cultural map)를 발표하였다. 이 조사는 세계 각국 사람들의 가치관 변화를 추적하고 있는데, 조사 결과는 최종적으로 문화 지도로 제시된다. 이 지도는 세계 지도를 배경으로 한 자료가 표시되는 것이 아니고 평면 좌표에 각 국명이 표시되는 것이 특징이다. X축에는 생존적 가치관과 자기 표현적 가치관, Y축에는 전통적 가치관과 세속적 가치관이라는 기준을 설정하고 그래프상에서 자료를 조합해보면 각국 사람들의 평균적인 가치관을 평가할 수 있다.

〈그림 2-10〉을 보면 세계의 문화권은 이슬람 문화권, 그리스정교 문화권, 발트해 문화권, 유교 문화권, 가톨릭유럽 문화권, 남아시아 문화권, 중남미 문화권, 영어 문화권, 개신교 유럽문화권 등 9가지로 구분되어 있다. 이 그래프에 의하면 한국은 대만, 중국, 일본과 함께 유교 문화권으로 분류되었으며, 한국인들은 매우 세속적이고 생존적인 가치관을 지닌 것으로 나타났다. 반면 이슬람 문화권의 국가들은 전통과 종교를 중시하고 생존문제도 중시하는 것으로 드러났다. 세계 각국의 1인당 국민소득 수준과 그래프 상의 문화권을 비교해 보면 개신교 유럽문화권의 국가들이 가장 소득이 높고, 이슬람 국가들이 가장 소득수준이 낮은 것으로 나타난다. 그러므로 문화권 설정에 반영된 문화적 가치관은 해당 국가 국민의 경제활동에 영향을 주어 국민의 소득수준에 반영되는 것으로 추정된다.

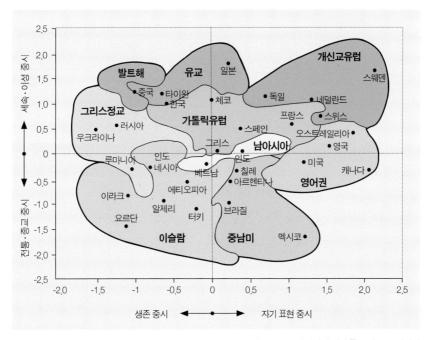

그림 2-10. 세계의 문화지도(2015년) 이 문화지도는 최근 '세계가치관조사'에 나타난 결과를 그래프로 제시한 것이다. 서로 대비되는 가치관을 기준으로 전 세계 국가들을 9개 문화권으로 분류하였다(자료: 세계가치관조사 www.worldvaluessurvey.org).

풍부하게 분포하고 있다(De Souza and Stutz, 1994: 138).

금속 광물의 매장량에는 한계가 있으므로 현재와 같은 소비 추세가 지속되면 머지않아 고갈될 것이다. 자원의 고갈 시기(depletion time)란 현재의 기술 및 생산 수준으로 그 자원 부존량의 약 80%를 채굴하여 사용할 때까지 걸리는 시간을 말하며, 가채년수(可採年數)라고도 한다. 현재의 소비 패턴에서 철광석의 가채년수는 240년 정도라고 한다. 가장 고갈 시기가 빠른 금속은 금으로, 가채년수는 19년이다. 은의 경우는 22년, 구리는 43년으로 추정되고 있다(U.S. Geological Survey, 2012). 고갈 시기는 재순환, 기술 향상, 소비 억제, 광산 개발에 따라 연장될 수 있다.

희토류는 발전기, 전자기기, 무기 등에 활용되는 희귀 금속으로서 중요한 전략 자원이다. 희토류는 이름과 달리 지구상에 비교적 풍부하게 매장되어 있지만 자연적으로 채취하기는 어렵다. 이 금속은 채굴-분리-정련-합금화 과정을 거치면서 기술력, 생산비용, 환경오염 등의 문제가 있어서 그동안 인도, 브라질, 남아프리카 공화국, 미국, 중국에서 생산을 주도해 왔다. 그러나 최근 미국에서는 생산을 감축했으며, 2000년대 이후에는 주로 중국에서 생산해 왔다. 2010년 기준으로 중국은 전 세계 희토류 생산의 약 97%를 차지하고 있다. 이러한 희토류 생산의 지리적 편재는 중국과 선진국 간의 새로운 무역 전쟁의 요인으로 급부상하고 있다.

표 2-3. 석유의 생산 및 소비, 수출 및 수입에 대한 국가별 순위(2017년)　　　　　　　　　　　단위: 1000bpd

| 순위 | 생산 | | 소비 | | 수출 | | 수입 | |
|---|---|---|---|---|---|---|---|---|
| | 국가 | 생산량 | 국가 | 소비량 | 국가 | 수출량 | 국가 | 수입량 |
| 1 | 미국 | 15,599 | 미국 | 19,880 | 사우디아라비아 | 7,273 | 미국 | 7,850 |
| 2 | 사우디아라비아 | 12,090 | 중국 | 13,226 | 러시아 | 5,116 | 중국 | 6,167 |
| 3 | 러시아 | 11,200 | 인도 | 4,690 | 이라크 | 2,792 | 인도 | 3,789 |
| 4 | 캐나다 | 4,984 | 일본 | 3,988 | UAE* | 2,684 | 일본 | 3,181 |
| 5 | 중국 | 4,779 | 사우디아라비아 | 3,918 | 캐나다 | 2,671 | 한국 | 2,942 |
| 6 | 이란 | 4,669 | 러시아 | 3,224 | 나이지리아 | 2,279 | 네팔 | 2,016 |
| 7 | 이라크 | 4,462 | 브라질 | 3,017 | 네팔 | 2,016 | 독일 | 1,837 |
| 8 | UAE* | 3,721 | 한국 | 2,796 | 앙골라 | 1,700 | 스페인 | 1,285 |
| 9 | 브라질 | 3,363 | 독일 | 2,447 | 쿠웨이트 | 1,656 | 이탈리아 | 1,231 |
| 10 | 쿠웨이트 | 2,928 | 캐나다 | 2,428 | 베네수엘라 | 1,514 | 프랑스 | 1,096 |

* UAE = 아랍에미리트. 단위: bpd = 1일 생산 배럴, 1 배럴(barrel) = 159 *l* . 상위 10개국만 표시했음
자료: BP Statistical Review of World Energy; US Energy Information Administration(EIA).

에너지자원(energy resources)의 종류를 살펴보면, 산업혁명 이전까지는 인력, 축력, 땔나무와 숯(薪炭)이 오랫동안 사용되었으며, 풍차와 수차(물레방아)도 이용되었다. 산업혁명 이후에는 석탄이 주요 에너지로 등장하여 증기기관을 돌리는 데 이용되었으며, 1886년 내연기관이 발명된 후로는 석유가 본격적으로 사용되기 시작하여 1960년대부터는 석탄보다도 석유의 소비 비중이 더 높아지게 되었다. 현재 전 세계에서 주로 사용되는 에너지자원은 화석연료인 석유(40%), 석탄(25%), 천연가스(17%)이며, 수력(5%), 원자력(4%)도 많이 이용되고 있다. 그밖에 태양에너지, 지열, 풍력, 조력 등은 미미하지만 친환경 에너지로서의 가치가 부각되면서 그 비중이 점차 확대되고 있다.

에너지자원의 대부분을 차지하는 화석연료 중에서 석유는 지역적으로 편재되어 있고 세계경제에도 막대한 영향을 미치는 전략자원으로서, 중동 지역의 역동적인 정치 상황 및 전쟁의 한 원인이 되고 있다. 1960년 OPEC(Organization of Petroleum Exporting Countries)이 결성된 후 1970년대에는 두 차례의 석유 위기(oil crisis)가 발생했으며, 최근에는 에너지 다변화와 국가별 이해관계에 따라 OPEC의 영향력이 약화되었다. 캐나다의 오일샌드(oil sand) 개발과 미국의 셰일가스(shale gas) 개발은 전 세계의 석유 및 천연가스 가격에 영향을 줄 만큼 많은 양이 공급되고 있다.

세계 최대 경제대국인 미국은 석유 생산량이 세계 1위일 뿐 아니라 석유 소비량도 세계 1위로서 전 세계 소비량의 약 20%를 차지하고 있으며, 석유 수입량도 세계 1위인 미국은 소비량의 약 40%를 수입에 의존하고 있다(표 2-3). 중동 지역은 석유 매장량이 전 세계 매장량의 반 정도를 차지하기 때문에 대부분의 선진국들은 중동 석유에 깊이 의존하고 있다. 특히 사우디아라비아는 석유 생산량이 세계 2위이며 수출량은 세계 1위를 차지하고 있다. 러시아의 석유 생산량과 수출량의 순위는 사우디아라비아 다음으로 각각 3위와 2위를 보이고 있다. 그리고 일본은 석유 소비량과 수입량이 각각 세계 4위이며, 한국은 석유 소비량이 세계 8위, 수입량은 세계 5위로 나타났다.

일반적으로 국민의 소득이 높아질수록 에너지 소비량도 높아진다. 그 이유 중 하나는 경제발전이 진행될수록 노동생산성을 높이기 위해서 많

**석유 위기**
석유수출국기구(OPEC)가 유발한 1차 석유 위기는 1973년 제4차 중동 전쟁 직후 이스라엘에 우호적인 서방 국가들에 대해 석유 수출을 금지하고 석유 생산을 감축하여 단기간에 석유 가격이 4배까지 상승한 사태이며, 2차 석유 위기는 1979년 이란 혁명이 성공한 후 이란이 석유 감산에 들어갈 것이라는 불안 심리가 확산되어 세계 석유 기업들이 재고를 확보하는 과정에서 석유 가격이 급등한 것이다.

**오일샌드**
역청(bitumen), 모래, 점토 등의 혼합물로서 모래 상태 또는 사암층에 존재하며, 타르샌드(tar sand)라고도 한다. 그동안 석유(역청)를 추출하는 비용이 높아 경제성이 낮았지만 국제 유가가 상승하면서 수요가 급증했다. 캐나다가 세계 최대 매장량을 가지고 있으며 생산량도 1위이다.

**셰일가스**
지하 2~4km에 진흙이 쌓여 만들어진 퇴적암층인 셰일층(이판암층)에 존재하는 천연가스이다. 그동안 셰일가스는 암반 틈에 퍼져 있어 채굴이 어려웠지만, 1998년 처음 개발된 수평시추 공법과 수압 파쇄 공법을 사용하여 경제성 있는 채굴이 가능해졌다. 매장량은 중국이 1위이지만 기술적인 어려움 때문에 미국이 생산을 주도하고 있다.

은 에너지를 소모하는 기계를 사용하기 때문이다. 또한 선진국들의 낭비적인 에너지 소비가 원인일 수도 있다. 미국의 경우, 인구는 세계 인구의 4.5%를 차지하지만 전 세계 에너지의 약 1/4을 소비하고 있다. 과도한 에너지 소비는 환경오염과도 연관이 있기 때문에 제3세계 국가들은 미국의 에너지 및 환경 정책을 비판하고 있다.

식량 자원(food resources)을 확보하는 것은 국가의 안전보장과 국민의 생산성을 위해서 매우 중요한 일이다. 인류가 농경 생활을 시작한 이래 세계의 경작지는 계속 증가했으나 1981년 이후부터는 도시화, 사막화, 토양오염 등에 의해서 경작지 면적이 줄어들고 있다. 전 세계적인 식량 수급 상황도 지역적인 불균형이 지속되고 있어서, 세계 인구 중에서 약 8억 명 이상이 영양실조로 고통을 받고 있다.

이러한 식량문제의 원인은 농사에 부적절한 자연조건이나 가뭄, 홍수 같은 자연재해에 의한 것일 수도 있지만, 저개발국가들의 사회경제적인 조건이 더욱 심각한 원인이 되고 있다. 이러한 식량문제를 해결하기 위해서는 사회경제적 문제점을 제거하는 것도 중요하지만, 결국 식량을 증산해야 기아에서 해방될 수 있다. 식량을 증산하는 방법으로는 첫째로 농

그림 2-11. 베트남의 계단식 논  계단식 농업은 산간지역의 경사면에 계단식으로 조성한 경작지에서 행하는 농업으로서 농경지를 확대하는 대표적인 수단이다. 한국, 중국뿐 아니라 필리핀, 베트남 등 동남아시아 일대의 쌀농사 지역에서 볼 수 있으며, 인도의 차밭이나 포르투갈의 포도밭에서도 계단식 농업을 확인할 수 있다(ⓒ Thuong Tran).

경지를 확대하는 방법이 있다(그림 2-11). 잠재적으로 경작 가능한 전 세계의 토지는 현재의 경지 면적의 두 배가 되는 것으로 추정된다. 둘째 방법은 현 경작지의 생산성을 높이는 것이다. 이 방법은 농경지를 확대하는 것보다 빠르고 효율적으로 식량을 증산하는 방법이라 하겠다. 이를 위한 농업기술은 신품종, 농약, 비료 등의 개발에 집중되어 있다. 특히 **녹색 혁명**(green revolution)에 의한 신품종의 개발은 식량 증산에 크게 기여했다.

이외에도 수산 양식업(aquaculture)과 수경재배 등을 통하여 식량을 증산하는 방법이 있다. 1990년대부터는 생산량, 병충해 저항성, 저장성 등이 향상된 유전자변형 농산물(GMO: genetically modified organisms)들이 개발되어 식량으로 공급되고 있으나 잠재적 위해성에 대한 논란이 지속되고 있다.

녹색 혁명
1943년에 미국 록펠러 재단의 지원으로 4명의 미국 과학자가 멕시코에서 신품종의 옥수수와 밀을 시험재배 하여 성공했으며, 1962년에는 록펠러 재단과 포드 재단의 공동기금으로 필리핀에 국제미작연구소를 설립하여 신품종 볍씨 개발에 착수하여 많게는 두 배의 수확이 가능한 "기적의 씨앗(miracle grain)"을 개발했다.

## 5. 자원 분쟁

일반적으로 21세기 지구촌의 분쟁은 민족문제, 종교문제 그리고 강대국 간의 이해관계 등이 가장 큰 원인으로 생각되지만, 이러한 분쟁의 밑바탕에는 신념과 가치의 문제뿐만 아니라 경제적 이해관계의 차이가 자리 잡고 있다. 전 인류에게 큰 재앙이 되었던 두 차례의 세계대전들도 자원 확보를 둘러싸고 전개되었던 것은 잘 알려진 사실이다. 제2차 세계대전 중에 미국, 영국 등 연합국이 일본이나 독일에 대하여 석유금수조치를 한 것이나, 일본이 진주만을 공격함으로써 인도네시아, 말레이시아 등의 유전지대로부터 일본 열도에 이르는 석유수송로를 확보하려 했던 것이 그 사례들이다. 이제 21세기에는 지구 자원의 한계에 대한 인식이 보다 분명해지면서 자원 분쟁이 보다 심해지고 있으며, 이는 곧 세계 경제의 문제와도 직접적으로 연결되고 있다.

현대 세계에는 자원 경쟁의 중요성에 대한 인식이 매우 높아지고 있으며, 이를 바탕으로 세계 안보 문제의 역동성도 설명할 수 있게 되었다. 세계의 거의 모든 국가들에게 필수 자원의 확보는 국가안보계획에 있어서 확실한 주안점이 되었다. 오늘날 자원이 이처럼 중요해진 데에는 몇 가지

이유가 있다. 1991년 소련의 해체로 시작된 이데올로기 갈등의 해소는 세계 각국이 경제활동을 위한 필수 자원의 확보를 국가 안보의 최우선적 과제로 상정하는 데 크게 기여했다. 또한 현대사회에서는 많은 재화에 대한 세계적 수요의 증가, 자원의 부족과 고갈, 필수 자원에 대한 소유권 분쟁 등이 모두 자원을 둘러싸고 발생하는 문제들이다. 더욱이 석유와 같은 특정 자원은 경제적 가치가 매우 높아 그 소유권과 이용을 위해서는 폭력이나 전쟁도 불사한다.

실제로 지구 전체의 인구가 증가함에 따라 의복, 식품, 주거 그리고 기타 기본 생활필수품에 대한 수요는 폭증했다. 또한 물질적 생활수준의 향상으로 사회가 개개인의 물질적 기본욕구를 충족시키기 위해 더 많은 양의 식량, 물 자원, 에너지, 목재, 광물 등을 확보하려 함으로써 필수 자원에 대한 세계적 수요가 감당할 수 없는 수준으로 증가하고 있다. 특히 산업화의 물결이 전 세계적으로 확대됨에 따라 생산을 위한 막대한 자원이 요구되고 있다. 에너지, 승용차, 건축재료, 가전제품 그리고 수많은 복합적 상품들에 대한 끊임없는 욕구와 개인적 부의 꾸준한 상승에 따라 자원에 대한 수요는 더욱 커지고 있다.

그러나 이러한 필수 자원에 대한 수요 증가와는 달리 몇몇 자원들의 세계적 공급량은 이미 한계를 드러내기 시작했다. 일반적으로 전 지구적 차원에서 보편재로 생각되었던 수자원마저도 심각하게 고갈되고 있는 실정이며, 이로 인한 국가 간의 분쟁도 자주 발생한다. 특히 석유 같은 자원은 언제 고갈 상태에 이를지에 대한 확실한 예측이 쉽지 않기 때문에 세계 각국은 그 공급량에 민감하게 반응하고 있다. 석유는 현대산업사회를 유지하는 데 결정적인 역할을 하고 있으며 사용량이 끊임없이 증가하고 있어 가장 중요하게는 21세기 중반이 되면 공급이 세계의 수요를 충족시킬 수 없을 것으로 예측되고 있다. 이러한 중요 자원의 공급량 감소에 따라 분쟁의 가능성과 위험은 높아지고 있다. 자국 내의 필수 자원의 공급원이 고갈되면 필수 자원의 경쟁적 공급원에 대한 분쟁은 더욱 심각해진다. 자원을 둘러싼 분쟁은 크게 세 가지 지리적 형태로 나타난다.

첫째는 국가 경계선들에 걸쳐 있는 큰 하천분수계나 지하의 석유 분지 같은 특정한 공급원의 분포 때문에 발생하는 분쟁이다. 나일강의 수자원

**하천분수계**
하천을 통해 흐르는 물이 모아지는 지역을 유역이라고 하는데, 이러한 유역과 유역 간의 경계가 바로 분수계 또는 하천분수계이다. 이러한 분수계를 이루는 고개를 분수령이라고 한다. 분수계는 서로 이웃한 유역 내에서의 변화에 상응하여 상황에 따라 이동한다고 보는 견해가 지배적이다.

그림 2-12. 수에즈운하와 유조선  아시아와 아프리카 두 대륙의 경계를 이루는 수에즈 지협에 굴착한 수에즈운하는 이집트의 포트사이드(지중해 측)와 수에즈(홍해 측)를 연결하는 세계 최대의 해양 운하이다. 수에즈운하는 연간 2만여 척의 선박이 지나가며, 전 세계 물동량의 14%를 소화하고 있다(자료: Wikipedia).

을 둘러싼 이집트, 수단 및 나일강 상류 5개국 간의 분쟁, 석유 분지를 공유한 이라크와 쿠웨이트 간의 분쟁이 그 예가 된다.

둘째는 주요한 에너지나 광물자원이 매장되어 있는 근해 지역에 대한 분쟁이다. 이 문제는 1994년 11월 발효된 유엔해양법협약(UNCLOS)에 따라 배타적 경제수역(EEZ)이 설정되어 다소 조정이 이루어졌다. 그러나 카스피해처럼 여러 나라에 걸쳐 있는 넓은 호수에서는 여전히 유전 소유권 분쟁이 발생하고 있으며, 남중국해의 난사 군도에 대한 중국, 브루나이, 말레이시아, 필리핀, 타이완, 베트남 6개국 간의 영유권 분쟁도 현재 진행 중이다.

셋째는 자원의 수송 과정에서의 분쟁이다. 필수 자원을 수송하는 과정에서 특정한 지역 세력과의 분쟁은 자주 발생한다. 자원의 내륙 수송로를 확보하거나 송유관을 설치하는 문제에서부터 자원의 수송에서 중요한 위치를 차지하는 해협이나 운하에서의 통행안전 문제 등이 그것이다(그림 2-12). 아덴만에서는 소말리아 해적에 의한 화물선 탈취가 자주 발생하고 있으며, 이란은 호르무즈 해협을 지나는 유조선에 대한 통제를 시도하고 있다.

배타적 경제수역
1994년 11월 발효된 유엔해양법상에 나타나는 개념이다. 이 법에 따르면 연안국의 해양 자원에 대한 요구를 만족시키기 위하여 영해 바깥의 기선에서 200해리에 이르는 배타적 경제수역을 설치할 수 있으며, 배타적 경제수역 안에서 연안국은 해양자원의 탐사 및 조사, 개발, 보존 등 자원에 대한 모든 주권적 권리를 독점적, 배타적으로 행사할 수 있다. 또한 타국 선박의 통행 및 상공 비행을 방해할 수 없다는 점 외에는 영해와 다를 바 없는 포괄적 권리를 갖는다.

## 지속 가능한 개발과 이스터섬의 비극

지속 가능한 개발(sustainable development)이라는 용어는 UN 세계환경개발위원회(WCED)가 1987년 작성한 보고서 「우리의 공동 미래(Our Common Future)」에서 최초로 사용되었다. 이 보고서에서 지속 가능한 개발(발전)이란 '미래 세대가 그들의 필요를 충족시킬 능력을 저해하지 않으면서 현재 세대의 필요를 충족시키는 개발'로 정의했다(WCED, 1987: 43).

따라서 지속 가능한 개발이란 미래 세대의 필요를 충족시켜야 할 자원을 고갈시키지 않고 그들의 여건과 능력을 저해하지 않으면서 현 세대가 필요로 하는 경제·사회·환경 등의 다양한 욕구를 충족시키는 것이라 하겠다. 다시 말하면 상호 갈등 관계에 있는 개발과 환경보전을 조화롭게 추구하여 환경을 파괴하지 않으면서 이루어지는 개발을 뜻한다. 그러므로 인간의 기본적 필요를 충족하기 위해서 개발을 할 때, 생태계의 수용 능력(carrying capacity)인 환경 총량을 초과해서는 안 되며, 경제의 성장, 사회의 통합, 환경의 보전이 균형을 이루는 발전을 추구해야 한다.

결국 지속 가능한 발전을 위해서는 인간 활동을 환경의 수용 능력 범위 안에서 통제하는 것이 중요한데, 남태평양 한가운데에 위치한 이스터섬(Easter Island)에서는 이러한 원칙을 지키지 못해서 비극적인 상황을 맞게 된 역사적 사실이 있다.

이스터섬(Easter Island)의 스페인어 공식 명칭은 Isla de Pascua로서 1888년 칠레에 병합되었다. 이 섬은 칠레 해안에서 서쪽으로 약 3500km 떨어져 있는 절해의 고도(孤島)로서, 면적은 울릉도의 2.3배 정도인 163.6km²에 불과한 작은 화산섬으로 온화한 아열대 기후이다(그림 2-13). 인구는 2017년 센서스에서 7750명으로 나타났으며, 원주민들은 폴리네시아인이다.

유럽인으로서 이 섬을 처음 발견한 사람은 네덜란드의 탐험가인 로게벤(Jacob Roggeveen)인데, 그가 발견한 날이 1722년 부활절(Easter Day, 4월 5일)이었기 때문에 이스터섬으로 이름을 붙인 것이다. 이곳 원주민들은 섬의 이름을 폴리네시아어로 큰 섬이라는 뜻의 Rapa Nui로 부르고 있다. 이 섬은 그동안 총 887개의 불가사의한 거대 석상(모아이) 때문에 유명해졌는데, 최근에는 과도한 환경 파괴의 생태학적, 문화적 위험성을 경고하는 대표적인 사례로 알려지고 있다(그림 2-14).

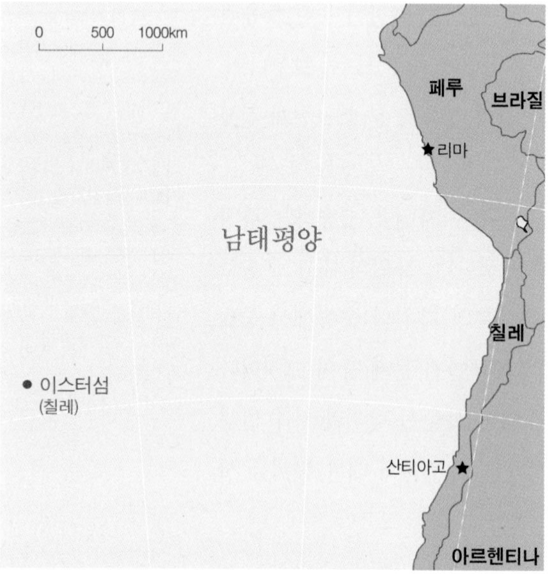

이스터섬에 폴리네시아인들이 배로 이주하여 처음 정착한 시기는 AD 700~1200년경으로 추정된다. 당시 섬은 무성한 아열대 숲으로 덮여 있었는

그림 2-13. 이스터(Easter)섬의 위치 (자료: Wikimedia)

데, 키 큰 야자수가 주종을 이루었다. 원주민들은 이 나무로 집, 배, 밧줄 등을 만들거나 땔감으로 활용했다. 이들은 야자열매 등을 채집하고 작물도 재배했으며 야생의 돌고래, 물개, 물고기, 조개, 새 등을 잡아먹고 닭도 키웠기 때문에 식량은 풍족한 편이었고 인구도 빠르게 증가했다.

인구가 늘어 노동력이 풍부해지자 씨족 공동체들은 서로 경쟁적으로 자신들의 위대한 조상을 상징하는 모아이(moai)라는 거대 석상을 만들기 시작했다. 이러한 석상 작업은 그들의 생활에 중요한 아열대 숲의 파괴로 이어졌다. 채석장에서 석상을 옮기고 세우기 위해서는 많은 목재와 밧줄이 필요한데, 그들은 경쟁적으로 나무를 베기만 했지 숲을 가꿀 줄은 몰랐다. 차츰 숲이 사라지고 야생동물도 사라졌으며, 토양침식이 일어나서 시냇물이 마르고 농경 생활도 어려워졌다. 배를 만들 나무조차도 없었기 때문에 바다로 나가 물고기를 잡는 것도 불가능해졌다.

결국 모아이를 만드는 작업은 16세기 말부터는 중단되었다. 섬 안의 먹거리가 거의 사라지고 식량이 부족하게 되자 다른 부족 주민들을 공격하여 잡아먹는 식인 풍습까지 나타나게 되었다. 그 결과 최대 1만 5000명에 달하던 섬의 인구는 18세기에는 2000~3000명 정도로 격감하게 되었다.

그림 2-14. 이스터섬의 거대 석상 (자료: Wikimedia ⓒ Aurbina)

이렇게 자연의 한계(환경 용량)를 고려하지 않는 과도한 자원 개발과 무절제한 자원 남용의 결과는 이스터섬의 자연환경과 공동체의 파괴로 이어지고 거석 문화를 소멸시키는 결과를 초래하게 된 것이다. 이 섬의 비극은 지속 가능한 개발의 의미와 필요성을 되새겨보는 교훈을 주고 있다. 이 섬은 칠레 정부에 의해 라파누이(Rapa Nui) 국립공원으로 지정되었으며, 1995년 유네스코(UNESCO) 세계문화유산에 등재되었다. (자료: WikiPedia)

세계환경개발위원회: WCED(World Commission on Environment and Development)는 UN에서 1983년부터 1987년까지 한시적으로 운영된 위원회로서 노르웨이 총리였던 브룬트란트(Brundtland)가 위원장을 맡았다. 1987년 작성된 보고서 「Our Common Future」는 일명 '브룬트란트 보고서'라고도 한다.

# 03 지구의 환경과 기후변화

세계 각 지역에서 볼 수 있는 사람들의 다양한 생활양식은 그들의 자연환경에 바탕을 두고 있다. 지각운동과 기후 작용에 따른 매우 다양한 지형과 식생 분포는 인간의 경제활동과 어우러져 지리적 다양성을 보여준다. 그러나 인구의 증가와 산업화 및 도시화에 따른 자원의 남용으로 인하여 지구의 자연환경이 급속도로 파괴되고 있다. 범지구적으로는 지구 온난화, 오존층 파괴, 산성비, 사막화, 열대우림 훼손이 심각한 문제로 대두되고 있다.

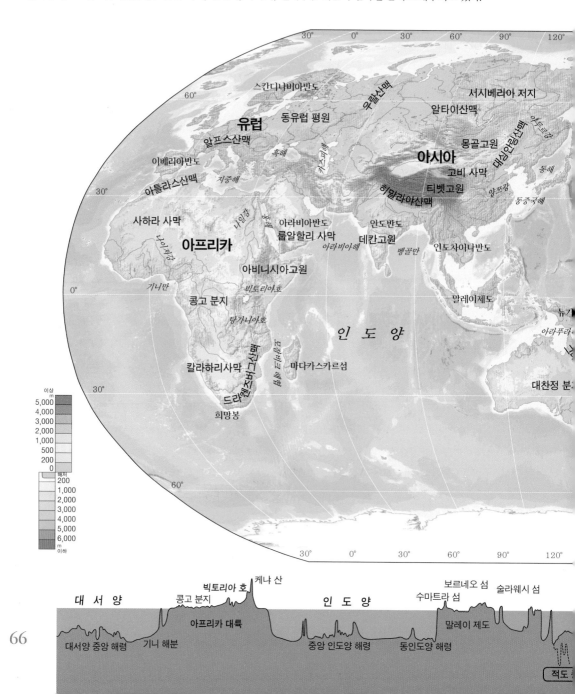

대기오염 물질을 배출하는 지역에 인접한 국가들은 산성비 피해를 입고 있으며, 미세먼지는 바람을 타고 이동하여 주변 국가에 피해를 주기도 한다. 공장, 화력발전소, 자동차 등에서 배출되는 온실가스로 인한 온실효과는 지구 온난화로 이어진다. 이로 인한 기후변화는 전 세계적인 규모로 발생하여 생태계의 교란, 사막화의 확대, 해안 침수, 그리고 농업 환경의 변화를 초래하고 있다. 우리 후손들에게 지속 가능한 미래를 넘겨주기 위해서는 온실가스의 배출을 저감하는 노력이 절실하게 필요하다.

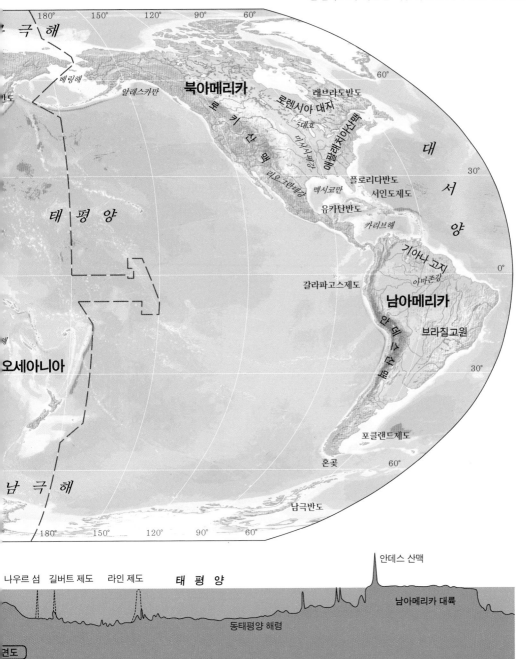

북극해

베링해
알래스카만
북아메리카
래브라도반도
로렌시아 대지
로키산맥
5대호
미시시피강
애팔래치아산맥
대서양
리오 그란데강
플로리다반도
멕시코만
메시코만
유카탄반도
서인도제도
카리브해
태평양
기아나 고지
아마존강
갈라파고스제도
남아메리카
안데스산맥
브라질고원
오세아니아
포클랜드제도
혼곶
남극해
남극반도

나우르 섬   길버트 제도   라인 제도   **태 평 양**

안데스 산맥

남아메리카 대륙

동태평양 해령

60°

30°

0°

30°

60°

180°   150°   120°   90°   60°

경도

67

## 1. 자연환경과 세계의 지형

인간을 제외한 지구의 모든 원초적인 요소들을 통틀어 자연 또는 자연환경이라고 한다. 자연은 인간이 활동하는 무대이며 동시에 인간의 생활에 영향을 주고 있다. 그러므로 지구상에서 이루어지는 인간의 활동과 그로 인해 발생하는 환경문제를 이해하기 위해서는 먼저 자연환경의 구성 요소들을 이해해야 한다.

지구의 자연환경은 크게 대기권(atmosphere), 수권(hydrosphere), 암석권(lithosphere), 생물권(biosphere)의 4개 권역으로 분류할 수 있다(그림 3-1). 각 권역은 방대하고 복잡한 지구시스템(geosystems)의 한 영역을 대표하도록 단순화시킨 시스템이다. 대기권은 질소, 산소, 이산화탄소, 수증기 등의 기체가 중력에 의해 지구를 둘러싸고 있는 영역을 말한다. 수권은 물로 구성된 영역으로서 바다, 강, 호수뿐 아니라 빙하, 빙산, 만년설 등 결빙된 영역도 포함한다. 암석권은 암석과 토양으로 구성되어 지구의 지각을 이루고 있다. 생물권에는 동물과 식물 외에 미생물까지 복잡하게 얽혀 있는 관계를 맺고 서식하면서 생태계를 구성하고 있다.

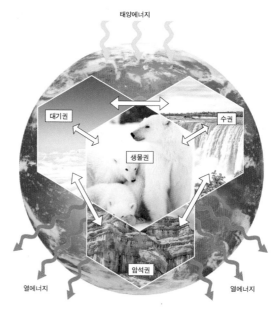

그림 3-1. 지구 환경의 네 권역 지구의 자연환경은 대기권, 수권, 암석권, 생물권의 네 권역으로 구성되어 있으며, 각 권역들은 상호 영향을 주며 연결되어 있다(자료: Christopherson, 2012: 15).

이러한 권역들은 서로 독립적으로 존재하는 것이 아니라 밀접한 관계를 가지고 상호작용을 하고 있다. 지구 지형의 형성도 자연환경을 구성하는 권역 간의 상호작용에 의한 것이다. 지형은 암석권의 주요 영역이지만 수권의 영향으로 침식, 운반, 퇴적 작용이 일어나서 변형이 되었으며, 대기권의 기상변화와 생물권의 동식물 분포도 일정 부분 지형의 변화를 초래했다. 그러면 자연환경을 구성하는 각 권역 간 상호작용의 결과이며 자연환경의 한 요소인 지형의 특성을 살펴보고자 한다.

지구에 출현한 인류는 지구 표면의 토지를 무대로 생활을 영위했다. 지표의 형상과 특성은 인간의 주거지 선택과 경제 활동에 있어서 중요한 환경 인자로 작용했다. 지형적 특성은 인구 분포, 농경지 분포, 교통로 등에 많은 영향을 미치며, 어떤 지역에 정착한 민족의 생활양식과 문화에 영향을 주게 되고, 결국 전 세계에 다양한 민족 문화를 형성시킨 여러 요인 중의 하나로 작용했다.

지형(landsform)은 크게 내적 영력과 외적 영력으로 형성된다. 내적 영력은 지구 내부의 에너지에 의해 지각변동이 일어나는 것을 말하며, 융기와 침강에 의한 조륙운동, 단층과 습곡에 의한 조산운동, 화산활동 등이 있다. 반면에 외적 영력은 지표의 물질이 유수, 빙하, 바람, 파도 등에 의해 침식, 운반, 퇴적되는 것을 말한다. 이러한 지형 형성 작용은 오랜 지질시대를 통해서 지속되어 왔으며 현재도 진행 중이다.

조륙 운동은 넓은 범위의 지각이 서서히 융기 또는 침강하는 현상이다. 고원지대, 해안단구, 하안단구 등은 융기에 의해 형성된 지형이며, 리아스식 해안, 피오르(fjord) 해안 등은 침강에 의해 형성된 지형이다. 알프스산맥, 히말라야산맥, 로키산맥, 안데스산맥 등 세계의 큰 산맥들은 대규모 습곡 작용과 단층 작용에 의한 조산 운동으로 형성되었다. 이러한 조산운동은 판구조론으로 설명할 수 있다.

판구조론(板構造論, plate tectonics)은 지구 표면이 여러 개의 판(plate)으로 이루어져 있으며, 이 판들은 지구 내부의 맨틀(mantle) 대류에 의해 움직인다는 이론이다. 판과 판이 충돌하거나 섭입(subduction)하면 경계부에서는 대규모 조산 운동과 함께 지진이나 화산활동이 발생하게 된다(그림 3-2). 태평양을 둘러싸고 있는 환태평양 조산대는 '불의 고리'라는 별명처

판구조론
1915년 독일의 지구과학자 베게너(A. Wegener)는 그의 저서 『대륙과 해양의 기원』에서 2억 2500만 년 전의 지구에는 하나의 대륙 덩어리(판게아, Pangaea)만 존재했으며 나중에 이것이 쪼개져 이동하여 현재와 같은 대륙 배치가 이루어졌다는 대륙이동설을 주장했다. 이 이론은 1950년대 이후 과학적인 검증과 수정을 거쳐 판구조론으로 발전했다. 판구조론은 판의 이동, 해저확장, 지각 섭입, 지진, 화산 활동, 습곡, 단층 등 지각변동을 설명하는 주요 이론이다.

맨틀
지구의 지각과 핵 사이의 부분으로서 깊이 약 30km에서 약 2900km까지를 가리킨다. 지구 부피의 82% 이상, 질량의 68%를 차지하며, 용융 상태의 암석일 것으로 추정된다. 이는 지구 중심부의 핵이 액체 금속인 것과 대조적이다. 맨틀의 온도는 최상부는 약 1000℃, 최하부는 약 5000℃인 것으로 추정된다. 맨틀 상부 및 지각 내부에서 암석이 고온고압으로 용융된 상태를 마그마(magma)라고 하며, 이것이 지표로 분출하면 용암이 된다.

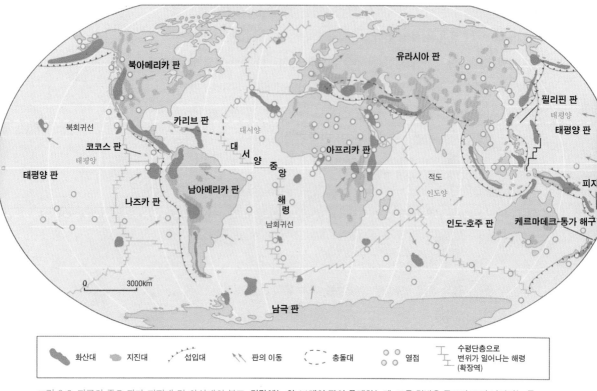

그림 3-2. 지구의 주요 판과 지진대 및 화산대의 분포 지각에는 약 14개의 판이 존재하는데, 그중 절반은 규모가 크며 나머지는 국지적이다. 각 판들은 현재에도 지도의 화살표 방향으로 이동하고 있으며, 판의 경계부에서는 지진 및 화산 활동이 발생하고 있다(자료: Christopherson, 2012, 필자 수정).

**삼각주**
하천이 바다나 큰 호수로 유입되는 곳에서는 유속이 급격하게 감소되기 때문에 하천이 운반한 토사가 쌓여 삼각형 형태의 퇴적지형을 형성하는데, 그 형태와 무관하게 하구에 형성되는 퇴적지형은 모두 삼각주라고 한다. 영문의 델타(delta)라는 명칭은 고대 그리스의 역사학자 헤로도토스가 나일강 하구의 충적지 모양이 그리스 문자의 ∆(delta)와 같다고 한 것에서 유래한다.

럼 지진과 화산활동이 활발한 곳이다. 지진과 화산은 빈번하게 발생하는 자연재해는 아니지만, 한번 발생하면 그 지역에 심각한 인명 및 재산 피해를 일으킨다. 특히, 해저 지각의 단층 운동으로 인해 강력한 지진이 발생하면 쓰나미(tsunami, 지진해일)가 일어나 높은 파도가 해안으로 밀려오면서 해안 저지대에 위치한 항만과 도시에 막대한 피해를 입히게 된다.

평지 외적 작용으로 지표가 장기간 침식을 받아 고도가 낮고 완만한 구릉지로 이루어진 침식평야에는 북미 대평원(Great Plains), 오스트레일리아 대찬정분지, 동유럽 평원 등이 있다. 반면에 하천에서 운반된 토사가 두껍게 쌓여 평탄해진 충적평야는 하천의 중하류 주변에 나타나며, 특히 이집트의 나일강, 미국의 미시시피강, 프랑스의 센강, 한국의 낙동강 등 큰 하천의 하구에는 **삼각주**(delta)가 잘 형성된다.

해안가의 지형은 주로 파도의 작용으로 형성된다. 육지가 바다로 돌출된 곶(串)은 파도의 침식작용으로 암석이 깎여서 해식애, 파식대, 시스텍 같은 해안지형이 잘 형성된다. 반면에 만(灣)과 같이 내륙으로 바다가 들어간 지역에서는 파도의 퇴적작용이 활발하여 모래해안(사빈)과 해안사구가 잘 발달한다. 조차(潮差)가 심한 한국의 서해안이나 미국의 동부 연안에서는 간석지(갯벌)가 넓게 형성된다.

고산지대나 극지방에서는 내린 눈이 오랫동안 쌓여 단단한 얼음으로 변한 빙하(氷河, glacier)를 볼 수 있다. 빙하는 남극대륙과 그린란드에 분포한 대륙빙하와 알프스나 히말라야산맥 등지에 분포한 산악빙하로 나눌 수 있다. 육지 면적의 약 10%는 빙하로 덮여 있으며, 그 빙하의 86%는 남극대륙, 11.5%는 그린란드, 나머지 2.5%는 고산지대와 알래스카에 분포한다. 빙하가 저장하고 있는 담수는 전체 민물의 75%를 차지하며, 지구의 빙하가 모두 녹으면 해수면이 약 60미터 정도 상승할 것으로 예상된다. 빙하는 중력에 의해 계곡을 따라 저지대로 천천히 흘러내리면서 U자곡처럼 독특한 빙식지형을 형성한다. 저지대로 흘러온 빙하는 녹으면서 운반해 온 자잘한 암석들을 쌓아 빙퇴석(氷堆石, moraine) 지형을 형성한다. 북극해에는 해빙(海氷, sea ice)이 넓게 형성되어 있으며, 빙하와 마찬가지로 여름철에는 말단 주변부가 녹으면서 떨어져 나와 빙산(氷山, iceberg)이나 유빙(遊氷, ice floe)이 되어 바다 위를 떠다니게 된다.

건조지대의 사막 중에서 아열대 사막은 각 대륙의 남·북위 15~30° 사이에 띠 모양으로 분포하고 있다. 사막이 이렇게 적도를 사이에 두고 대칭적인 분포를 보이는 이유는 지구 대기의 대순환 시스템 때문이다. 적도 부근에서 데워진 습한 공기가 상승하면서 냉각되어 비를 뿌리고 나면 건조한 공기가 되어 남·북 방향으로 이동하다가 남·북회귀선 부근에서 하강하면서 고온 건조한 공기가 되어 지표면에 도달하는 것이다. 위도 30° 이상의 중위도 사막은 중앙아시아, 미국 서부고원, 남미 파타고니아 일대에 나타나며, 아열대 사막과는 달리 추운 겨울이 특징이다. 사막은 표면을 형성하는 물질에 따라 모래사막, 자갈사막, 기반암 사막으로 구분하는데, 영상물을 통해서 많이 알고 있는 모래사막은 전 세계 사막의 약 10%에 불과하다. 모래사막에는 일시적으로 형성된 모래 언덕인 사구 (sand dune)가 나타난다. 샘물이 나오는 오아시스(oasis)가 분포한 곳에서는 오아시스 농업이나 대상(隊商)들을 위한 휴게소가 운영된다.

## 2. 세계의 기후와 식생

기후(climate)는 매일의 날씨 변화를 나타내는 기상, 즉 대기 현상이 최소 1년 이상 종합된 상태를 말한다. 기후를 결정하기 위해서는 기후 환경을 구성하는 요소, 즉 기후요소(climatic element)들을 분석하고 종합해야 한다. 기후요소로는 3대 요소인 기온, 강수량, 바람 이외에 기압, 습도, 운량, 일조시간, 일사량, 증발량 등이 있다. 그리고 이러한 기후요소의 지역적 차이를 초래하는 요인들을 기후인자(climatic factor)라고 하는데, 중요한 기후인자들을 나열해 보면 위도, 수륙의 분포, 해발고도, 지형, 그리고 해류가 있다.

위도는 기후의 지역적 차이를 유발하는 가장 중요한 기후인자이다. 적도 부근은 태양이 수직으로 비추기 때문에 태양 복사에너지를 많이 흡수하는 반면, 고위도 지방으로 올라갈수록 태양이 비스듬하게 비추기 때문에 태양 복사에너지를 많이 받을 수가 없다. 이러한 위도에 따른 태양 복사에너지의 차이가 지구에서 기본적인 기후대(열대, 온대, 한대 등)가 나타나는 원인이 된다. 지축이 약 23.5도 기울어진 채 공전하는 것은 계절마다 흡수하는 태양 복사에너지의 양을 다르게 만들어서 계절의 변화를 초래한다.

대륙과 해양의 분포도 기후에 큰 영향을 미친다. 육지의 기후는 격해도(隔海度), 즉 어떤 육지 지점이 해양에서 떨어져 있는 정도에도 영향을 받기 때문에, 같은 위도에 있더라도 대륙 내부와 해안 지역은 기후의 차이가 심하다. 즉 기온의 일교차와 연교차 모두 대륙의 내부는 심하지만 해안은 바다의 영향으로 그렇게 심하지 않다. 이에 따라 기후를 여름에는 덥고 겨울에는 추운 대륙성기후와 기온의 연교차가 작은 해양성기후로 구분하기도 한다. 또한 강수량과 기압도 대륙과 해안 사이에는 큰 차이가 있다. 여름에는 상대적으로 더운 대륙의 기압이 낮아져 해양에서 대륙으로 바람이 불게 되고, 반대로 겨울에는 대륙에서 해양으로 바람이

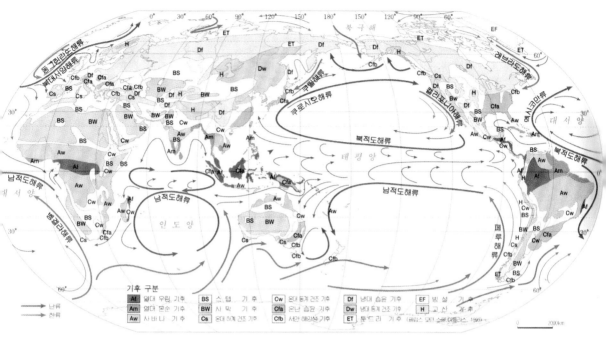

그림 3-3. 세계의 기후 지역과 해류 독일의 기후학자 쾨펜은 기온과 강수량을 기준으로 알파벳 기호를 사용하여 세계 기후를 구분했다. 1차 기후 구분에서는 열대기후(A), 건조 기후(B), 온대 기후(C), 냉대 기후(D), 한대 기후(E), 고산 기후(H)로 나누고, 2차와 3차 기후 구분에서는 기온과 강수량에 따라 더욱 세분했다. 적도 부근에서 시작하는 난류와 극지방에서 흘러오는 한류의 진행 방향은 해안 지역의 기후에 영향을 미친다(자료: 장호 외, 2003: 80).

부는 계절풍(몬순, monsoon)이 발생한다. 아시아 대륙과 인도양 및 태평양 사이에 위치한 인도반도, 인도차이나반도, 한반도 등은 모두 계절풍이 부는 지역이다.

그리고 해발고도도 중요한 기후인자이다. 해발고도에 따라 기온, 강수량, 바람, 기압이 민감하게 변하기 때문에 같은 위도 상에서도 저지대와 산간지대는 상당히 다른 기후가 나타난다. 일반적으로 100m 높아질수록 기온은 약 0.55℃ 하락하므로 해발고도 1000m마다 약 5.5℃의 기온이 낮아진다. 열대지방에서는 서늘한 기후가 나타나는 고산지대가 오히려 거주에 유리하다. 해발고도 3600m에 위치한 볼리비아의 수도 라파스는 안데스산맥의 고산도시로서 월평균 기온은 연중 10℃ 내외로 서늘하며 거의 변화가 없는 것이 특징이다.

지형은 기온, 강수량, 바람, 습도 등에 영향을 미친다. 해안산맥의 경우 산맥의 양측 사면에서 강수량이 큰 차이를 보이는데, 해안 쪽은 다우지

**푄**
지중해의 습한 바람이 알프스산맥을 넘으면서 습기가 응결되어 구름이나 비를 만들고 나면 산맥 너머의 북쪽 산록(남부 독일) 쪽으로 불어내리는 고온 건조한 바람을 말한다. 우리나라의 높새바람은 늦봄부터 초여름 사이에 북동풍이 동해 위를 지나면서 흡수한 습기를 태백산맥 사면에 비로 뿌리고 나서 영서지방으로 불어오는 고온 건조한 바람을 일컫는다. 푄 현상을 비그늘효과(rain shadow effect)라고도 한다.

가 되고 다른 쪽은 건조지가 되고 있다. 히말라야산맥의 남쪽 사면, 로키산맥의 서쪽 사면은 다우지인 반면 그 반대 사면은 건조지이다. 한국에서는 태백산맥을 경계로 서쪽 사면으로 푄(Föhn) 현상의 일종인 고온 건조한 높새바람이 봄철에 자주 분다.

해류는 바다에 인접한 육지의 기후에 큰 영향을 미친다. 동일한 위도에 위치한 해안지역이라 하더라도 한류가 흐르는 해안지역은 상대적으로 춥고, 반대로 난류가 흐르는 해안지역은 비교적 따뜻한 편이다. 유라시아 대륙을 보면, 북서유럽은 난류(북대서양해류)의 영향으로 해양성 온대기후가 나타나며, 시베리아 동부 연안은 한류(쿠릴해류)의 영향으로 대륙성 냉대기후가 나타난다(그림 3-3). 남반구의 아프리카, 오스트레일리아, 남아메리카 대륙은 대륙 서안으로 한류가 흐르며 대륙 동안으로는 난류가 지나기 때문에 서안은 건조하고 동안은 습윤한 기후가 나타난다.

세계의 기후 지역을 구분하는 한 방법으로 오래 전에 고대 그리스인들은 기온에 따라 한대, 온대, 열대로 분류했다. 현대에 와서 가장 많이 사용되는 체계적인 방법은 독일의 기후학자 쾨펜(W. Köppen, 1846~1940)이 세계 기후를 기온과 강수량의 계절별 측정 자료를 중심으로 분류한 것이다(그림 3-3). 이 방법에 의하면 열대 기후(A)는 열대우림 기후(Af), 열대 계절풍 기후(Am), 사바나 기후(Aw), 건조 기후(B)는 스텝 기후(BS)와 사막 기후(BW), 온대 기후(C)는 지중해성 기후(Cs), 온대 겨울 건조 기후(Cw), 온대 습윤 기후(Cfa), 서안 해양성 기후(Cfb)로 세분하고, 냉대 기후(D)는 냉대 습윤 기후(Df)와 냉대 겨울 건조 기후(Dw), 한대 기후(E)는 툰드라 기후(ET)와 빙설 기후(EF)로 구분하고, 끝으로 고산 기후(H)를 추가했다.

식생(vegetation)은 지구 표면을 덮고 있는 식물들의 집단으로 기후, 지형, 토양 등의 조건에 따라 그 분포가 달라진다(그림 3-4). 기온이 높고 연중 비가 많이 내리는 열대우림기후에서는 늘 푸르고 넓은 잎사귀를 가진 상록활엽수가 밀림을 이루는데, 대표적인 열대우림(tropical rain forest)은 아마존강 유역의 셀바스(selvas)이다. 열대 및 아열대 지역에서 주기적으로 바닷물에 잠기는 해안에서는 **맹그로브**(mangrove) 숲이 자라기도 한다. 스페인어로 나무가 없는 평야라는 뜻인 사바나(savanna)기후 지역은 열대지역이지만 연강수량이 적고 건기가 우기보다 긴 곳으로, 광활한 초지

**맹그로브**
열대 및 아열대의 진흙 해안에 서식하는 특수한 수종이다. 잎이 두껍고 염분에 강하며 해안 갯벌 속에 뿌리를 내리지만 그 뿌리의 상당 부분이 노출되어 있으며 주기적으로 바닷물에 잠긴다.

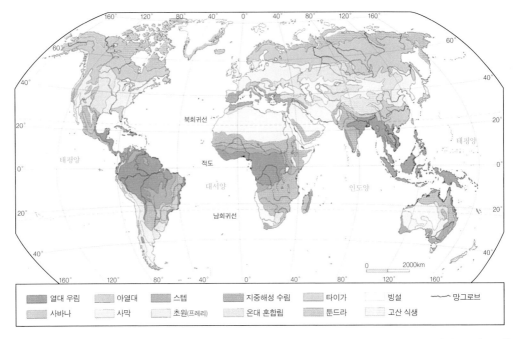

그림 3-4. 세계의 식생분포  식생의 세계적 분포는 기후 및 지형의 영향을 많이 받는다. 특히 기온과 강수량은 식생 및 수종의 분포를 결정한다(자료: 김재환 외, 2003: 47).

에 수목들이 산발적으로 분포한다. 사바나는 아프리카의 사헬 지역, 인도의 데칸고원, 남아메리카의 브라질고원 등지에 나타나는데, 사바나 초원 중에는 베네수엘라의 야노스(llanos)와 브라질고원의 캄푸스(campos)가 유명하다.

사막을 제외한 건조 및 반건조 지역에서는 초지가 우세하며 일부 키가 작은 관목들이 자라기도 한다. 건조지역의 대표적인 초지인 스텝(steppe)은 원래 러시아어로 러시아 중부와 중앙아시아의 단초(短草) 대초원을 가리키는 말이었으나, 지금은 다른 대륙의 건조 초원도 스텝이라고 부른다. 대표적인 스텝 초원지대로는 북아메리카의 프레리(prairie), 남아메리카의 팜파스(pampas), 헝가리의 푸스타(puszta) 등이 유명하다.

온대의 지중해성기후 지역은 여름이 고온 건조하고 겨울은 온난하고 비도 내리는 곳으로 지중해성 관목림(shrub)이 대표적인 수종이며 대체로 경엽 상록활엽수가 분포한다. 이러한 경엽 관목 지대를 캘리포니아에서는 새퍼랠(chaparral), 지중해 연안에서는 마키(maquis)라고 부른다. 광활한

## 바람과 대기 대순환

기온, 강수량, 바람 같은 기후요소의 지역적 차이를 초래하는 기후인자 중에서 위도는 가장 원초적인 영향력을 발휘한다.

적도지방은 태양 광선이 직선으로 내리쬐기 때문에 단위 면적당 복사에너지의 유입이 높은 반면, 극지방은 태양이 측면에서 비추기 때문에 동일한 양의 태양에너지가 넓은 면적에 흡수되어 열 부족 상태가 된다.

적도지방의 더운 공기는 상승하고 극지방의 찬 공기는 하강하는 대류에 의해 순환이 시작되며, 이 순환에 의하여 에너지가 이동하게 된다. 이에 따라 지구의 대기는 적도에서 극지방으로 열을 수송하고 극지방에서는 찬 공기를 내보내는 대기 대순환(大氣大循環) 구조를 가지게 되었다.

각 위도대에는 대기 대순환에 의해 풍향과 풍속이 일정한 바람이 발생하는데, 이러한 바람을 탁월풍 또는 일반풍이라 하며, 그 예로는 무역풍, 편서풍, 극동풍이 있다(그림 3-5).

무역풍(trade wind)은 위도 30° 부근에서 적도를 향해 부는 바람이다. 지구의 자전에 의한 전향력이 작용하기 때문에 북반구에서는 북동무역풍이 불고 남반구에서는 남동무역풍이 분다. 무역풍은 밤

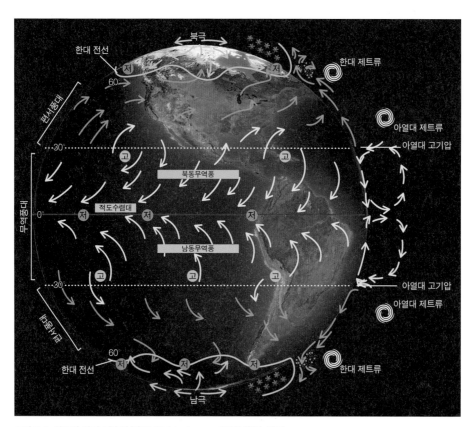

그림 3-5. 지구의 대기 대순환(자료: Christopherson, 2012. 필자 수정).

낮은 물론 계절에 관계없이 풍향이 일정한 것이 특징이다. 과거 유럽과 아프리카에서 무역을 위해 대서양을 건너 아메리카 대륙으로 항해하는 범선들이 이용하는 바람이라고 해서 무역풍이라 이름이 붙여졌다. 북동무역풍과 남동무역풍이 만나는 곳을 적도수렴대라고 한다.

편서풍(westerlies)은 위도 30° 부근에서 60°까지 동쪽을 향해 부는 바람으로 중위도에 발달한 아열대고압대와 한대전선 사이의 기온 및 기압 차이 때문에 발생한다. 유럽에서 우리나라로 향하는 항공기의 경우, 편서풍을 이용하기 때문에 반대 방향으로 갈 때

그림 3-6. 제트 기류를 따라 나타난 구름(자료: NASA)

보다 1시간 정도 비행시간이 단축된다. 북반구의 편서풍대는 대륙이 많이 분포해 있어 바람이 약화되지만, 남반구의 편서풍대는 해양의 비율이 높기 때문에 강한 바람이 분다.

극동풍은 극지방에서 한대전선이 발달한 위도 60° 방향으로 부는 차가운 바람으로서 고위도 지방에 큰 영향을 준다.

한편 편서풍의 일종인 제트기류(jet stream)는 고도 9~14km 상공에서 초속 30~50m의 강한 풍속으로 지구를 감싸며 흐르고 있다. 제트기류는 2차 세계대전 중 일본으로 향하던 미국 폭격기들이 발견한 현상으로서, 한대전선 상공에는 한대 제트류, 위도 30° 부근에는 아열대 제트류가 흐르고 있다. 제트기류의 중심부는 난기류가 심하기 때문에 항공기 운항에서 주의가 필요하다. 또한 제트기류의 불규칙한 이동은 지상의 기상변화에도 많은 영향을 미치고 있다.

바람에는 위에서 언급한 대기 대순환에 의한

일반풍 외에도 계절풍과 국지풍이 있다. 계절풍(monsoon)은 대륙과 해양의 비열차에 의해 계절마다 풍향이 바뀌는 바람으로 동아시아, 동남아시아, 인도반도에서 주로 나타난다.

여름철에는 대륙이 빨리 뜨거워져 저기압이, 상대적으로 차가운 해양은 고기압이 형성되어 해양에서 대륙으로 바람이 불며, 겨울에는 반대 현상이 나타나 대륙에서 해양으로 바람이 분다. 따라서 여름 계절풍은 바다의 영향으로 습하며, 겨울 계절풍은 대륙의 영향으로 건조하다.

국지풍은 특정 지역의 기후 및 지형의 영향으로 한정된 범위 내에서 발생하는 바람이다. 알프스산맥을 넘어 남부 독일로 부는 고온건조한 봄바람인 푄(föhn), 프랑스 중앙고원에서 남부 프로방스 지방으로 부는 차가운 겨울바람인 미스트랄(mistral)이 유명하다.

토지에서 올리브, 오렌지, 포도 등의 과수를 재배하며, 굴참나무는 코르크 마개용으로 재배한다.

다른 온대 및 냉대 기후 지역에서는 참나무, 단풍나무, 밤나무 등의 낙엽활엽수가 분포하며, 추운 냉대지역으로 갈수록 소나무, 전나무, 가문비나무 등 침엽수림이 많아진다. 이러한 냉대 침엽수림을 러시아어로 북방 처녀림이라는 뜻인 타이가(taiga)라고 한다. 연중 빙설로 덮인 지역을 제외한 한대지역에서는 여름철에만 초본류와 이끼류가 자라고 나무는 거의 자랄 수 없는데, 이런 곳을 핀란드어로 수목이 없다는 뜻인 툰드라(tundra)라고 한다.

## 3. 지구의 환경문제

환경문제는 자연환경과 생활환경을 훼손(파괴)하거나 오염시키는 데서 발생한다. 환경 훼손(environmental damage)은 야생 동식물의 남획 및 그 서식지의 파괴, 생태계 질서의 교란, 자연경관의 훼손, 표토의 유실 등으로 자연환경의 기능에 중대한 손상을 주는 것을 말한다. 그리고 환경오염(environmental pollution)은 경제활동 등 인간의 활동에 의하여 발생하는 대기오염, 수질오염, 토양오염, 해양오염, 방사능오염, 소음, 진동, 악취, 일조 방해 등으로 사람의 건강이나 환경에 피해를 주는 것을 말한다.

환경문제의 원인으로 산업화, 도시화, 인구 증가를 들 수 있다(김학훈·이종호, 2013: 189). 산업화란 산업구조의 중심이 농업에서 제조업으로 전환되는 과정인데, 대량 생산의 결과 자연에서 쉽게 분해되지 않는 오염물질과 폐기물이 발생되어 자연환경에 충격을 주고 인간에게도 위해를 주게 된다. 도시화란 산업화에 따라 농촌 인구가 도시로 집중하고 이로 인하여 시가지가 확대되는 현상이다. 도시라는 좁은 지역에 많은 인구가 집중하면서 시가지는 확장되거나 고밀도화하며, 자동차 배기가스와 난방시설의 매연 등 대기오염 물질이 발생하고, 상품의 대량 소비에 따라 많은 쓰레기가 배출된다. 인구 증가는 산업화 및 도시화는 물론 의학기술의 발전과 밀접한 관계가 있는데, 많은 인구를 부양하기 위해서 엄청난

양의 자원 채취, 대량 생산, 그리고 대량 소비를 하게 되며, 결국 환경오염이 발생하고 많은 폐기물을 자연에 버리게 된다.

환경오염(pollution)은 발생하는 지역의 범위에 따라 국지적(local), 지역간(interregional), 국가적(national), 월경(trans-border), 국제적(international), 범지구적(global)으로 나눌 수 있다. 환경 훼손도 발생하는 지역의 범위에 따라 환경오염과 같은 방식으로 구분할 수 있다. 환경오염 또는 환경 훼손에 의한 범지구적 환경문제의 종류를 나열하면 지구 온난화, 오존층 파괴, 산성비, 사막화, 열대우림 훼손이 있다.

지구 온난화(global warming)는 대기 중의 온실가스(greenhouse gas)가 온실효과(greenhouse effect)를 일으켜서 지구의 기온이 올라가는 현상이다. 온실가스로는 이산화탄소($CO_2$), 메탄가스($CH_4$), 일산화질소($NO$), 프레온가스(CFC), 오존($O_3$), 수증기($H_2O$) 등이 있다. 온실효과란 이들 온실가스가 태양에너지는 투과시키지만 지구복사에너지의 외기 방출을 막는 온실 역할을 하여 지구의 기온을 상승시키는 효과를 말한다. 지구 기온이 상승하면 극지의 해빙(海氷)이 녹아 해수면 상승을 일으키며, 생태계의 변화가 초래된다. 온실가스 중에서 이산화탄소는 수증기 다음으로 큰 비중을 차지하는데, 석탄, 석유, 천연가스 같은 화석연료(fossil fuel)를 태울 때 많이 발생하기 때문에 산업화 과정에서의 에너지 사용과 밀접한 관계가 있다. 이에 따라 유엔은 각국의 이산화탄소 배출을 감축하기 위해 협

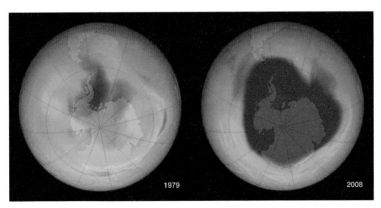

그림 3-7. 남극 오존구멍(ozone hole)의 확대  1979년의 위성사진에는 남극대륙 상공 일부에만 나타난 오존구멍이 2008년 사진에는 남극대륙 상공 전체로 확대되었다. 다행히도 최근에는 오존 구멍의 크기가 감소한 것으로 나타났다(ⓒ NASA).

약을 체결하는 노력을 지속해 왔다. 이에 대해서는 뒤에 나오는 5절에서 구체적으로 다루게 된다.

오존층 파괴(ozone depletion)는 성층권(고도 10~50km) 내의 오존층(고도 15~30km)이 파괴되어 그 밀도가 낮아지는 현상이다. 인간에게 해로운 자외선을 흡수하는 역할을 하는 오존층이 냉매제로 사용되는 프레온가스(염화불화탄소, Chloro-fluorocarbon, CFC) 등과 같은 물질에 의해 파괴되면 지상에 많은 자외선이 도달하여 사람들은 피부암이나 백내장 등의 질병에 노출될 수 있다. 특히 남극대륙 상공의 성층권에는 커다란 오존구멍(ozone hole)이 존재하며 세월이 갈수록 확대되고 있었다(그림 3-7). 이에 국제적으로 프레온가스를 규제하기 위한 '몬트리올 의정서'가 1987년 채택되었고, 한국에서도 2010년부터 프레온가스 사용이 금지되었다. 다행히도 최근 남극 상공의 오존층 파괴 상황이 개선되어, 2018년 미국항공우주국(NASA)은 오존구멍의 크기가 2005년에 비해 약 20% 감소했다고 발표했다. 이는 전 세계적인 프레온가스 규제가 서서히 효과를 발휘했기 때문이다.

산성비(acid rain)란 pH 5.6 미만으로 산성을 띤 비를 뜻한다. 석탄, 석유와 같은 화석연료가 연소되면 아황산가스($SO_2$)가 발생하고, 자동차 배기가스에는 이산화질소($NO_2$)가 포함되어 있다. 아황산가스나 이산화질소

그림 3-8. 산성비에 의해 훼손된 유럽의 조각상(자료: Wikimedia ⓒ Nino Barbieri)

가 빗물과 함께 섞여 황산이나 질산이 되면 빗물의 pH가 낮아지는데, 빗물의 pH가 5.6 미만이 되면 산성비로 불린다. 산성비가 내리면 토양, 농작물, 삼림, 호수 등에 영향을 줄 뿐 아니라, 금속 구조물이나 석조물의 부식을 유발한다(그림 3-8).

산성비는 인체의 눈, 피부, 모발에도 해로운 자극을 줄 수 있다. 특히 산성비의 원인 물질들은 장거리를 이동하여 오염 발생국과 피해국이 다른, 소위 월경 환경오염의 유형을 보이고 있다. 중국 동해안 공업지대에서 발생한 대기오염물질이 한국이나 일본뿐만 아니라 알래스카까지 이동하여 산성비를 내리게 하는 것으로 알려졌다. 이에 대한 국제적인 대책으로 '대기오염물질의 장거리 이동에 관한 협약'이 1979년 스위스 제네바에서 체결된 바 있으며, 아황산가스 배출을 감축하기 위한 '헬싱키 의정서'가 1984년 체결되었고, 질소산화물(NOx) 배출을 감축하기 위한 '소피아 의정서'가 1989년 체결되었다.

사막화(desertification)는 건조지역이나 반건조지역의 초지나 삼림이 황폐화되어 점차 사막으로 변해하는 현상을 말한다. 사막은 남·북위 15~30°의 아열대 건조지역과 북위 30° 이상의 중위도 건조지역에 주로 분포하며, 사막의 주변은 스텝(steppe, 초지) 지역이지만 사막화에 취약한 상태이다(그림 3-9). 사막화의 원인으로는 장기간의 가뭄 같은 자연적 원인도 있지만 과도한 방목, 관개 농업, 산림 벌채, 화전 경작 등의 인위적 원인도 있다.

사막화가 전 세계적인 주목을 받게 된 계기는 1968년부터 1974년까지 가뭄이 지속된 사헬(Sahel, 아프리카 사하라사막 남부) 지역 때문이다. 이 지역은 가뭄과 함께 과방목된 가축으로 인해 초지가 사라지고 수많은 가축과 주민들이 죽음을 당했다(Hess, 2011: 528). 몽골의 사막화도 심각한 상황이다. 최근 20년 사이에 몽골에서는 1181개의 호수와 852개의 강이 사라졌으며, 전 국토의 90%에서 사막화가 진행되고 있다. 그 원인으로는 지구 온난화로 인한 기온 상승과 바람의 증가도 있지만, 유목민의 방목 가축의 증가와 산업화 및 도시화에 의한 용수 공급 증가 등 인위적인 활동도 있다. 그러므로 자연적 원인은 어쩔 수 없더라도 인위적 원인을 저감시키고 조림사업 등을 추진하는 것이 사막화를 방지하는 방법이

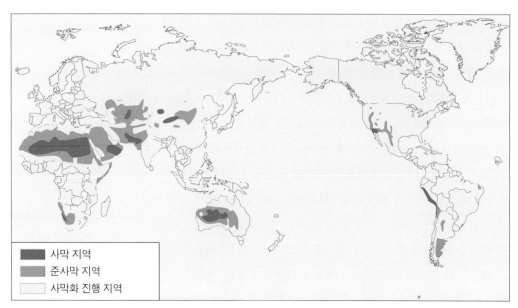

| | |
|---|---|
| ■ | 사막 지역 |
| ■ | 준사막 지역 |
| □ | 사막화 진행 지역 |

그림 3-9. 세계의 사막과 사막화 지역  세계의 사막 분포는 남북위 30°를 중심으로 아열대 사막과 중위도 사막으로 나눌 수 있다. 사막 주변은 스텝 지역이지만 사막화가 진행되고 있어 위험한 상황이다(자료: U.S. Geological Survey, 2007).

다. 유엔에서는 1994년 사막화 문제에 대한 국제적 인식과 장기적 해결 모색을 위해서 '유엔 사막화 방지 협약(United Nations Convention to Combat Desertification: UNCCD)'을 채택했으며, 이 협약은 1996년에 발효되었다. 현재 한국을 포함한 194개국이 협약에 서명했다.

열대우림(rain forest)의 훼손은 지난 40여 년간 지구상에서 심각한 환경문제의 하나로 대두되었다. 20세기 이후 열대지방의 인구 증가와 무절제한 삼림 개발로 범지구적인 열대림 훼손이 초래되었는데, 현재 매년 1100만 헥타르의 열대우림이 사라지는 것으로 추정된다. 유엔 식량농업기구(FAO)의 추정에 의하면 1990년에서 2005년 사이 브라질에서 4200만 헥타르의 열대우림이 제거되었는데, 그 면적은 캘리포니아 전체 면적과 비슷하다(그림 3-10a). 같은 기간 인도네시아에서는 2500만 헥타르 이상의 열대우림이 제거되었다. 1990년에서 2005년 사이 제거된 열대우림의 국가별 비율을 보면 아프리카의 섬나라 코모로스에서는 전체 열대우림의 60%가 사라졌다(그림 3-10b).

지금까지 아프리카의 태고부터 있던 잠재 열대우림의 절반 정도가 사

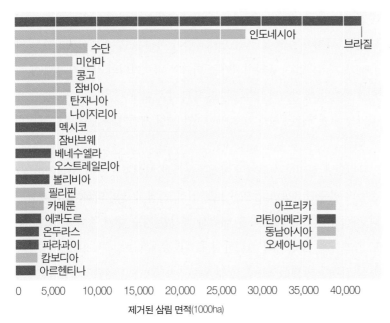

그림 3-10a. 1990~2005년 사이 국가별 삼림의 손실 면적

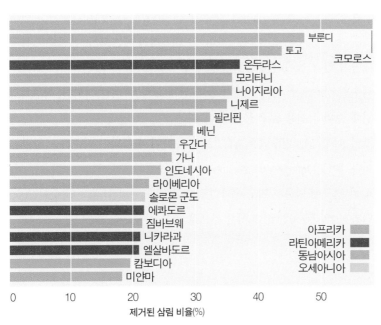

그림 3-10b. 1990~2005년 사이 국가별 삼림의 손실 비율

1990년에서 2005년 사이 브라질에서는 4200만ha의 열대우림이 제거되었으며, 이 기간 동안 아프리카의 섬나라 코모로스에서는 전체 열대우림의 60%가 사라졌다(자료: U.N. FAO(식량농업기구); Hess, 2011: 338 재인용).

라진 것으로 보인다. 아시아와 라틴아메리카의 열대우림도 비슷한 상황인데, 아시아는 약 45%의 열대우림이 사라졌고, 라틴아메리카는 약 40%가 제거되었다. 동남아시아는 티크와 마호가니의 상업적 벌목이 주요 원인이며, 중앙아메리카는 주로 목축의 확대에 기인한다. 아마존강 유역의 삼림제거율은 현재 약 20%이지만 삼림 제거가 빠른 속도로 계속되고 있다(Hess, 2011: 338~340).

광범위한 삼림이 사라지면 야생동물들의 서식지도 함께 사라지며, 생물종의 멸종도 유발한다. 또한 토양 침식, 하천 수질의 악화, 농업 생산성의 저하가 야기되며, 수목을 태워서 제거할 경우 대기 중의 이산화탄소도 증가하게 된다. 이와 관련하여 유엔환경계획(UNEP)은 1992년 '생물다양성 협약'을 채택했으며 같은 해 리우데자네이루 유엔환경개발회의에서 조인식을 가졌는데, 그 내용 중에는 열대우림의 보존에 관한 조항이 포함되어 있다. 이러한 협약의 일환으로 유네스코(UNESCO)에서는 세계 각국의 생물권 보전지역(Biosphere Reserve)의 조성을 지원하고 있다.

환경 파괴로 인해 자신이 살던 곳을 떠나게 된 사람들을 환경 난민(environmental refugee)이라고 한다. 그 대표적인 예는 지구 온난화로 북극 해빙이 일찍 녹아서 전통적인 어로나 사냥을 못 하게 된 에스키모인들, 해수면 상승으로 집과 토지가 물에 잠겨 고향을 떠난 사람들, 사막화로 인해 삶의 터전을 잃고 물을 찾아 떠난 사람들, 열대우림이 사라져 숲을 찾아 이주하는 원주민들, 댐 건설로 가옥이 수몰되어 이주하는 사람들이다. IPCC(Intergovernmental Panel on Climate Change; 정부 간 기후변화 협의체)의 연구에 의하면 지구 온난화로 인한 전 세계의 환경 난민 수는 2050년까지 1억 5000만 명에 이를 것으로 추산된다.

**IPCC**
1988년 세계기상기구(WMO)와 유엔환경계획(UNEP)이 기후변화와 관련된 전 지구적인 환경 문제에 대처하기 위해 세계 각국의 전문가들로 구성한 유엔 산하의 정부 간 기후변화 협의체이다.

## 4. 국제적 환경오염

환경오염물질들이 하천이나 바람을 타고 이동할 경우 배출된 지역뿐 아니라 그 인접 지역까지 피해를 주게 된다. 그러므로 산업 활동에 의해 발생하는 환경오염은 지역 간의 갈등을 일으키는 하나의 원인이 되고 있

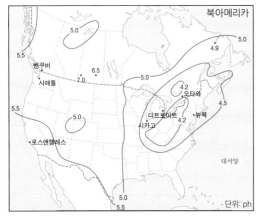
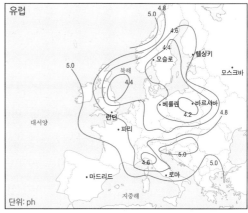

그림 3-11. 강수의 연평균 산성도 분포(북아메리카와 유럽) 일반적으로 pH 5.6 이하의 강수를 산성비라고 하는데, 미국에서는 환경 피해가 나타나는 pH 5.0 이하의 강수를 산성비라고 한다. 미국의 북동부 공업지대는 산성비가 많이 내리는 곳인데 국경 너머 캐나다까지 피해를 주고 있다. 유럽에서는 영국과 독일의 공업지대에서 배출된 대기오염물질이 스칸디나비아반도와 폴란드에 산성비 피해를 주고 있다(자료: 미국 환경부, 1992(좌측); 디르케 세계지도, 1999(우측)).

다. 오염물질은 국가 간에 이동하기도 하는데 이를 월경 환경오염(trans-border pollution) 또는 국제적 환경오염(international pollution)이라 한다. 이 경우에는 오염물질을 배출한 나라와 환경피해를 입는 나라가 다르게 되어 국가 간의 갈등을 유발하게 된다.

산성비는 월경 환경오염의 대표적인 사례이다(그림 3-11). 석탄이나 석유를 연소할 때 발생하는 황산화물(이산화황 또는 아황산가스, $SO_2$), 질소산화물($NO_x$), 염소산화물(염산) 등이 빗방울에 흡수되어 비로 내리는 산성비 현상의 경우 오염물질이 바람을 타고 이동하면 오염배출원에서부터 수천 km 떨어진 외국까지 영향을 미치게 된다.

미국의 북동부 공업지대에서 배출된 대기오염 물질이 수백km 떨어진 캐나다의 동부지역까지 이동하여 산성비가 내리게 되자, 캐나다 지역의 1만 4000여 개의 호수가 산성화되어 어패류가 죽는 등 호수 생태계에 변화가 생겼으며 삼림들도 말라 죽는 피해가 발생했다. 이에 따라 1970년대 중반부터 양국 간에 분쟁이 발생했으며, 산성비에 대한 집중적인 연구가 이루어졌다. 1983년에 캐나다는 산성비의 주요 원인 물질인 이산화황의 배출량을 50% 삭감하겠다고 발표하면서 미국에도 대폭적인 삭감을 요구했다. 미국은 1990년 수정 청정대기법(Clean Air Act Amendments)이 시행된 이후, 환경보호청(EPA)의 산성비 프로그램도 시행되었으며 $SO_2$와 $NO_x$를 많이 배출하는 화력발전소에 대한 규제를 요구했다. 1991년 미국과 캐나다는 대기질 협정(Air Quality Agreement)을 맺고 월경 오염물질에 대한 협의를 시작하여, 2000년에는 대기오염 물질의 배출량 감축을 위한 협약을 체결했다. 이러한 노력의 결과 미국 측의 2007년 $SO_2$ 배출량은 1980년 배출량에 비해 50% 정도가 감축되었다(Hess, 2011: 173).

유럽에서는 1950년대부터 스칸디나비아반도(특히 노르웨이와 스웨덴)의 호수 중 약 20%가 산성화되어 생물이 살 수 없는 죽음의 호수로 변했다. 독일 남서부의 흑림(Schwarzwald) 지대에서는 1960년대 초부터 전나무들이 말라 죽기 시작했으며, 삼림의 피해는 동부 유럽까지 확산되었다. 이러한 피해를 조사한 결과, 영국의 중부 공업지역과 독일의 루르 공업지역에서 석탄을 연소할 때 배출된 오염물질에 의한 산성비가 원인인 것으로 밝혀졌다. 이에 따라 독일은 1974년부터 1982년까지 이산화황 배출량을 17% 삭감토록 했으며, 1983년에는 탈황장치의 설치를 강화하여 향후 10년간 이산화황 배출량을 50% 삭감토록 했다. 영국은 1987년에 산성비 대책을 발표하고 향후 10년간 이산화황 배출량의 14% 삭감을 목표로 제시했다.

한국은 중국의 급속한 공업화로 인하여 심각한 환경피해를 입고 있다. 중국은 에너지의 75%를 아황산가스를 많이 배출하는 석탄에 의존하고 있으며, 동북아시아에서 발생하는 아황산가스의 80%를 중국에서 배출하고 있다. 이렇게 발생된 아황산가스는 편서풍과 계절풍을 타고 한국으로 이동하여 산성비를 내리게 된다. 중국의 북서부 건조 지대에서 봄철에 우리나라로 불어오는 황사에도 중국 공장에서 배출된 수은 같은 중금속 오염물질이 섞여 있어서 건강에 위해를 주고 있다. 또한 해양오염도 심각한 문제이다. 중국의 해안 공업지대와 황하 유역의 공장에서 배출되는 폐수와 농경지의 농약 등이 황해로 유입되어 우리나라의 서해안까지 오염시키고 있다.

최근 한국에서 심각한 대기오염 문제를 일으키는 미세먼지도 중국과 밀접한 관련이 있다. 연간 전체로 볼 때 중국에서 발원한 미세먼지가 30~50%를 차지하며, 겨울철 스모그가 심할 때는 80%까지도 올라간다.

중국도 대기오염 방지를 위해 베이징 수도권 지역은 2013년부터 2017년까지 오염물질 배출을 25% 줄이는 정책을 시행하고, 석탄 에너지를 천연가스로 대체해 나가고 있다. 그 결과 베이징 수도권 지역의 대기오염은 2013년 대비 38.3%를 줄여 목표를 초과 달성했다. 중국발 미세먼지 문제의 해결을 위하여 한국 정부가 추진한 외교적 노력의 일환으로 2017년 12월에는 '한·중 환경협력센터'를 설치하기로 중국 정부와 합의했다.

## 5. 지구의 기후변화

3절에서 언급한 것처럼 지구 온난화(global warming)는 대기 중의 온실가스가 온실효과를 일으켜서 지구의 기온이 올라가는 현상이다. 온실효과(greenhouse effect)는 온실가스가 단파장인 태양복사에너지는 투과시키지만 장파장인 지구복사에너지의 외기 방출을 막는 온실 역할을 하면서 열에너지가 지구 대기에 머무는 시간을 지연시켜 지구의 기온을 상승시키는 것을 말한다. 지구를 얼음 덩어리로 만들지 않기 위해서는 일정 수준의 온실가스는 필수 요소이다. 자연 상태의 기온을 유지하는 데 가장 중요한 역할을 하는 온실가스는 수증기($H_2O$)이며 그 다음은 이산화탄소($CO_2$)이다. 메탄가스($CH_4$), 일산화질소(NO), 프레온가스(CFC), 오존($O_3$) 등은 소량의 기체이지만 역시 온실가스로 작용하고 있다.

지구 온난화는 인간의 활동에 의해 필요 이상으로 강화된 온실효과 때문에 나타난 것이다. 이산화탄소는 강화된 온실효과에 대해 약 64% 정도 기여하는 것으로 추정된다(Hess, 2011: 104). 지난 200여 년 동안 대기 중의 이산화탄소 농도는 화석 연료의 연소와 삼림 제거로 인하여 지속적으로 증가했다. 이로 인해 지난 100년간 지구의 기온이 꾸준히 상승해 왔는데, 연평균기온의 실측 자료를 보면 그 기간(1910~2010년) 동안 지구의 평균기온은 0.7℃ 이상 상승했다. 특히 1980년 이후 지구 기온은 하키스틱 모양으로 급격히 상승했다(그림 3-10a).

이러한 지구의 기온 상승을 지역별로 살펴보면 북반구 고위도 지방과 북극권(북위 66.5° 이상의 권역), 그리고 남극대륙 일부(Graham Land)의 기온

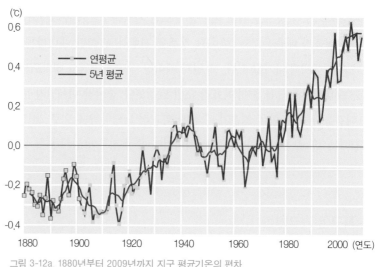

그림 3-12a. 1880년부터 2009년까지 지구 평균기온의 편차

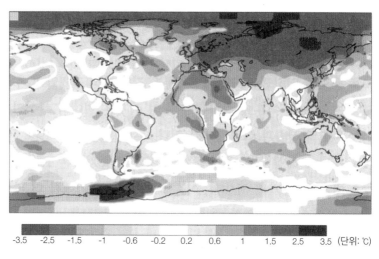

그림 3-12b. 2008년 지구 기온 편차의 분포

위 그래프와 지도는 1951~1980년의 지구 평균기온을 기준으로 하여 편차를 나타낸 것이다. 1980
년대부터 지구 기온이 급격히 상승하는 추세를 볼 수 있으며, 지역별로는 북반구 고위도와 북극권
의 기온 상승이 두드러진다(자료: NASA; Hess, 2011: 247).

상승이 두드러진다(그림 3-12b).

  이렇게 지구 온난화가 가속적으로 진행되면서 나타나는 자연 현상을
살펴보자. 우선 북극 해빙의 면적이 빠르게 축소되고 있다. 히말라야산

맥, 알프스산맥, 로키산맥, 킬리만자로산 등의 산악빙하도 1970년대 이후 빠르게 녹아내리고 있다. **영구동토층**(permafrost)의 분포도 극지방 또는 높은 산정부를 향해 후퇴하고 있다. 그리고 호수나 하천의 결빙일은 늦어지고 해빙일은 빨라져서 전체 **결빙일수**가 감소하고 있다. 빙하가 녹으면서 해수면이 상승하여 남태평양의 투발루와 인도양의 몰디브 같은 섬나라와 방글라데시 등의 해안지대는 침수 피해를 입고 있다(그림 3-13).

동물과 식물도 지구 온난화에 민감하게 반응하고 있다. 식물권(flora)에서는 개화 시기가 앞당겨지거나 서식지의 범위가 북쪽으로 확대되고 있으며, 한국에서는 사과 재배지가 남부지방에서 중부지방까지 확대되었다. 동물권(fauna)에서는 나비의 출현 시기가 앞당겨지거나 모기 서식지가 북상하고 있으며, 한국에서는 전에 없던 아열대 해충들이 들어와 번식하고 있다. 북극 해빙이 축소되면서 북극곰들은 먹이 사냥이 어려워져 개체수가 감소하고 있다(그림 3-14).

2007년 영국의 스턴(N. Stern)은 「기후변화의 경제학: 스턴 보고서(The Stern Review)」라는 저술에서 지구 온난화를 방치하면 세계가 경제 대공

**영구동토층**

북극권 내의 고위도에 위치하며 연중 영하의 온도로 얼어 있는 토양 지대로서, 짧은 여름철에는 땅속은 얼어 있지만 일부 지표면은 녹아 활동층이 되거나 늪지대(thermo-karst)를 형성하기도 한다.

**결빙일수**

하천이나 호수가 겨울철에 얼어 있는 기간을 말한다. 한강의 경우 1910년대는 연평균 결빙일수가 77일이었으나, 1960년대는 45일, 1970년대는 23일, 1980년대는 21일, 1990년대는 17일, 2000년대는 15일로 줄어들었다. 이러한 추세는 지구 온난화뿐 아니라 하천 종합개발, 도시 난방, 온수 배출 등이 영향을 줄 수 있다.

그림 3-13. 태평양 먀셜제도에 위치한 에바이섬의 해수면 상승(자료: Wikipedia)

그림 3-14. 유빙 위의 북극곰
(© Arne Nævra, http://naturbilder.no)

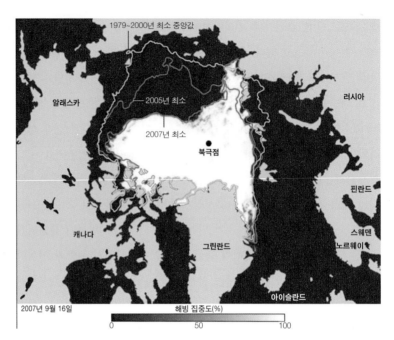

1979~2000년 최소 중앙값

2005년 최소

2007년 최소

북극점

알래스카

러시아

핀란드

캐나다

스웨덴

그린란드

노르웨이

아이슬란드

2007년 9월 16일

해빙 집중도(%)

0    50    100

그림 3-15. 북극 해빙(海氷)의 여름철 최소 면적의 변화  지구 온난화에 의해서 2000년대에도 북극 해빙이 계속 감소되는 것을 보여주는 NASA 인공위성의 합성 이미지이다(자료: NASA Earth Observatory).

**교토의정서**

지구 온난화에 대처하기 위한 유엔 기본협약에 따라 1997년 일본 교토에서 체결한 국제규약으로서 주요 선진국들의 의무 감축 목표량을 차별화하여 명시했다. 개발도상국들은 의무 대상은 아니지만 자발적 참여를 유도했으며, 한국은 개발도상국으로 분류되었지만 자발적으로 참여했다. 의무 이행 대상국은 37개 주요 선진국인데 1차 감축기간에는 미국이 탈퇴했고, 2차 감축기간에는 미국·러시아·일본·캐나다 등 온실가스 배출의 절반을 차지하는 국가들이 불참하여 감축 목표 달성이 어렵게 되었다.

**배출권거래제**

온실가스 감축 의무이행 당사국이 온실가스 배출량이 적은 다른 국가로부터 온실가스 배출권을 사들여 그 권리만큼 온실가스를 배출하고 감축 목표를 달성하는 제도로서 탄소배출권거래제라고도 한다. 이 제도는 기업 간의 배출권 거래에도 적용할 수 있으며, 한국은 2015년부터 실시하고 있다.

황에 직면할 것이라고 경고했다. 기후변화에 따라 농작물 피해, 시설 파괴, 건설 장애, 해운·항공교통의 운항 중단, 관광 제약 등으로 경제적 손실이 발생할 것이기 때문이다. 그러나 지금이라도 강력한 조치를 취한다면 기후변화에서 최악의 상황을 피할 수는 있다고 했다.

유엔에서도 각국의 온실가스 배출을 규제하기 위해 노력을 계속해 왔다. 먼저 1992년 리우데자네이루에서 '기후변화에 관한 유엔 기본협약(UNFCCC)'이 체결되었으며, 이 협약의 구체적 이행 방안을 규정한 '**교토의정서**(Kyoto Protocol)'는 1997년에 채택되고 2005년에 공식 발효되었다. 이 의정서에 따른 합의 과정에서 2008~2012년의 1차 감축공약기간에는 전 세계 온실가스 배출량을 1990년 대비 5.2% 감축하기로 했으며, 2013~2020년의 2차 감축공약기간에는 1990년 대비 25~40% 감축하는 목표를 세웠다. 온실가스 감축을 원활하게 이행할 수 있도록 **배출권거래제**(emission trading system) 및 조림사업을 통한 감축 제도 등이 도입되었다. 감축의무 대상국으로는 37개 주요 선진국들을 지정했으나 미국 등 일부 국가가 불참했다.

　2015년에 체결된 '**파리협정**(Paris Agreement)'은 2020년에 만료되는 교토의정서를 대체하고 2020년 이후의 기후변화에 대한 대응을 담은 국제협약으로서 195개국이 서명했으며 2016년에 발효되었다. 이 협약은 2030년까지 지구의 평균기온 상승을 산업화 이전(19세기 후반) 대비 2℃보다 낮은 수준으로 유지하고, 나아가 1.5℃ 이하로 낮추기 위해 노력한다는 목표를 제시했다. 모든 국가들은 2030년에 대비한 개별적인 온실가스 감축 목표를 제안했으며, 한국은 2030년 배출 전망치(BAU, 감축 노력이 없을 경우 예상되는 배출량) 대비 37% 감축(국내에서 25.7%, 해외에서 11.3% 감축)을 목표로 제시했다. 파리협정은 37개 선진국만 온실가스 감축 의무가 있었던 교토의정서와 달리 미국, 중국을 포함한 195개 당사국 모두에게 구속력 있는 첫 기후 합의이다.

**파리협정**
지구 온난화에 대처하기 위하여 2015년 프랑스 파리에서 열린 제21차 유엔기후변화협약(UNFCCC) 당사국총회에서 195개국이 서명한 국제협정으로서 파리기후변화협약이라고도 한다. 현재 유엔 가입국(193개 국)을 초과하는 200여 개 국가가 참여하고 있지만, 미국은 2017년에 탈퇴했다.

## 기후변화와 날씨 경영

기후변화로 인한 재해가 빈번하게 발생함에 따라 기상정보의 전략적 활용이 기업 경쟁력 제고의 중요 요인으로 떠오르고 있다. 미국은 2002년 이상기후로 인한 피해액을 집계한 결과 국내총생산(GDP)의 10%에 달했다고 한다. 노벨 경제학상 수상자인 폴 크루그먼(Paul Krugman) 교수는 2012년 7월 24일 《뉴욕타임스(NYT)》에 게재한 칼럼에서 "기후변화에 의한 대규모 피해는 미래의 일이 아니라 이미 현실이 됐다'고 말했다.

기상정보는 농업, 어업뿐 아니라 음료, 빙과류, 냉난방기, 의류, 레저, 교통, 재해보험 관련 기업에 영향을 미친다. 그중 가장 민감한 곳은 해운·항공업계로서 여러 곳에서 취합한 기상정보를 운항 결정에 활용한다.

국내 ○○해운은 기상정보 서비스회사 두 곳과 계약을 하고 기상 예상도와 추천 항로를 받는다. ○○항공은 종합통제센터를 설립해 기상정보 활용도를 높인 결과 회항률의 감소 효과를 봤다. ○○제당의 경우 기상 관련 전공자를 채용해 곡물구매팀에 배치했다. 그의 역할은 미국 농무부, 곡물 중개업체, 기상정보업체들의 연구 자료를 분석하고 구매 시점과 물량을 결정하는 것이다. 미국 대륙에 대한 3~4개월 기상예보를 받아보고 가뭄이 예상되면 사전 계약으로 필요한 곡물을 미리 확보한다. ○○그룹은 2000년대 초반 지구환경연구소를 만들어 이상기후와 기후변화에 따른 경영 전략을 짜고 있다.

날씨 경영(weather management)은 기업이 기상정보를 활용해 원자재 구매나 생산·판매·마케팅 등의 전략을 수립하는 것을 말한다. 정확한 날씨를 예측하는 것이 기업의 경쟁력인 시대가 됐다. 기후변화에 따라 기상이변이 잦아졌기 때문이다. 극심한 가뭄이나 홍수, 태풍, 겨울의 한파나 이상고온 같은 기상이변은 기업의 원자재 조달은 물론 판로에도 영향을 미친다. 몇몇 앞선 기업들이 날씨 경영에 나서고 있지만 국내 기업들의 전반적인 상황은 아직 걸음마 단계이다. 미국의 경우 민간업체가 제공하는 기상정보 시장의 규모가 9조 원에 달하고 종사자는 3만 5000여 명에 이른다. 이에 비해 국내 민간 기상정보 시장은 연간 800억 원에 불과하다. 미국은 기업의 절반 이상이 날씨 정보를 구입해 경영에 활용하고 있지만, 국내 기업은 이 비율이 9% 정도이다.

표 3-1. 계절별 이상기후의 영향

| 계절 | 이상기후의 영향 | 계절 | 이상기후의 영향 |
|---|---|---|---|
| 봄 | ⊙ 가뭄: 농작물 작황에 악영향, 수질 악화<br>⊙ 이상저온: 봄철 의류 매출 감소<br>⊙ 황사: 항공기 엔진, 정밀기기 손상 | 여름 | ⊙ 폭염·열대야: 기업 생산성 감소, 냉방 비용 증가, 발전소 비상 가동<br>⊙ 장마 장기화: 여름 상품, 휴가철 매출 감소 |
| 여름<br>가을 | ⊙ 집중호우: 홍수로 주택 침수 및 공장 가동 중단<br>⊙ 태풍: 재산 및 인명 피해 | 겨울 | ⊙ 폭설: 물류 마비로 배송 지연 및 생산 차질, 교통 마비로 외식업과 관광업 매출 감소<br>⊙ 한파: 난방비 증가, 발전소 비상 가동<br>⊙ 이상고온: 겨울 의류 매출 감소 |

자료: 장정훈·김호정, 2012.

# 제2부

# 유럽문화권의 세계화

- 제4장 유럽
- 제5장 러시아연방과 주변국

# 04 유럽

유럽은 아시아와 연속된 유라시아 지체구조를 가지고 있으나, 동쪽으로 러시아의 우랄산맥과 캅카스(코카서스)산맥을 경계로 아시아와 구분된다. 또한 유럽은 북쪽으로 북극해, 남쪽으로는 지중해, 서쪽으로는 대서양으로 둘러싸여 있다. 산맥으로는 북유럽의 스칸디나비아산맥, 남유럽의 피레네산맥, 알프스산맥, 아펜니노산맥, 디나르알프스산맥 등이 유명하다. 유럽의 하천은 분수령을 이루는 산지가 대체로 남쪽에 치우친 관계로 라인강, 엘베 강, 센 강 등은 북쪽으로 흐른다. 다뉴브 강은 알프스에서 발원하여 동유럽을 관통한 후 흑해로 유입된다.

유럽의 기후는 크게 세 가지로 구분할 수 있다. 남유럽은 지중해성 기후 지역으로서 여름에 아열대 고기압의 영향을 받아 고온 건조하고, 겨울에는 편서풍대의 영향을 받아 온난 습윤한 특징을 보인다. 서유럽은 서안해양성 기후 지역으로서 북대서양 난류와 습윤한 기류의 영향을 받는다. 동유럽과 북유럽은 냉대 습윤 기후 지역으로서 극지방의 차가운 기단의 영향이 자주 나타난다. 유럽의 자연 식생들은 대부분 인간 활동에 의해 파괴되었지만, 극한적 환경 조건으로 인구밀도가 낮은 스칸디나비아반도 지역에 냉대림(타이가)과 고산 툰드라가 나타난다.

그림 4-1. 체코 프라하의 전경과 블타바강  체코의 수도 프라하는 역사 도시이며 공업 도시로서 오랜 명성을 가지고 있다. 프라하를 가로지르는 블타바(Vltava)강의 독일명은 몰다우(Moldau)강이며, 독일에서 엘베(Elbe)강과 합류한다. 사진 가운데 보이는 다리가 신성로마제국 황제 카를 4세 때 공사가 시작되어 1402년 완공된 카를교이다(ⓒ 이상원).

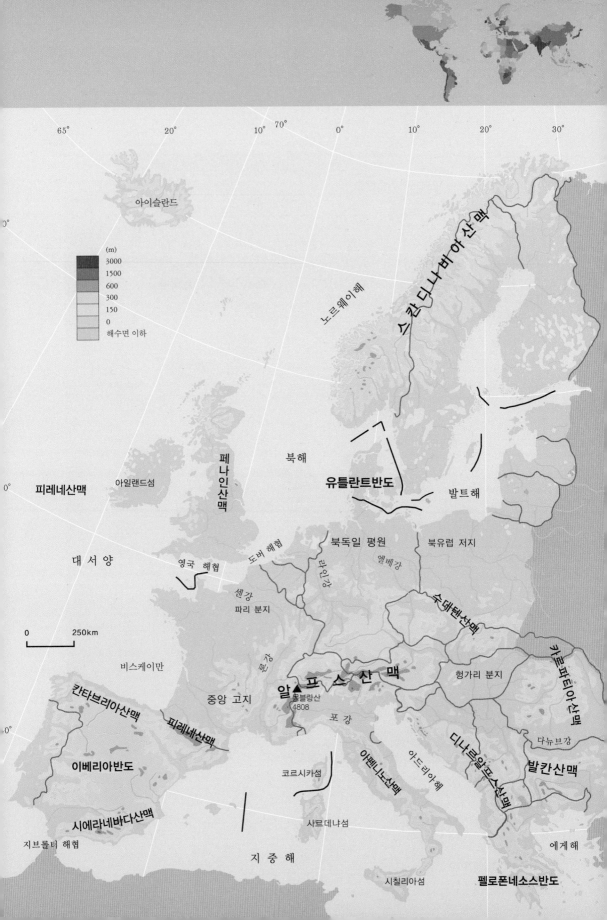

아이슬란드

(m)
3000
1500
600
300
150
0
해수면 이하

노르웨이해

스칸디나비아산맥

페나인산맥

북해

유틀란트반도

발트해

피레네산맥

아일랜드섬

대 서 양

영국 해협

도버 해협

북독일 평원

북유럽 저지

라인강

엘베강

수데텐산맥

카르파티아산맥

0 250km

비스케이만

센강
파리 분지

론
강

중앙 고지

알 프 스 산 맥
몽블랑산
4808

헝가리 분지

칸타브리아산맥

포강

아드리아해

다뉴브강

피레네산맥

이베리아반도

코르시카섬

아펜니노산맥

디나르알프스산맥

발칸산맥

시에라네바다산맥

사르데냐섬

지브롤터 해협

지 중 해

시칠리아섬

펠로폰네소스반도

에게해

# 유럽의 역사지리 연표

그림 4-2. 헝가리 부다페스트의 전경과 도나우 강  헝가리의 수도 부다페스트는 도나우강의 서(좌)측 부다(Buda)와 동(우)측 페스트(Pest)가 19세기에 결합된 도시이다. 부다의 언덕 위에는 왕궁이 자리 잡고 있으며, 페스트에는 상업지역을 중심으로 관청, 대학, 공동주택, 공장 등이 들어서 있다. 사진 가운데 상단의 붉은 돔이 있는 건물이 국회의사당이다(ⓒ 김학훈).

# 1. 유럽의 통합과 유럽연합

근·현대 문명과 세계화의 산실이며 동시에 전쟁터였던, 두 차례의 세계 대전이 발발했던 유럽은 상대적으로 작은 면적이지만 42개의 독립국가가 조밀하게 자리 잡고 있다. 로마제국 이래 봉건제도를 기반으로 통치하는 왕국을 강력한 전제 왕권으로 대체하면서 성장한 유럽의 근대국가는 상공업의 발달과 함께 등장한 시민계급을 기반으로 **국민국가 또는 민족국가**(nation-state)의 이상을 실현해 나갔다. 영국은 17세기, 프랑스는 18세기 말에 시민혁명을 거치면서 민족국가로 발돋움했으며, 독일과 이탈리아는 19세기 후반에 통일을 이루면서 민족국가의 형태를 갖추게 되었다. 그러나 유럽은 20세기 동안 두 차례의 세계대전을 치르면서 피의 대가로 얻은 땅에 국경선을 다시 그렸으며, 산업 기반이 전쟁으로 파괴되어 한동안 경제가 침체에서 벗어나지 못했다.

두 차례의 세계대전은 유럽인들로 하여금 평화와 공존의 중요성을 깨닫게 했다. 1950년대에 들어 서유럽 6개국(독일, 프랑스, 이탈리아, 벨기에, 네덜란드, 룩셈부르크)의 지도자들은 불필요한 경쟁과 중복 투자를 막기 위해 경제적 통합 방안을 논의하기 시작했다. 그 결과 산업화와 무기제조에 필수적인 석탄과 철광석의 공동 개발에 합의했으며, 1952년 유럽석탄철강공동체(ECSC)를 출범시켰다. 이를 바탕으로 1957년에는 관세동맹과 유럽공동시장을 목표로 하는 유럽경제공동체(European Economic Community: EEC), 1958년에는 원자력의 평화적 이용을 위한 유럽원자력공동체(EURATOM)를 결성했다. 이러한 3개 조직은 통합되어 1967년 유럽공동체(European Community: EC)로 발전했다. 이 조직과 별도로 1960년에는 **유럽자유무역연합**(EFTA)이 결성되기도 했다.

1990년 독일의 통일과 1991년 소련의 붕괴로 EC의 회원국을 동유럽국가들까지 확대할 필요성이 대두되었다. 이에 따라 당시 12개 EC 회원국 대표들이 **마스트리히트 조약**(Maastricht Treaty)을 체결하고, EC를 대체하는 유럽연합(European Union: EU)을 1993년에 출범시켰다. 1999년에는 EU의 공식 화폐인 **유로화**(€)가 국제 결제용 화폐로 탄생했으며, 2002년 1월 1일부터는 지폐와 동전이 발행되었다. 유로 화폐를 채택한 국가들의

**국민국가(민족국가)**

민족이란 언어, 종교, 정체성 등을 공유하고 사회문화적 특성이 유사한 사람들의 집단을 말하며, 국가는 한정된 영토가 있고, 그 안에 국민들이 거주하며, 그들을 통치하는 정치적 실체(정부)가 주권을 행사하는 단체이다. 이 두 가지 개념이 결합된 것이 국민국가 또는 민족국가이다. 민족주의는 민족국가의 정체성과 애국심의 정치적·사회적 표현이다. 그러나 세계화 시대에서는 민족국가의 개념이 약화되고 있으며, 이민자들을 많이 받아들이는 미국, 캐나다, 독일 등은 다민족국가 또는 다문화국가를 표방하고 있다.

**유럽자유무역연합**

1960년 영국의 주도로 유럽 7개국이 가입하여 결성했으나 현재는 EU에 가입하지 않은 스위스, 아이슬란드, 리히텐슈타인, 노르웨이의 4개국만이 가입되어 있다.

**마스트리히트 조약**

1992년 당시 12개 EC 회원국 대표들이 마스트리히트(네덜란드)에 모여 체결한 조약으로서, 역내 시장통합, 정치통합, 화폐통합을 목표로 명시했으며, 3개 기둥 체제(즉 EC 조직, 경찰·사법조직, 외교·안보 조직)을 토대로 한 유럽연합(EU)을 1993년 출범시켰다.

**유로화**

1999년 1월 1일 탄생한 유로(euro)화는 유럽연합의 공식 화폐로서 당시 1유로(€)는 1.1743달러($)와 동일한 가치(환율)로 출범했다.

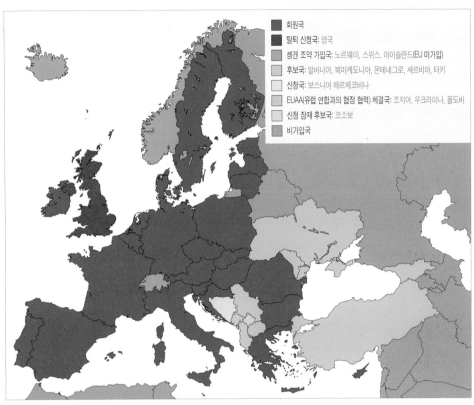

그림 4-3. 유럽연합(EU) 회원국 현황  EU 회원국은 2019년 탈퇴 예정인 영국을 제외하고 총 27개국이다. 국경 검문을 철폐하는 솅겐조약은 26개국에서 시행되고 있다(자료: 위키백과).

그림 4-3. EU 회원국들의 국기  유럽의회 앞에 EU 국기를 선두로 회원국들의 국기가 게양되어 있다. 유럽의회 건물은 바벨탑을 모티브로 하여 건축되었다(© Knight, Mattereum).

집합을 유로존(Eurozone)이라 하며 현재 19개국에 이른다. 2009년 발효된 리스본 조약(Lisbon Treaty)을 통해 정치통합체의 성격까지 갖춘 EU는 2019년 현재 27개국(2019년 영국 탈퇴 예정)이 가입되어 있다(그림 4-3, 4-4).

EU의 집행부 및 유럽이사회는 수도 역할을 하는 브뤼셀(Bruxells)에 집중되어 있지만, 유럽의회(European Parliament)는 프랑스 스트라스부르(Strasbourg), 유럽연합사법재판소는 룩셈부르크(Luxemburg)에 위치하고 있다(그림 4-5). EU의 공용어는 24개나 되기 때문에 유럽의회 및 국가대표회의에서는 같은 수의 동시통역이 제공되지만, 집행부의 내부 실무에서는 영어, 독일어, 프랑스어가 주로 사용되고 있다.

EU가 결성된 표면적 이유는 유럽 국가 간의 평화, 공존, 번영을 추구하는 통합체로서 유럽 국가들의 대외 경쟁력 제고와 공동시장 확보이지만, 이면에서는 미국의 패권주의에 대응할 필요도 있었다. 지금은 G2 국가로 부상한 중국의 위상도 압도적이기 때문에 개별 국가보다는 연합체인 EU 조직이 집단적인 대처에 도움을 주고 있다. EU의 통합은 단순히 관세동맹 및 경제 협력을 위한 북미자유무역협정(NAFTA), 남미공동시장(MERCOSUR), 아시아-태평양 경제협력체(APEC) 등의 경제 블록보다 높은 수준으로서 화폐의 통합, 정치적 통합을 실현하고 있다. 5억 명에 이르는 인구를 가진 EU는 국내총생산(GDP)의 총합이 미국과 비슷한 수준으로 세계경제의 약 1/4을 차지하고 있다(그림 4-6).

그림 4-5. 유럽의회 총회(2014년)  프랑스 스트라스부르에 위치한 유럽의회의 총회 장면으로서 총재적의원은 751명이다(자료: Wikimedia ⓒ Diliff).

유럽 전체에서 GDP가 높은 순으로 5개국을 나열해 보면 독일, 영국, 프랑스, 이탈리아, 러시아이다. 1인당 GDP는 룩셈부르크(Luxemburg)가 세계 1위(약 11만 4000달러, 2018년 IMF 통계)이며, 유럽 최저는 몰도바(Moldova)로 약 3000달러에 불과하다. 몰도바를 포함한 대부분의 동유럽 국가들은 소득수준이 낮은 편으로 서유럽으로의 인구 유출이 심하며 저출산까지 겹쳐서 인구도 감소하고 있다.

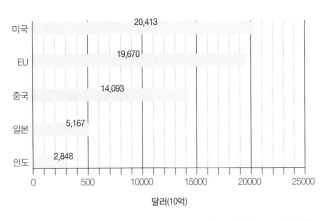

그림 4-6. GDP 상위 5개국 비교(2017년). EU를 단일 경제권으로 보면 국내총생산(GDP)이 세계 2위로서 미국의 경제 규모와 비슷하다(자료: IMF).

유럽 국가들, 특히 EU 국가의 대부분은 **솅겐 조약**(Schengen Agreement)에 의해서 출입국이 자유롭기 때문에 국가 간 인구 이동이 많은 편이며, 이민자의 비중이 높은 다민족국가를 형성하고 있다. 2010년 통계를 보면 EU 전체 인구의 9.4%가 다른 나라에서 출생했는데, 구체적으로는 6.3%가 EU 이외의 나라에서 출생했으며 3.2%는 EU 내 다른 나라에서 출생한 것으로 나타났다. 이러한 이민자들의 대부분은 서유럽 국가(독일, 프랑스, 영국, 스페인, 이탈리아, 네덜란드)에 집중되어 있다.

2008년의 세계 금융위기는 유럽에도 충격파를 몰고 왔으며, 2010년에는 남유럽 4개국, 이른바 'PIGS(포르투갈, 이탈리아, 그리스, 스페인)'에 국가 부채로 인한 재정 위기가 닥쳤다. 그 주원인은 포퓰리즘(populism)에 의한 방만한 재정 운영인데, 이에 대한 대책으로 공공 부문 개혁을 시도했으나 노동조합과 시민들의 저항이 심해서 성과를 거두지 못했다. 특히 그리스는 2015년에 경제 붕괴 상황까지 직면했다. 결국 유로존에서 긴급 구제기금 지원을 결정하여 파국을 막을 수 있었다. 이러한 사태는 유로존의 미래를 위해 전향적인 대책을 강구해야 할 필요성을 제기했다.

유럽에서는 1960년대 이후 오랫동안 복지국가를 지향하는 사회주의 정권이 주도하여 사회복지를 위한 재정 지출이 늘어났는데, 최근에는 경제 악화, 실업률 상승, 불법 이민 유입, 시리아 난민 할당 문제 등이 대두

**솅겐 조약**
1985년 룩셈부르크의 솅겐에서 유럽 5개국이 체결한 조약으로서 가입 국가 간의 국경 검문을 철폐하고 공통 비자를 받아 출입국을 자유롭게 할 수 있다. 현재 영국과 아일랜드를 제외한 모든 EU 국가와 EFTA 가입국(스위스, 아이슬란드, 리히텐슈타인, 노르웨이) 등 총 30개국이 조약을 체결했으며, 그중 4개국(불가리아, 크로아티아, 키프로스, 루마니아)은 실시를 보류하고 있다.

되면서 중도우파 정권이 약진해 사회복지 축소, 공공 부문 개혁, 불법 이민자 추방 등 신자유주의 정책의 비중이 높아지고 있다. 유럽 각국에서는 각종 사회 문제에 대한 정책 변화에 따라 사회 계층 간의 갈등이 점차 심해지고 있는데, 이러한 갈등을 완화하고 복지와 성장의 균형을 확보하여 국가 재정을 건전하게 유지하는 것이 과제이다.

군사동맹조직체인 북대서양 조약기구(North Atlantic Treaty Organization: NATO)는 소련 군사력의 확장에 대응하기 위해서 1949년 미국이 주도하고 캐나다 및 유럽 국가들이 참여하여 조직되었다. 이에 대응하여 소련과 동유럽 위성국들은 1955년 **바르샤바 조약기구**(Warsaw Treaty Organization)를 구성한 바 있다. NATO의 본부는 EU와 마찬가지로 브뤼셀에 있으며, 현재 NATO에는 29개국이 가입되어 있는데 그중 22개국이 EU 회원국이다. 동유럽 국가들은 2000년대부터 EU와 함께 NATO에도 가입하고 있다. NATO 가입 국가들은 소련 해체 이후의 러시아에 대해서 여전히 경계를 하고 있으며, 특히 2014년 러시아의 크림반도 점령은 동유럽 주변 국가들에게 위협을 주고 있다. NATO는 1990년대 이후에도 걸프 전쟁, 보스니아 내전, 코소보 내전, 이라크 전쟁, 아프가니스탄 전쟁, 아덴만 작전, 리비아 공습 등에 개입했으며, 미국이 주도하는 이러한 NATO의 군사 작전에 여러 유럽 국가들이 참전한 바 있다. 최근 EU에서는 군사 통합을 위해서 독일이 주도하는 유럽연합군 창설을 추진하고 있다.

바르샤바 조약기구
1955년 서독이 NATO에 가입하자 소련과 동유럽 7개국이 NATO에 대응하기 위해 폴란드 바르샤바에 모여 체결한 군사동맹기구. 독일 통일과 냉전 종식에 따라 1991년 바르샤바 조약기구는 해체되었다.

## 2. 서유럽의 강대국: 독일, 영국, 프랑스

유럽 국가들 중에서 국내총생산(GDP)이 높은 순서대로 3개 국가를 나열하면 독일, 영국, 프랑스이다. 이 국가들은 오랫동안 국제정치와 경제에서 경쟁 관계에 있었으며, 20세기에는 두 차례의 참혹한 세계대전에서 주역을 맡기도 했다. 최근 유럽의 노동력 이동을 보면 비교적 임금 수준이 높고 취업 기회가 많은 이들 3개 국가에 집중하고 있다(그림 4-7). 특히 2011년부터 지속된 시리아 내전으로 인하여 많은 시리아 난민들이 유럽 각국에 유입되어 정치적·사회적 갈등을 일으키고 있다. 서유럽의 강대국

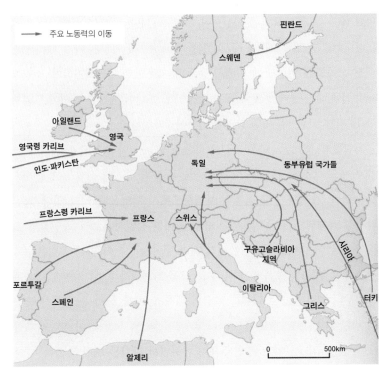

그림 4-7. 유럽의 노동력 이동  최근 유럽 내 국제 노동력의 이동 상황을 보면 지역 간 경제 격차를 확인할 수 있다. 대체로 남유럽, 동유럽에서 영국, 프랑스, 독일 등 서유럽의 핵심 지역으로 많은 노동력이 이주하고 있다 (자료: Knox, Marston, and Liverman, 2002: 115).

인 독일, 프랑스, 영국의 역사와 경제 상황을 살펴보면, 유럽연합의 미래도 가늠해 볼 수 있다.

476년 서로마제국이 멸망한 후 유럽의 중앙부에 자리 잡은 게르만족의 프랑크왕국(486~843년)은 샤를마뉴 대제 때 전성기를 맞았으나 왕위를 이어받은 아들(루이 1세)이 사망한 후 영토가 서프랑크(프랑스), 동프랑크(독일), 중프랑크(이탈리아)로 삼분되었다. 962년에는 오늘날의 독일·오스트리아·스위스·베네룩스(Benelux)를 망라한 신성로마제국이 탄생했으나 1806년 프랑스 나폴레옹의 무력에 의해 해체되었다.

독일(Deutschland)이라는 민족국가의 뿌리는 동프랑크왕국이지만, 1701년 신성로마제국의 변방에서 탄생한 프로이센 왕국은 그 줄기라 할 수 있다. 주변 제후국들을 병합하면서 영토를 확대해 온 프로이센은 빌헬름 1세 때 비스마르크 재상의 활약으로 독일 통일을 이루고 1871년 독일제국을 선포했다. 그러나 제1차 세계대전(1914~1918)에서 패전한 후 바이

베네룩스

벨기에, 네덜란드, 룩셈부르크의 앞 글자를 따서 만든 조어로서, 1944년 3개 국가가 체결한 베네룩스 관세동맹에서 처음 사용된 용어이다. 이 3개 국가는 민족 및 언어 구성에 있어 차이가 있지만 지리적, 역사적으로 얽혀 있으며, 영토가 작다는 공통점이 있다. 북해와 접한 네덜란드와 벨기에는 영토의 대부분이 저지대 평야를 형성하고 있으며, 강 언덕이 많은 룩셈부르크는 2018년 1인당 GDP가 세계 1위이다.

마르(Weimar) 공화국이 들어섰으며, 그 후 나치당(Nazis)의 히틀러는 정권(1933~1945)을 잡고 제2차 세계대전을 일으켰으나 독일은 다시 패배했다. 패전국 독일은 연합군에 의해서 동독과 서독으로 분리되었다가, 소련이 동유럽에 대한 통제를 포기한 1989년 11월 드디어 베를린 장벽이 무너지고 1990년 10월 3일 독일 통일이 이루어졌다(그림 4-8).

독일연방공화국(서독)은 **마셜플랜**(Marshall Plan)의 원조로 발전의 기틀을 세우고 냉전체제하에서도 공업 발전과 교역 증진에 심혈을 기울었다. 함부르크, 브레멘 등은 독일의 무역항으로서 번영을 누리고 있다. 독일 라인강 유역의 루르 공업지역은 유럽 최대의 공업지대로서 '라인강의 기적'을 이끌어 냈다. 이곳에는 여러 개의 댐이 건설되어 있어 공업용수와 전력이 풍부하며, 운하를 통한 수운 교통도 편리하다. 이 지역은 19세기 중엽부터 개발된 루르 탄전을 배경으로 제철, 기계, 화학 등 중화학 공업이 발달했다. 1970년대 이후 석탄 및 제철산업의 침체로 어려움을 겪었으나, 차츰 첨단산업으로 업종을 전환하면서 활기를 되찾고 있다. 루르 공업지역에서는 에센, 도르트문트, 뒤셀도르프, 뒤스부르크 같은 도시가 산업 중심지로 발달했으며, 남부 독일에서는 슈투트가르트와 뮌헨이 **첨**

**마셜플랜**
제2차 세계대전 후, 1947년부터 1951년까지 미국이 서유럽 16개 나라에 행한 대외원조계획이다. 정식 명칭은 유럽부흥계획(ERP)이지만, 당시 미국의 국무장관이던 마셜(Marshall)이 공식 제안했기에 '마셜플랜'이라고 부른다. 이에 대한 대응으로 소련은 동유럽 위성국들에 대한 경제원조를 위해 1949년 Council for Mutual Economic Assistance(COMECON)를 조직하고 1991년까지 운영했다.

그림 4-8. 베를린 장벽의 붕괴  1989년 11월 브란덴부르크 문(Brandenburg Gate) 앞에 모여 베를린 장벽의 붕괴를 축하하는 동서 베를린 시민들(자료: Wikimedia ⓒ Lear 21).

단산업(high-tech industry)의 핵심 도시로 부상하고 있다.

한편 1990년 독일 통일 직후 동독은 인구가 서독 인구(6200만 명)의 약 1/4에 불과하며 산업시설이 낙후한 것이 드러났다. 통일 이후 지속되는 동독 지역과 서독 지역 간의 소득 격차도 심각한 문제였다. 이러한 동독 지역에 철도, 도로, 전력 등 사회간접시설을 확충하고, 고용을 확대하기 위한 산업시설을 갖추기 위해서 서독 지역 주민의 세금으로 확보한 엄청난 재정이 투입되었다. 통일 이후 동부 독일에서는 수도인 베를린과 과학 연구 및 산업이 집중된 드레스덴이 핵심 도시로 부상했다. 최근의 독일은 통일의 여러 후유증과 지역 간 격차를 점차 극복하고, 유럽에서의 정치적·경제적 영향력을 회복하였다.

서프랑크 왕국을 뿌리로 한 프랑스(France)는 중세 시대에 왕이 봉건 제후들을 거느리는 봉건왕조를 확립하였다. 근대에 와서는 중상주의를 기반으로 절대 왕정을 확립하였으나 루이 16세 때 프랑스 대혁명(1789년)을 맞게 되었다. 19세기 동안 공화정과 왕정(또는 제정)이 번갈아 나타났다가 보불전쟁(프로이센-프랑스 전쟁, 1870~1871년)에서 패한 이후에는 공화정을 지속하고 있다. 영국과 마찬가지로 식민 제국을 형성했던 프랑스는 1954년 인도차이나 3국(베트남, 캄보디아, 라오스)이 독립하고 1962년에는 알제리가 독립하면서 실질적인 식민지 시대의 막을 내렸다.

프랑스는 1957년 유럽경제공동체(EEC)가 창설될 때 독일과 함께 주도적인 역할을 담당했으며 현재의 유럽연합(EU)에서도 마찬가지이다. 1960년대부터 프랑스는 강력한 중앙정부에 의한 경제계획과 관리를 주창하면서 중추 관리 지역인 파리에 비해 낙후된 나머지 지역을 발전시키려는 1차 목표를 세웠다. 북서부의 브르타뉴, 남부의 지중해 연안 지역과 같은 주변 지역과의 결속과 통합을 강화하기 위한 철도 및 고속도로 체계가 개선되었으며, 독일, 벨기에, 룩셈부르크, 스위스 등과 인접한 동부 지역이 유럽연합의 중추 지대로 부상하고 있다.

프랑스는 전통적으로 넓은 영토와 다양한 기후를 이용한 농업이 발달했다. 제철산업 및 중공업은 석탄 및 철광석 산지가 위치한 북동부 국경지대의 알자스(Alsace)-로렌(Lorraine) 지방에 발달해 있다. 오늘날 프랑스는 첨단산업에 두각을 나타내고 있는데, 고속열차(TGV), 항공기(Airbus),

**첨단산업**
첨단 과학기술을 바탕으로 하는 산업. 예로는 전자산업, 정보통신산업, 생명공학산업, 우주항공산업 등이 있다.

그림 4-9. 예술의 도시 파리  센(Seine)강이 흐르고 에펠탑이 서 있는 프랑스 파리에는 옛 건물을 활용한 박물관들이 많고, 도시 전체가 예술품이라 할 만큼 예술의 도시로서 명성이 높다(자료: Wikimedia ⓒ Y. Caradec).

**소피아-앙티폴리스**

1968년부터 프랑스 정부가 지중해 연안의 휴양지에 산업단지를 조성한 곳으로, 인근에 칸, 니스 같은 휴양도시가 있고, 저렴한 지가와 좋은 기후 때문에 외국 자본가와 전문 인력을 끌어들이는 데 유리하다. 이곳에는 2018년 기준으로 약 2230개의 기업(224개 외국기업 포함)과 63개국에서 온 3만 6300여 명의 인력이 모여 있다.

**종주도시(**宗主都市**)**

한 국가에서 제일 큰 수위도시의 인구 규모가 다른 도시에 비해 과도하게 큰 경우의 수위도시를 말한다. 종주도시는 수위도시에 인구가 과잉 집중되는 과정에서 발생하며, 급속한 산업화와 도시화가 진행되는 개발도상국의 도시체계에서 많이 나타난다. 수위도시의 과대 성장으로 인한 종주도시화 현상은 한 국가의 도시체계에 불균형을 가져온다. 서울과 파리도 종주도시의 대표적인 예인데, 인구 및 경제가 집중된 도시가 국가 성장에 유리하다는 주장도 있다.

**영국의 구성**

영국은 공식 국명인 United Kingdom of Great Britain and Northern Ireland에서 알 수 있듯이 브리튼섬과 북아일랜드의 연합왕국이다. 브리튼섬은 과거 왕국의 전통에 따라 잉글랜드(England), 웨일스(Wales), 스코틀랜드(Scotland)의 세 지역으로 구분된다. 북아일랜드는 1921년 아일랜드가 영국으로부터 독립할 때 해군기지가 있는 벨파스트(Belfast)를 중심으로 영국 본토에서 온 개신교 신자가 많이 거주했기 때문에 영국 영토로 남게 되었다.

광통신, 우주산업, 원자력 발전 등에서 세계를 선도하고 있다. 프랑스의 첨단산업 도시로는 지중해 연안에 자리 잡은 소피아-앙티폴리스(Sophia-Antipolis)가 유명하다.

프랑스의 도시 인구 분포는 수도인 파리에 과도하게 집중된 종주도시(primate city) 체계를 보인다(그림 4-9). 파리 대도시권의 인구는 약 1240만 명에 이르는 반면, 제2의 도시인 리옹(Lyon)은 230만 명에 불과하다. 예술의 도시 파리는 센(Seine) 강변에 자리 잡고 있지만 화물선이 다닐 수 없기 때문에 나폴레옹 시절부터 전국으로 연결되는 방사형 도로체계를 구축했다. 이후 건설된 전국의 철도망도 같은 패턴을 따랐기 때문에 파리의 종주성은 더욱 확고해지게 되었다.

영국(United Kingdom)은 크게 네 지역으로 구성되어 있다. 유럽 대륙과 분리된 섬나라이기 때문에 영국은 중세 이후 유럽 본토의 정치적 혼란과 달리 오랫동안 안정을 누리면서 의회 민주주의 제도도 일찍 정착시킬 수 있었다. 18세기 후반부터 산업혁명을 주도했고 세계 최대 식민 제국을 건설했던 영국은 1950년대 유럽 통합의 추진에 소극적이었다. 그 후 관세협정이 주는 인센티브에 이끌려 1973년 당시의 유럽공동체(EC)에 영국도 가입했으나, 2010년대에 들어서 유로존의 재정 위기와 분담금, 금융산업

그림 4-10. 세계 금융의 중심지 런던 템스(Thames)강이 흐르는 영국 런던의 중심가와 런던브리지(London Bridge)역 주변을 기구를 타고 촬영했다. 강 건너편에 고층빌딩이 모여 있는 곳이 금융지구이다(자료: Wikimedia ⓒ D. Chapman).

규제, 난민 할당제 등이 논란이 되자 2016년에 국민투표를 거쳐 유럽연합(EU) 탈퇴(브렉시트)를 결정했다.

산업혁명의 근원지인 미들랜드(Midland: 잉글랜드의 중앙부) 지방에는 맨체스터, 리버풀, 버밍엄 등 공업 도시가 위치하고 있으나, 20세기 중반부터 방직산업과 석탄·철강산업의 사양화로 침체를 겪고 있다. 20세기 후반에 와서는 런던 등 남동부 도시 등이 새로운 산업 발달의 견인차 노릇을 하고 있다. 특히 런던은 세계 금융산업의 중심지 역할을 수행하고 있다(그림 4-10). 영국과 유럽 본토를 잇는 유로터널(Eurotunnel)과 같은 교통망의 확충도 영국 남부의 발전을 가속화했다.

영국의 첨단산업 집적지로는 런던 북쪽의 대학도시 케임브리지(Cambridge)가 유명하다. 이 도시는 1970년대부터 케임브리지 과학단지를 조성하고 생명공학 및 정보통신 분야의 기업들을 유치했다. 현재 약 1500개의 기업 및 연구소가 활동하고 있는데, 이렇게 성장한 배경에는 대학과 기업 간의 활발한 인적 교류와 기술 협력이 있다.

브렉시트(Brexit)
Britain과 exit를 합친 단어로서 영국의 EU 탈퇴를 뜻한다. 영국은 2019년 3월 29일에 탈퇴가 예정되어 있었으나 EU의 관세동맹, 북아일랜드 국경 통제, 영국의회 비준 등 불확실한 문제들이 산적해 있어 연기된 상태이다(2019년 현재).

유로터널
도버해협 밑을 뚫어 1994년 영국과 프랑스 사이를 연결한 해저터널로서 Channel Tunnel 또는 Chunnel이라고도 한다. 1987년 시작된 터널공사는 7년 만에 완공했으며, 그 터널 길이는 50,45km이다. 현재 유로스타(Eurostar)라는 여객열차가 런던-파리, 런던-브뤼셀 구간을 각각 3시간, 2시간 40분에 주파하고 있다.

## 3. 북유럽의 산업 기반과 번영

**바이킹족**
스칸디나비아에 거주하던 북게르만족을 가리킨다. 학술적으로는 '북쪽 사람'을 뜻하는 라틴어(Normannus)와 프랑스어(Normands)에서 영어의 Norsemen이란 용어가 나왔는데, 19세기부터 '해적'을 뜻하는 Vikings가 대중적으로 사용되었다. 영어의 Normans(노르만족)은 노르망디 지방에서 약 10세기부터 일어난 프랑크족과 스칸디나비아인의 혼혈족으로 한때 영국을 정복하기도 했다.

북유럽에 위치한 국가는 덴마크, 노르웨이, 스웨덴, 핀란드, 아이슬란드 등 5개국이 있다. 이 나라들을 흔히 노르딕(Nordic) 국가라고 하는데, 역사적으로 보면 8~11세기에 활동한 **바이킹족**(Vikings)이 기독교로 개종하면서 성립된 왕국들이 그 기원이다. 다만 핀란드는 바이킹족과 관계가 없는 핀족(Finns)의 국가이다. 스칸디나비아반도에는 노르웨이, 스웨덴, 핀란드 및 러시아의 일부 영토가 포함되지만, 스칸디나비아(Scandinavia) 3국은 역사와 문화적으로 긴밀한 관계를 유지한 노르웨이, 스웨덴, 덴마크의 3개 왕국을 지칭한다. 북유럽 5개국 중에서 가장 인구가 많은 나라는 스웨덴(약 1000만 명)이며 가장 적은 나라는 아이슬란드(약 35만 명)로서 인구의 차이가 크다. 북유럽 국가들의 언어는 핀족어를 제외하면 모두 북독일어족에 속하지만 현재 각 나라는 서로 다른 언어를 사용하고 있다. 이 나라들의 공통점은 국민소득이 높고 사회복지제도가 잘 갖추어졌다는 것이다.

덴마크(Denmark)는 전통적으로 농업국가지만, 제2차 세계대전 후 중

그림 4-11. 덴마크의 수도 코펜하겐의 상징 - 인어의 상  코펜하겐 항구에 위치한 인어의 상은 안데르센의 동화 『인어공주』를 모델로 만들어졌다. 1913년 에릭센(E. Eriksen)이 제작했으며, 코펜하겐의 명물로서 전 세계에서 온 관광객들의 사랑을 받고 있다(ⓒ 김학훈).

화학공업, 식품가공업, 제약업 등을 수출산업으로 육성했다. 이 나라는 유틀란트 반도와 주변 섬들로 구성되어 면적이 작은 편이지만, 해외에 **그린란드**(Greenland)와 **페로제도**(Faeroe Islands)를 자치령으로 확보하고 있다. 덴마크 수도인 코펜하겐(Copenhagen)은 북해와 발트해 사이의 섬에 위치하여 중요한 무역항 기능을 수행하고 있으며, 덴마크 인구

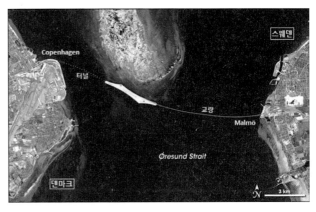

그림 4-12. 스웨덴과 덴마크를 연결하는 외레순드 대교와 드록덴 터널(자료: NASA)

의 약 1/3은 코펜하겐 대도시권에 집중해 있다(그림 4-11). 2000년에 개통된 외레순드(Øresund) 대교는 스칸디나비아반도(스웨덴)와 유럽 본토(덴마크)를 육상교통으로 연결하여 도버 해협의 유로터널과 마찬가지로 바다라는 지리적 장애를 극복하고 양국 간의 경제적 교류를 확대시키는 계기가 되었다(그림 4-12).

외레순드 대교는 스웨덴 말뫼와 덴마크 코펜하겐 사이의 외레순드 해협을 도로와 철도로 연결하는 다리로서 2000년에 개통되었다. 하지만 사실상 말뫼에서 해협 중간의 인공섬까지 건설된 다리로서 길이는 8km이다. 그 인공섬으로부터 코펜하겐 공항까지 4km 구간은 드록덴(Drogden) 해저터널로 연결된다. 코펜하겐의 직장인 중에는 집값이 싼 말뫼에 거주하면서 외레순드 대교를 건너 출퇴근하는 사람이 늘고 있다.

스웨덴(Sweden)은 한때 발트해를 지배하는 강국이었으나 러시아와 프러시아가 강대국으로 부상한 후에는 19세기 동안 노르웨이를 지배한 것을 마지막으로 전쟁에 휩쓸리지 않았다. 제1차 세계대전이 시작된 1914년에는 **말뫼**(Malmö) **협정**을 주도하여 덴마크, 노르웨이와 함께 중립 외교정책을 견지해 나갔다. 평화를 추구하는 중립 정책은 경제적 번영과 사회복지를 증진하는 데 도움이 되었다. 그리고 스웨덴은 북유럽에서 가장 다문화적인 국가이다. 개방적인 이민 정책을 시행하기 때문에 이미 전 국민의 25%가 스웨덴이 아닌 타 민족 출신인데, 이민을 엄격하게 통제하는 덴마크나 노르웨이와는 대조적이다. 스웨덴의 남부지방에는 기름진 농지

**그린란드**
대서양과 북극해 사이에 위치한 거대한 섬으로 약 5만 6000명의 인구 중 88%가 원주민(Inuit)이고 나머지는 덴마크인 등 유럽인이다. 원주민의 언어는 그린란드어(Greenlandic)로 캐나다 에스키모들의 언어와 유사하다.

**페로제도**
아이슬란드와 노르웨이 사이에 위치한 덴마크령의 작은 섬들로서 페로어(Faroese)를 구사하는 약 5만 명의 주민이 주로 어업에 종사하고 있다.

**말뫼 협정**
제1차 세계대전이 발생한 1914년 스웨덴 말뫼에서 스웨덴, 덴마크, 노르웨이 3국 국왕이 모여 전쟁 불개입과 중립 외교를 위한 협정을 체결하고 공동 선언하여 세계대전의 소용돌이를 벗어났다.

그림 4-13. 스웨덴의 수도 스톡홀름의 구도심 스톡홀름은 역사적인 항구도시이며 인구는 약 95만 명으로 북유럽에서 가장 큰 도시이다. 항구 인근의 구도심에는 스웨덴의 왕궁 및 행정부, 입법부, 사법부가 자리 잡고 있다(© 김학훈).

가 펼쳐지지만 덴마크처럼 수출용 특화작물 농업으로 발전하지는 못했다. 타이가 숲이 펼쳐진 북부의 오지에서는 전통적으로 임업이 성하지만 최근 벌채 기술의 발달로 인해 고용은 감소하고 있다. 수백 년 전통의 금속광산 개발은 제련공업과 제철공업을 발달시켰으며, 해안 지대의 대규모 공장에서는 자국의 고품질 철강을 활용하여 자동차(Volvo, Saab), 기계, 공업용 로봇, 사무기기, 의료기기, 농기계 등을 생산하고 수출한다.

스웨덴의 인구와 산업은 중앙 저지(Central Lowland)에 집중되어 있는데, 그 핵심지는 수도인 스톡홀름(Stockholm)으로서 발틱해를 지향했던 오래된 역사를 반영하고 있다(그림 4-13). 그러나 20세기 동안 북해를 통한 교역이 성하면서 스웨덴 제2의 도시인 예테보리(Göteborg)는 교역량에서 스톡홀름을 앞서고 있다. 예테보리는 부동항인 반면 스톡홀름은 겨울 동안 항구를 유지하기 위해 쇄빙선을 운영한다는 점도 교역량의 차이에 영향을 미쳤다. 스웨덴 제3의 도시는 말뫼(Malmö)로서 1890년 설립된 세계 굴지의 조선업체 코쿰스(Kockums)사가 있던 곳인데, 그 회사는 1970년대부터 국제 경쟁력이 약화되어 결국 1993년 국영 방위산업체에 합병되었다. 이후 "말뫼의 눈물"로 표현되는 위기를 겪은 말뫼는 조선업을 포기하고 대신 친환경 신재생에너지, 정보기술(IT), 바이오기술(BT) 등을 일으켜

말뫼의 눈물
2002년 말뫼의 코쿰스 조선소에 있던 골리앗 크레인이 울산의 현대 중공업에 단 1달러에 매각되어 철거되는 것을 보고 말뫼 시민들이 눈물을 흘렸다고 한다. 그 후 말뫼는 다시 일어선 반면 울산은 2018년 조선업의 불황에 따른 현대중공업의 감원 사태로 위기를 맞이했으니 아이러니(irony)한 일이다.

이제는 세계 각국에서 온 젊은이들이 창업을 통해 혁신을 이끄는 도시가 되었다.

　노르웨이(Norway)는 중세시대에 통일 왕국을 완성했으나 14세기 후반부터 덴마크의 지배를 받았으며 1814년에는 스웨덴이 지배권을 넘겨받았다. 1905년에 와서 노르웨이는 스웨덴으로부터 독립하게 된다. 노르웨이 영토의 대부분은 산지로서 냉대림(타이가)이 넓게 분포지고, **북극권**(北極圈, Arctic Circle)에 속한 북부지방과 고산지대에는 한대기후의 툰드라 식생이 나타난다. 스칸디나비아의 대륙 빙하가 쓸고 내려간 지형 때문에 토양이 부족하여  영농이 가능한 면적은 영토의 3% 정도에 지나지 않는다. 노르웨이 산지의 빙식곡은 바다에 이르러서 세계적으로 유명한 피오르(fjord) 해안을 형성한다(그림 4-14). 이러한 해안지형은 도로나 철도 같은 육상교통의 발달을 어렵게 하여 역사적으로 노르웨이 항구 도시 간의 교류는 활발하지 못했다. 그러나 베르겐(Bergen)은 중세 한자동맹 도시로서 북해와 발트해 연안의 도시들과 교류가 활발했으며, 한때 노르웨이의 수도였던 유서 깊은 피오르 항구도시이다(그림 4-15). 노르웨이의 핵심지는 남동부 지역으로서 노르웨이 인구의 반 이상이 거주하고 있으며, 수도인

**북극권**
원래 북위 66°33′47″의 위선을 가리키지만, 북극을 중심으로 하는 대략 북위 66.5° 이상의 고위도 지방을 뜻하기도 한다. 북극권에서는 하지 때 하루 24시간 백야(white night) 현상이 나타난다.

그림 4-14. 노르웨이의 피오르 해안　피오르는 높은 산지에 쌓인 무거운 빙하가 서서히 흘러내리면서 침식하여 형성된 깊은 U자형 계곡(빙식곡)에 바닷물이 들어와서 길고 좁은 해안이 형성되고 양안에는 가파른 절벽과 폭포가 병풍처럼 나타나는 지형을 말한다. 노르웨이 외에도 아이슬란드, 그린란드, 알래스카, 뉴질랜드 등에서 볼 수 있다(ⓒ 김학훈).

그림 4-15. 베르겐 항구의 브뤼겐  베르겐은 피오르 해안의 항구 도시로서 현재 인구는 28만 명
정도이지만 노르웨이에서는 두 번째로 큰 도시이다. 중세시대부터 교역 도시로 성장했으며, 13세기
에는 수도로 지정되고 한자동맹에 가입하여 북해 및 발트해 연안의 도시들과 활발한 무역을 했다.
브뤼겐(Bryggen)은 한자동맹 시절의 건축 양식을 보여주는 베르겐 부둣가의 건물들을 지칭하며
1979년 세계문화유산으로 지정되었다(ⓒ 김학훈).

**랩족**

소수민족인 랩족의 분포는 노르웨
이 4만~6만 명, 스웨덴 1만 5000~
3만 5000명, 핀란드 1만 명, 러시
아 2000명으로 총 6만~10만 명 정
도이다. 이들의 거주지는 스칸디나
비아 북부의 북극권 일대로서 흔히
라플란드(Lapland)라고 하며, 이곳
에 최소 5000년 이상 거주한 것으
로 보인다.

오슬로(Oslo; 인구 약 65만 명)가 위치하고 있다. 노르웨이 북부에는 약 4만
명의 **랩족**(Lapps; 현지어 Sámi)이 살고 있다. 이들은 과거 순록 사육을 생업
으로 했으나, 지금은 대부분 공업 및 서비스업에 종사하고 있다.

과거 대부분 농업과 어업에 종사하던 노르웨이 사람들에게 산업화의
혜택은 상당히 늦게 찾아왔다. 최근의 주요 산업은 석유 개발, 수력발전,
임업 및 제지업, 금속가공업 등이다. 노르웨이는 필요한 전력의 96%를
수력발전에서 얻기 때문에 무공해 에너지로 청정 환경을 유지하고 있다.
1970년대부터 개발된 북해유전의 석유와 천연가스는 노르웨이에 경제
호황을 가져왔으며, 노르웨이의 1인당 국민소득을 세계 최고 수준까지
끌어올렸다. 이렇게 풍족한 석유 에너지는 노르웨이가 EU에 가입하지 않
는 중요한 이유가 되고 있다. 석유 부국이 된 노르웨이의 농부, 어부, 환경
주의자, 민족주의자 등은 EU의 무관세 무역 혜택과 보호에 따른 간섭과
규제를 꺼리고 있다. 특히 농부와 어부들은 EU의 보조금보다 많은 액수
의 보조금을 노르웨이 정부로부터 받고 있기 때문에 EU 가입을 달가워
하지 않는다.

핀란드(Finland)는 인구 551만 명(2017년)에 1인당 GDP가 약 5만 달러에 이르는 강소국의 모델이다. 그렇지만 과거 역사를 살펴보면 12세기부터 스웨덴의 속국이었다가 1809년에는 러시아에게 할양되어 러시아혁명이 발생한 1917년까지 지배를 받은 약소국이었다. 이후 독립을 유지했으나 제2차 세계대전 동안 소련의 침공으로 '겨울 전쟁(Winter War, 1939~1940)'과 '계속 전쟁(Continuation War, 1941~1944)', 이어서 나치 독일과 '라플란드 전쟁(Lapland War, 1944~1945)'을 치렀다. 결과적으로 소련에게는 일부 영토를 양도하고 전쟁을 마무리했지만 끈질기게 독립을 지켜냈으며, 전후 냉전시대에는 미국 주도의 NATO나 소련 주도의 바르샤바 조약기구에 가입하지 않고 미묘한 중립을 유지했다. 냉전 당시 서유럽에서는 이런 유형의 국제정치 행태를 **핀란드화**(Finlandization)라고 지칭했다.

핀란드의 기후는 남부 해안지대를 제외하면 대부분 냉대기후로서 타이가 삼림과 습지가 뒤덮고 있다. 북부는 북극권에 속하며 인구가 많지 않은 반면, 남부에는 수많은 빙하호(약 16만 8000개)가 펼쳐 있는 호수지대(Lakeland)가 있으며, 그 주변에서는 침엽수, 가문비나무, 자작나무 등을 활용하는 임업과 곡물 재배 및 낙농업이 발달하여 인구가 넓게 퍼져 있다. 현재 제지, 금속, 전자, 통신 등 공업제품의 수출은 핀란드의 경제

**겨울 전쟁**

1939년 11월 소련이 핀란드를 침공하여 1940년 3월까지 지속된 전쟁. 약 30만 명의 핀란드군은 약 100만 명의 소련군을 상대로 백색 위장군복을 입고 스키를 타며 저격수를 활용한 유격전을 전개하여 소련군에 막대한 피해를 입히고 종전협정을 이끌어냈다.

**핀란드화**

냉전시대의 핀란드는 주권을 가진 독립국가였지만, 항상 강대국 소련의 압력을 받았기 때문에 소련에게는 유화적이었으며 대 서방 외교에는 소극적인 정책을 이어갔다. 당시 서방 국가들(특히 서독)은 소련의 눈치를 보는 국가들을 지칭할 때 이 용어를 경멸적으로 사용했으며, 당사국인 핀란드에서는 생존을 위한 현실 외교를 폄하하는 부적절한 용어라고 거부감을 보였다.

그림 4-16. 핀란드의 수도 헬싱키의 원로원광장 원로원광장(Senaatintori)은 러시아 대공 알렉산드르 2세의 동상을 중심으로 한 정사각형 광장이며, 주변에 대통령 관저, 시청, 헬싱키 대학, 루터교 대성당 등이 들어서 있다. 모두 1820~1840년대 세워진 건축물들이며 사진의 왼쪽 건물이 대통령 관저이다(ⓒ 김학훈).

를 이끌어가고 있다. 핀란드는 1937년 국민연금법을 제정하여 사회보장제도를 확립했으며, 창의력을 기르는 뛰어난 교육제도는 전자통신 등 첨단산업의 발달로 이끌었다. 한때 세계 휴대폰 시장을 장악했던 노키아(Nokia) 같은 세계적 기업은 강소국 핀란드의 저력을 대변하고 있다. 수도인 헬싱키(Helsinki)는 인구 64만 명(2017년)으로 핀란드에서 제일 큰 도시이며 각종 산업과 문화시설이 집중되어 있는 곳이다(그림 4-16).

아이슬란드(Iceland)는 북극권과 인접한 섬나라이며, 그 면적은 약 10만 3000km²로서 한반도의 남한 면적과 비슷하지만 전체 인구는 약 35만 명에 불과하다. 9세기에 노르웨이인들이 아이슬란드에 처음 정착한 이후 16세기부터 덴마크의 식민지가 되었다가 1918년에 독립하게 되었다. 수도는 레이캬비크(Reykjavík)이며 아이슬란드 전체 인구의 약 2/3가 이 도시를 포함한 수도권에 모여 산다. 주요 수출산업은 어업이며, 관광업(특히 온천 관광) 또한 큰 소득원이 되고 있다. 아이슬란드는 EU 회원국은 아니지만 NATO 회원국이며, NATO 회원국 중에서 정규 군대가 없는 유일한 국가이다.

기후는 대체적으로 아한대 툰드라 기후이지만, 남서해안은 북대서양 난류의 영향으로 비교적 온화한 편이다. 아이슬란드는 화산섬으로서 현재도 130여 개의 활화산이 분포하여 화산에 의한 자연재해에 대비하고 있다. 그 대신 지열 자원이 풍부하여 건물 난방과 지열 발전에 활용하고 있으며, 온천수는 휴양지 개발과 농업용 온실 난방에 활용하고 있다. 전력의 대부분은 수력에서 얻지만 약 10%의 전력은 지열 발전으로 얻고 있다. 빙하로 뒤덮인 산지가 많고 기후 조건이 농업에는 부적합하지만 전통적으로 감자, 채소 재배 및 목축업이 이루어지며, 어업에 종사하는 사람들도 많다(그림 4-17).

그림 4-17. 아이슬란드의 마을 수두레이리 아이슬란드섬의 북서쪽에 위치한 수두레이리(Suðureyri)는 피오르 해안에 형성된 어촌 마을로서 인구는 300여 명에 불과하다(자료: Wikimedia ⓒ Brad Weber).

## 4. 남유럽의 다양한 문화

남유럽에 속한 주요 국가로는 포르투갈(Portugal), 스페인(Spain), 이탈리아(Italia), 그리스(Greece)가 있다. 포르투갈은 대서양 연안에 위치하지만, 나머지 세 국가는 지중해 연안의 반도국가라는 공통점이 있다. 즉 포르투갈과 스페인은 이베리아(Iberia)반도, 이탈리아는 이탈리아반도, 그리스는 발칸(Balkan)반도에 위치하고 있다. 그리고 남유럽에는 바티칸(Vatican), 산마리노(San Marino), 몰타(Malta), 키프로스(Kypros) 같은 작은 나라들이 있다. 남유럽의 기후는 대체로 지중해성기후로서 여름철은 고온 건조하고 겨울철은 온난 습윤한 것이 특징이다. 지중해성 작물로 대표적인 것은 올리브, 포도, 무화과, 오렌지, 레몬 등의 과일과 토마토, 가지 같은 채소이다.

남유럽의 경제 상황은 동유럽보다는 좋지만 북유럽이나 서유럽보다 낙후된 것이 사실이다. 그 이유는 19세기부터 20세기 초까지 다른 유럽 국가에 비해서 산업화가 늦었으며, 산업화를 위한 자원도 부족하기 때문이다. 철광석과 석탄 같은 공업용 자원이 부족하며, 건조한 기후 조건 때문에 수자원과 임산자원도 부족한 실정이다. 그래서 남유럽에서는 비교적 많은 인구가 공업보다는 저소득 농업 활동에 종사하고 있지만, 20세기 후반에는 공업화와 서비스업 분야에서 큰 진전을 이루었다. 유럽연합(EU)의 기능 확대에 따라 교역과 노동력 이동이 활발해지고 외국 기업의 투자가 증대되었으며, 또한 남유럽에도 관광 붐에 일어나 관광수입이 크게 증가했다.

스페인(현지어: 에스파냐 España)의 역사에서 1492년은 전성기를 예고하는 신호탄을 올린 해이다. 그 해는 수백 년 동안 지속된 **재정복 운동**(Reconquista)을 마무리한 해이며, 또한 콜럼버스(1장 1절 참조)가 서인도 제도에 도달한 해이기 때문이다. 이후 100여 년 동안 스페인 왕국은 아메리카, 필리핀, 아프리카(모로코)의 식민지뿐 아니라 이탈리아, 네덜란드까지 통치하게 되어 대제국을 건설하는 전성기를 맞이했으나, 영국에 해상 패권을 빼앗기고 많은 식민지를 잃으면서 서서히 국력이 쇠퇴했다. 스페인은 1830년대부터 입헌군주국이 되었으나, 1931년에는 공화국으로 바뀌

재정복 운동
711~1492년까지 780년 동안 이베리아반도의 기독교 세력이 이슬람 점령 세력에 대하여 벌인 실지(失地) 회복 운동으로서 국토 회복 운동이라고도 한다. 711년 이슬람 세력인 우마이야 왕조(Umayyad)가 이베리아반도를 침공한 해부터 시작하여 1492년 이슬람 최후의 거점인 그라나다(Granada)를 탈환함으로써 재정복 운동을 완료했다.

었다가 내전(1936~1939년)을 겪었으며, 내전에서 승리하고 집권한 독재자 프랑코(Franco) 총통이 1975년 사망한 후 입헌군주제로 복귀했다.

스페인의 수도는 톨레도(Toledo)에서 16세기에 마드리드(Madrid)로 옮겼으며, 이후 마드리드는 인구 및 경제 규모가 가장 큰 도시로 성장했다 (그림 4-18). 두 번째로 큰 도시는 카탈루냐(Cataluña) 지방의 수도인 바르셀로나(Barcelona)로서 지중해 연안의 주요 항구이며 다양한 산업, 특히 자동차산업의 중심지이다. 카탈루냐는 스페인 경제의 약 20%를 책임지는 부유한 주로서 중앙정부에 지불하는 세금이 과다한 편이다. 게다가 역사, 민족, 언어에서 마드리드가 위치한 카스티야(Castilla) 지방과 차이가 있기 때문에 정치적 독립을 요구하는 주민이 많다. 2017년 10월에 실시된 주민투표 결과에 따라 카탈루냐 자치의회는 그해 10월 27일 독립을 선포했으나 중앙정부는 독립 선포를 무효화한 바 있다. 바스크(Basque)

그림 4-18. 스페인 톨레도(Toledo)의 요새 경관 스페인의 옛 수도인 톨레도는 기독교, 유대교, 이슬람교의 유적이 공존하는 역사도시로서 유네스코 세계유산으로 지정되었다. 타호(Tajo) 강이 둘러싼 언덕 위에 천연 요새를 형성하고 서고트 왕국, 카스티야 왕국의 수도로 발전했으며, 1561년 수도를 마드리드로 옮긴 다음에도 톨레도 대성당에는 대주교가 거주하고 있으며, 현재 카스티야-라만차 지방의 수도이다(ⓒ 김학훈).

지방에서는 바스크인들이 독립을 요구하며 한동안 무장투쟁 단체(ETA)의 테러까지 있었지만, 지금은 경제발전이 이루어지면서 불만이 가라앉아 있는 상황이다. 바스크 지방은 철광석 등의 광산물이 풍부하며, 바스크 최대 도시인 빌바오(Bilbao)는 쇠락한 제철 및 조선 공업 도시였지만 1997년 구겐하임 미술관을 개관하면서 세계적인 관광도시로 변신했다. 스페인의 국내총생산(GDP)은 오랫동안 이탈리아 다음으로 유럽 5위이지만, 2010년의 재정 위기 이후 정부의 노동 개혁으로 외국 기업(특히 자동차기업)들이 투자를 확대하고 이에 따른 제조업의 발전에 힘입어 2017년 1인당 GDP는 이탈리아를 앞섰다.

　포르투갈은 스페인보다 앞선 1249년에 이슬람 세력으로부터의 재정복 운동을 완료하여 오늘날의 영역을 확보했다. 15세기부터는 아프리카 서안을 탐험했으며, 결국 바스코 다가마(Vasco da Gama)는 동인도 항로를 개척(1497~1499)하여, 포르투갈이 동방 무역을 주도하고 식민지를 확보하는 계기를 만들었다. 1500년에는 브라질에 도달했으며, 차츰 아프리카, 인도, 동남아시아 등지에 식민지를 확보하여 대제국을 건설했으나, 네덜란드와 영국의 진출로 식민지는 축소되었으며 1822년 최대 식민지인 브라질의 독립은 포르투갈에 큰 타격을 주었다. 1910년에는 혁명에 의해

그림 4-19. 포르투갈 수도 리스본의 코메르시우(Comércio) 광장 리스본에서 가장 넓은 이 광장의 3면은 오래된 시청 건물과 상가로 둘러싸여 있고, 한 면은 테주(Tejo)강 하구와 접하고 있다. 광장 중앙에는 18세기 중엽에 재임한 호세(José) 1세의 기마상이 서 있고, 북쪽으로는 상가로 향하는 개선문(사진의 왼쪽)이 세워져 있다(ⓒ 김학훈).

왕이 퇴위하고 공화정이 수립되었으나, 쿠데타 등 혼란이 지속되었으며 결국 1932년부터 1968년까지 살라자르(Salazar) 총리가 주도하는 독재체제가 성립되었다. 이후 1974년에는 무혈 쿠데타가 발생하여 독재체제를 종식하고 의회제를 바탕으로 한 사회민주주의 체제가 확립되었다. 리스본(포르투갈어 리스보아 Lisboa)은 포르투갈의 수도로서 최대 인구의 도시이며, 스페인에서 흘러오는 테주(Tejo; 스페인어 Tajo)강 하구에 위치한 항구도시이다(그림 4-19). 그 다음으로 큰 도시는 포르투(Pôrto)로서 오래된 항구도시이며 전통 공업과 와인 수출항으로 유명하다.

이탈리아의 기원인 로마제국(BC 753~AD 476)은 한때 북유럽을 제외한 유럽과 지중해 연안 대부분을 통치하면서 서양 문명과 기독교의 위대한 유산을 전파하는 역할을 수행했다. 중세의 이탈리아반도는 여러 개의 도시국가(city-state)들로 분열되었으며, 19세기 중반의 통일 전쟁의 결과로 성립된 이탈리아 왕국은 1870년 로마(Roma) 점령을 끝으로 통일을 완수하여 민족국가(nation-state)를 탄생시켰다. 이후 제1차 세계대전에는 연합국 측에 가담하여 승전국이 되었지만, 제2차 세계대전에는 독재자 무솔리니(Mussolini)의 파시스트 정권이 추축국 측에 가담했다가 패전했다. 그

그림 4-20. 로마의 포로 로마노(Foro Romano) 고대 로마의 중심지였던 이곳은 집회장 및 시장 기능을 하는 광장이었으며, 라틴어로는 포룸(Forum)이라 한다. 서로마제국이 멸망한 후 방치되어 토사에 묻혀 있다가 19세기부터 본격적인 발굴을 시작했다. 사진 전면에 8개의 기둥이 남아 있는 건물은 농업의 신 사투르누스의 신전이며, 오른쪽 멀리 콜로세움이 보인다(자료: Wikimedia ⓒ DannyBoy7783).

뒤 1948년에 공포된 공화국 헌법에 따라 이탈리아는 내각책임제의 정치 체제를 갖추게 되었다.

이탈리아는 남유럽 국가 중에서 가장 인구가 많고(약 6000만 명), 경제 수준도 앞서 있다. 이탈리아 내에서는 북부 지방이 산업화되어 부유한 반면, 남부 지방(Mezzogiorno)은 농업 위주의 경제로 인해 상대적으로 낙후되어 지역 간 격차 문제가 심각하다. 남부와 북부의 경계에 위치한 로마는 로마제국 이래 이탈리아의 수도로서 역사와 문화의 중심지이지만, 경제의 중심지는 북부 지방 포(Po)강 유역분지의 롬바르디아(Lombardia) 지방이다(그림 4-20). 이 지역은 남유럽 최대의 공업지대를 형성하며, 그 중심 도시는 이탈리아 최대의 도시인 밀라노(Milano)이다. 이 도시는 제조 업뿐 아니라 금융 및 상업에서도 이탈리아의 중심지 역할을 수행하고 있다. 밀라노-제노바(Genova)-토리노(Torino)를 연결하는 삼각 공업지대는 전자, 기계, 자동차, 조선 등의 제품을 수출하고 있다. 베네치아(Venezia) 와 제노바는 중세시대에 지중해 해상무역을 장악했던 도시로 유명하며, 특히 '물의 도시'로 불리는 베네치아는 유태인 게토(ghetto)가 처음 설치된 곳으로 많은 중세 및 르네상스 유적들이 남아 있다.

그리스는 발칸반도에 위치하며 동시에 2000여 개의 섬을 가진 나라이 다. 서양 문명의 원류인 헬레니즘(Hellenism)의 발상지였던 그리스는 로마 제국에 흡수되었으며, 이후 330년 비잔티움(콘스탄티노플, 현재의 이스탄불)에 제2의 로마제국 수도가 건설되자 그리스는 기독교 동방정교회의 중심이 되었다. 1453년 비잔틴제국(동로마제국)이 오스만투르크제국에게 멸망하 자 그리스는 370여 년간 오스만투르크의 지배를 받았으며, 독립 전쟁 끝 에 1829년 독립을 쟁취했다. 이후 그리스 왕국은 국토를 확장하기 위해 오스만투르크와 계속 충돌을 했으며, 발칸반도의 정세 또한 불안정한 상 태가 지속되었다. 1975년에는 쿠테타로 집권한 군사정권이 헌법을 개정 하여 왕정을 폐지하고 의원내각제를 채택했다. 그리스는 오랫동안 포퓰 리즘 정책을 실시하여 2015년에는 심각한 재정 위기를 겪은 바 있다.

그리스의 인구는 약 1100만 명인데 이 중 약 35%가 수도인 아테네의 대도시권에 모여 살고 있다(그림 4-22). 그리스는 위대한 문화유산과 뛰어 난 자연경관을 가지고 있기 때문에 관광은 이 나라에서 가장 중요한 소

**게토**
유럽의 도시 내에 형성된 차별적인 유태인 거주지역으로서 1516년 베 네치아에 처음으로 설치되었으며, 그 이후 유럽의 주요 도시에 퍼져 나갔다. 현대의 유럽 및 아메리카 대륙에서는 도시 빈민가나 소수민 족의 거주지를 지칭하기도 한다.

## 유럽의 명품과 패션 산업

과거 유럽의 패션은 고급 맞춤복(*haute couture*) 위주로 전개되었지만, 제2차 세계대전 이후에는 품질 좋은 기성복(*prêt-à-porter*)이 유행하면서 패션의 주도권이 기성복으로 넘어갔다. 세계적 명품 기성복 브랜드가 출품하는 패션쇼 중에서 가장 유명한 것은 4대 패션 위크("Big Four" Fashion Week)로서 매년 2월과 9월에 뉴욕(New York), 런던(London), 밀라노(Milano), 파리(Paris)를 순회하면서 각 도시마다 약 1주일씩 개최된다. 패션계에서는 "패션은 런던에서 탄생하고, 파리에서 미화된 뒤, 밀라노에서 고급스러워지고, 결국 뉴욕에서 팔린다"는 말이 있지만, 각 도시에 대한 절대적인 기능 구분은 아니다.

영국을 대표하는 명품 패션 브랜드는 버버리(Burberry)라 할 수 있다. 1856년 포목상을 연 젊은 버버리(Thomas Burberry)는 방수 기능이 뛰어나고 야외 활동에 적합한 옷감인 개버딘(gabardine)을 개발했으며, 이후 개버딘 소재로 만든 레인코트(rain coat)와 트렌치코트(trench coat)를 만들었다. 트렌치코트는 제1차 세계대전 때 영국군이 참호에서 입었던 군용 코트로서 지금은 일상복으로 전 세계 남녀 모두의 사랑을 받는 제품이 되었다. 현재 버버리 브랜드로 의류뿐 아니라 가방, 스카프, 향수, 시계 등 토털 패션 상품을 내놓고 있다.

'예술의 도시' 파리를 흔히 명품 패션의 중심지라고도 하는데, 이런 명성을 얻게 된 것은 20세기 초 세계 최초로 패션쇼를 개최하여 유럽 각국과 미국에서 바이어들이 몰려온 것이 큰 영향을 주었다. 프랑스의 명품 브랜드 중에는 에르메스(Hermes) 루이 비통(Louis Vuitton), 샤넬(Chanel), 크리스찬 디올(Christian Dior), 이브생로랑(Yves Saint Laurent) 등이 있다. 19세기 중반 피혁공이었던 에르메스는 마구용품에서 출발하여 여행가방, 핸드

백, 서류가방 등을 생산했으며 아들이 가업을 이어받아 국제적 명성의 피혁제품 브랜드로 발전시켰다. 1937년부터는 최고급 실크 스카프를 디자인하여 성공했으며, 이후 액세서리, 식기 분야에도 진출하고 있다. 역시 19세기 중반 루이 비통은 헝겊으로 만든 여행가방 트렁크를 디자인하여 판매했는데 프랑스 귀족들의 인기를 얻어 명품으로 자리 잡았다. 루이 비통의 아들은 모노그램 디자인을 수십 년 동안 유지하면서 많은 사람들이 액세서리, 의류 등 패션의 전 제품을 애용하도록 하여 전 세계의 고객을 확보했다. 1909년 여성용 모자 가게로 출발한 샤넬은 실용적인 의상 디자인으로 성공했으며, 1921년에는 향수 'Chanel No.5'를 출시하여 큰 성공을 거두었다. 1950년대 이후 샤넬은 토털 패션의 브랜드로 세계적인 명성을 이어가고 있다. 이브생로랑은 크리스찬 디올사의 디자이너로서 1958년 패션 컬렉션을 개최하여 데뷔하고 1960년대부터 독립하여 기성복 분야와 향수, 액세서리 등 토털 패션 진출에 성공했다.

패션산업의 강국인 이탈리아의 도시 중에서 밀라노는 특히 패션의 도시로 알려져 있다(그림 4-21). 이탈리아의 패션 브랜드 중 상당수는 오늘날 소위 '명품 브랜드'가 되어, 달리 광고하지 않아도 소비자들이 알아서 그 가치를 인정하는 수준에 이르렀다. 이탈리아를 대표하는 패션의 특징은 다양성과 전문성이다. 밀라노의 유명한 가죽 제품 메이커로 시작한 프라다(Prada), '패션 작품이 아니라 사람이 일상에서 입을 수 있는 옷을 만든다'는 디자인 철학으로 우아하면서도 절제하는 미를 선보인 아르마니(Armani), 유행에 민감하기보다 지적이면서 클래식한 아름다움을 보여주는 발렌티노(Valentino), 이탈리아 구두를 대표하는 페라가모(Ferragamo) 등은 이탈리아 패션의 다양성과 전문성을 대표하

는 상징이다.

'밀라노 컬렉션(Milano Collection)'의 경우 처음 국제 무대에 진출한 1950년대 초에는 좋은 직물과 장인의 가봉 기술에 비해 디자인 수준이 떨어져 파리 컬렉션(Paris Collection)에 밀렸지만, 여성들이 고급 소재의 질과 활동적인 디자인을 추구하면서 밀라노는 점차 그 진가를 발휘하고 있다. 밀라노 패션 중심가로 유명한 몬테 나폴레오네 거리(Via Monte Napoleone)에는 프라다, 아르마니, 발렌티노, 페라가모, 베르사체(Versace), 구찌(Gucci) 등 70여 개에 달하는 세계적인 브랜드의 본점이 들어서

서 최신 모델의 패션 상품들을 진열하고 있다.

미국은 제2차 세계대전 이전까지 파리 패션의 수입에 전적으로 의존했지만, 전쟁 기간 동안 기성복 분야에서 독자적이며 독보적인 시장을 형성했다. 뉴욕은 미국 패션의 중심지로 성장했으며, 서서히 아메리칸 스타일을 개발하여 10대를 겨냥한 영룩(Young Look)으로 전 세계의 의류산업에 큰 영향을 미쳤다. 미국의 대표적인 디자이너로는 청바지(Jean) 패션으로 성공한 캘빈 클라인(Calvin Klein)과 폴로(Polo) 셔츠를 유행시킨 랄프 로렌(Ralph Lauren)을 꼽을 수 있다.

그림 4-21. 이탈리아 밀라노의 갤러리아 쇼핑몰  밀라노시의 중심부에 이중 회랑의 4층 건물로 세워진 이 쇼핑몰의 공식 명칭은 '갤러리아 비토리오 에마누엘레 2세(Galleria Vittorio Emanuele II)'이다. 이 명칭은 이탈리아 왕국의 초대 왕의 이름을 따서 붙였으며, 갤러리아(galleria)는 사진처럼 아치형의 유리 지붕 아래에 있는 넓은 통로나 상점가를 뜻한다. 이 건물은 이탈리아에서 가장 오래된 쇼핑센터로 1867년에 완공되었으며, 현재 밀라노에서 가장 큰 쇼핑센터이기도 하다(자료: Wikimedia ⓒ L. N. Ciuffo).

그림 4-22. 그리스의 수도 아테네의 아크로폴리스(Acropolis) 높은 마을이라는 뜻의 아크로폴리스는 아테네의 상징으로서 2500여 년의 역사를 가진 파르테논 신전을 비롯하여 여러 개의 신전 유적이 남아 있다. 언덕 주변에는 고대의 음악당, 극장, 신전 등의 유적이 잘 보전되어 있다(자료: Wikimedia ⓒ Raddato).

득원이다. 전체 산업에서 농업이 차지하는 비중은 여전히 높은 편이며, 농산물은 중요한 수출 품목이다. 그리스의 경제는 취약하지만 최근에는 제조업과 서비스업의 발전을 위해 노력하고 있다.

## 5. 동유럽의 매력과 약진

동유럽은 폴란드, 체코, 슬로바키아, 헝가리, 루마니아, 불가리아, 발트 3국(에스토니아, 리투아니아, 라트비아), 발칸 제국(슬로베니아, 크로아티아, 세르비아, 보스니아-헤르체고비나, 몬테네그로, 코소보, 북마케도니아, 알바니아)의 17개국으로 이루어져 있다.

동유럽 주민은 수세기 동안 서쪽에서는 독일과 오스트리아로부터, 동쪽에서는 러시아로부터, 남쪽으로는 오스만투르크로부터 강한 압력을 받아 항상 어느 한쪽으로 치우치기 곤란한 입장에 놓여 있었다. 언어적으로도 상당히 복잡한 양상을 보인다. 인도·유럽어족의 슬라브 계통의 언어들이 지배적이지만, 루마니아어는 로망스어군(라틴어 계통)이며, 헝가리어는 우랄·알타이어족이다. 에스토니아어는 우랄·알타이어족인 핀란드어와 유사하며, 라트비아어와 리투아니아어도 그 모태가 복잡하다. 사용 인구가 100만 명씩에 불과한 14종 이상의 언어집단이 존재하고 있는 상황이다. 또한 종교적 다양성도 뚜렷하여 로마 가톨릭(체코, 슬로바키아, 슬로베니아, 크로아티아, 헝가리), 그리스-러시아정교(루마니아, 불가리아, 세르비아), 개신교(에스토니아, 라트비아, 루마니아 일부), 이슬람교(보스니아-헤르체고비나, 알바니아)를 신봉하는 이들이 사회주의 정권의 종식과 함께 종교를 부활시켜 종교 간의 갈등이 심화되고 있기도 하다. 인권이 보장되고 민주적인 정치제도를 운영하는 것만큼이나 종교의 자유가 보장되어야 한다는 것이 자유주의의 대원칙이기 때문에 이는 필연적인 것이라고 할 수 있다. 이러한 언어와 종교의 다양한 분포는 한때 분쟁을 낳게 되었다. 1991년 여름의 유고슬라비아 사태가 그것이다.

한편, 1991년 이후 동유럽의 국가들은 구소련으로부터 탈피하여 서유럽 국가와의 새로운 제휴를 시도하게 되었다. 유럽에 있는 상대적으로 빈곤한 국가들이 유럽연합(EU)에 앞 다투어 가입했을 때, 이를 서방 국가의 승리로 보는 시선들이 있었다. 그러나 그것은 승패의 문제가 아니었다. 비교적 가난한 아일랜드가 1973년에, 그리스가 1981년에, 에스파냐와 포르투갈이 1986년에, 동독이 1990년에 유럽연합(EU)에 가입함으로써 유럽연합은 이 국가들에 대해 원조를 해야 하는 의무를 가지게 되었다. 동유럽 국가들도 이러한 수혜를 기대하면서 2000년대에 유럽연합에 가입했다. 유럽연합은 독일, 오스트리아와 동부 유럽 간, 그리고 동유럽 내부의 교통의 접근성을 향상시키기 위한 장기적 청사진을 이미 마련해 놓았으며, 고속열차 노선도 계획 중이다. 이러한 기본 인프라의 구축은 동유럽을 시장경제에 원활하게 편입시킬 것이다.

동유럽의 여러 국가들이 개방되면서 전 세계로부터 여행과 관광지로 주목을 받게 되었다. 특히 불가리아가 그러하다. '발칸의 장미'로 불리는 불가리아는 아름다운 자연환경으로 말미암아 여행의 최적지이다. 불가리아의 수도 소피아에서 남쪽으로 100km 떨어진 릴라산은 높은 고도 때문에 녹지 않는 만년설, 7개의 빙하호 등의 풍경이 장관이다. 이와 함께 불가리아 여행의 하이라이트는 장수 마을 탐방이다. 대표적인 장수 마

그림 4-23. 슬로베니아의 두브로니크  슬로베니아 북동부에 위치한 도시이며 전통적으로는 프레크무레 지역에 속하면서 헝가리 국경과 가까운 지점에 위치한다. 유네스크에 등재된 수많은 역사경관을 자랑한다(© 옥한석).

을의 하나인 스몰리안은 감자가 주식이며 과일이 풍족하여 균형잡힌 음식 섭취가 우선적으로 장수의 요인임을 알 수 있다. 육류 섭취는 상대적으로 적지만 유제품, 그중에도 특히 요구르트를 많이 섭취한다. 요구르트 유산균이 많이 들어 있어 꾸준히 섭취하면 장이 깨끗해지고 면역력이 높아지는 효과가 있어 장수의 비결임이 입증되었다. 집집마다 직접 만든 요구르트를 샐러드 소스 등으로 사용하며, 주식인 빵 바니차(Banitsa)와 시렌(Siren)이라고 하는 치즈도 인기가 있다. 청정지역에서 직접 키운 깨끗한 채소와 함께 먹는 불가리아인들의 이러한 식습관이 건강하게 오래 사는 장수의 비결이다. 이들에게서 100세가 넘어서도 집안일을 하며 많이 걷고 소식하며 몸과 머리를 쉬지 않고 사용하며 욕심내지 않는 긍정적 생활 태도를 배울 수 있다.

발칸반도의 북쪽 산악지대에 위치한 유고슬라비아는 오스트리아, 그리스, 루마니아에 둘러싸인 다민족국가이다. 언어, 종교, 인종 차이에 따라 몇 개의 민족 지역으로 구분되지만 제2차 세계대전 이후에는 전체주의 정권에 의해 강제로 봉합되어 있었다. 유고슬라비아란 '남부 슬라브'란 뜻으로 언어적으로는 슬라브어 계통에 속하고 다수를 점한 세르비아 민족이 다른 민족들을 지배하려고 하여 민족 간 갈등의 요소가 있었다.

## 유고슬라비아의 해체 과정

유고슬라비아는 언어, 종교, 인종, 문화가 상이한 여러 민족으로 구성된 국가였다. 종교적으로 북부의 슬로베니아와 크로아티아는 가톨릭을, 남부의 북마케도니아는 동방 정교를, 오스만투르크 침공 이후에는 주민 일부가 이슬람교로 개종하면서 내부에 종교 분열이 더욱 심화되었다. 보스니아-헤르체고비나는 이슬람교 지역이다. 경제적으로도 북부의 슬로베니아와 크로아티아가 상대적으로 더 많이 산업화되어 세르비아, 몬테네그로, 보스니아-헤르체고비나, 북마케도니아보다도 1인당 소득이나 1인당 국민총생산액이 약 2~3배가량 많다.

이러한 내부의 다양한 문화와 종교 때문에 역사적으로 주변 강대국, 즉 북쪽으로는 독일, 오스트리아, 헝가리, 남쪽으로는 오스만투르크로부터 간섭을 받아왔다. 유고슬라비아는, 비록 구소련의 힘으로 오스만투르크로부터 해방되었으나, 1948년 소련이 지배하는 코민포름에서 탈퇴하고, 중립을 선언하여 1980년대까지 이를 유지했다. 그러나 이러한 입장이 냉전 종식 이후 유고슬라비아의 결속을 유지시킬 만한 힘으로 작용하지 못하고 내부적인 국가 분열로 이어졌는데, 이는 세르비아의 우위에 대한 거부감이 다른 민족들의 마음 밑바탕에 자리 잡고 있었기 때문이다.

지리적으로 제일 북부에 위치한 슬로베니아가 떨어져 나가고, 크로아티아가 세르비아의 공격을 받는 등 우여곡절 끝에 독립했다. 이후 1991년 북마케도니아가 독립하면서 세르비아는 경제적 힘이 미약한 몬테네그로와 연대하여 신유고슬라비아연방을 결성했고, 이러한 분리 독립 과정에서 이슬람교도가 많은 보스니아-헤르체고비나와는 심각한 유혈 충돌이 발생했다.

1993년 보스니아-헤르체코비나의 이슬람인과 크로아티아인이 연합하자 세르비아인이 우수한 무기를 바탕으로 진군하여 인종 청소(ethnic cleansing)에 나섰고 이슬람인과 크로아티아도 같은 방식으로 대응했다. 수많은 사상자를 낸 다음 1994년 유엔의 중재하에 소강상태가 되었지만 전쟁의 결과 보스니아-헤르체고비나의 점유지에는 세르비아인 70%, 이슬람인 20%, 크로아티아인 10%가 혼재하게 되었다. 세르비아 내의 코소보 자치주에서는 세르비아인들이 자기 영역 내에 거주하는 이슬람인들을 몰아내기 위해 1999년 코소보 사태를 야기했다.

2006년에는 몬테네그로가 신유고연방으로부터 독립하였다.

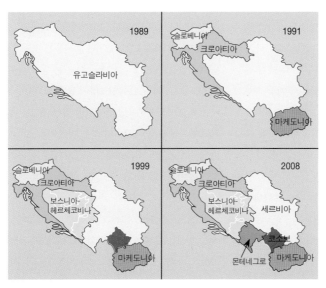

그림 4-24. 유고슬라비아의 해체 과정

## 맥주와 포도주의 세계화

맥주는 전 세계에서 가장 대중적이며 가장 오래된 알코올 음료로 알려져 있다. 맥주는 세계에서 물과 차 다음으로 많이 마시는 음료이다. BC 8000년경 곡식을 발효시켜 술을 만든 흔적들이 예리코(현재의 이스라엘)에서 발견된 바 있으며, 가장 오래된 맥주 제조법은 기원전 4000년경 수메르(현재의 이라크)의 설형문자 기록에서 찾을 수 있다.

맥주는 싹을 틔운 보리(맥아)의 즙에 홉 열매를 첨가하고 발효시켜 만든 술이다. 초기의 맥주는 주원료인 맥아에 물을 넣고 자연 발효시키는 단순한 방법이었다. 그 후 10세기경에 독일에서 홉을 넣어 쓴맛과 향이 강한 맥주를 개발하게 되었다. 오늘날 독일이 맥주의 본고장인 것처럼 알려져 있는 것도 이 때문이다. 독일의 종교개혁가 마틴 루터 (1483~1546)는 "맛있는 맥주를 마시면 잠을 잘 자고, 잠자는 동안은 죄를 짓지 않으니 천국에 갈 수 있다"고 맥주를 예찬한 바 있다(백경학, 2018).

오늘날 세계에서 마시는 맥주는 영국, 프랑스, 독일 등 북서유럽에서 오래전부터 제조해 온 맥주가 기원이 된다. 맥주 양조법은 첨가 재료나 발효 및 숙성 방법에 따라 나라마다 지역별로 독자적인 특색이 있지만, 크게 라거(lager)와 에일(ale)로 나눌 수 있다. 부드러운 맛이 특징인 라거는 저온에서 발효시키고 효모균을 살균한 후 저온에서 저장 숙성한 맥주인 반면, 에일은 영국에서 발달한 전통적인 양조법으로 상온에서 발효시켜 상온에서 저장 숙성한 맥주로서 알코올 함량이 높고 쓴 맛이 강한 특징이 있다. 라거 맥주는 19세기 말부터 냉장 기술이 발달함에 따라 미국을 비롯한 많은 나라에서 대중적인 인기를 얻게 되었다. 생맥주는 효모균을 살균하지 않기 때문에 보존기간이 짧다.

현재는 기후 조건과 관계없이 전 세계의 많은 국가에서 맥주를 생산하고 있으며, 첨가물과 양조 방

그림 4-25. 세계 각국의 다양한 맥주(© 김학훈)

식에 따라 맥주의 색과 맛이 다양하다. 독일 뮌헨 (München)에서는 매년 9월 말부터 약 15일간 옥토버페스트(Oktoberfest)라는 세계적으로 유명한 맥주 축제를 개최한다. 이 축제는 참가 연인원으로 세계 최대 규모의 축제로서, 독일의 6개 맥주 회사가 참여하고 있다.

포도주는 포도 알을 터트러서 껍질과 함께 발효시켜 만드는데, 선사 인류는 그릇에 담긴 포도가 자연히 술로 변하는 현상을 목도하고 포도주를 만들었을 것이다. 포도의 원산지는 서아시아이므로 포도주도 당연히 서아시아에서 가장 먼저 만들어졌을 것이다. 이와 관련된 고고학적인 증거들을 보면 조지아 지역에서 BC 8000년경 사용된 포도 압착기가 발견되었으며, 아르메니아에서는 동굴 속에서 BC 4000경의 포도주 양조장이 발견되었다.

고대 그리스에서는 밀, 올리브와 함께 포도를 재배하여 지중해 농경 문화의 꽃을 피웠으며, 로마제국에서는 군인의 배급품에 포도주가 필수 품목이었다. 로마제국의 확대는 곧 포도 재배 지역의 확대로 이어지는데, 그 이유는 로마인 정복자들에게 포도와 포도주가 필수품이었기 때문이다. 포도 재배지는 먼저 지중해 연안을 따라 확대되었고, 차츰 프랑스, 스페인을 넘어 독일, 영국 지역까지 퍼지게 되었다. 중세 말기의 도시 성장과 교역 확대에 있어

서 향료, 향수, 비단 등과 함께 포도주가 주요 거래 물품이 되었다.

그 후 신대륙의 발견은 포도주의 세계화를 촉진하였다. 16세기 스페인이 식민지로 개척한 현재의 멕시코, 페루, 칠레, 플로리다 지역, 17세기 네덜란드가 식민지로 개척한 남아프리카, 18세기 스페인이 개척한 캘리포니아, 영국이 18세기 말 개척한 오스트레일리아와 19세기에 개척한 뉴질랜드 등에서도 포도가 재배되기 시작했다. 이때 유럽에서는 샴페인, 포트와인(port wine) 등 새로운 포도주가 개발되었다. 19세기 말부터 신세계 와인(미국, 칠레, 호주, 뉴질랜드산)의 눈부신 성장을 바탕으로 세계의 와인 산업이 발달하고 있으며, 최근의 세계화 추세와 국가 간 자유무역협정 체결로 포도주 교역량도 급증했다.

포도주는 크게 레드와인과 화이트와인으로 나눌 수 있는데, 각각의 포도 품종은 매우 다양하다. 19세기 말에 이미 355개의 포도 품종을 구분하여 명명하였으며, 세계 각 지역에는 그곳 기후에 적합한 포도 품종들이 보급되어 있다. 포도주는 오래 저장하기 어려운 포도로 만든 술이기 때문에, 포도 재배지에 양조장(winery)이 붙어 있는 경우가 대부

표 4-1. 맥주와 포도주의 수출액 상위 10개국 현황(2016년)

| 순위 | 맥주(단위:1000 달러) | | 포도주(단위:1000 달러) | |
|---|---|---|---|---|
| | 국가 | 수출액 | 국가 | 수출액 |
| 1 | 멕시코 | 2,814,316 | 프랑스 | 9,106,767 |
| 2 | 네덜란드 | 1,889,378 | 이탈리아 | 6,176,622 |
| 3 | 벨기에 | 1,445,084 | 스페인 | 2,921,415 |
| 4 | 독일 | 1,303,865 | 칠레 | 1,845,244 |
| 5 | 영국 | 786,201 | 호주 | 1,706,034 |
| 6 | 미국 | 615,061 | 미국 | 1,568,674 |
| 7 | 프랑스 | 388,375 | 중국 | 1,236,403 |
| 8 | 아일랜드 | 310,523 | 뉴질랜드 | 1,123,371 |
| 9 | 덴마크 | 288,365 | 독일 | 1,035,210 |
| 10 | 체코 | 266,667 | 아르헨티나 | 816,825 |

자료: U.N. FAO(식량농업기구).

분이다. 주요 포도주 생산국에서는 포도밭의 아름다운 전원 풍경을 즐기면서 양조장에서 여러 가지 포도주를 시음하는 와인 투어(wine tour)가 각광을 받고 있다.

이렇게 맥주와 포도주의 세계화는 물보다 포도주와 맥주를 더 마신다는 유럽에 기원을 두고 있다. 그렇지만 보리나 밀을 주원료로 하는 맥주는 기후가 비교적 서늘한 북서유럽이 주산지이며, 포도주는 여름철이 고온건조한 지중해성 기후 지역인 남유럽이 주산지라는 차이점이 있다.

그리고 알코올 음료를 금지하는 대부분의 이슬람 국가는 맥주나 포도주의 세계화에 있어서 블랙홀이라 할 수 있다. 이란의 경우 1979년 이슬람 혁명 이전에는 포도주의 생산이 활발했지만 그 이후에는 전면 금지된 상황이다. 그와는 다르게 터키는 이슬람 국가이지만 세속주의를 채택했기 때문에 주류의 판매와 음용이 비교적 자유로운 편이다.

그림 4-26. 지하 포도주 저장고  포도주뿐 아니라 맥주, 양주도 오크통에 담아 서늘한 지하 창고에서 숙성시키면 풍미와 향이 깊어진다(© 김학훈).

# 05 러시아연방과 주변국

러시아는 유라시아 대륙의 큰 부분을 차지하고 있으며, 전 세계에서 가장 넓은 영토를 가진 국가이다. 남북으로 뻗은 우랄산맥은 유럽과 아시아를 나누는 기준이 된다. 우랄산맥의 서쪽으로는 동유럽평원이 펼쳐져서 러시아의 핵심 지역을 형성한다. 러시아의 동쪽으로 가면 서시베리아 평원과 중앙시베리아고원을 지나고 나서 해발고도가 점차 높아져 베르호얀스크산맥, 체르스키산맥 등이 있다. 러시아의 남쪽으로는 캅카스(코카서스)산맥, 톈산산맥, 알타이산맥 등이 자리 잡고 있어 인도양으로부터 온난 습윤한 공기가 이류해 오는 것을 차단한다. 북극해를 향하여 레나강, 예니세이강 등이 흘러 들어가며 중국과의 접경를 이루는 아무르강은 오호츠크해로 유입한다.

러시아에는 수천 개의 하천과 호수가 있어 세계에서 수자원이 풍부한 국가 중 하나이다. 그중에서 바이칼호는 전 세계에서 가장 깊은 담수호이며, 카스피해로 유입되는 볼가강은 유럽에서 가장 긴 하천이다. 그 외에도 흑해로 유입되는 돈강과 드네프르강, 북극해로 유입되는 오브강, 예니세이강, 레나강, 그리고 오호츠크해로 유입되는 아무르강도 규모가 큰 강이다.

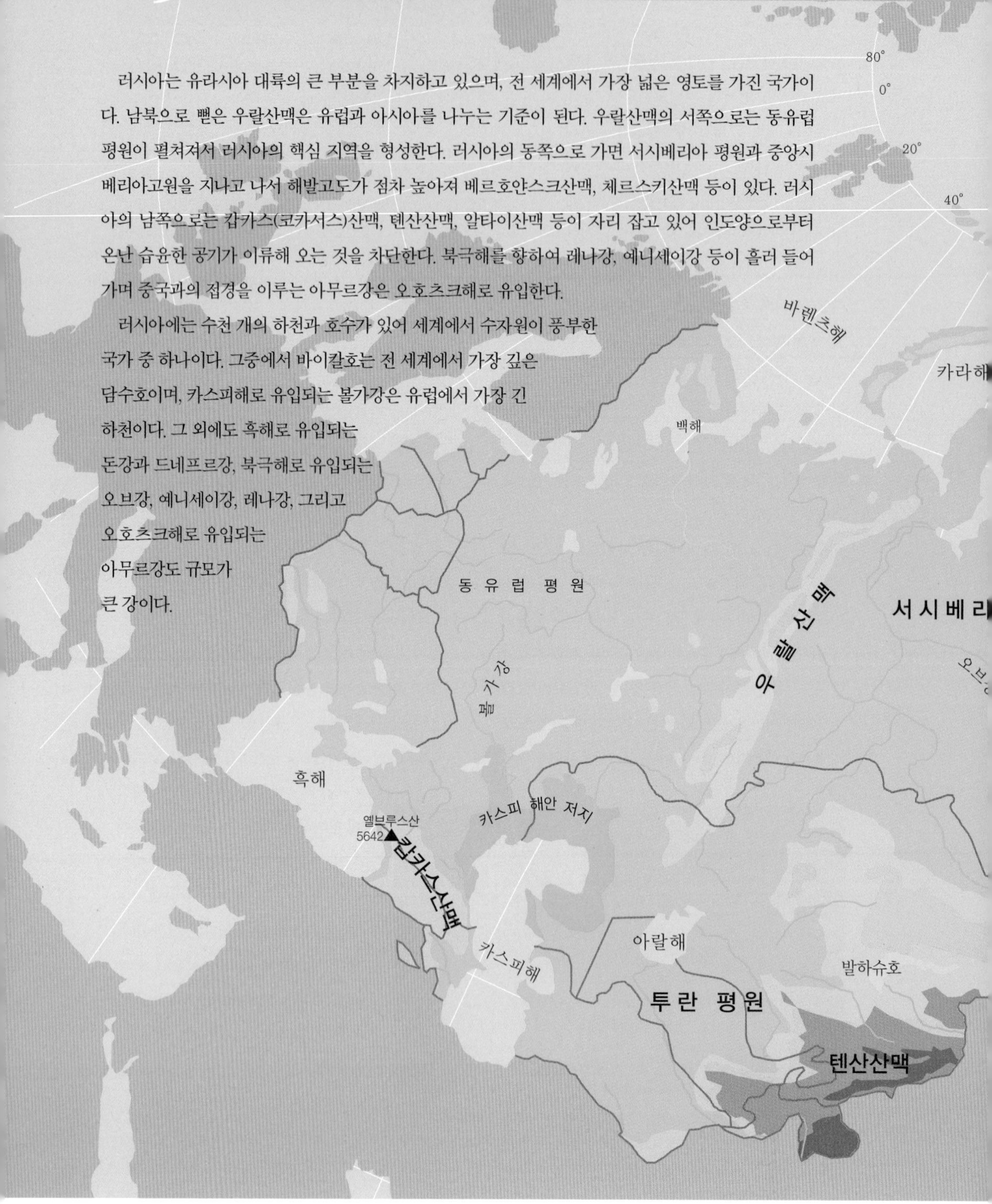

80°
0°
20°
40°

바렌츠해

카라해

백해

동유럽평원

볼가강

우랄산맥

서시베리

오브강

흑해

옐브루스산
5642
캅카스산맥

카스피 해안 저지

카스피해

아랄해

발하슈호

투 란 평 원

톈산산맥

북극해

80°  100°  120°  140°  160°  180°

랍테프해

동시베리아해

콜리마산맥

북시베리아 저지

베르호얀스크산맥

캄챠카반도

중앙시베리아고원

레나강

야쿠츠크 분지

오호츠크해

50°

스타노보이산맥

사할린섬

야블로노비산맥

아무르강

시호테알린산맥

바이칼호

사얀산맥

40°

원

동해

(m)
3000
1500
600
300
150
0
해수면 이하

0          3000km

30°

러시아는 북쪽의 툰드라 지역과 남동부 지역을 제외하면 대부분 지역이 해양으로부터 격리되어 건조한 대륙
성 기후 특성이 나타난다. 북에서 남으로 가면서 툰드라 기후, 냉대 습윤 기후, 건조 기후가 나타난다. 식생 분포
를 보면 러시아 남쪽에는 스텝 초원, 러시아 북부와 시베리아에는 타이가 냉대림, 북극해에 인접한 지역에서는
여름의 짧은 기간 동안 툰드라 식생대가 나타난다. 영토의 대부분이 북위60° 이북에 위치하므로 겨울철 부동항
을 얻기 쉽지 않다.

## 러시아의 역사지리 연표

| | |
|---|---|
| 1547~1584 | 이반 4세, 러시아 동진 개시 |
| 1648 | 러시아, 베링 해협 통과 |
| 1649 | 시베리아 경유 오호츠크해 도착 |
| 1682~1725 | 표트르 대제, 근대화 개시 |
| 1689 | 청나라와 네르친스키 조약 체결 |
| 1712 | 모스크바에서 상트페테르부르크로 천도 |
| 1812 | 나폴레옹 침공 |
| 1900 | 시베리아 횡단 철도 완공 |
| 1904~1905 | 러일전쟁에서 패배 |
| 1914~1917 | 제1차 세계대전 참전 |
| 1917 | 러시아혁명 성공, 사회주의 정권 수립 |
| 1918 | 볼셰비키 혁명 정부, 모스크바로 천도 |
| 1918~1922 | 러시아 내전 |
| 1924 | 레닌 사망 |
| 1928 | 제1차 소비에트 경제개발 5개년 계획에 의하여 산업화, 집단화 |
| 1939 | 독일-소련 불가침조약 협정 |
| 1941 | 히틀러 침공 |
| 1941~1945 | 독일, 서부 소련 일대 장악 |
| 1945 | 독일 패배로 제2차 세계대전 종결 |
| 1949 | 소련 원자폭탄 개발 |
| 1953 | 스탈린 사망 |
| 1955 | 바르샤바 조약 체결 |
| 1956 | 소련, 폴란드와 헝가리를 무력으로 진압 |
| 1957 | 세계 최초로 인공위성 발사 |
| 1970~1980 | 소련 경제 침체 |
| 1979 | 아프가니스탄 침공 |
| 1985 | 고르바초프 공산당 서기장 집권 |
| 1986 | 체르노빌 원자력 발전소 사고 |
| 1991 | 옐친 러시아 대통령 집권, 14개 공화국이 독립 선언, 소련 해체 |
| 1994 | 체첸과 갈등으로 무력 충돌 시작 |
| 1998 | 경제협력개발기구(OECD) 가입, 모라토리엄 선언 |
| 2000 | 블라디미르 푸틴 대통령 집권 |
| 2014 | 소치 동계올림픽 개최, 러시아의 우크라이나 크림반도 강제 병합 |

그림 5-1. 모스크바 크렘린과 성 바실리 대성당

모스크바 크렘린은 제정 러시아 시절 궁전으로서 현재는 대통령 관저와 정부기관들이 들어서 있다. 크렘린 궁전 옆에는 붉은 광장이 있고, 그 광장 건너편에는 성 바실리 대성당이 있다. 이 성당은 러시아 정교회 성당으로서 모스크바 대공국의 이반 4세에게 봉헌되었다. 러시아 양식과 비잔틴 양식을 혼합하여 1560년에 완공되었는데, 중앙의 첨탑과 이를 둘러싼 크고 작은 12개의 탑은 예수와 12 제자를 상징한다(ⓒ 김학훈).

# 1. 소련의 해체와 러시아연방의 경제개혁

1991년 소련(소비에트연방)이 붕괴하면서 15개의 공화국이 출현했다. 이 공화국들은 한때 구소련의 구성원이었다. 구소련은 면적만으로 중국, 캐나다, 미국 각각의 2배 이상 넓었고, 전 세계 면적의 17.4%를 차지했다. 전 세계에서 차지하는 인구 비율은 4.1%에 불과하며 토지와 자원이 풍부하다. 전체 국토의 반 이상이 북위 55° 이상에 위치해 냉대기후가 대부분이지만, 나머지 북부지대는 **툰드라 기후**, 남부지대는 건조기후가 나타난다. 구소련은 크게 우랄산맥을 경계로 서부는 유럽의 일부에 편입되며 동부는 태평양 연안까지 아시아에 속한다. 이렇게 광대한 영토를 갖게 된 것은 1547년 모스크바 대공국의 이반 4세부터 이후 제정 러시아까지

**툰드라 기후**
여름이 짧고 겨울이 긴 추운 기후 지역으로 북극해 연안과 그린란드 해안 지역에 분포한다. 농경이 불가능하나 최근 지하자원의 개발로 많은 변화를 겪고 있다.

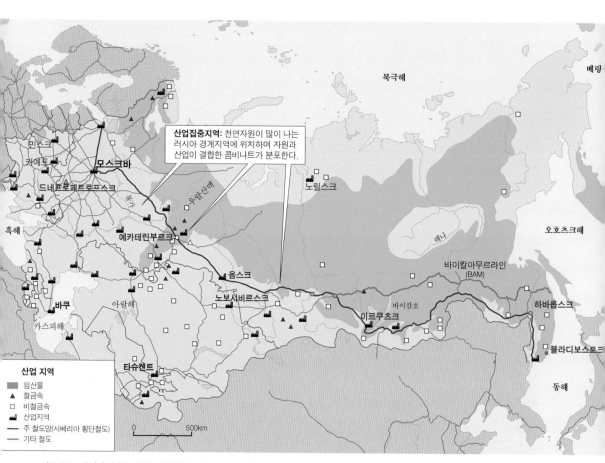

지도 5-2. 러시아의 철도망과 산업 (자료: Wheeler and Kostbade, 1995: 178)

동진 정책을 표방하여 영토를 확대한 결과이다. 그 과정에서 100여 개의 비러시아 민족 집단들이 흡수되었다.

1917년 러시아 혁명 이후 사유화가 금지되고 적극적인 산업화가 추진되어 1930년대에는 석탄과 철강을 중시한 중공업이 비약적인 발전을 이룩했다. 공업지대로는 1920년대의 중앙 **콤비나트**와 돈바스 콤비나트가, 1930~1950년대의 우랄 콤비나트, 남시베리아 콤비나트, 북카자흐스탄 콤비나트가 알려져 있다. 1928년 시작된 경제개발 5개년 계획 아래 경제의 모든 부문은 중앙의 국가가 주도했고 이에 따라 강력한 정치행정 구조가 산업발전의 우선순위를 결정했다. 이에 따라 민간보다는 중앙정부 주도로 군사 등의 특정 분야 개발에 힘을 쏟았다. 이를 바탕으로 15개 공화국의 소비에트연방(SSR: Sovgiet Social Republic)이 탄생했다. 하지만 이러한 통제 경제와 공산당에 의한 1당 독재, 그리고 미국과의 치열한 군비 경쟁은 국민들의 생활수준을 저하시켰고, 결과적으로 구소련의 멸망을 가져왔다.

구소련에서 14개 공화국이 독립한 후 남은 지역은 러시아연방을 구성하고 자유시장경제의 세계화에 편입되기 위해 많은 노력을 기울이고 있다. 전 국토의 약 10%를 차지하는 농경지는 관개 등 농업 기반시설에 대한 투자를 필요로 하며, 현재로서는 자연환경 조건이 비슷한 캐나다보다 농업생산성이 크게 떨어진다. 2차 산업의 경우 막대한 규모를 자랑하는 산업시설에도 불구하고 무기와 전략산업에 치우친 불균형 문제가 심각하다. 주석, 구리, 고무 등 자급도가 낮은 자원을 수입해야 하고 또한 중앙아시아의 면화 및 카자흐스탄의 석탄과 곡물 등에 대한 지배력을 상실했기에 경제 기반이 매우 곤란한 상황에 처해 있다.

그러나 러시아는 중국, 인도, 미국, 인도네시아, 브라질 다음으로 인구 규모가 큰 국가로서 아직 개발되지 않은 채로 묻혀 있는 자원 때문에 세계경제에서 차지하는 비중은 대단히 크다. 러시아는 수자원과 전력 자원이 풍부하며, 상당한 양의 석유가 매장되어 있고 전 세계 천연가스의 1/3과 광대한 산림자원을 소유하여 세계경제를 주도할 잠재력을 충분히 갖추고 있다. 특히 우랄과 서시베리아에 집중된 제철산업, 기계, 화학 등의 산업은 세계적 수준을 유지하고 있다. 이제 중공업으로부터 소비 산업과

**콤비나트**
콤비나트는 러시아어로 '결합'을 의미하는 단어로 상호 연관된 기업의 공장들이 일정한 지역에 집중하여 유기적으로 결합된 것이다. 구소련이 1928년부터 실시한 경제개발 5개년 개획으로서 도입한 것으로 중요한 자원이 있는 곳을 중심으로 산업적으로 결합하도록 하였다. 원료의 확보에서 여러 가지 제조의 공정들까지 긴밀하게 연결되어 매우 경제적이고 합리적인 생산 형태였다. 시베리아 횡단철도를 따라 많은 도시와 공업지대가 발달하게 되었는데, 이처럼 발달한 공업 지대를 콤비나트라고도 한다.

상트페테르부르크
'표트르 도시' 혹은 '성베드로 도시'라는 의미를 지닌 도시로, 제정 러시아의 표트르 대제가 유럽을 다녀와서 러시아를 서구화하기 위해 건설한 수도이며, 서구 문물을 받아들이는 통로가 되어 유럽의 창이라고 불린다. 구소련의 사회주의 혁명으로 수도가 다시 모스크바로 옮겨지면서 그 위상이 약간 떨어졌으나 여전히 중요한 역할을 하는 도시였다. 공산주의 시기에는(1924-1991) 레닌그라드로 이름이 바뀌었다가 개혁개방(페레스트로이카) 이후 다시 원래 이름으로 돌아갔다.

인플레이션은 점차 하락하고 있는 추세지만 여전히 높고 전통적인 제조업 또는 가전이나 자동차 산업은 몰락했기 때문에 에너지, 자원, 유통, 무역, 건설업 등의 서비스업만으로는 경제 발전에 한계가 있다. 특히 인구와 물자의 이동이 용이하도록 하는 교통망 체계가 잘 갖추어져 있지 않다. 현재는 철도가 전체 화물량 56.7%, 파이프라인이 25.6%, 수로가 16.1%, 자동차가 1.6%를 분담하고 있는 실정인데, 철도망도 더욱 확충되어야 하고 주요 도시를 중심으로 한 수백km 이내에서의 자동차에 의한 수송도 원활해져야 한다. 따라서 도로 포장률을 높이고 자동차 수송을 위한 편의시설을 확충하면서 외부와의 교통 연계망을 확충할 필요가 있다. 러시아가 안고 있는 또 다른 문제는 사적 영역에서의 자본 축적 문제이다. 단기간의 빠른 변신 과정에서 등장한 자본 축적 집단은 흥미롭게도 러시아 마피아라고 불리는 범죄 집단이었다. 러시아의 마피아는 서방의 범죄조직인 마피아보다도 더 넓은 의미로 사용된다. 정치 관료 마피아, 경제 유통 마피아, 노점상인, 보따리장수 등이 그것이다. 러시아의 정치가와 공무원들이 인·허가 과정에서 뇌물수수를 통해 거대한 부를 축적하고, 군사복합체의 간부가 무기 거래나 전략 물품을 암거래하여 부정부패를 일삼고 있다. 구소련의 특권 계급층인 '**노멘클라투라**'가 수단과 방법을 가리지 않고 이윤을 추구하고 있다. 이들은 시장경제로 이행하는 과정에서 아직 정돈되지 못한 가격·유통·조세·은행체계의 허점을 악용하고 있다.

노멘클라투라
특권을 가진 간부직 사람들을 뜻하는 용어이다. 이들 중에는 자본주의 경제 도입 후 기업가로 변신하여 성공한 경우도 있고, 마피아 조직과 연결되어 경제력을 축적한 경우도 많다.

그러나 이러한 불법적 이윤추구 활동은 경제적 관점에서 본다면 자본주의 발달의 주요한 계기가 될 수도 있다. 자본가 혹은 자본축적이 없는 자본주의는 생각할 수 없다. 자본주의 초기 발달 단계에 있는 러시아에

그림 5-3. 상트페테르부르크 여름 궁전   제정 러시아 때 표트르 대제는 이 도시를 건설하고 상트페테르부르크로 명명했으며, 모스크바에 있던 수도를 이곳으로 옮겼다. 1914년 페트로그라드(Petrograd)로 개칭되었다가, 1924년 레닌이 죽자 그를 기념하여 레닌그라드라 불렀다. 예로부터 북방의 베네치아, 백야의 도시, 유럽으로 향한 창문 등의 별명을 가진 이 도시는 1991년 현재의 이름을 되찾았다(ⓒ 옥한석).

서 부를 축적한 마피아 집단을 공익과 공공선을 향한 시장경제로 계도하고, 러시아 경제의 40%를 차지하는 불법적 지하경제 체제를 양성화한다면 긍정적인 역할도 기대할 수 있다. 1980년대에는 소련의 최저 빈곤층이 25%에 불과했으나 1990년대 초 80%에 이르렀고, 이 중 절반 이상의 인구가 절대 빈곤층이며, 마피아 집단에 의한 빈부 격차가 개혁 이전의 4.5:1에서 20:1로 심화되었다. 그러나 상황이 개선되어 2008년 기준 러시아 중산층의 비율은 25~35%에 달하여 그동안의 염려를 불식시켜가고 있다. 1998년 모라토리엄 당시 은행의 예금이 몰수되는 불신 때문에 부동산에 투자했지만 인플레이션과 달러화의 평가절하로 인하여 러시아인은 이제 자본시장에 접근해야 하는 사정에 처해 있다.


## 2. 러시아 시장경제의 성장

구소련 시절에는 시장경제로 이행하는 데 필요한 금융, 보험업의 결여가 경제발전의 걸림돌이었다. 그러나 구소련 붕괴 이후에는 상황이 달라졌다. 모스크바, 상트페테르부르크, 노브고로트, 에카테린부르크, 옴스크 등이 새로운 금융 중심지로 부상했다. 국가적인 금융시스템과 연계망이 결여되어 있음에도 수많은 투자가가 자신이 거주하고 있는 지역의 기업에 투자하기 시작한 것이다. 한때, 약 1100개의 소규모 은행이 난립한 러시아 은행 시스템은 여전히 전당포 수준에 머물렀으며, 영업도 소매금융보다는 기업 담보대출에 집중되어 있었다. 2008년 러시아가 WTO에 가입한 후 시장 원리와 자유 경쟁이 확산되고 소유권 보호에 대한 법적 토대의 마련, 국제 기준의 회계 처리, 기업 구조의 투명성 제고 등에 힘입어 자본시장이 급성장했다. 에너지 및 자원 기업과 거대 국영기업 등이 주도하고 있는 증권시장은 최근 주가가 급성장하여 시가총액 기준 세계 14번째 규모가 됐다. 2008년 기준 주식 투자 인구는 전 인구의 0.5%에 불과했지만 향후 꾸준히 증가할 전망이므로 주식 투자 인구의 확대와 풍부한 시장 유동성이 러시아 자본 시장의 기초를 강화시킬 전망이다. 국제 고유가와 자원 가격 상승, 원유와 천연가스에 대한 외국인 투자 유입 등에 힘입어 러시아의 고도 경제성장은 당분간 지속될 전망이다.

특히 오늘날 러시아의 기업가들은 스스로 표현하기를 '자유롭고 독립적이며 이윤을 추구하면서 책임과 위험을 감수하는 자들'이라고 정의하며 '합법적인 사업을 통해 고이윤을 낳는 장기적 사업계획을 수립할 것'이라는 의식이 자리 잡아가고 있음을 알 수 있다. 그럼에도 불구하고 '러시아가 오늘날 시장경제체재인가'라고 하는 질문에 대해서는 회의적이다. 50% 정도의 기업가가 시장경제는 과도기이며 국가가 세금이나 법으로 여전히 압력을 가하고 있어 제대로 된 시장경제가 아니라고 대답하고 있는 것이다. 이들은 국가를 견제하면서도 동시에 국가를 이용하는 독특한 기업 생존 전략으로 진화된 2000년대 신기업가형 의식을 가지게 되었다.

더구나 일반 러시아인의 시장경제에 대한 의식과 태도는 긍정적이며 다양하다. 서구 및 자본주의 발전체계 과정에서 등장했던 시장경제의 상을 장차 스스로 만들어나가고 구축해 나가야 하는 것으로 인식하여 빠른 사회변동 속도에 적응하고 있음을 보여준다. 러시아인 대부분이 기업의 자율성을 중요하게 여기고 있어 과거 사회주의 계획경제의 의식으로부터 벗어나 시장경제 관념이 자리 잡았으며 시장의 모습에 대하여 영미형이나 동아시아형보다는 유럽형 시장경제 관점에서 이해하고 선호하고 있다고 한다.

그럼에도 불구하고 오늘날 러시아인들의 시장경제에 대한 의식은 여전히 과거에 머물러 있다는 점을 발견하게 된다. 그것은 국가에 대한 태도가 작용하고 있기 때문이다. 전반적으로 기업의 자율성이 보전되어야 한다고 생각하면서도 여전히 국가에 의존하고 있으며 국가의 개입이나 역할을 중요시하고 있다. 상황에 따라서는 국가가 기업 활동을 규제할 수 있다고 생각하고 있다. 이는 러시아인들이 과거 공산주의 계획경제 체제하에 지녔던 국가상이 각인되어 있음을 보여준다. 또한 노동, 복지, 연금, 빈곤, 의료, 교육, 의료 등 개인과 사회보장의 문제에 대해서도 국가가 일차적인 책임을 가지고 있다고 생각하고 있으며 이는 국가관의 맥락에서 이해해야 하는 일이다. 이러한 특징이 바로 유럽형 시장경제 모델을 선호한다는 점이다.

영미형을 선호하는 집단은 상대적으로 높은 교육 수준을 지니고 있음을 보게 되어 기본적으로 기업 활동의 자유가 보장되어야 한다는 원칙에는 동의하고 있어 러시아 시장경제의 앞날을 밝게 해준다. 1990년대 시

그림 5-4. 모스크바의 금융 중심지  러시아는 모스크바의 개별 은행 감독 및 지원 강화를 통해 금융시장을 안정화하고자 노력하고 있다. 금융감독 행위에 관한 기준을 마련하여 은행의 자본 건전성 악화와 부실자산 규모를 정확히 파악하는 등 자본주의 체제가 자리 잡아가고 있다(© 옥한석).

## 러시아 대중문화의 생산과 소비

1992년 구소련 붕괴 이후 "러시아는 하나의 블랙홀과 같다. 러시아는 시장으로 모든 것을 빨아들이고 있다"고 한 어느 광고 대행사의 대표가 말한 것처럼 광고가 활짝 꽃피게 되었다. 구소련 체제 아래에서 소비재는 일상생활의 필수품으로 배급되었는데, 자본주의 체제가 되자 이윤을 위해 판매 촉진이 필요해졌다. 그에 따라 광고가 등장했으며 상품의 디자인과 포장, 색상, 브랜드 등이 중요해진 것이다. 다시 말해 과거에는 식료품 등이 포장도 되지 않은 채 공급되어 생산 공장의 번호를 통해 식별되었는데, 이제는 러시아인들도 상품을 구매할 때 브랜드를 기억해 구매하게 되었다. 러시아인들을 이렇게 전환시킨 것이 바로 광고였다.

우여곡절 끝에 등장한 담배 '야바' 광고는 러시아식 광고 기획사가 러시아 광고시장에서 우위를 차지하는 과정을 보여주는 사례이다. 이 담배는 구소련의 인기 있는 브랜드였으며 다국적기업인 브리티시-아메리칸 토바코(BAT)가 소유한 포스트소비에트 러시아공장에서 생산되었으므로, 구소련 붕괴 이후에도 러시아 생산품에 대한 믿음이 소비자 사이에 퍼져 제품의 광고가 힘을 얻게 된 것이다. '야바' 광고는 포스트소비에트 러시아에서 브랜드화의 모범적 사례로 거론되며, '황금빛' 야바 브랜드의 광

고와 마케팅은 러시아인의 민족적 이미지 및 서구와의 관계, 나아가 세계시장에서 소비자의 일원으로서 자신의 지위를 반영하는 태도를 보여준다.

광고가 하나의 산업으로 자리 잡으면서 대중문학과 뮤지컬도 하나의 산업으로 바뀌어 대중문화의 영역이 생산과 소비의 메카니즘 속에 안착했다. 드디어 대중문화 생산자는 자본주의 체제로 전환 중인 러시아 사회의 특성과 소비자 대중의 욕망을 정확히 읽어내면서 소비자, 상품생산자, 판매 마케팅 및 광고담당자의 삼각 축에 의하여 러시아 대중문화가 다른 자본주의 국가와 마찬가지로 러시아 문화의 흐름을 주도하고 있는 것이다.

광고 분야와 마찬가지로 문학작품, 뮤지컬 분야도 그러하다. 문학 작품은 진지하고 자기성찰을 요구하는 소재가 아니라 현실을 잊게 하는 로맨스나 판타지, 범죄나 마피아 등 일상에서 벌어지는 소재가 잘 팔리게 되었으며, 뮤지컬은 〈맘마미아〉, 〈오페라의 유령〉 등 장치무대가 비싸고 가벼운 소재가 아닌 러시아 극장에서 공연하기 쉽고 러시아 고전의 철학적 깊이가 있는 작품이 대중의 인기를 얻는 기현상이 나타났다.

포스트소비에트 러시아에서 발견되는 대중문화의 급격한 성장은 생산자와 소비자의 소통이 이루어지면서 소비사회를 고양시켰는데, 그 과정에서 가장 '잘 팔리는' 문화상품은 러시아의 전통, 정서, 과거였으며, '과거에 대한 노스탤지어'가 하나의 상품이 되었는데, 이로서 러시아의 과거가 현대 자본주의 논리와 뒤섞이면서 문화적 혼종이 여실이 드러나게 되었다(강윤희 외, 2009).

그림 5-5. 러시아의 가두 광고판(자료: Wikimedia).

장개혁 초기에 사업상 가장 힘들고 어려웠던 점들, 즉 인력 확보, 재정 위기, 세금체계, 금융구조, 관료의 뇌물 압력 등을 해결하기 위하여 국가기관의 연줄이나 경제기관의 로비 등이 수단이었으나 오늘날은 기업가들이 자신을 '자유롭고 독립적이며 이윤을 추구하면서 책임과 위험을 감수하는 자'로서 정의하고 '합법적인 사업을 통해 고수익을 낳는 장기적인 계획을 수립하는 자'라고 생각하고 있는 것이다.

## 3. 러시아 국경선의 지정학

러시아는 아시아에서 유럽에 걸쳐서 무려 20개국과 국경을 맞대고 있으며 세계에서 가장 긴 국경선을 가지고 있다. 이로 인해 러시아는 항상 국경 문제에 시달리고 있으며, 불안정한 국경이 많다. 여전히 분쟁 중인 국경선도 많지만 중국과는 2005년 아무르(Amur, 헤이룽)강 일대의 국경선을 러시아의 양보로 확정지은 바 있다. 구소련의 붕괴 후 서쪽으로는 발트 3국, 즉 에스토니아, 라트비아, 리투아니아가 독립하여 EU 국가임을 선언하는가 하면, 우크라이나와 벨라루스가 독립국가가 됨으로써 유럽과의 직접적인 통로들이 차단되고 있다. 또한 이로 인해 석유와 천연가스의 파이프라인을 통한 육지 수송이 불투명해지면서 정치, 경제 상황이 악화되고 여러 가지 어려움을 겪고 있다. 다른 한편 산맥 남부의 캅카스 3국, 즉 조지아, 아르메니아, 아제르바이잔과 여전히 영토 분쟁의 문제를 가지고 있다. 결과적으로는 러시아는 흑해 연안과 극동지역만이 유일한 외부로의 출구 역할을 하지만, 새로운 항구를 건설하기에 적합한 지역이 거의 없고 다른 지역과의 연결성도 좋지 않다.

특히 체첸에서는 매우 비극적인 상황이 계속되고 있다. 체첸인들은 과거 구소련의 스탈린 정권하에서 강제이주를 당했으나, 1957년 흐루쇼프에 의해 살던 지역으로 되돌아왔다. 이후 30년에 걸친 재정비 과정을 통하여 체첸인들의 인구도 100만 정도로 증대되었다. 1985년 고르바초프의 **페레스트로이카**(perestroika)와 **글라스노스트**(glasnost) 정책으로 민족 자결의 가능성이 높아진 체첸은 1991년에는 구소련이 붕괴하면서 독립을

**페레스트로이카와 글라스노스트**
고르바초프는 구소련의 개혁을 위해 페레스트로이카(민주적 개혁정책)와 글라스노스트(시장경제적 개방정책)를 시행했다. 페레스트로이카와 글라스노스트는 공산주의 일당주의를 포기하면서 시장경제를 받아들이고 정치, 경제, 문화의 측면에서 개방을 가져왔다. 페레스트로이카는 민주주의적 방법으로 실현되는 사회혁명이었다. 이로 인해 강력한 민족주의 성향이 다시 부활하고 각 공화국이 독립하면서 구소련이 해체되는 계기가 되었다.

그림 5-6. 러시아의 영토 유럽과 아시아 북부지역에 걸쳐 있었으며, 면적은 세계 제1위로서 2240만 2200km²이고, 대부분의 영토는 북위 45° 이북, 즉 파미르고원과 북극 사이에 있어 추운 지역이며, 얼어붙은 불모지가 상당히 많아 농경지대는 전체 국토의 13%에 지나지 않는다.

스탄 5국
카자흐스탄, 키르기스스탄, 우즈베키스탄, 투르크메니스탄, 타지키스탄 등 소련의 자치공화국이었다가 1991년 독립한 중앙시아의 5개국으로서 이슬람교도가 절대 다수를 차지한다. '스탄'이란 말은 페르시아어로서 '~의 땅'이란 뜻이다.

선언했다. 처음에는 러시아연방이 체첸의 독립을 기정사실화했으나, 체첸의 그로즈니(Grozny) 근처에 러시아연방의 주요 석유-정유 시설이 있을 뿐만 아니라 대규모 천연가스도 매장되어 있기에 이 지역의 손실이 가져올 경제적·정치적 이해관계 때문에 러시아는 1994년에 체첸을 침공했다. 이 제1차 체첸 전쟁(1994~1996)은 1996년 러시아 군대가 철수하면서 3년간의 평화협정을 체결함으로써, 체첸은 사실상 독립이 이루어지는 것으로 보였다. 그러나 인접한 공화국에서 체첸 반군의 활동이 활발해지고 폭발물 사건이 터지게 되면서 러시아 군이 다시 개입하기 시작하여 제2차 체첸 전쟁(1999~2000)이 터졌다.

이러한 일련의 과정에서 러시아 군인 400명 이상이 사망하고, 1500명 이상이 부상을 입는 동안 체첸인은 수천 명이 죽거나 행방불명되었으며 수십만 명이 난민이 되었다. 2000년 러시아 군대가 그로즈니를 점령하자 그로즈니는 실제로 사람이 살 수 없는 도시가 되었다. 그러나 여전히 체첸 반군은 게릴라전을 펼치고 있으며, 다른 한편으로 체첸 마피아가 중심이 된 조직범죄로 이 지역의 미래를 더욱 혼돈스럽게 만들고 있다. 우크라이나의 크림반도는 러시아군의 개입에 의하여 2014년 러시아 영토로 편입되었다.

중앙아시아의 '스탄 5국' 즉 카자흐스탄, 키르기스스탄, 우즈베키스탄, 투르크메니스탄, 타지키스탄 등이 이슬람의 패권을 지키기 위해 러시아와 물밑으로 갈등이 심하다. 즉 러시아연방의 다른 공화국들의 미래에 따라 시베리아는 새로운 정치적 경계선이 그려질 수도 있다. 이러한 위기의식을 바탕으로 러시아는 새로운 지역경제연합을 만들어가고 있으며 시베리아와 극동지역의 대표들을 여기에 참여시키고 있다.

러시아 국경선의 문제는 공산주의 체제가 끝난 이후에도 러시아는 '제국', '위협받는 강대국', '러시아 민족주의' 등의 정체성을 강조하고 있는 것이 문제이다. 옐친이나 푸틴과 같은 정치 지도자뿐 아니라 대중 매체 역시 지속적으로 강대국의 관념을 여론에 호소해 왔다. 러시아가 '강대국이 될 자격이 있다'는 호언장담 뒤에는 '끊임없는 불확실성', '외부로부터의 위협', '위대함을 망가뜨리려는 적'에게 둘러싸여 있다는 강박관념이 도사리고 있다.

이에 러시아는 21세기의 개방적 체제 아래서 새로운 **국가 정체성** 형성에 관한 합의가 필요하다.

## 4. 러시아 주변 국가들의 국가 정체성

70여 년에 걸친 공산당의 통치가 끝나고 소련 해체 후 독립한 국가들 중 발트 3국과 조지아 공화국을 제외한 11개 공화국은 강한 민족주의를 모체로 독립국가연합(CIS: Commonwealth of Independent States)을 일시적으로 결성했다. 이전까지 구소련의 정치가들은 각 공화국이 자족경제를 유지하도록 했으므로 산업의 지역적 특화, 연방 내 공화국별, 지역별 노동의 분화를 강조했다. 예를 들어 석유의 반 이상이 서시베리아에서 공급됐으며, 선철의 반 정도가 동우크라이나에서 생산되는 등 구소련의 공화국과 지역들은 특화된 산업을 바탕으로 상호 의존성이 높을 수밖에 없었으며 이에 따라 철도나 내륙 수로 그리고 연안 해로가 발달했다.

구소련의 붕괴 이후 상호 의존적이었던 독립국가연합의 국가들이 각각 독립한 후 러시아연방을 통해 주요 물품을 교역해야 한다는 제한에서 벗어나기 시작했다. 구소련 시절에는 석유와 천연가스 등을 국제거래가 보다 싸게 거래하는 일이 가능했으나 이제 상황이 더욱 복잡해졌기 때문이다. 또한 많은 러시아인이 여전히 비러시아 공화국의 행정, 산업체에서 근무하는 일도 문제가 됐다. 과거 중앙정부 차원에서 시도된 러시아화 정책(Russification)의 일환으로 러시아인들의 비러시아 공화국으로의 이전은 물론이고 각 공화국의 비러시아인들 간에도 상호 이주를 활발히 진행시켰다.

이제 구소련의 러시아를 포함한 15개 공화국 중에서 발트해 연안의 라트비아, 에스토니아, 리투아니아 3국을 제외한 벨라루스, 몰도바, 우크라이나, 조지아, 아르메니아, 아제르바이잔, 투르크메니스탄, 우즈베키스탄, 타지키스탄, 키르기스스탄, 카자흐스탄 등 11개 공화국은 각각 자신의 국가 정체성 형성에 관하여 생각하기 시작했다. 공산주의 체제가 끝났음에도 러시아가 '제국', '러시아 민족주의'의 정체성을 강조하고 있고, 영토 안에서의 다른 소수민족을 어떻게 해서든지 러시아인으로 만들려는 강압적인 민족주의로 흐르거나 러시아 쇼비니즘, 전쟁, 팽창, 군사주의를 옹호하는 러시아연방의 외교 정책이 다시 등장할 여지가 보여 인접 국가들은 손 놓고 있을 수만은 없게 되었기 때문이다. 이른바 러시아는 과거에 고유했으며 현재도 고유하기 때문에 보편적인 합리주의 범주에 종속되지 않는 특수성을 열망한다는 사실이다. 이렇게 되면 러시아는 과잉 자의식과 자기 본위의 사고, 고유성과 보편성을 동시에 부여하려는 역설, 비합리주의에 대한 호소의 부작용이 초래된다. 이러한 정체성은 관제 정책에 의하여 형성된 것을 제외하고는 내부에서조차 의견이 일치하지 않기 때문에 자신과 이웃에게 진정한 평화보다는 끊임없는 경쟁, 투쟁과 갈등을 조장할 가능성이 더 커진다. 그러므로 러시아연방의 인접 국가들은 러시아가 자신의 과거를 더 이상 추종하지 말고 독일처럼 갱신하기를 기대하는 것이다.

그래서 동부유럽과 접경을 이루는 우크라이나, 벨로루시, 몰도바는 대체로 '이중적 정체성'이 모색되고 있는 듯하다. 우크라이나는 정체성의 다원성 문제에 능동적으로 대응하지 못하고 있는 현실에서 '편협한 민족주의적 사고'가 아니라 '다원적 민주주의의 가치'가 자리 잡아가고 있다. 벨라루스는 '민족주의'와 '소비에트주의'가 공존하는 형편이다. 몰도바는 역사적으로 형성된 몰다비야 공국의 자치, 제정 러시아와 루마니아 왕국에 의한 지배 경험으로 말미암아 몰도바 정체성, 친루마니아 정서, 친러시아 정서가 혼존되어 나타나고 있다. 소비에트 시대와 다르지만 현재 진행되고 있는 정체성 형성 과정은 3자를 포함하는 상위 정체성에 대한 합의가 이루어지지 못한 상태이다.

흑해 연안의 조지아, 아르메니아, 아제르바이잔은 각기 다른 정체성을 보여준다. 조지아는 친서구적인 자기 정체성을 선호하지만 한계가 있음을 깨닫고 있으며, 아르메니아는 원유 개발과 수송로 확보의 어려움 때

그림 5-7. 아제르바이잔의 민속의상  오늘날 아제르바이잔 민족주의는 정치적, 종교적 차이로 분열된 국가를 결집시키는 요소 중 하나이다. 정체성에 혼란을 겪고 있는 아제르바이잔공화국은 신화, 유물, 상징, 전통 등 새로운 민족-문화적 공간을 조성하고 있다(자료: Wikimedia © Gulustan).

문에 러시아 의존의 정체성이 강화되고 있다. 아제르바이잔은 1991년 이후 풍부한 문화유산과 다면적인 정체성에도 불구하고 종족적 기원과 터키성을 강조한 것이 실패를 불러와 다면적·복합적인 정체성(페르시아·터키·러시아·아제르바이잔·서방)을 강조하게 되었다. 카스피해 동쪽 중앙아시아 초원의 여러 나라들, 이른바 스탄 5개국(카자흐스탄, 우즈베키스탄, 키르기스스탄, 투르크메니스탄, 타지키스탄)은 슬라브적인 유산을 벗어나기 위한 민족주의와 민족 정체성 강화가 그 정체성이라고 볼 수 있다.

**페르시아적 정체성**
기원전 550~기원전 330년 이란 고원을 중심으로 사아시아, 중앙아시아, 코카서스 지방을 통치한 제국의 예술, 문화, 역사적 전통을 말하며 문화적 자부심도 뜻한다.

## 5. 카스피해 연안의 석유 개발

카스피해는 세계에서 가장 큰 호수로, 구소련 붕괴 후 러시아, 카자흐스탄, 투르크메니스탄, 이란, 아제르바이잔의 5개국에 둘러싸여 있다. 일찍이 카스피해는 철갑상어의 알인 캐비아로 유명하지만, 19세기 말부터는 석유 자원으로 유명해져 제1차, 제2차, 세계대전에도 큰 주목을 받았던 지역이다. 그리고 구소련의 붕괴 후 지정학적으로는 중앙아시아의 주도권을 둘러싼 경쟁과 경제적으로 석유 자원의 확보를 위한 국제분쟁지

## 러시아 주변국의 러시아인

러시아제국 시대부터 소비에트연방(소련) 시대까지 모스크바 인근 러시아 평원에 집중적으로 거주하던 러시아인들을 변방 개척을 위해 이주시키는 정책을 추진해왔다.

러시아제국의 러시아인 이주 정책은 식민지 개척과 교역 확대가 주목적이었으며, 소련 시대의 러시아인 이주 정책은 변방의 광산, 농장, 공장에 필요한 노동력을 공급하는 것이 주목적이었다. 그 결과 소련이 해체되기 직전인 1990년경에는 시베리아(Siberia) 및 동부지역 인구의 80% 이상이 러시아인이었으며, 소련에서 독립한 주변 국가들에도 러시아인들이 상당한 비율을 차지하고 있었다.

소련이 해체되자 약 2500만 명의 러시아인들이 러시아 주변 신생 독립국가 내에 소수민족으로 남게 되었다. 그중 가장 러시아인들이 많은 국가는 우크라이나(Ukrayina)로서 약 1130만 명에 이르는 러시아인들이 우크라이나 전체 인구의 약 20%를 차지하게 되었다. 그들은 대부분 크림반도와 우크라이나 동부지역에 거주하며, 크림반도는 2014년 러시아에 합병되었다.

캅카스 지역에는 러시아인의 비율이 적은 편이지만, 이 지역에 위치한 조지아, 아르메니아, 아제르바이잔은 강한 민족국가 성향을 보이면서 러시아인들을 배척하는 정책을 시행하고 있다. 소련 해체 이후 이러한 국가들과 러시아연방의 경제 교류가 약해지면서 지역 내 러시아인들을 위한 경제적 기회도 감소하여 러시아인들이 자발적으로 떠나기도 한다.

러시아연방도 노동력을 확보하려는 경제적인 이유에서 주변 국가에 거주하는 러시아인들이 본국으로 귀환하는 것을 장려하고 있다. 러시아연방의 신노동법은 특별한 전문직업인이 아닌 일반 외국인 노동자들은 러시아어를 사용해야 하고 러시아 역사 시험도 통과하도록 요구하면서 외국인들을 차별하고 있으며, 러시아연방 정부는 노동시장에서 러시아인 우선 정책을 강화하고 있다.

러시아로 이주한 러시아인의 인구 비율은 우즈베키스탄, 카자흐스탄 우크라이나, 벨라루스의 순이며 러시아인의 집중거주 지역은 카자흐스탄 우크라이나에 넓고 집중적으로 분포한다. 우크라이나의 크림반도는 러시아인이 수적으로 우위를 차지하며 2014년 무력으로 점령하였다.

(자료: Marston et al., 2017: 124~125)

그림 5-8. 우즈베키스탄 공원에서의 야외 결혼식  다른 중앙아시아 국가들과 마찬가지로 다민족 국가인 우즈베키스탄은 우즈벡인이 80%를 차지하지만 러시아인 5% 등 무려 125개 민족이 공존하는 다민족 국가이다. 종교는 수니파 이슬람교도가 70%를 차지하고, 다른 종파의 이슬람교도가 18%, 동방정교회가 9% 정도를 차지하고 있다(자료: Wikimedia ⓒ Dalbéra).

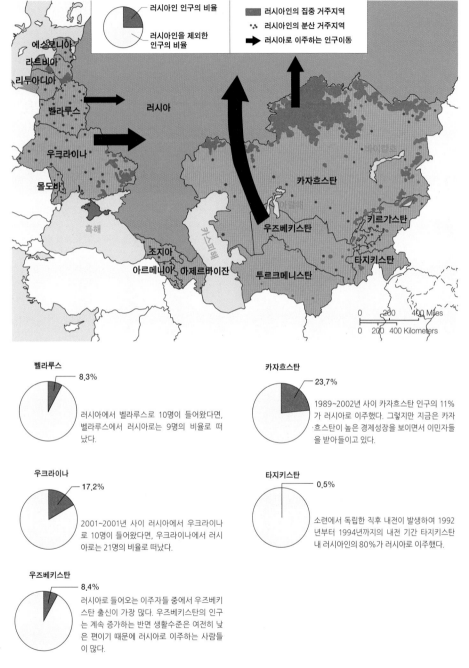

그림 5-9. 러시아 주변국의 러시아인 분포와 이동(자료: Russian International Affairs Council; Marston et al., 2017: 125 재인용)

**벨라루스**

8.3%

러시아에서 벨라루스로 10명이 들어왔다면, 벨라루스에서 러시아로는 9명의 비율로 떠났다.

**우크라이나**

17.2%

2001~2001년 사이 러시아에서 우크라이나로 10명이 들어왔다면, 우크라이나에서 러시아로는 21명의 비율로 떠났다.

**우즈베키스탄**

8.4%

러시아로 들어오는 이주자들 중에서 우즈베키스탄 출신이 가장 많다. 우즈베키스탄의 인구는 계속 증가하는 반면 생활수준은 여전히 낮은 편이기 때문에 러시아로 이주하는 사람들이 많다.

**카자흐스탄**

23.7%

1989~2002년 사이 카자흐스탄 인구의 11%가 러시아로 이주했다. 그렇지만 지금은 카자흐스탄이 높은 경제성장을 보이면서 이민자들을 받아들이고 있다.

**타지키스탄**

0.5%

소련에서 독립한 직후 내전이 발생하여 1992년부터 1994년까지의 내전 기간 타지키스탄 내 러시아인의 80%가 러시아로 이주했다.

그림 5-10. 카스피해의 석유 시추선 러시아와 카자흐스탄은 원유 매장량이 많은 카스피해 북부를 점령하고 있다(카스피해 유전 50%). 우즈베키스탄·투르크메니스탄·이란·아제르바이잔 등 4개국도 탐사·개발·송유관 설치 등을 진행하는 등 카스피해를 둘러싼 자원 전쟁을 벌이고 있다(자료: 위키백과).

역으로 등장했고, 이 과정에서 석유 자원과 관련한 국제 이해관계가 첨예하게 대립하고 있다.

이처럼 이 지역이 서구를 중심으로 세계에서 주목을 받는 이유는 카스피해 연안지역이 마지막으로 남은 세계 최대의 유전지역이기 때문이다. 석유 전문가들에 따르면, 카스피해 지역에서 확인된 석유 매장량은 최대 2000억 배럴 정도로 세계 총매장량의 15~18%에 달하는 것으로 추산되고, 천연가스의 매장량은 16조~19조m³로 추산되어, 러시아, 그리고 중동에 이어 세계에서 세 번째로 큰 유전지대이다. 이로 인해 카스피해 연안은 유럽을 중심으로 그 관심이 더욱 증폭되고 있다. 최근에는 중국과 인도 등의 급속한 경제성장으로 국제사회에서 에너지 확보를 둘러싼 경쟁이 치열해지자 미국은 새로운 대안으로 이 지역을 주목해 왔다. 세계 각국의 굵직한 석유회사들이 이 지역에 앞 다투어 진출하고 있는 것은 그런 이유 때문이다. 러시아의 루크오일(Lukoil), 미국의 셰브런(Chevron), 모빌(Mobil), 아모코(Amoco)를 비롯한 서방의 석유회사들이 이곳에 투자를 하고 카스피해 연안 국가들의 석유 자원의 수출에 관여해 왔다.

그렇지만 구소련의 붕괴 후에도 러시아는 이 지역에 대한 영향력을 크

게 행사해 왔다. 그것은 카스피해가 실제로는 바다가 아니고, 카스피해
에 면한 카자흐스탄, 투르크메니스탄, 그리고 아제르바이잔은 바다를 통
해 세계시장으로 직접 연결할 통로가 없어, 한동안 구소련 시절에 러시
아와 조지아를 통과하도록 건설된 송유관(pipeline)을 이용해야만 외국으
로 석유 수출이 가능했기 때문이다. 1990년대 말에는 카자흐스탄의 탱
기스(Tengiz)에서 러시아의 노보로시스크(Novorossiysk)까지 파이프라인을
연결하여 석유를 흑해로 운반하기 위한 CPC(Caspian Pipeline Consortium)
송유관을 계획하였으며, 러시아가 주도하고 카자흐스탄과 셰브런 등의
석유 메이저들이 참여하여 2001년에 완공시켰다.

미국과 유럽의 입장에서 보면, 러시아를 거치지 않고 터키를 가로질러
지중해 항구로 연결하는 것이 가장 바람직하다. 이는 물론 러시아의 영
향력을 줄이는 방법이기도 했다. 러시아의 지속적인 반대에도 불구하고

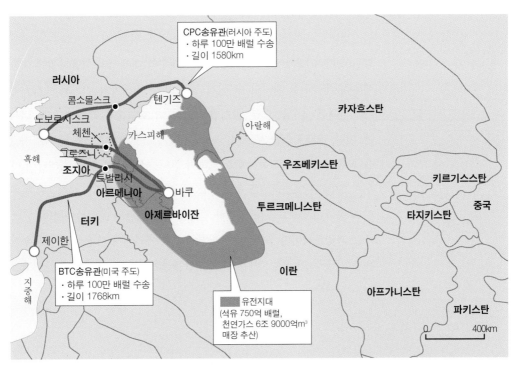

그림 5-11. 카스피해 연안의 송유관 텐기즈에서 노보로시스크까지 송유관을 연결하여 석유를 흑해로 운반하기 위한 CPC송유관은
러시아, 카자흐스탄, 석유 메이저들이 참여하여 2001년에 완공하였다. 미국 주도의 석유메이저들은 카스피해 연안의 석유를 지중해로
운반하기 위해 바쿠에서 트빌리시를 거쳐 제이한까지 연결하는 BTC송유관을 2005년 완공하였다(자료: Clawson and Fisher, 1998:
277, 필자 수정).

실제로 그러한 일들이 실현되었다. 미국이 주도하는 서방 석유 메이저들은 아제르바이잔의 바쿠(Baku)에서 조지아의 수도 트빌리시(Tbilisi)를 거쳐 터키의 제이한(Ceyhan)까지 파이프라인을 연결하여 카스피해 연안의 석유를 지중해로 보내는 1768km의 BTC송유관을 2005년 완공했다(그림 5-11).

이로 인해 전통적으로 러시아의 입김이 강했던 이 지역에서 미국의 영향력은 더욱 커지고 러시아의 영향력은 약해질 것으로 예상된다. 그렇지만 아직도 러시아를 통과하는 파이프라인에 대한 러시아의 영향력은 여전하며, 러시아의 석유회사인 루크오일은 아제르바이잔과 카자흐스탄에 많은 투자를 하고 있고, 여러 가지 협력 협정도 맺어져 있는 상태이다.

이러한 카스피해의 지하자원 개발과 관련하여 두 가지의 중요한 지리적 쟁점이 부각되고 있다. 첫째는 카스피해의 법적 지위에 관한 것이다. 카스피해를 바다로 볼 것인지, 호수로 볼 것인지에 따라 자원에 대한 이용과 이권이 달라지기 때문이다. 카자흐스탄, 투르크메니스탄, 아제르바이잔은 카스피해를 바다로 간주한다. 이렇게 되면, 각 국가들은 유엔해양법에 따라 영해에 인접한 배타적 경제수역 내에서의 석유자원에 대한 배타적 개발권을 확보할 수 있게 된다. 반면 러시아와 이란의 주장처럼 카스피해를 호수로 보면, 국제법에 따라 이 호수를 둘러싸고 있는 러시아, 이란, 카자흐스탄, 투르크메니스탄, 아제르바이잔이 모두 균등한 이권을 공유하게 되어 공동으로 개발해야 한다. 이에 대한 분명한 해답이 나오지 않은 채 카스피해를 둘러싸고 있는 이해 당사자들은 실질적인 문제인 수송파이프라인을 잡기 위한 경쟁에 더욱 매달리고 있는 형편이다. 둘째는 환경문제이다. 이미 카스피해는 주변 지역에서 사용한 농업용수의 유출, 중금속의 유출, 석유 관련 오염물질의 유출로 심각하게 오염되고 있는 실정이다.

## 아랄해의 소멸

아랄해(Aral Sea)는 중앙아시아의 카자흐스탄과 우즈베키스탄이 반씩 나누어 가지고 있는 바다처럼 넓은 염수호이다. 1960년대 이전에는 세계 4위의 크기를 가진 호수로서, 면적이 6만 8000km²에 달했다. 1960년대부터 소련(USSR)은 자연 개조를 위한 지역개발을 추진했으며, 그 일환으로 아랄해로 유입되는 2개의 시르다리야강(Syr Darya), 아무다리야강(Amu Darya) 하류에 대규모 관개시설을 건설하고 농업용수를 취수하여 주변에 대규모 목화 재배지를 조성했다. 이에 따라 호수로 흘러들어가는 강물의 양이 급감했고, 호수의 면적이 줄어들면서 호수 생태계가 파괴되고 동시에 토양의 염류화 등 많은 환경문제를 일으키고 있다. 2008년의 호수 면적은 1960년 당시 호수 면적의 10% 정도만 남아 있었는데, 2014년의 아랄해 상황은 더욱 악화되어 호수 한 가운데가 완전히 바닥을 드러내고 3개의 작은 호수로 분리되었다.

이러한 아랄해의 축소는 지구상에서 가장 극심한 환경 재앙의 하나로 기록되었다. 한때 번창하던 어업은 황폐화되어 6만 명 이상의 실업자를 발생시켰다. 또한 드러난 호수 바닥은 소금 사막으로 변하여 염분이 바람을 타고 주변 300km까지 확산되어 목화 재배와 생태계에 피해를 줄 뿐 아니라 지역 주민의 건강까지 위협하고 있다. 목화 생산을 위한 관개시설이 염해를 초래하여 결국 목화 생산이 감소하고 있다. 호수 면적의 축소는 이 지역의 기후변화도 초래하여 여름은 더 덥고 건조해졌으며 겨울은 더 춥고 길어졌다.

카자흐스탄에서는 북아랄해(North Aral Sea)만이라도 보존하기 위해서 남아랄해(South Aral Sea)와 분리하는 댐을 건설하여 2005년에 완공했다. 주변 국가뿐 아니라 유네스코, 세계은행 등의 관심과 지원이 지속되고 있지만 작은 호수만 남아 있는 남아랄해의 운명은 여전히 비관적이다.

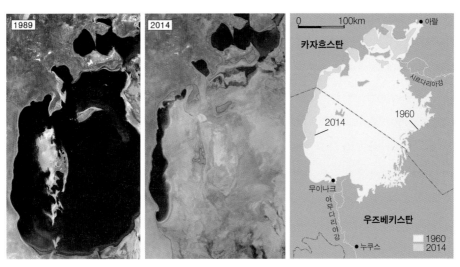

그림 5-12. 아랄해의 축소(위성사진 1989, 2014) 1989년에는 남아랄해가 둥근 모양으로 큰 면적을 차지했지만, 2014년에는 대부분의 호수 바닥이 드러나고 서쪽 연안에만 길게 남아 있다(자료: ⓒ NASA).
그림 5-13. 아랄해의 면적 변화(지도) 건조한 아랄해 주변지역에서 목화 생산을 위해 설치된 관개시설로 인해 아랄해로 유입되는 강물의 양이 감소하여 호수 면적이 줄어들었다(자료: Wikimedia ⓒ NordNordWest).

제**3**부

# 신대륙의
# 세계화

# 06 미국과 캐나다

　아메리카 대륙은 파나마 지협을 경계로 북아메리카와 남아메리카로 나눌 수 있다. 북아메리카 대륙에 위치한 미국과 캐나다는 역사적으로 영국의 식민지로서 영국 문화의 영향을 많이 받았기 때문에 문화적 구분에서는 앵글로(Anglo) 아메리카라고도 한다. 미국의 영토는 북쪽으로 캐나다, 남쪽으로 멕시코와 접하고 있으며, 동쪽은 대서양, 서쪽은 태평양이 펼쳐져 있다. 본토와 떨어져 있는 미국의 영토로는 알래스카(49번째 주), 하와이(50번째 주) 외에도 괌, 사이판, 사모아, 버진아일랜드, 푸에르토리코 등의 속령이 있다. 미국의 지체구조는 서부의 로키산맥, 중부의 대평원, 동부의 애팔래치아산맥이 골격을 이루고 있다. 특히 서부는 다양한 화산 지형, 건조 지형, 침식 지형을 포함하고 있다.

　미국은 면적이 러시아, 캐나다 다음으로 세계 3위인 광대한 나라이기 때문에 다양한 기후와 식생 분포가 나타난다. 편서풍이 로키산맥을 넘으면 동쪽 사면이 고온 건조해지는 푄현상의 영향으로 서경 100° 기준의 서쪽 대평원 지역은 연 강수량이 500mm 이하를 나타낸다. 대평원 지역에는 프레리 초원이 펼쳐져 있는데, 반건조 식생인 단초(短草)가 지배적이고, 동쪽으로 갈수록 장초(長草)가 나타난다. 미국의 남서부 일대에는 식생 피복이 매우 적은 건조한 사막 경관이 나타난다. 해양에서 불어오는 기류의 영향을 직접적으로 받는 태평양 연안 지역 및 대서양 연안 지역에서는 연 강수량이 1000mm 이상으로 온대 습윤 기후가 나타난다. 일부 멕시코만 연안 지역에서는 맹그로브 습지 경관의 아열대 기후가 나타나고, 아열대 고기압의 영향을 받는 남캘리포니아 지역에서는 고온 건조한 여름에 적응한 지중해성 식생이 분포한다. 로키산맥의 고산 지역에서는 여름철에도 눈이 녹지 않고 빙하가 남아 있는 고산 툰드라 경관이 나타난다.

　캐나다는 북아메리카 대륙의 북쪽에 위치하며, 러시아 다음으로 세계 2위의 광활한 면적을 가진 나라로서, 10개 주와 3개 준주로 구성되어 있다. 캐나다의 지체구조는 미국 쪽에서 연장된 서부의 로키산맥과 대평원, 그리고 허드슨 만을 둘러싼 북동부의 캐나다 순상지가 특징적이다. 동부에는 래브라도고원과 세인트로렌스강이 자리 잡고 있으며, 북부에는 북극해 연안의 툰드라 지대와 수많은 섬들이 분포하고 있다. 캐나다 영토의 대부분은 북위 49도에서부터 북극해에 이르는 고위도에 위치하고 있어서 기후는 한대 및 냉대가 지배적이지만, 대평원 지역은 스텝 기후, 태평양 연안은 서안해양성 기후, 로키산맥 일대는 고산 기후가 나타난다. 캐나다의 식생분포는 한대 기후 지역의 툰드라, 냉대 습윤 지역의 타이가 침엽수림, 세인트로렌스강 일대의 활엽수림, 그리고 스텝 지역의 프레리 초원이 대표적이다.

그림 6-1. 미국 애리조나 사막　미국 애리조나주 북부의 사막 전경으로 인근에 콜로라도강이 흐르는 그랜드캐니언, 글랜캐니언(Glen Canyon)과 파월호(Lake Powell) 등 유명한 관광지가 있다(ⓒ 김학훈).

그린란드

보퍼트해

북극해

빅토리아섬

배핀섬

킹리산
6194

래브라도해

매켄지산맥

코스트산맥

허드슨만

래브라도고원

뉴펀들랜드섬

로

캐나다

서스캐처원강

로렌시아 대지

세인트로렌스강

키

밴쿠버섬

콜럼비아강

오대호

컬럼비아 고원

산

미주리강

대평원 (그레이트플레인스)

애팔래치아 산맥

체서피크만

그레이트솔트호

콜로라도 고원

미국

레

오하이오강

모하비 사막

맥

드

평양

콜로라도강

미
시
시
피
강

미시시피 삼각주

플로리다반도

리오그란데강

멕시코만

플로리다 해협

대 서 양

(m)
3000
1500
600
300
150
0
해수면 이하

0          400km

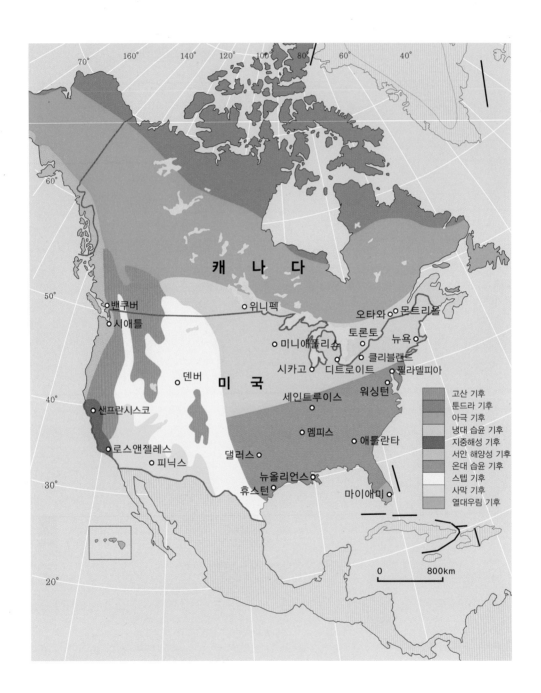

| | |
|---|---|
| | 고산 기후 |
| | 툰드라 기후 |
| | 아극 기후 |
| | 냉대 습윤 기후 |
| | 지중해성 기후 |
| | 서안 해양성 기후 |
| | 온대 습윤 기후 |
| | 스텝 기후 |
| | 사막 기후 |
| | 열대우림 기후 |

0      800km

## 미국의 역사지리 연표

| | | | |
|---|---|---|---|
| 1607 | 영국, 최초의 식민지(제임스타운) 아메리카에 건설 | 1929~1939 | 대공황 |
| 1625 | 네덜란드, 뉴암스테르담(뉴욕) 건설 | 1934 | 라틴아메리카 여러 국가와의 우호 협력 증진 |
| 1684 | 프랑스, 루이지애나 확보 | 1941~1945 | 제2차 세계대전 참전 |
| 1728 | 제정 러시아, 알래스카 도착 | 1945 | 일본에 원폭 투하 |
| 1776 | 미국연방, 독립 선언 | 1949 | 북대서양조약기구(NATO) 가입 |
| 1800 | 워싱턴이 수도가 됨 | 1950~1953 | 한국전쟁 참전 |
| 1803 | 미국연방, 루이지애나 구입 | 1959 | 알래스카, 하와이 각각 주로 승격 |
| 1819 | 미국연방, 에스파냐의 플로리다 구입 | 1961~1973 | 베트남 전쟁 참전 |
| 1823 | 먼로주의 선언 | 1962 | 쿠바 미사일 위기 |
| 1838 | 미국연방, 체로키 인디언을 인디언 보호구역으로 추방 | 1969 | 미국 우주선 최초의 달 착륙 |
| 1845~1848 | 미국연방, 텍사스 합병, 뉴멕시코·애리조나·캘리포니아 정복 | 1990~1991 | 걸프 전쟁 참전 |
| | | 1994 | 북미자유무역협정(NAFTA) 발효 |
| 1846 | 오리건 협약, 미국-캐나다 국경선 확정 | 1999 | 코소보 사태 참전 |
| 1849 | 캘리포니아 골드러시 | 2001 | 뉴욕 9·11 테러 발생, 아프가니스탄 전쟁 참전 |
| 1861~1865 | 남북전쟁, 노예제도 폐지 | 2003 | 이라크 전쟁 참전, 사담 후세인 체포 |
| 1867 | 미국연방, 알래스카 구입 | 2005 | 허리케인 카트리나 발생 |
| 1868 | 최초의 대륙 횡단 철도 완성 | 2008 | 금융위기 발생 |
| 1898 | 에스파냐와의 전쟁, 괌·푸에르토리코·필리핀 획득, 하와이 병합 | 2011 | 리비아 내전 참전 |
| | | 2014 | 쿠바와 외교관계 회복 |
| 1917~1918 | 제1차 세계대전 참전 | 2017 | 트럼프 대통령, 파리기후변화협약 탈퇴 발표 |
| 1921 | 미국으로의 이민 제한 | | |

## 캐나다의 역사지리 연표

| | | | |
|---|---|---|---|
| 1497 | 캐벗(Cabot), 뉴펀들랜드 상륙 | | 로 완성 |
| 1534 | 프랑스, 세인트로렌스강 입구 상륙 | 1971 | 세계 최초로 '다문화주의' 정책 채택 |
| 1754 | 뉴프랑스 식민지에서 영국과 프랑스 전쟁 발발 | 1982 | 영국으로부터 헌법 주권 회복 |
| | | 1988 | 캐나다, 미국과 북미자유무역지대 결성 |
| 1763 | 영국 승리, 뉴프랑스(퀘벡 포함) 획득 | 1994 | 북미자유무역협정(NAFTA) 발효 |
| 1836 | 퀘벡에 최초의 철도 건설 | 1995 | 퀘벡주, 분리독립 국민투표에서 좌절 |
| 1867 | 노바스코샤, 뉴브런즈윅, 온타리오, 퀘벡으로 이루어진 캐나다 자치령 선포 | 1999 | 누나부트(Nunavut), 캐나다의 3번째 속령으로 분리 승인 |
| 1885 | 대륙 횡단 철도 완성 | 2001 | 아프가니스탄 전쟁 참전 |
| 1959 | 캐나다와 미국을 잇는 세인트로렌스 수 | 2011 | 리비아 내전 참전 |

## 1. 미국의 발전 과정과 산업화

미국(United States of America)의 역사는 콜럼버스가 서인도제도에 도달한 1492년부터 살펴보아야 한다. 이 시점은 아메리카 대륙의 원주민에게는 학살과 약탈이라는 악몽의 시작이지만, 서양 유럽인에게는 동양보다 부강해지는 길목의 시작이다. 이후 지리상의 발견이 이어지고 신대륙의 금과 은이 유럽으로 유입되어 세계 역사는 전환점을 맞게 된다.

북아메리카의 경우 식민지 초기에는 유럽 열강들이 분할 점령하여 식민지를 개척했다. 아메리카 대륙의 아즈텍제국과 잉카제국을 정복한 스페인은 현 미국 땅에서는 플로리다, 남서부 및 캘리포니아를 개척했다. 프랑스는 세인트로렌스강 유역의 캐나다와 미시시피강 유역의 루이지애나를 개척해 나갔으며, 러시아는 알래스카를 확보했다. 영국은 대서양 연안에 13개 주의 식민지를 건설했으며 1776년 미국의 독립선언 때까지 유지했다.

북아메리카에 세워진 유럽인 최초의 취락은 세인트오거스틴(St. Augustine, 당시 San Agustín)으로서 1565년 스페인 개척자들이 거주하기 시작했다. 영국인들은 1607년 제임스타운(Jamestown)을 최초 식민지로 건설했으며, 네덜란드인들은 1624년 뉴욕(New York, 당시 New Amsterdam)에 식민지를 건설했다. 현 미국 영토에서 프랑스인 최초의 취락은 1699년 멕시코만 연안(현 오션스프링스Ocean Springs)에 나타났지만, 1718년에 건설된 뉴올리언스(New Orleans)가 프랑스 식민지의 중심이 되었다.

영국에 대한 독립 전쟁(1775~1783)에서 승리한 미국은 영토 확장에 나서서 1803년 프랑스로부터 **루이지애나**를, 1819년 스페인으로부터 플로리다를 매입했다. 1845년에는 텍사스 공화국을 합병했으며, 1846년에는 영국과 오리건협정(Oregon Treaty)을 맺고 캐나다와의 국경을 북위 49° 선으로 확정하고 오리건, 워싱턴, 아이다호 지역을 확보했다. 미국-멕시코 전쟁(1846~1848)에서 승리하면서 멕시코로부터 캘리포니아, 애리조나, 네바다, 유타, 콜로라도, 뉴멕시코를 할양받았다(그림 6-2). 1867년에는 러시아로부터 알래스카를 매입하고, 1898년에는 하와이를 합병했으며, 또한 스페인과의 전쟁(1898)에서도 승리하여 쿠바, 푸에르토리코, 괌, 필리핀

**루이지애나**(Louisiana)
프랑스어로 '루이 14세의 땅'이란 뜻이며, 그 영역이 남북으로는 멕시코만에서 캐나다 중앙부, 동서로는 로키산맥에서 미시시피강 서안에 이르는 거대한 영토였다. 그 영역을 현재로 보면 무려 13개 주에 걸쳐 있지만, 현재의 루이지애나는 미시시피강 하구의 1개 주를 지칭하는 것으로 축소되었다. 미국은 1803년 당시 나폴레옹이 집권하던 프랑스로부터 루이지애나를 헐값에 매입했다.

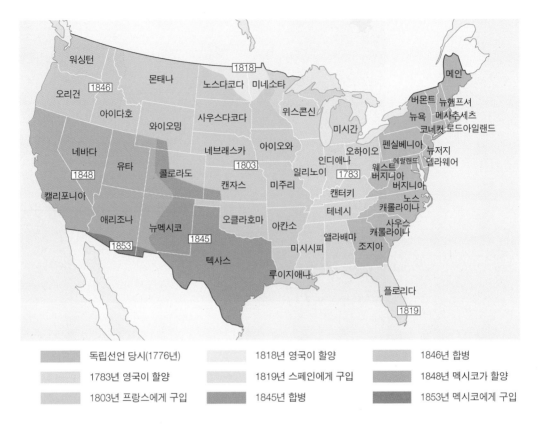

그림 6-2. 미국의 영토 확장   1776년 독립선언 당시 영국의 식민지 13개 주였던 미국의 영토는 독립 전쟁이 끝난 1783년부터 지속적으로 확장을 거듭했으며, 1867년 알래스카와 1899년 하와이까지 획득하여 현재의 50개 주 영토를 확정했다(자료: 김흥식, 2007).

을 할양 받아 해외 식민지도 확보했다. 미국에서 내전(Civil War)이라고 부르는 남북 전쟁(1861~1865)은 노예제를 지지하고 미합중국을 탈퇴한 남부에 대해 노예해방을 표방한 북부가 승리하여 국가의 분열을 막을 수 있었다. 미국인들은 19세기 내내 서부 개척을 지속하면서 인디언 부족들을 보호구역으로 추방하고 그들의 땅을 차지했다(그림 6-3). 특히 1848년의 캘리포니아(California) **골드러시**(gold rush)는 노다지를 꿈꾸는 수많은 사람들이 서부로 이주하는 계기가 되었다. 이로써 미국은 현재 50개 주에 달하는 합중국의 영토를 확보하게 되었다.

미국이 유럽을 능가하는 경제부국이 된 배경으로는 천연자원, 산업기술, 이민, 민주정치 제도, 교육제도, 기업가 정신의 여섯 가지를 들 수 있다. 우선 지속적인 영토 확장을 통해 확보한 자원과 소비시장은 미국의

**골드러시**
미국에서는 1848년 캘리포니아 새크라멘토 인근 강가에서 사금이 발견된 것이 골드러시의 시초이며, 이 소문이 퍼지자 1849년에는 미국 동부뿐 아니라 유럽, 중남미, 중국 등지에서 약 10만 명이 몰려들었다. 이때 캘리포니아로 이주한 사람들을 "포티나이너스(49ers)"라고 부른다.

그림 6-3. 미국의 전진(American Progress) 가스트(John Gast)의 1872년 작품인 이 그림은 당시 미국 서부 개척의 이념과 목표를 잘 보여준다. 전신줄을 끌고 날아가는 여신의 오른쪽(동부)은 밝은 문명의 땅으로 묘사되고 있는 반면, 왼쪽(서부)은 도망가는 인디언과 들소, 곰 등이 존재하는 어둠과 미개의 땅으로 묘사되고 있다. 서부는 기차와 마차의 행렬이 이어지고 경작지로 개간되어야 하는, 미국인들의 '명백한 숙명(Manifest Destiny)'의 대상인 것이다(자료: 미국 Library of Congress).

경제력을 끌어올렸으며, 광활한 영토의 풍부한 천연자원은 산업화의 원동력이 되었다. 그리고 19세기에 들어서서 미국 북동부 지역에 영국의 근대산업 기술이 성공적으로 이식되어 공업이 본격적으로 성장하는 산업혁명을 맞이했다. 1869년에는 대륙횡단철도(캘리포니아 오클랜스-네브라스카 오마하 구간)가 개통되어 태평양 연안에서 대서양 연안까지 약 7일 만에 도달하게 된 것은 물류와 교통에 혁명적 변화를 가져와서 미국의 국력 신장에 큰 기여를 했다. 20세기 초에는 미국의 대기업들이 혁신적인 대량생산 체계를 선도해 나갔다.

미국의 서부 개척과 산업화 과정에 필요한 노동력의 상당 부분은 전 세계에서 받아들인 이민자들이 채워나갔다. 1900년경 연간 100만 명 정도의 이민자가 유럽에서 들어왔는데, 2000년대 이후 비슷한 수의 이민이 매년 아시아와 중남미에서 들어오고 있다. 이러한 인구의 힘과 함께 모범적인 민주주의 정치제도를 운영하여 자유와 평등에 입각한 사회조직을 구성했다. 보편적이고 개방적인 교육체제는 공정한 기회를 가진 인적 자원을 양성하고 우수한 해외 두뇌를 유인하는 발판이 되었다. 마지막으로 서부 개척 과정에서 획득한 개척자 정신(pioneer spirit)과 창의력 및 경쟁력에 바탕을 둔 기업가 정신(entrepreneurship)은 미국이 세계 일류 기업들을 키워내는 원동력이 되었다.

제1차, 제2차 세계대전의 승전국으로서 제2차 세계대전 이후 군사뿐 아니라 경제에서도 세계 최강국으로 성장한 미국은 지금도 전 세계 국내 총생산(GDP)의 약 1/5를 차지하고 있다. 중국, 유럽연합, 일본, 러시아 등이 경쟁 상대로 부각되고 있지만, 미국은 대외 교역, 투자, 개발원조 등에서 여전히 이들 국가보다 우위에 서 있으며 전 세계의 경제에 큰 영향을 미치고 있다. 비록 수입액이 수출액보다 과도하게 많은 무역 결손으로 고심하고 있지만, 미국은 모든 산업 분야에서 세계적인 경쟁력을 갖고 있으며, 최대의 경제력과 최강의 군사력을 바탕으로 여전히 세계화를 주도하고 있다.

미국의 농업은 국내총생산에서 차지하는 비중이 약 2%에 불과하지만, 그 경쟁력만큼은 세계적이다. 넓은 경지에 대한 대규모 자본 투자에 의해 기업화, 기계화된 미국의 농업은 세계시장을 대상으로 품질 높은 농작물들을 대량으로 생산하여 수출하고 있다. 주요 농업지역은 대평원(Great Plains)의 밀 지대와 목축업, 캘리포니아의 지중해식 농업, 오대호(Great Lakes) 연안의 낙농업 지대, 중서부 일대의 옥수수 지대 등이 유명하다. 남부의 면화 지대는 대부분 다른 농업으로 대체되었다. 미국에는 농업 관련 산업을 뜻하는 애그리비즈니스(agribusiness)가 잘 발달하여 농작물 생산부터 판매까지 다양한 기업조직이 체계적으로 관련되어 있다.

미국의 천연자원 중에서 석탄, 석유, 천연가스 같은 화석연료(fossil fuel)는 세계적 규모의 생산량을 보이고 있다. 그렇지만 미국의 석유 소비량은 세계 1위이기 때문에 수입량 또한 세계 1위이다. 미국의 석탄 생산량은 중국 다음으로 세계 2위를 차지하고 있다. 미국의 천연가스 생산량은 2009년부터 러시아를 추월하여 세계 1위를 차지했다. 이는 2000년대 후반부터 미국의 셰일가스(shale gas 2장 참조) 생산이 급증했기 때문이다. 현재 셰일가스는 미국의 천연가스 생산량의 약 40%를 차지하고 있으며 그

**애그리비즈니스**
기업적으로 운영되는 농업 관련 산업들을 뜻한다. 농산물을 생산하고 판매하려면 농업 외에 농기구 제조업, 유통서비스업이 관련이 되며, 유통서비스업에는 운송업, 창고업, 도매업, 소매업, 종묘업 등이 포함된다.

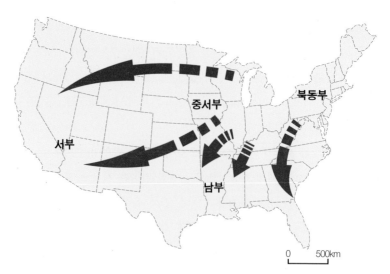

그림 6-4. 선벨트로 향하는 인구 이동 1980년대 이후 미국에서 가장 뚜렷한 인구 이동 패턴은 전통적 공업지대인 북동부와 오대호 연안에서 남부와 서부로의 인구 이동이다. 일반적으로 남부와 서부는 선벨트, 북동부는 스노벨트, 프로스트벨트(frostbelt), 러스트벨트 등으로 불린다(자료: 디르케 세계지도, 1996).

**스노벨트, 러스트벨트**
선벨트에 대한 상대적 개념의 은유적 표현으로서, 겨울이 추워서 눈이 오는 지역(snowbelt) 또는 굴뚝 산업 같은 전통 제조업이 가동을 멈추고 녹이 슨 지역(rustbelt)을 뜻하며 공통적으로 미국 북동부 공업지대를 지칭한다.

**선벨트**
상대적으로 겨울이 따뜻한 미국의 남부와 서부를 지칭한다. 스노벨트 지역에서 은퇴한 노인들이 선호하는 지역으로서 인구 유입이 많으며, 해당 주 정부들도 조세 감면 정책을 시행하여 기업들을 유치하고 있다.

**자연증가율**
연간 출생과 사망의 차이에 의한 인구의 증가율을 말하며, 출생률에서 사망률을 빼면 구할 수 있다.

비중은 계속 증가하고 있다.

최대 공업국인 미국도 20세기 후반기에 다른 선진국과 마찬가지로 2차 산업이 쇠퇴하고 3, 4차 산업이 성장하면서 산업 재구조화의 과정을 겪었다. 이는 미국의 지역구조에도 영향을 미쳐 전통적인 공업지대(manufacturing belt)인 북동부와 오대호 연안의 **스노벨트 또는 러스트벨트**(snowbelt, rustbelt)는 쇠퇴하고, 남부와 서부의 **선벨트**(sunbelt)는 빠른 속도로 성장하는 모습을 보이고 있다. 밀워키, 디트로이트, 클리블랜드 등 스노벨트의 도시들은 철강, 자동차, 기계 장비, 농기계 생산에 탁월했으나, 전통적인 제조업이 쇠퇴하면서 인구가 감소하고 도심은 퇴락하는 등 어려움을 겪고 있다. 반면에 선벨트 지역에서는 퇴직자 및 이주자의 유입이 활발하며, 비교적 저렴한 지가와 노동비를 활용한 정유, 우주, 항공, 정보통신기술(ICT: information & communication technology), 생명공학기술(biotechnology) 등 첨단산업과 소매업, 보험업, 의료서비스업 등 3차 산업이 발달하고 있다(그림 6-4).

미국의 인구는 이민 유입뿐 아니라 비교적 높은 **자연증가율** 때문에 꾸준히 증가하고 있다. 2010년에 약 3억 900만 명이던 인구는 현재 약 3억

2600만 명(2017년)으로 증가했다. 미국에서 가장 인구가 많은 도시는 단연 뉴욕으로서 2017년 기준으로 약 860만 명(대도시권 2032만 명)의 인구를 가지고 있으며, 2위인 로스앤젤레스(Los Angeles)의 인구는 약 400만 명(대도시권 1313만 명), 3위인 시카고(Chicago)의 인구는 약 272만 명(대도시권 953만 명)으로 집계되었다.

## 2. 캐나다의 자원과 산업

캐나다(Canada)의 유럽인 역사는 1000년경 바이킹족의 탐험을 시작으로 1497년 이탈리아인 캐벗(John Cabot)이 영국 왕의 지원으로 탐험에 나서 캐나다의 대서양 연안을 발견한 바 있다. 이후 16세기 동안 바스크와 포르투갈의 어선, 프랑스와 영국의 탐험대에 관한 기록이 이어지지만, 1605년 건설된 프랑스 식민지(Port Royal, Nova Scotia)가 유럽인 최초의 정착지로 기록되었으며, 1610년부터는 영국의 식민지가 뉴펀들랜드(Newfoundland)섬에 건설되었다. 프랑스인들은 세인트로렌스강을 따라 퀘벡(Quebec) 지역에 정착했으며, 프랑스 모피 상인들은 오대호 연안을 거쳐 미시시피강의 하류까지 진출하여, 캐나다에서부터 루이지애나까지 뉴프랑스(Nouvelle-France)라는 거대한 식민지를 건설했다. 그러나 18세기 북아메리카와 유럽에서 벌어진 **영국과 프랑스의 패권 전쟁**(프렌치-인디언 전쟁과 7년 전쟁)에서 승리한 영국이 1763년 캐나다 전역과 미시시피강 동쪽 유역 대부분을 차지했다.

영국이 미국 독립 전쟁에서 패한 이후에도 영국의 식민지로 남아 있던 캐나다에서는 미국과 마찬가지로 서부 개척이 진행되었다. 알래스카를 캐나다 대신에 미국이 매입한 해인 1867년에 캐나다는 영국의 승인하에 식민지에서 벗어나 자치령으로서 캐나다연방을 구성하는 헌법을 공포했다. 현재는 **영연방 국가**(Commonwealth of Nations)로서 영국 국왕을 국가원수로 인정하지만 독립된 주권을 가진 국가가 되었다. 그리고 캐나다는 현재 10개 주(province)와 3개 준주(準州, territory)로 구성되어 있는 연방 국가이며, 연방 정부는 오타와(Ottawa)에 수도를 두고 있다.

**프렌치-인디언 전쟁과 7년 전쟁**
프렌치-인디언 전쟁(French-Indian War, 1754~1763)은 북아메리카에서 프랑스와 인디언 부족이 서쪽으로 영토 확장하는 영국에 대항한 전쟁이며, 7년 전쟁(1756~1763)은 유럽에서 영국과 프로이센이 주도하는 동맹국들과 프랑스와 오스트리아가 주도하는 동맹국들이 슐레지엔 영유권을 놓고 충돌한 전쟁으로 모두 영국 쪽의 승리로 끝났다.

**영연방 국가**
영연방은 과거 대영제국의 식민지에서 독립한 국가들로 구성된 자유로운 연방체로서, 현재의 회원국은 52개국이지만 영국 국왕을 국가원수로 인정하는 국가는 영국 포함 16개국이다.

그림 6-5. 캐나다의 10개 주와 3개 준주 이 지도에는 캐나다의 각 주별, 준주별 수도의 위치에 ★ 표시가 되어 있다. 3개 준주는 유콘(Yukon), 노스웨스트(Northwest), 누나부트(Nunavut)로서, 주보다는 자치권이 약하며 연방 정부의 재정 지원에 더 의존한다(자료: Wikimedia).

캐나다는 북부 유럽의 스칸디나비아 3국이나 러시아와 같이 북극해를 둘러싼 고위도에 위치하여 대부분 아한대 및 냉대 기후대를 형성하고 있다. 미국과 마찬가지로 대평원의 **프레리**(prairie) 지대에서는 밀 재배가 광범위하게 이루어진다. 또한 냉대림인 타이가 삼림의 임산자원도 풍부하다. 캐나다의 광물자원은 동부의 래브라도고원 일대에, 석유, 가스 및 석탄은 서부의 앨버타(Alberta)주에 주로 매장되어 있다.

캐나다 경제에서 천연자원이 차지하는 비중은 매우 크다. 세계 4위의 천연가스 생산량, 세계 3위의 석유 매장량, 세계 최대의 오일샌드(Oil Sand) 석유 생산량이 그것이다. 역청(bitumen)과 모래 및 점토 혼합물인 오일샌드는 과거 생산 비용이 높아서 경제성이 없었으나 2000년대 중반부터 국제 유가가 배럴당 50달러 이상이 되면서 수요가 폭발적으로 증가하고 있다. 2015년도 캐나다의 석유 생산량 중에서 61%가 오일샌드에서 추출된 것이며, 앨버타주는 캐나다 석유의 79%를 생산하는데, 그 대부분이 오일샌드에서 생산된 것이다. 캐나다산 석유의 3/4은 미국으로 수

**프레리**
북아메리카의 로키산맥 동쪽 사면에서 미시시피강 유역에 이르는 내륙에 넓게 발달한 온대 초원으로서 대평원 지역의 반건조 지대에서는 단초(短草)가 지배적이며 동쪽으로 갈수록 장초(長草)가 나타난다.

출되며, 미국은 석유 수입량의 약 40%를 캐나다에 의존하고 있다.

캐나다는 러시아 다음으로 세계 2위의 광활한 면적(한반도의 약 45배)을 가지고 있지만 인구는 약 3700만 명(2018년)에 불과하다. 비록 소비시장은 좁은 편이지만 각종 산업이 미국 북동부 공업지대와 연계되어 발전했다. 특히 1994년에 발효된 **북미자유무역협정**(NAFTA: North American Free Trade Agreement)에 의해 미국, 캐나다, 멕시코는 하나의 자유무역시장으로 통합되었으며, 이미 유럽연합(EU)을 능가하는 세계 최대의 블록경제권을 형성했다. 권역 전체의 인구는 2018년 현재 약 5억 명(미국 3억 3000만 명, 캐나다 3700만 명, 멕시코 1억 3000만 명)에 이른다. 이 협정을 통해서 미국의 자본과 기술, 캐나다의 자원, 멕시코의 저임금 노동력이 결합되어 서로 이익이 되는 경제성장을 도모하고 있다.

**북미자유무역협정**
북아메리카의 미국, 캐나다, 멕시코 3국이 1992년에 체결하고 1994년 1월 1일에 발효시킨 협정으로서 상호 간 관세를 철폐하고 자유무역시장을 형성하는 것이 목표이다.

캐나다 인구의 90%가 미국과의 접경지역 주변에 거주하며, 약 60%의 인구는 온타리오(Ontario)주와 퀘벡주에 집중적으로 거주하고 있다. 온타리오주의 토론토(Toronto)와 퀘벡주의 몬트리올(Montreal)은 각각 캐나다 제1, 제2의 도시로서 미국 국경에서 가까운 거리에 있다. 캐나다 제3의 도시인 브리티시컬럼비아(British Columbia)주의 밴쿠버(Vancouver)는 태평양의 관문 역할을 하는 항구 도시로서 1885년 개통된 대륙횡단철도 덕분에 크게 발달할 수 있었다.

캐나다의 공용어는 영어와 프랑스어이다. 17~18세기에 캐나다에 정착한 프랑스계 주민의 후손으로서 프랑스어를 제1언어로 사용하는 인구가 캐나다인의 21%(2016년 센서스)를 차지하며, 이들은 대부분 퀘벡주에 거주한다. 퀘벡주에서는 분리 독립을 위한 두 차례(1980년과 1995년)의 주민투표를 시도했지만 근소한 차이로 실패한 바 있다. 2016년 센서스에 의하면, 아시아계 이민자 중에서 큰 비중

그림 6-6. 밴쿠버의 다운타운  밴쿠버 다운타운은 주거지역과 상업지역이 혼재되어 있는 것이 특징이다. 이 항공사진의 위는 스탠리 공원(Stanley Park)과 연결되며, 우측은 밴쿠버항의 일부를 보여준다(자료: Wikimedia © Avala).

을 차지하는 중국인은 전체 캐나다인의 5.1%, 인도인은 4.0%로 집계되었으며, 이들은 주로 아시아 이민자들의 관문인 밴쿠버에 모여 살고 있다. 한국인은 약 24만 명이 캐나다에 거주하는 것으로 조사되었다(외교부, 2017).

## 3. 미국의 첨단산업 개발: 실리콘밸리

　미국 북동부의 공업지대는 전통적인 제조업 생산에 탁월하며, 금융 및 보험 서비스에서도 핵심 역할을 수행하고 있다. 그러나 20세기 후반에 새로운 제조업 및 서비스업의 성장은 남부 및 서부로 이동했다. 미국 남부의 제조업 벨트, 멕시코만 연안의 석유화학 공업, 서부 태평양 연안의 항공, 영화 및 첨단산업이 대표적인 사례이다. 첨단산업은 연구 시설과 전문 기술 인력이 풍부하고 관련 산업들이 모여 있으며, 주거 환경도 좋은 곳에 입지하는 경향이 있다. 미국의 첨단산업 집적지로서 유명한 곳은 캘리포니아주의 실리콘밸리(Silicon Valley), 매사추세츠주의 '루트(Route) 128', 노스캐롤라이나주의 '리서치트라이앵글(research triangle)'이 있다. 그중에서 첨단산업 집적지의 규모가 가장 크고 세계적인 명성을 가진 실리콘밸리에 대해 자세히 살펴보면 다음과 같다.

　실리콘밸리는 캘리포니아주의 샌프란시스코만(San Francisco Bay) 주변에 위치하고 있으며, 정보기술(IT)의 발전과 함께 첨단산업의 집적지로서 세계의 주목을 받아왔다. 정보기술 혁명의 중심지라고도 불리는 실리콘밸리는 전통적으로 팔로알토(Palo Alto)에서 새너제이(San Jose)까지의 길이 48km 구간에서 두 개의 고속도로(101번과 280번 고속도로) 주변에 폭 16km의 띠 모양으로 펼쳐 있는 지역을 지칭했으나, 현재는 그 범위가 샌프란시스코 쪽으로 더욱 확대되고 있다(그림 6-7). 실리콘밸리라는 명칭은 반도체 재료인 '실리콘(규소)'과 완만한 기복으로 펼쳐지는 샌타클래라 밸리(Santa Clara Valley)의 '밸리(계곡)'에서 따온 것이다.

　온화한 지중해성 기후 지역에 위치한 실리콘밸리는 제2차 세계대전까지만 해도 농장이 넓게 펼쳐져 있는 곳에 몇 개의 소도시가 분포한 지역

**루트 128**
원래 보스턴 교외를 순환하는 고속도로의 명칭이지만, 1950년대부터 주변에 기업들이 분포하고 하버드 대학과 MIT 대학의 연구 인력이 공급되어 산업집적지로 발전했으며, 지금은 실리콘밸리와 비견할 만큼 많은 IT 기업들이 집적한 첨단기술 산업단지가 되었다. 이곳의 산업 발전은 소위 '매사추세츠의 기적'을 일으키는 데 큰 기여를 했다.

**리서치트라이앵글**
롤리(Raleigh)에 있는 노스캐롤라이나 주립대학, 더럼(Durham)의 듀크 대학, 채플힐(Chaple Hill)의 노스캐롤라이나 대학을 연결한 삼각지대를 뜻한다. 삼각지대의 중심에는 리서치트라이앵글파크(RTP: Research Triangle Park)라는 미국에서 가장 큰 규모의 연구단지가 1959년부터 조성되었으며, IBM 연구소와 여러 생명공학 기업연구소들이 입주해 있다.

이었다. 그 당시 이 지역을 이끌어온 산업은 과수, 올리브, 야채, 목우, 목양, 곡물 등 농산물의 가공과 거래, 농기계 제조업, 기타 소매업이었다. 실리콘밸리 초기의 역사는 새너제이에서 북서쪽으로 24km 떨어진 곳에 위치한 스탠퍼드대학(Stanford University)과 함께한다. 스탠퍼드대학이 위치한 팔로알토의 한 주택가 차고에서 창업한 **휴렛팩커드**(HP)가 실리콘밸리의 효시인데, 그 당시 스탠퍼드대학은 우수한 졸업생들이 미국 동부로 떠나지 않고 지역에 남아 창업하도록 권장했다.

1951년 스탠퍼드대학 내에 조성된 스탠퍼드 연구단지(SRP: Stanford Research Park)는 기업들이 들어와서 연구개발과 시제품 생산을 할 수 있도록 장기 임대를 해주었으며, 이곳에 입주한 기업들은 실리콘밸리가 첨단산업 집적지로 발전해 나가는 데 큰 기여를 했다. 특히 이 지역에서 1957년

그림 6-7. 캘리포니아주 실리콘밸리의 위치

세계 최초로 집적회로(IC: Integrated Circuit)를 개발한 회사와 새로 창업한 반도체 회사들의 활약으로 실리콘밸리는 1960년대부터 세계 반도체산업의 메카로 등장했다. 이러한 첨단산업 기업체들의 입지는 스탠퍼드대학에서 남쪽으로 뻗어나가면서 새너제이 너머까지 확대되었다.

1980년대에는 애플(Apple)컴퓨터의 성공에 자극을 받아 탄생한 수많은 컴퓨터 기업들이 실리콘밸리에 입지했으며, 1980년대 후반부터는 컴퓨터산업(하드웨어, 소프트웨어)뿐 아니라 정보통신기술(ICT) 산업이 발달하고 있다. 1990년대 이후에는 야후(Yahoo), 넷스케이프(Netscape), 이베이(eBay), 구글(Google) 등 세계적인 인터넷 기업들도 여기에 운집하고 있으며, 최근에는 생명공학기술(BT: Biotechnology), 디지털 영상(영화), 인공지능(AI: artificial intelligence), 자율주행차 분야까지 더해져서 혁신적인 기업

**휴렛팩커드**
**(Hewlett-Packard: HP)**
스탠퍼드대학의 터먼(F. Terman) 교수가 1938년 박사과정 제자인 휴릿(W. Hewlett)과 패커드(D. Packard)로 하여금 공동 창업시킨 군사용 음향 측정 장비회사이다.

그림 6-8. 새너제이의 다운타운 전경  인구가 100만 명이 넘는 새너제이는 실리콘밸리의 중심 도시 역할을 수행하고 있다(© City of San Jose).

들의 융복합적인 연구개발이 계속 진행되고 있다.

**카운티**
군(郡)으로 번역하기도 하는데, 미국에서는 카운티 안에 여러 개의 시(city)가 포함될 수 있어서 한국의 군과는 차이가 있다. 행정구역 면적에서도 카운티는 한국의 군보다 훨씬 큰 것이 일반적이다.

행정구역으로 보면 실리콘밸리는 샌타클래라 **카운티**(Santa Clara County)를 중심으로 4개 카운티에 걸쳐 있으며, 인구는 약 300만 명이고 취업자는 약 164만 명에 이른다(2017년). 그 취업자의 1/4은 혁신 및 정보 관련 산업(제조업 및 서비스업)에 종사하고 있으며, 2016년 한 해에만 특허등록 건수가 약 1만 9000건에 이른다. 이렇게 혁신적인 기업 활동은 창조적이며 개방적인 지역 환경과 관련이 깊다.

주민의 인종 구성을 보면 아시아인이 33%에 이를 만큼 외국인에게 개방적이다. 아시아인들을 출신국별로 나열해 보면 중국인(8.6%), 베트남인(7.1%), 인도인(6.6%), 필리핀인(4.9%), 한국인(1.4%), 일본인(1.4%)의 분포를 보이고 있다(2010년). 실리콘밸리에 아시아인, 특히 중국인과 인도인의 비율이 매우 높은 이유는 이 국가 출신의 정보통신 및 컴퓨터 관련 전문가가 많이 취업하고 있기 때문이다. 이것은 외국인이나 이민자들에게 개방적인 실리콘밸리의 특성을 말해준다.

그림 6-9. 새너제이 실리콘밸리 상공회의소 이 상공회의소는 실리콘밸리의 핵심 기관으로서 새너제이에 위치하며, 기업들을 위한 정보 제공과 여론 수렴, 시 정부와의 소통 등의 기능을 수행한다 (© 김학훈).

　실리콘밸리의 중심지 역할을 하는 도시는 새너제이(San Jose)로서 샌타클래라 카운티의 행정 중심지이다(그림 6-8). 1980년대 이후 새너제이는 미국에서 가장 빨리 성장하는 도시로 자주 언급이 되었다. 새너제이의 인구는 1960년의 약 20만 명에서 2010년에는 약 95만 명으로 증가했으며, 2018년에는 약 103만 명으로 추정되어 캘리포니아에서 로스앤젤레스와 샌디에이고(San Diego)에 이어 세 번째로 큰 도시가 되었다(4위는 샌프란시스코).

　현재 약 4500여 개 기업이 활동하고 있는 실리콘밸리는 미국에서 첨단산업 기업체가 가장 많이 집적된 지역이다. 이곳에 본사가 있는 기업들 중에서 많이 알려진 기업들은 아도브(Adobe), 아마존(Amazon), 애플(Appele), 이베이(eBay), 페이스북(Facebook), 알파벳(Alphabet: Google의 신생 모기업), HP, 인텔(Intel), 넷플릭스(Netflix), 오라클(Oracle), 테슬라(Tesla), 비자(Visa), 웨스턴디지털(Western Digital) 등이 있다.

　이러한 실리콘밸리의 발전에는 대학(스탠퍼드대학, 캘리포니아대학 버클리 캠퍼스 등)과 기업 간의 활발한 기술 및 인력의 교류와 함께 창업을 권장하는 사회 분위기, 벤처 기업에게 모험자본(venture capital)을 제공하는 창업투자회사, 창조적이며 개방적인 지역 문화, 사회단체의 협력도 큰 기여를 했다(그림 6-9). 그리고 실리콘밸리의 온화한 기후와 좋은 주거환경 같은 쾌적성(amenity)은 우수 인력을 유인할 수 있는 중요한 조건이다. 이 지역 주민의 1인당 연평균 소득은 약 9만 3000 달러로서 미국 평균인 4만 9000 달러보다 월등히 높은 소득을 보이고 있다(2016년). 다만 실리콘밸리의 발전에 따른 부정적 측면으로 인구 급증에 의한 주택 부족과 주택 가격 상승, 그리고 교통 혼잡 등을 들 수 있다.

실리콘밸리는 2000년부터 나타난 닷컴(.com) 기업들의 버블 붕괴와 2001년의 9·11 테러로 인해 침체의 길을 걷기도 했다. 그 이후 실리콘밸리의 기업들은 뼈아픈 구조조정을 거쳐 불황을 벗어났다. 구조조정의 일환으로 하드웨어 생산공장과 기초 연구개발(R&D) 기능은 아시아 국가로 보내고, 고급 연구개발 및 핵심 의사 결정에 필요한 싱크탱크(think-tank) 기능만 남기는 기업들이 많아졌다. 즉, 공장은 인건비가 싼 중국과 인도에 건설하고, 핵심 관리 기능은 실리콘밸리에 남겨두는 것이다.

그동안 실리콘밸리는 세계의 반도체 및 컴퓨터 기술의 발달을 선도해 왔으며, 정보기술 혁명의 중심지 역할을 수행해 왔다. 이곳의 독특한 기업 문화는 우리가 생각하고 살아가며 일하는 방식까지 바꾸어놓았다. 또한 실리콘밸리는 대학의 연구 활동이 인류 발전의 원동력이 된다는 것과 과학과 경제발전은 밀접한 관계를 맺고 있다는 생생한 증거를 제공했다(Castells and Hall, 1994).

## 4. 미국의 이민과 불법 이민

미국과 캐나다는 이민자들이 세운 국가로서 세계의 모든 인종들이 모인 인종 전시장이나 다름없다. 그렇지만 미국과 캐나다의 주류 문화는 유럽계 초기 이민자들의 문화가 지금까지 영향을 미치고 있다. 캐나다의 초기 정착민인 프랑스인들이 거주했던 세인트로렌스강 유역에는 지금도 그들의 후손이 전통 문화와 언어를 유지하고 있지만, 캐나다 전체가 영국의 식민지가 되면서 영국의 문화와 언어가 보편화되었다. 역시 영국의 식민지였던 미국의 문화도 영국의 영향을 받았으며, 영국으로부터 독립하고 영토를 확장한 후에도 영국 문화와 영어가 주류로 자리 잡게 되었다. 그러므로 미국의 문화는 영국의 전통 문화를 근간으로 해서 유럽 각국 이민 집단들의 문화가 결합되어 형성된 것이며, 국지적으로는 이민 집단에 따라 유럽, 아프리카, 중남미, 아시아의 전통 문화가 섞여 있다.

미국 이민의 역사는 5개의 특징적인 시기로 구분할 수 있다(Rowntree et al., 2017). 제1기(1820년 이전)에는 영국인과 아프리카 흑인(노예)의 이민이 많았다. 제2기(1820~1870년)에는 아일랜드인과 독일인이 이민의 주류를 형성했다. 제3기(1870~1920년)에는 남유럽인과 동유럽인이 이민의 다수를 차지했으며, 20세기 초 약 10년간은 매년 거의 100만 명에 이르는 이민자들이 미국에 들어왔다. 제4기(1920~1970년)에는 엄격해진 이민 정책(1921년의 이민 할당법), 대공황(Great Depression, 1929~1939년), 제2차 세계대전 등의 영향으로 이민이 격감했지만, 유럽, 캐나다, 중남미에서 이민자들이 꾸준히 들어왔다. 제5기(1970년 이후)에는 1965년의 새로운 이민법에 따라 이민이 급증했다. 현재까지 지속되는 이 시기는 중남미와 아시아에서 온 이민자가 주류를 형성하고 있다.

1921년 이후의 이민 정책은 대체로 국가별 할당제(quota)에 따라 제한이 가해졌지만, 1960년대까지는 유럽인을 선호하는 정책이 시행되었으며, 1965년 이민법에서는 가족 결합과 직종별 취업을 위주로 세계 대부분의 국가로부터 일정 규모의 이민을 허용하고 있다. 이에 따라 1970년대부터 지금까지는 유럽, 캐나다보다는 중남미와 아시아에서 이민자가 급증하고 있다.

2010년 센서스를 기준으로 미국의 인종 구성을 살펴보면 총인구 3억 875만 명 중에서 히스패닉(Hispanic)을 제외한 백인 인구는 63.7%로서 절대 다수를 차지하고 있다(표 6-1). 흑인은 약 12.2%의 비율을 보이는데, 이들은 아프리카에서 미국 남부의 면화 농장으로 강제 이주된 노예들의 후손이 대부분이며, 이들의 현재 거주지도 남부가 큰 비중을 차지한다. 히스패닉의 비율은 16.3%로서, 2000년 센서스부터 이미 흑인보다 많은 인구수를 차지해서 소수 인종 중 최대 집단을 형성하고 있다. 미국 히스패닉의 60% 이상이 멕시코계인 것으로 추정되며, 이들은 주로 멕시코와 국경을 접한 캘리포니아주와 텍사스주에 거주하고 있다. 히스패닉들

히스패닉
스페인계 조상이 있거나 스페인어를 모국어로 사용하는 스페인 또는 중남미 출신 인종을 말하며, 라틴계라고도 한다.

표 6-1. 미국의 인종 구성: 2000년과 2010년의 비교 (단위: %)

| 연도 | 총인구(명) | 백인 | 흑인 | 아시아인 | 원주민 | 태평양계 | 기타 인종 | 복수 인종 | 히스패닉 |
|------|-----------|------|------|---------|--------|----------|-----------|-----------|----------|
| 2000 | 281,421,906 | 69.1 | 12.1 | 3.6 | 0.7 | 0.1 | 0.2 | 1.6 | 12.5 |
| 2010 | 308,745,538 | 63.7 | 12.2 | 4.7 | 0.7 | 0.2 | 0.2 | 1.9 | 16.3 |

자료: U.S. Census Bureau.

은 출산율이 높고 낙태를 꺼리는 가톨릭 신자가 많은 관계로 최근에는 이민에 의한 인구 증가보다 자연적 증가가 더 많은 편이다(전종한 외, 2015: 517). 아시아인은 약 4.7%를 차지하며, 이들은 주로 캘리포니아주 또는 뉴욕 대도시권에 많이 거주한다. 아시아인 집단을 출신국에 따라 인구 순으로 제시하면 중국(400만 명), 필리핀(340만 명), 인도(320만 명), 베트남 (170만 명), 한국(170만 명)인 것으로 나타났다.

미국의 2000년 센서스와 2010년 센서스를 표 6-1에서 비교해 보면 미국 총인구에서 히스패닉과 아시아인의 비중이 증가하고 백인의 비중은 감소한 것을 알 수 있다. 이러한 인종별 인구 구성의 변화 추세는 현재도 지속되고 있기 때문에 2050년이 되면 백인의 비중은 48%로 떨어지고 소수민족의 총합이 다수가 될 것으로 예상된다.

미국에 거주하는 불법 이민자 수는 약 1200만 명으로 추정된다(Baker, 2017). 이 수치는 미국 총인구의 약 4%에 이르지만 센서스 조사에서 대부분 누락되었다. 불법 이민자가 미국에 들어오는 방법은 두 가지가 있다. 학생이나 관광객 신분으로 입국한 후 체류 기한이 지나서도 남아 있거나, 아무 비자 없이 국경을 몰래 넘는 것이다. 불법 이민자의 출생국별 인구를 살펴보면 멕시코가 664만 명(55%)으로 과반을 차지하며, 한국도 25만 명(2%)이 있다(그림 6-10). 이들의 미국 내 거주 분포는 합법 이민자들의 출신국별 분포와 거의 일치한다.

불법 이민자들의 약 72%는 고용된 상태이며, 이는 미국 노동력의 약 4.6%에 해당되는 규모이다(Pew Research Center, 2019). 그러므로 불법 이민자들이 미국 경제에 일정 부분 기여하고 있는 것은 사실이다. 이들이 고용된 직업 분야를 살펴보면 농장 24%, 청소 17%, 건설 14%, 식품 마켓 12% 등인데, 많은 불법 이민자들은 미국인들이 기피하는 직장에서

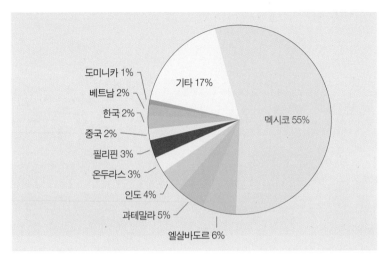

그림 6-10. 미국 불법 이민자의 출생국 분포(2014년) 총 1212만 명에 달하는 미국 내 불법 이민자의 55%가 멕시코 출신이며, 한국도 2%를 차지한다(자료: U.S. Dept. of Homeland Security).

저임금을 받으며 일하고 있다(Rubenstein, 2010: 64). 일부 고용주들은 불법 이민자들에게 임금을 적게 지불해도 되고, 의료보험이나 퇴직연금을 부담할 필요가 없기 때문에 오히려 이들의 고용을 선호한다.

미국-멕시코 국경선의 길이는 3600㎞에 이르기 때문에 미국의 국경수비대는 인력 부족으로 무단 월경을 철저히 단속할 수가 없다. 주로 텍사스주의 엘파소(El Paso), 캘리포니아주의 샌디에이고(San Diego), 애리조나주의 노갈레스(Nogales) 같은 도시 지역이나 고속도로 상에 국경수비대의 감시 초소가 있으며, 인적이 드문 국경의 담장과 철조망 지대는 차량으로 순찰을 돌고 있다(그림 6-11). 불법 이민자들은 감시가 허술한 국경을 찾아서 개별적으로 넘어오기도 하지만, 범죄조직이 집단 월경을 알선하기도 한다. 총기로 무장한 범죄조직이 불법적인 월경 통로를 이용해 마약을 운반하기도 하는데, 이를 단속하는 국경수비대와 총격전을 벌이기도 한다.

이민자들이 세운 나라인 미국은 넓은 면적에 비해 아직도 노동력이 부족한 상황이지만, 더 이상 19세기와 같이 무제한적으로 이민을 수용하지는 않는다. 현재까지 지속적으로 이민을 받아들이고 있지만, 국가별 할당제가 적용되고 있으며 경제 상황에 따라 신축적으로 이민 수를 제한하고 있다. 그동안 이민자들이 미국 경제에 큰 기여를 해온 것이 사실이지

그림 6-11. 애리조나주 노갈레스(Nogales)의 국경  미국 노갈레스(애리조나주)와 멕시코 노갈레스(소노라주)는 국경지대의 쌍둥이 도시로서, 국경 장벽을 사이에 두고 두 도시의 경관 차이가 극명하다. 장벽너머 멕시코 쪽에는 저소득층 가옥들이 언덕 위까지 들어서 있는 반면, 미국 쪽은 나대지로 남아 있다(ⓒ 김학훈).

만, 일부 인종차별적인 미국인들은 이민자에 대해 반감을 보이고 있으며, 고용 상황 등 경제적인 이유로 이민을 제한하길 원하고 있다. 불법 이민자도 합법 이민자와 마찬가지로 미국 경제에 기여를 하고 있지만, 이들에 대해 심한 반감을 보이는 미국인이 적지 않다. 미국의 트럼프 대통령(재임기간 2017.1~2021.1)은 불법 이민자들에 대한 일부 국민의 반감을 정치적으로 이용하고 미국과 멕시코의 국경에 장벽을 쌓기도 했다.

## 5. 미국과 캐나다의 국립공원과 관광자원

북아메리카에는 원주민 인디언들이 오래 전부터 살고 있었지만, 유럽인들이 이주하여 정착한 신대륙의 역사는 구대륙인 유럽에 비해서 훨씬 짧다. 다양한 역사 유적과 문화경관이 펼쳐지는 유럽에 비해 미국과 캐나다의 역사 유적은 빈약하고 문화경관은 상대적으로 단조롭다. 미국 내에서 일찍이 유럽인들이 정착하고 19세기에 산업화와 도시화가 먼저 진행된 동부 대서양 연안 및 오대호 연안에는 미국의 역사를 대표하는 유적지와 건축물들이 많이 남아 있기도 하다. 또한 북동부 내륙의 일부 시골 마을에는 초기 유럽 이민의 역사와 문화를 보여주는 다양한 경관이 남아 있다.

그렇지만 북아메리카의 광대한 대륙에서 볼 수 있는 자연경관은 문화경관보다 훨씬 다채롭다. 식생 분포를 보면 캐나다 북부와 알래스카 주의 북극해 연안에는 툰드라(tundra) 지대가 펼쳐지고, 그 남쪽으로는 타이가(taiga) 침엽수림이 나타난다. 여기서 남쪽으로 내려가면서 혼합림 지대, 활엽수림 지대, 그리고 플로리다반도의 아열대림이 순차적으로 나타난다. 고속도로를 따라 북아메리카 대륙을 횡단 또는 종단해 보면 다양한 자연경관이 아름답게 펼쳐지는 것을 알 수 있다.

특히 기후가 건조하고 로키산맥 같은 산지가 많아 19세기까지 사람들의 왕래가 드물었던 서부 지역은 자연이 그대로 잘 보존되어 있는 편이다. 그래서 미국의 국립공원(National Park) 중 절반이 주로 서부의 로키산맥 주변과 태평양 연안에 자리 잡고 있다. 태평양 연안의 워싱턴, 오리건, 캘리포니아주에 이르는 해안 지형뿐 아니라, 알래스카주에서 시작하여 캐나다 로키산맥을 지나 몬태나, 아이다호, 와이오밍, 유타, 네바다, 콜로라도, 애리조나주에 이르는 로키산맥의 곳곳에 국립공원이 지정되어 웅장한 아름다움을 보여준다.

미국의 국립공원은 모두 60개가 지정되어 있고, **국립공원관리청**(NPS: National Park Service)에서 관리한다. 미국 최초이며 동시에 세계 최초의 국립공원은 1872년에 지정된 옐로스톤(Yellowstone) 국립공원이다. 이 공원은 와이오밍, 몬태나, 아이다호주에 걸쳐 약 9000km²의 면적을 차지하고 있으며, 지각이 얇아 300여 개의 **간헐천**(geyser)과 온천이 솟아나고, 산지의 계곡과 폭포, 광활한 호수와 광야 등이 어우러진 장엄한 자연경관을 자랑하며, 들소, 사슴, 순록(elk), 말코손바닥사슴(moose), 곰

**국립공원관리청**
미국의 연방 정부 기관으로서 418곳에 달하는 자연보호지역과 역사·문화 유적지를 관리하고 있다. 그중에는 129개 역사공원 및 유적지, 88개 국립기념물(National Monument), 60개 국립공원, 25개 전적지 및 군사공원 등이 포함되어 있다. 이러한 곳의 지정은 연방의회(Congress)의 승인과 대통령의 재가로 결정되는데, 다만 국립기념물은 대통령의 승인만으로 지정될 수 있다.

**간헐천**
지열에 의해 암석층 간의 지하수가 증기화하면서, 증기의 압력으로 뜨거운 지하수를 주기적으로 지면 위로 분출하는 온천으로 화산 활동이 진행되고 있는 곳에서 많이 나타난다. 옐로스톤 국립공원에서는 약 90분마다 평균 44m 높이로 분출하는 올드페이스풀 간헐천(Old Faithful Geyser)이 제일 유명하다.

그림 6-12. 옐로스톤 국립공원의 야생 들소  야생 아메리카 들소(buffalo, bison)는 남획으로 인해 20세기 초에 거의 멸종에 이르렀으나, 현재는 옐로스톤 국립공원에만 약 4000여 마리가 서식하고 있으며, 북아메리카의 다른 지역 3곳에서도 들소 떼가 확인되었다(ⓒ 김학훈).

등 동물의 천국이기도 하다(그림 6-12).

캘리포니아주의 국립공원으로는 아름다운 산악지형으로 유명한 요세미티(Yosemite) 국립공원, 세계에서 제일 큰 나무(General Sherman tree)가 서식하는 세쿼이아(Sequoia) 국립공원과 북쪽으로 연이어 있는 킹스캐니언(Kings Canyon) 국립공원, 거대한 **세쿼이아** 숲이 해안지대에 들어서 있는 레드우드(Redwood) 국립공원 등이 유명하다. 그리고 캘리포니아주와 네바다주의 경계에 위치한 데스밸리(Death Valley) 국립공원은 미국에서 가장 덥고 건조한 협곡과 악지(badland) 지형, 해수면보다 낮은 분지(Badwater Basin, -86m), 소금평원, 사구 등의 관광자원을 품고 있다.

애리조나주의 그랜드캐니언(Grand Canyon) 국립공원은 총길이 446km, 최대 폭 29km, 최대 수직 깊이 1857m로 웅장한 자연의 아름다움이 극치를 이룬다(그림 6-13). 이는 건조 기후의 고원지대가 콜로라도 강의 하방침식에 의해 이루어진 계곡이다. 유타주의 브라이스캐니언(Bryce Canyon) 국

**세쿼이아**

측백나무과 세쿼이아속의 침엽수종으로서 미국삼나무라고도 하며 캘리포니아가 원산지이다. 캘리포니아의 세쿼이아는 중부의 시에라네바다산맥에 서식하는 자이언트 세쿼이아(giant sequoia, *sequoia-dendron*)와 북부의 해안 지대에 서식하는 코스트 레드우드(coast redwood)의 두 종류가 있다. 세쿼이아 종은 공룡시대로부터 이어져 오기 때문에 화석식물이라고 하며, 현존하는 나무들의 수령은 최대 3000년이다. 최대 높이는 112m로서 세계에서 제일 큰 나무에 속한다. 한국에서 가로수 등으로 이용되는 메타세쿼이아(metasequoia)는 중국이 원산지이다.

그림 6-13. 애리조나주의 상징인 그랜드캐니언  그랜드캐니언은 애리조나주의 상징으로서, 20억년에 걸친 반복적인 융기와 콜로라도 강의 침식에 의해서 깊은 계곡에 수많은 지층이 그대로 드러나 있다(ⓒ 김학훈).

립공원과 자이언캐니언(Zion Canyon) 국립공원은 다양한 수직 및 수평 절리를 따라 차별 침식된 거대한 바위들과 절벽으로 이루어져 있다.

태평양 연안의 산지는 환태평양 조산대에 속해 있어서 화산작용이 만들어낸 지형도 다양하게 분포하고 있다. 오리건주의 크레이터레이크 (Crater Lake) 국립공원에는 BC 5700년경 화산 폭발로 만들어진 **칼데라** (Caldera)에 물이 고여 대형 호수가 형성되어 있으며, 이 호수는 미국에서 가장 깊은 수심(592m)을 자랑한다(그림 6-14).

워싱턴주에 위치한 **세인트헬렌스산**(Mount St. Helens)은 1980년의 대규모 화산 폭발로 인하여 57명의 사망자와 250채의 가옥 파손, 교량 및 도로 파괴 등 엄청난 피해를 발생시킨 활화산이다. 이 화산은 1982년 화산 지형의 보존과 화산 연구를 위해서 국립화산기념물(National Volcanic Monument)로 지정되었다.

**칼데라**
화산 폭발 후 분화구가 크게 함몰된 지형을 말한다. 이곳에 물이 고여서 형성된 호수를 칼데라호라고 하며, 반면에 분화구의 함몰이 두드러지지 않은 상태에서 형성된 호수는 화구호라고 한다. 백두산 천지는 칼데라호이고 한라산 백록담은 화구호이다.

**세인트헬렌스산**
높이 2950m였던 이 산은 1980년 5월 18일 화산폭발 후 2549m로 낮아졌으며, 폭 1.6km의 분화구를 남겼다. 화산 폭발 시 화구에서 분출된 화산재는 대기권으로 퍼져 환경 피해뿐 아니라 항공교통의 장애까지 발생했다.

그림 6-14. 오리건주의 크레이터레이크(Crater Lake) 화산(Mt. Mazama)의 분화구가 함몰되어 칼데라가 형성된 후에 용암이 분출하여 이중 화산을 만들고, 여기에 물이 채워져 독특한 모양의 섬(Wizard Island)을 가진 호수가 되었다(ⓒ 김학훈).

그림 6-15. 캐나다 로키의 컬럼비아 빙하지대(Columbia Icefield) 컬럼비아산에서 흘러내리는 빙하가 녹으면서 말단부에 빙퇴석과 소규모 빙하호를 남겼다. 여름철에는 빙하의 중간부까지 관광객용 특수 버스가 운행된다(ⓒ R. Kelly).

**캐나다 로키**
북미 대륙을 종단하는 로키산맥의 캐나다 부분을 말하며, 롭슨산(Mt. Robson, 3954m)과 컬럼비아산(Mt. Columbia, 3747m) 같은 연중 눈 덮인 산지와 레이크루이스(Lake Louise), 모레인호(Moraine Lake) 같은 에메랄드 빛 호수가 유명하다.

**캘리포니아(California)**
18세기부터 캘리포니아에는 스페인 군대가 세운 요새(presidio), 스페인 선교사들이 세운 교회(mission), 그리고 이주민들의 마을(pueblo)이 본격적으로 들어섰다. 1821년 멕시코가 스페인으로부터 독립하자 캘리포니아는 멕시코의 영토가 되었고, 1848년에는 미국이 차지하게 되었다. 1876년에는 대륙횡단 철도가 로스앤젤레스까지 연결되어 캘리포니아산 오렌지를 미국 동부까지 운송하여 판매하게 되었다.

캐나다가 자랑하는 대표적인 자연경관은 **캐나다 로키**(Canadian Rockies)이다(그림 6-15). 이 산맥에는 연중 빙하로 뒤덮인 고산 봉우리들이 연이어 있고, 이 산맥 내의 벤프(Banff) 국립공원과 재스퍼(Jasper) 국립공원에는 에메랄드 빛 호수들이 곳곳에 분포하여 휴양지로도 각광을 받고 있다.

한편 미국의 관광도시로는 뉴욕, 로스앤젤레스, 라스베이거스를 손꼽을 수 있다. 뉴욕(New York)은 미국 제1의 도시이며 동시에 제1의 세계도시(world city; 1장 4절 참조)로서 세계 관광객들이 즐겨 찾는 도시이다. 미국 동부의 허드슨강(Hudson River) 하구에 위치한 이 도시는 또한 미국 제1의 무역항으로서 세계 각국의 대형 화물선이 출입하고 있으며, 대서양에서 배를 타고 강 하구로 들어서면 뉴욕의 상징인 자유의 여신상(Statue of Liberty)이 제일 먼저 눈에 들어온다. 고층 건물이 즐비한 맨해튼(Manhattan) 지구에는 금융가(Wall Street), 센트럴파크(Central Park), 타임스퀘어(Time Square), 엠파이어스테이트 빌딩(Empire State Building) 같은 마천루, 브로드웨이(Broadway) 뮤지컬과 연극 공연 등 매력 있는 관광 대상이 많이 있다.

미국 **캘리포니아주** 로스앤젤레스는 1781년 스페인 사람과 멕시코계 원

그림 6-16. 할리우드 로스앤젤레스의 할리우드는 미국 영화산업의 발상지로서 세계적인 관광지가 되었다(ⓒ 김학훈).

주민 총 44명이 도착하여 만든 마을로부터 역사가 시작되었다. 도시 이름은 원래 스페인어로 "천사들의 여왕의 마을"이라는 뜻을 가지고 있었으나, 미국이 점령한 이후에는 줄여서 "Los Angeles(천사들)"로 명명되었다. 19세기에는 로스앤젤레스의 주요 산업이 오렌지 농업이었으나, 20세기에는 할리우드(Hollywood)의 영화산업과 함께 전자, 의류, 항공 등의 산업이 크게 발달하였다(그림 6-16).

로스앤젤레스는 현재 미국 제2의 도시로서 태평양의 관문이며, 중남미계(Hispanic) 및 아시아 이민자들이 많이 거주하는 다문화 도시이다. 이 도시는 지중해성 기후지역에 위치하여 연중 온화하고 쾌청한 날씨가 이어지는 천혜의 자연환경을 가지고 있다. 로스앤젤레스의 유명한 관광지로는 초기 정착지인 다운타운의 올베라 스트리트(Olvera Street), 영화 산업으로 명성이 높은 할리우드(Hollywood), 부자들의 저택이 즐비한 베벌리힐스(Beverly Hills)가 있고, 교외에 위치한 놀이 공원(Disneyland, Universal Studio, Knott's Berry Farm 등)들 또한 세계의 관광객들을 끌어 모으고 있다.

라스베이거스(Las Vegas)는 세계에서 가장 유명한 도박과 환락의 도시이다. 19세기까지 사막의 오아시스 역할을 하던 이곳은 1905년 철도역이

## 미국 로스앤젤레스의 코리아타운

태평양의 관문 역할을 하는 로스앤젤레스에는 1970년대부터 중남미와 아시아에서 많은 이민자들이 들어와, 미국에서는 뉴욕 다음으로 큰 도시가 되었다. 현재 로스앤젤레스시의 인구는 약 400만 명이며, 대도시권 전체의 인구는 약 1313만 명이다(2018년).

20세기 초만 해도 로스앤젤레스의 고급 주택지는 도시의 중심가까지 걸어서 다닐 수 있는 곳에 위치했다. 그러나 교외로 연결되는 전차가 다니고 자동차가 보급되면서, 중심가 주변의 중산층 및 부유층 인구가 교외로 분산되었다. 일부 교외 지역에는 베벌리힐스(Beverly Hills) 같은 고급 주택지가 만들어졌다. 다운타운 주변의 오래된 주택들은 차츰 집값이 떨어지면서 중심가의 공장이나 상가에서 일하는 저소득층 주민들이 들어와 살게 되었다.

이민자들이 처음 선택하는 주거지는 새로운 환경에 쉽게 적응하기 위해서 친척 및 친지가 있거나 같은 민족이 많이 사는 곳을 택하게 된다. 로스앤젤레스의 코리아타운은 히스패닉 주민이 다수를 차지하지만 한인들도 많이 살고 있으며, 특히 한인들의 업소가 밀집해 있는 곳이다. 집값이나 아파트 월세가 싼 편이기 때문에 주로 초기 이민자나 서민들이 거주하고 있지만, 다양한 업소가 들어선 상가가 많고 다운타운도 가깝기 때문에 편리한 점도 많다. 특히 한인에게 코리아타운은 한인이 경영하는 대형 식품점이나 음식점들이 많아 친근하고 편리한 곳이다.

반면에 교외 지역은 단독 주택이 많이 있는 곳으로서 백인들이 다수를 차지하며 중산층 이상으로 소득이 높은 주민들이 주로 살고 있다. 특히 교육 환경이 좋은 곳이 많기 때문에 자녀 교육을 위하여 교외 지역으로 이주를 하는 이민자 가족도 많이 있다. 교외 지역 주민들 중에는 직장이 다운타운에 있어서 멀리까지 통근하는 주민이 많으며, 로스앤젤레스 교외에 거주하는 한인들은 코리아타운에 직장을 가진 경우가 많다. 교외에 사는 한인 가족들은 주말에 코리아타운에 나가서 한인 상가와 한국 음식점들을 즐겨 찾고, 교회 및 절에서 친지 및 교우들과 사회적 유대를 유지한다. 현재 미국에 거주하는 한인의 수는 약 250만 명에 이르는데(외교부, 2017), 그중 약 50만 명이 로스앤젤레스 대도시권에 살고 있으며, 코리아타운에는 약 10만 명이 거주하는 것으로 추정된다.

그림 6-17. 코리아타운  로스앤젤레스의 코리아타운은 '서울시 나성구'라고 불릴 만큼 미국에서 가장 큰 한인타운이다(ⓒ Grace Kim).

그림 6-18. 네바다주 라스베이거스의 야경  라스베이거스의 대형 카지노 호텔들이 줄지어 들어선 중심가는 밤마다 불야성을 이루며 환상적인 여흥거리를 제공한다. 다운타운에서는 카이보이와 카우걸의 네온사인이 상징적인 명물이다."(자료: Wikimedia(왼쪽), ⓒ 김학훈(오른쪽)).

생기면서 비로소 도시로 성장하게 되었다. 이후 네바다주에서 도박이 합법화되고 인근 후버댐 건설 노동자들이 라스베이거스의 카지노(casino)를 이용하면서 도박의 도시로 발전하게 되었다. 후버댐 완공 후에는 후버댐 관광객까지 유치하여 많은 카지노와 호텔이 들어서게 되었다(그림 6-18). 그러나 1976년 미국 동부의 애틀랜틱시티(Atlantic City)에도 도박이 합법화되어 대형 카지노가 들어서자, 라스베이거스의 관광객은 감소했으며 이후 1980년대까지 침체를 겪었다. 1990년대부터는 리조트형 카지노 호텔들이 계속 신축되고 거리에서 무료 공연을 제공하면서 가족을 위한 위락도시로 탈바꿈했다. 이에 따라 가족 단위의 관광객들이 증가했으며, 산업박람회와 국제대회 등을 계속 유치하여 '세계 위락산업의 수도'라는 명성을 이어가고 있다.

# 07 라틴아메리카

아메리카 대륙은 일반적으로 파나마운하가 있는 파나마 지협을 경계로 북아메리카와 남아메리카로 구분하지만, 북아메리카로부터 멕시코에서 파나마 지협에 이르는 지역을 분리하고 서인도제도의 섬들을 포함시켜 중앙아메리카라고 부른다.

라틴아메리카는 문화가 동질적인 중앙아메리카와 남아메리카를 합쳐서 일컫는 말이며, 흔히 중남미라고도 한다. 라틴(Latin)은 로마제국의 언어인 라틴어에서 파생된 언어들, 즉 이탈리아어, 스페인어, 포르투갈어, 프랑스어, 루마니아어를 사용하는 사람들을 가리키는 용어이다. 라틴아메리카 국가 중에서 브라질은 포르투갈어를 사용하고, 아이티는 프랑스어를 사용하고 있지만, 그 외 대부분 국가들은 스페인어를 공용어로 사용하고 있다.

라틴아메리카의 자연환경을 살펴보면, 중앙아메리카에는 시에라마드레산맥과 멕시코고원이 크게 자리 잡고 있고, 남아메리카에는 안데스산맥이 융기하여 서쪽에 치우쳐 있다. 안데스산맥은 태평양의 해양판인 나스카판이 대륙판인 남아메리카판 밑으로 침강하면서 융기한 산지이다. 안데스산맥의 동쪽으로는 브라질고원을 사이에 두고 아마존강과 라플라타강의 지류들이 발달해 있다. 초원지대로는 열대 사바나 초원인 야노스, 캄푸스, 그란차코가 있으며, 온대 초원으로는 팜파스가 있다. 적도가 지나는 아마존강 유역은 셀바스라 불리는 열대우림이 뒤덮여 있다.

그림 7-1. 브라질 이과수 폭포 세계에서 가장 규모가 큰 폭포인 이구아수(Iguaçú) 폭포는 이과수 강이 흐르는 브라질과 아르헨티나의 국경에 위치한다. 이곳은 파라과이 국경도 인근에 있어 3국의 접경지대이며, 열대우림과 진기한 동물들이 서식하는 국립공원이기도 하다. 이구아수는 과라니어로 '큰물'이라는 뜻이다(© 김학훈)

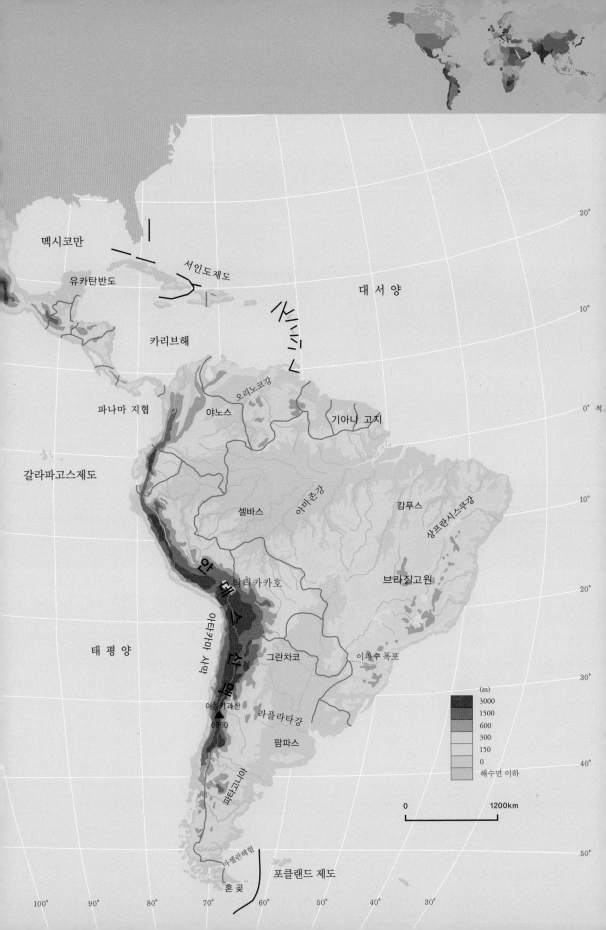

멕시코만

유카탄반도

서인도제도

대서양

카리브해

파나마 지협

갈라파고스제도

오리노코강

야노스

기아나 고지

적

셀바스

아마존강

캄푸스

상프란시스쿠강

안
데
스
산
맥

티티카카호

브라질고원

아타카마 사막

태평양

그란차코

이과수 폭포

아콩카과산
6960

라플라타강

팜파스

파타고니아

(m)
3000
1500
600
300
150
0
해수면 이하

0          1200km

마젤란해협

포클랜드 제도

혼곶

100°  90°  80°  70°  60°  50°  40°  30°

20°

10°

0°

10°

20°

30°

40°

50°

멕시코

멕시코시티

바하마
아바나
쿠바
벨리즈
과테말라
엘살바도르
온두라스
니카라과
파나마

자메이카

도미니카 공화국
아이티

코스타리카

카라카스

푸에르토리코(미)
세인트키츠네비스
앤티가바부다
도미니카연방
세인트루시아
바베이도스
트리니다드토바고

그레나다

베네수엘라
보고타

콜롬비아

키또

에콰도르

가이아나
수리남

기아나
(프)

벨렝

적도

마나우스

브라질

헤시

브라질리아

페루

리마

쿠스코

볼리비아
라파스

상파울루

파라과이
아순시온

리우데자네이루

칠레

산티아고

우루과이
몬테비데오

아르헨티나
부에노스아이레스

고산 기후
툰드라 기후
지중해성 기후
서안 해양성 기후
온대 습윤 기후
스텝 기후
사막 기후
열대 사바나 기후
열대 몬순 기후
열대우림 기후

0          1200km

안데스산맥은 남북으로 위도차가 70°에 달하기 때문에, 기후와 식생 분포는 고도뿐 아니라 위도에 따라서도 달라진다. 해발고도 1000m까지의 저지대의 경우 북부 안데스는 고온다습하여 해안가의 맹그로브를 위시한 열대 수목이 자라지만, 중부 안데스의 서부는 건조하여 활엽 교목, 관목, 건생 식물이 자란다. 해발 1000~2300m 사이의 온난지대는 주요 농업지대로 커피, 옥수수, 콩, 바나나, 사탕수수 등이 재배된다. 2300~3200m의 고산지대는 인간 활동에 알맞은 기후환경으로 고산도시들이 분포하고 있으며, 옛 잉카 문명의 주요 무대이기도 하다. 이곳에서는 보리와 감자가 주요 작물이며 야마, 알파카 등이 방목되고 있다. 3200m 이상의 한랭지대에서는 삼림은 사라지고 툰드라(tundra) 식생이 등장하며, 5000m 내외부터는 만년설이 나타난다. 안데스 산지에는 남미 최고봉인 아콩카과산(6962m)과 지구상 최고지대에 위치한 티티카카 호수가 있다. 위도에 따른 기후 분포를 살펴보면 안데스 북부지역은 적도에 가까이 있기 때문에 고도가 낮은 저지대를 중심으로 고온다습한 기후를 띠고 열대우림이 나타난다. 중부 안데스(페루와 칠레 북부)의 서부 저지대는 열대 지역의 동풍이 안데스산맥을 넘으면서 고온건조한 바람으로 변하는 푄현상과 함께 해안선을 따라 흐르는 한류의 영향으로 건조한 사막지대가 나타난다. 남부 안데스의 서쪽 사면은 편서풍의 영향으로 지중해성 기후와 서안해양성 기후가 나타나 비교적 습윤하지만 동부의 팜파스 초지와 파타고니아 평원은 푄현상으로 인하여 건조한 스텝 기후가 나타난다.

## 라 틴 아 메 리 카 의  역 사 지 리  연 표

| 연도 | 사건 | 연도 | 사건 |
|---|---|---|---|
| 1492 | 콜럼버스, 서인도 제도에 도착 | 1906 | 멕시코 라틴아메리카 최초 제철소 건설 |
| 1493 | 포르투갈, 에스파냐 양국 토르데시야스 조약 체결 | 1910~1911 | 멕시코 혁명 |
| 1519 | 에스파냐의 코르테스, 아즈텍 정복 | 1920 | 파나마 운하 개방, 베네수엘라 원유 생산 시작 |
| 1532 | 에스파냐의 피사로, 잉카 정복 | 1932~1935 | 파라과이-볼리비아, 그란차코 전쟁 |
| 1545 | 안데스 산지에서 은광 발견 | 1939 | 멕시코, 외국 원유회사 자산 국유화 |
| 1560 | 안데스 산지에서 사탕수수 재배 시작, 금광 발견 | 1959 | 피델 카스트로, 쿠바 혁명 |
| 1697 | 아이티, 프랑스에 할양 | 1960 | 브라질 수도, 브라질리아로 이동 |
| 1808 | 라틴아메리카 제국 독립운동 시작 | 1965 | 멕시코, 마킬라도라 프로그램 시행 |
| 1821 | 멕시코, 페루 독립 | 1966 | 가이아나 독립 |
| 1822 | 브라질 독립 | 1973 | 칠레 아옌데 대통령, 군부 쿠테타로 사망 |
| 1846~1848 | 미국, 멕시코 북부 점령 | 1975 | 수리남 독립 |
| 1864~1869 | 파라과이, 3국 동맹(브라질, 아르헨티나, 우루과이)과의 전쟁 패배 | 1982 | 영국-아르헨티나, 포클랜드 전쟁 |
| 1879~1884 | 칠레, 볼리비아, 페루 전쟁 | 1993 | 멕시코, IMF 지원 받음 |
| 1890 | 멕시코, 원유 생산 | 1994 | 북미자유무역협정(NAFTA) 발효 |
| 1898 | 에스파냐-미국 전쟁, 미국 푸에르토리코 합병 | 1995 | 남미공동시장(MERCOSUR) 발족 |
| 1903 | 파나마 운하, 콜롬비아가 미국에 할양 | 2001 | 아르헨티나 모라토리엄 선언 |
| | | 2013 | 베네수엘라 독재자 차베스 대통령 사망 |
| | | 2016 | 브라질 호세프 대통령 탄핵 |
| | | 2018 | 브라질 룰라 전 대통령 부패혐의 수감 |

# 1. 라틴아메리카의 역사와 잠재력

**라틴아메리카와 앵글로아메리카**
유럽 문화에 기반을 둔 지역구분 용어에 대해 아메리카 원주민이나 흑인, 아시아인 등 타 인종의 주민들은 제국주의의 잔재로 간주하여 불쾌감을 가질 수 있다.

**라틴아메리카**(Latin America)는 문화가 동질적인 중앙아메리카와 남아메리카를 합쳐서 일컫는 말로서 흔히 중남미라고 한다. 라틴이라는 용어는 로마제국 시절 라틴족의 언어인 라틴어에 어원을 두고 있으나, 현대에서는 라틴어에서 파생된 언어들, 즉 이탈리아어, 스페인어(에스파냐어), 포르투갈어, 프랑스어, 루마니아어를 사용하는 사람들과 그들의 문화를 가리킬 때 사용되는 용어가 되었다. 라틴아메리카는 오랫동안 스페인과 포르투갈의 식민지였기 때문에 자연스럽게 라틴 문화가 유입되었다. 대조적으로 북아메리카의 미국과 캐나다는 영국의 지배를 받았기 때문에 문화적인 구분에서 **앵글로 아메리카**(Anglo-America)라고도 한다.

라틴아메리카의 문화적 동질성은 먼저 언어에서 나타나는데, 포르투갈어를 사용하는 브라질과 프랑스어를 사용하는 아이티를 제외한 대부분의 국가에서 스페인어를 공용어로 사용하고 있다. 단, 파라과이에서는 스페인어와 함께 원주민 언어인 **과라니**(Guarani)**어**를 공용어로 채택했으며, 1960년대 이후 영국으로부터 독립한 자메이카(Jamaica), 가이아나(Guyana), 벨리즈(Belize)는 영어, 네덜란드 식민지였던 수리남(Suriname)은 네덜란드어를 공용어로 사용하고 있다. 종교에서는 스페인, 포르투갈, 프

**과라니어**
파라과이를 중심으로 볼리비아, 우루과이, 브라질 남부, 아르헨티나 북부의 과라니 원주민이 사용하는 언어이다.

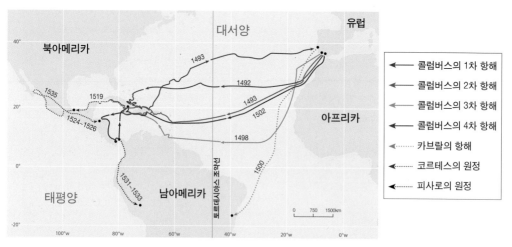

**그림 7-2. 아메리카 신대륙의 초기 탐험 경로** 이 지도는 콜럼버스, 카브랄, 코르테스, 피사로의 항해 및 원정 경로와 1494년 토르데시야스 조약에 의한 스페인과 포르투갈의 식민지 분할선의 위치를 보여준다(자료: Marston et al., 2017: 277).

랑스의 식민지였던 나라들의 국민 대부분이 가톨릭 신자이다.

　라틴아메리카의 역사를 살펴보면 이러한 문화적 동질성의 근원을 알 수 있다. 1492년 콜럼버스가 서인도 제도에 도달한 이후 스페인은 아메리카 대륙에 식민지를 개척하기 시작했다. 1519년 코르테스(Cortés)가 이끄는 스페인 군대는 아즈텍제국(현 멕시코)을 정복했으며, 1532년에는 피사로(Pizarro)가 이끄는 스페인 군대가 잉카제국(현 페루)을 정복했다. 동인도 항로의 개척에 진력하던 포르투갈은 스페인과 식민지 분할을 위해서 **토르데시야스 조약**을 체결한 후, 1500년 카브랄(Cabral)이 브라질 해안에 도착했으며, 1532년에는 현 브라질의 동부 해안에 식민지를 건설했다(그림 7-1). 라틴아메리카가 서구 열강의 식민지 지배에서 벗어난 것은 19세기부터이며, 이는 미국의 독립선언(1776년)과 프랑스 대혁명(1789년)에 이어 나폴레옹 전쟁에 고무되어 독립 투쟁을 전개했기 때문이다. 아이티(Haiti)는 스페인에 이어 프랑스의 지배를 받다가 1804년 라틴아메리카에서 가장 먼저 독립을 쟁취했으며, 그 외 대부분의 라틴아메리카 국가들도 19세기에 투쟁을 통해 신생 국가로 독립하게 된다(그림 7-3).

　식민지 아메리카 시절 유럽인들은 금, 은 등 광물의 약탈 및 채굴뿐 아니라 농작물과 가축의 교류를 통해 수익을 증대시켰다. 유럽에서 가져간 농작물은 곡물(밀, 보리, 쌀, 귀리) 외에도 사탕수수, 바나나, 포도, 오렌지, 올리브, 양파, 커피, 복숭아, 배 등이 있으며, 가축으로는 소, 말, 돼지, 양 등을 신대륙으로 가져갔다. 반면에 아메리카 대륙에만 있던 옥수수, 콩, 땅콩, 토마토, 호박, 감자, 고구마, 고추, 담배, 파인애플, 카카오, 바닐라, 칠면조를 유럽으로 가져갔으며, 이

**토르데시야스 조약**

콜럼버스가 서인도 제도를 발견한 후 서인도 개척에서 주도권을 쥐게 된 스페인에 반발한 포르투갈은 1494년 교황의 중재하에 스페인의 토르데시야스(Tordesillas)에서 스페인과 조약을 체결하고 현 브라질 동부를 지나는 경선(서경 43° 37')을 기준으로 동쪽의 식민지를 차지했으며, 스페인은 그 서쪽을 차지하게 되었다. 이로서 포르투갈은 아프리카에서 동남아시아에 이르는 식민지 개척에서 우위를 확보했으며 스페인은 중남미에 대해 우위를 점하게 되었다. 그러나 16세기 후반부터 프랑스, 영국, 네덜란드가 식민지 개척에 나서게 되자 이 조약은 유명무실해졌다.

그림 7-3 라틴아메리카 각국의 독립　각 숫자는 독립 연도를 가리킨다. 19세기 초부터 20세기 초까지 아이티는 프랑스로부터, 브라질은 포르투갈로부터 독립했으며, 그 외 중남미 18개국은 스페인으로부터 독립했다. 1960년대 이후에는 영국령이던 자메이카·가이아나·바하마·벨리즈, 네덜란드령이던 수리남이 독립했다.

인디오

**인디오**

인디언(Indian)의 스페인어식 용어로서 중남미의 원주민을 지칭한다. 북미의 원주민은 영어식으로 아메리칸 인디언이라 부르기도 하지만 애초 인도 사람이라는 뜻으로 잘못 붙여진 이름이므로 불쾌감을 줄 수 있기 때문에 원주민(natives)이라는 용어가 보편화되고 있다.

**플랜테이션**

열대 및 아열대 지방에서 서양 자본가가 자본·기술을 제공하고 원주민 및 이주노동자의 값싼 노동력을 이용해서 특화작물을 재배하는 기업적인 농업으로서 재식농업(栽植農業)이라고도 한다. 플랜테이션 작물로는 교역 가치가 큰 커피, 차, 카카오, 사탕수수, 바나나, 담배, 고무, 향신료 등이 있다.

후 전 세계로 퍼졌다.

16세기부터 18세기까지 유럽에서 이주해 온 이베리아인(에스파냐인, 포르투갈인)들은 행정관리, 군인, 대농장주 등 지배계급을 형성했지만, 이들을 뒷받침해 줄 하층 노동계급은 부족했다. 유럽인들과 함께 들어온 천연두, 홍역, 독감, 말라리아 등 전염병이 원주민 **인디오**(Indio)에게는 치명적이어서 많은 원주민들이 집단적으로 병사했기 때문이다. 유럽인들이 아메리카 대륙에 진출한 후 약 100년 동안 라틴아메리카 인구의 75%가 전염병으로 사망한 것으로 추정된다. 유럽에서 수요가 많은 사탕수수(설탕), 커피 등을 생산하기 위한 대규모 **플랜테이션**(plantation) 농업이 본격화되면서, 부족한 노동력을 충당하기 위해 아프리카 흑인들을 노예로 들여왔다.

이에 따라 식민지 라틴아메리카의 인종 구조는 곧 사회계층에 반영되

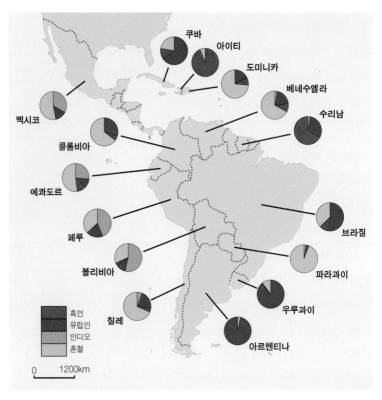

그림 7-4. 라틴아메리카의 인종 구성 국가별 다수 인종을 살펴보면 브라질·우루과이·아르헨티나는 유럽인(백인), 파라과이·칠레·멕시코·베네수엘라는 혼혈인(메스티소), 아이티·수리남은 흑인, 볼리비아·페루는 인디오이다(자료: 岩田一彦 외, 2003: 52).

었다. 유럽에서 온 에스파냐인과 포르투갈인들은 지배계층을 형성했으며, 그들의 현지 후손인 크리오요(criollo)들은 농장주 및 관리로서 한 단계 낮은 지배층을 형성했다. 그리고 유럽인과 인디오의 혼혈인 메스티소(mestizo), 유럽인과 흑인의 혼혈인 물라토(mulato)가 그 다음 단계의 사회계층을 차지했다. 가장 낮은 사회계층에는 인디오와 흑인, 그리고 인디오와 흑인의 혼혈인 삼보(zambo)가 있었다. 1840년대 이후에는 이탈리아인, 독일인, 영국인, 그리고 중국인, 일본인도 이주해 와서 노동력의 구성이 더욱 다양해졌다. 특히 1870년부터 1930년까지 이탈리아, 스페인, 포르투갈, 독일에서 많은 이민자들이 아르헨티나, 우루과이, 칠레, 브라질에 도착했는데, 그 수는 300여 년의 식민 기간에 들어온 유럽인 수보다도 훨씬 많았다. 1960년대부터는 한국인도 이민으로 들어와 정착했으며, 오늘날 중남미 전역에는 약 11만 명의 교포들이 거주한다.

현대의 라틴아메리카 인종 구성을 살펴보면, 전체적으로 유럽계와 메스티소가 다수를 차지하지만 인디오 및 흑인이 다수인 국가들도 있다(그림 7-3). 식민지 라틴아메리카 시대에 형성된 인종차별은 현대의 평등한 법적 보장에도 불구하고 사회 인습으로 남아 있어서, 유색 인종들은 취업에 불이익을 받고 있으며 사회의 저소득층을 형성하는 경향이 있다.

풍부한 자원을 가진 중남미 국가들은 일찍이 진행된 유럽화에도 불구하고 발전이 더딘 편이다. 그 원인 중의 하나는 식민지 시대의 유산인 토지제도에서 찾아볼 수 있다. 식민지 시대의 스페인과 포르투갈 귀족이 대토지를 점유하면서 나타난 빈부 격차가 지금도 해소되지 않았기 때문이다. 아시엔다(hacienda), 파젠다(fazenda), 에스탄시아(estancia) 등 식민지 시대의 대토지제도 라티푼디아(latifundia)는 독립 이후 각국의 토지개혁 노력에도 불구하고 잔존하고 있다. 라틴아메리카에서 대부분의 농부들은 소규모 농지 미니푼디아(minifundia)를 경작하면서, 대토지 소유자의 장원에 노동력을 제공하기도 했다. 촌락의 인구가 증가하면서 소규모 농지마저 부족하여 농부들은 화전이나 경사지 개간에 나서게 되었고, 차츰 대토지제도에 대한 개혁을 요구하게 되었다. 20세기 들어서서 1910년에 시작된 멕시코 혁명, 1950년대 볼리비아의 토지개혁, 1979년 니카라과의 산디니스타 혁명, 2000년 베네수엘라의 토지개혁, 2006년 볼리비

아시엔다
라틴아메리카(브라질과 아르헨티나 제외)에 분포한 스페인계 백인 소유의 대토지 농장을 뜻한다. 그 기원은 식민지 시대의 스페인 국왕이 공을 세운 신대륙 정복자에게 현 멕시코 일대의 대토지를 하사한 것에서 시작하며, 중세 장원제도와 마찬가지로 대지주들은 관할 토지 내에서 소작인들에게 절대 권력을 행사했다.

파젠다
브라질 영토 내 포르투갈계 백인 소유의 대토지 농장을 뜻한다. 사탕수수와 커피 재배에 특화된 플랜테이션 농장이 많다.

에스탄시아
아르헨티나, 우루과이, 파라과이에서 스페인계 백인 소유의 대토지 농장을 뜻한다. 팜파스 일대에는 목초지나 사료용 곡물을 재배하고 축산업(소, 양)을 병행하는 대규모 목장들이 많이 있다.

라티푼디아
로마제국 시대부터 이어온 남부유럽 귀족들의 대토지 장원을 라티푼디움(latifundium)이라 하는데, 그 복수형이 라티푼디아(latifundia)이다. 식민지 라틴아메리카에서도 왕이 토지를 하사한 장원 형태의 라티푼디아 제도가 유지되었으며, 이러한 라티푼디아의 상대적 개념으로 가난한 농부들의 소규모 농장을 미니푼디아(minifundia)라고 했다.

아의 토지개혁 등 어려운 과정을 거쳐 대지주의 토지를 소작농 혹은 원주민 공동체에게 분배하는 토지개혁 정책들이 시행되었다. 한편 새로운 산업자본가나 해외투자자들이 플랜테이션을 위해 대토지 농장을 매입하는 경우도 있다. 대도시 내에도 특권층이 정치권력과 경제계를 장악하고 있어서 민주제도가 정착하기 어려우며 빈부 격차를 심화시키고 있다.

## 2. 라틴아메리카의 경제와 세계화

라틴아메리카는 식민지 시절 이래 오랫동안 유럽에 경제를 의존해 왔으며, 최근에는 미국, 일본, 한국 등과의 교역을 확대하고 있다. 그렇지만 주요 수출품은 과거와 마찬가지로 여전히 지하자원과 농산물이다. 지하자원으로는 브라질의 철광석, 칠레의 구리, 멕시코와 베네수엘라의 석유 등이 수출되고 있다. 수출용 농산물로는 브라질의 설탕, 커피, 콩, 면화와 아르헨티나의 밀, 소고기가 유명하다. 니카라과, 온두라스 같은 중앙아메리카 국가들은 바나나, 커피, 설탕 등을 수출한다. 최근 멕시코, 중앙아메리카, 콜롬비아, 에콰도르 등지에서는 전통적인 곡물, 커피, 면화 재배 대신에 꽃, 채소 등의 계약 영농(contract farming)이 활발한 편이다. 이는 주로 미국의 다국적 기업들이 현지 대농장과 계약을 맺고 품질 좋은 원예 작물을 파종 전부터 대량 주문하는 방식이다.

반면에 제조업이나 첨단산업의 발전은 미약해서 산업구조가 고도화되지 못하고 있다. 영토가 넓고 자원이 풍부하며 인구도 많은 멕시코와 브라질은 다른 중남미 국가에 비해서 소득수준이 높고 성장 잠재력도 크지만, 아이티, 니카라과, 온두라스 등 중앙아메리카의 여러 나라들은 최빈국 수준을 벗어나지 못하고 있다.

최근 라틴아메리카에서는 2·3차 산업이 발전하면서 경제 상황이 변화하고 있다. 미국-멕시코 국경지대의 산업화, 카리브해 도서 국가의 **자유무역지대**(Free Trade Zone)와 바하마의 **역외금융**(offshore banking), 브라질·아르헨티나 해안에 위치한 공업 도시들의 발달이 그 예이다. 1970년 이후 브라질과 멕시코는 이 지역의 신흥 공업국으로 각광받고 있다. 브라질의 인

**자유무역지대**
수입하는 부품에 대한 관세가 면제되고 제조한 물품에 대해서도 무관세로 수출할 수 있도록 지정한 지역을 말한다. 자유무역지대에는 외국인이 설립한 공장들이 있고, 그 공장에서는 무관세로 들여온 부품을 현지인들의 값싼 노동력을 활용하여 제품을 조립하고 외국으로 수출한다.

**역외금융**
금융회사를 외국에 등록하고 영업하는 국제투자신탁을 말한다. 이는 자국의 금융감독 및 제재를 피하고 세금을 회피할 목적으로 해외에 현지법인을 설립하여 금융업무를 수행하는 것이다.

그림 7-5. 멕시코시티의 소칼로(Zócalo) 중앙광장에 위치한 정부 청사  멕시코의 독립 전쟁이 시작된 1810년 9월 16일로부터 200주년을 기념하는 장식이 연방 정부 청사에 걸려 있다(자료: Wikimedia ⓒ Uwebart).

구는 약 2억 1000만 명으로서 국내총생산(GDP)은 세계 9위를 차지하며, 멕시코의 인구는 약 1억 3000만 명으로 GDP 순위는 세계 15위에 이르고 있다(2018년 자료).

　멕시코는 1821년 스페인에서 독립한 이후 인접국인 미국과 국경 및 영토 문제로 긴장된 관계를 이어갔다. 미국의 도발로 시작된 미국-멕시코 전쟁(1846~1848)에서 패배한 멕시코는 현 미국 서부에 위치한 영토들을 미국에 할양하기도 했지만, 19세기 말부터는 외교 및 경제 교류에 있어 미국과 긴밀한 관계를 맺게 된다. 멕시코 혁명(1910~1920) 기간에는 미국이 한시적 군사 개입으로 영향력을 행사했지만, 그 이후에는 미국인들이 멕시코 내의 농업, 광업 및 석유 개발에 지속적으로 투자했다. 한편 농촌 일손이 부족했던 미국은 멕시코 정부와 협의하여 미국 서부 및 남부의 농장에서 멕시코인 농장 노동자(브라세로 bracero)들을 임시로 고용하는 프로그램을 1942년부터 1964년까지 시행했다. 1965년부터는 멕시코 정부에서 국경지대의 산업화 계획에 따라 **마킬라도라**(maquiladora) 프로그램을 시행했으며, 이에 따라 많은 미국 기업들이 멕시코의 국경도시에 투자하여 공장을 설립했다. 차츰 한국, 일본, 대만 등지의 기업들도 미국 시장에 진출하기 위해 멕시코 국경도시에 마킬라도라 공장들을 설립했다. 이러한 공장의 생산 품목은 가전제품, 컴퓨터 모니터, 전자기기, 자동차 부품, 의류 등 다양하다. 이에 따라 국경지대에 거주하는 멕시코인들의 고용이 확대되고 소득이 향상되었으며, 타 지역 멕시코인들도 일자리를 찾아서 북부 국경지대로 활발하게 유입되었다.

**마킬라도라**

미국과의 국경지대에 위치한 멕시코 도시에 외국(주로 미국) 기업이 투자하여 설립한 보세 임가공 조립 공장으로서, 외국에서 무관세로 부품을 들여온 뒤 멕시코인들의 저임금 노동력을 활용하여 조립제품을 생산한 후 다시 미국으로 수출한다. 마킬라도라는 원래 스페인어로 방앗간 삯이란 뜻이며, 줄여서 마킬라(maquila)라고도 한다. 미국의 브라세로(bracero) 프로그램이 중단되자, 1965년 멕시코는 산업화와 고용 창출을 위한 마킬라도라 프로그램을 시행했다.

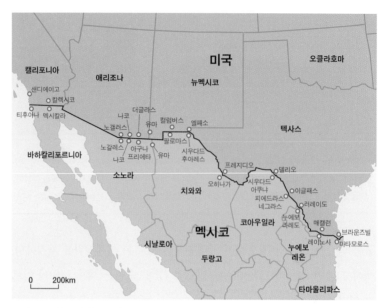

그림 7-6. 미국-멕시코 국경지대의 쌍둥이 도시  미국과 멕시코 국경을 따라 여러 쌍의 쌍둥이 도시들이 마주보며 위치하고 있다. 많은 마킬라도라 공장들이 멕시코 국경도시에 들어서고 NAFTA가 발효된 이후 쌍둥이 도시들의 인구 규모는 더욱 커졌다(자료: Bradshaw, 2000: 432).

    미국 측 국경 도시에는 마킬라도라 공장과 관련된 창고 또는 사무실이 자리 잡았으며, 또한 멕시코인 근로자들이 국경을 넘어와서 쇼핑할 수 있는 마켓, 잡화점 등 소매업소들이 번창하게 되었다. 이렇게 국경을 사이에 두고 양쪽에 쌍을 이루면서 교역의 통로로서 긴밀한 관계를 유지하는 도시들을 쌍둥이 도시(twin city)라고 한다(그림 7-6). 티후아나, 노갈레스, 시우다드 후아레스, 레이노사 등 멕시코의 쌍둥이 도시들은 다국적 기업에 의한 공장 설립이 증가했지만 환경의 오염 및 파괴, 마약과 매춘, 밀입국 등 각종 문제들이 산적한 곳이 되었다.

    1994년에는 미국, 캐나다, 멕시코 3국이 체결한 북미자유무역협정(NAFTA)이 발효되어 북아메리카는 하나의 자유무역시장으로 통합되고 있다. 이 협정의 체결로 미국의 자본과 기술, 캐나다의 자원, 멕시코의 저임금 노동력이 결합되어 3국은 상호 이익이 되는 경제 효과를 얻었다.

    북미자유무역협정의 발효 이후 멕시코에 대한 외국 자본의 투자는 더욱 활발해졌으며, 마킬라도라 산업도 더욱 확대되어 지금까지 150만 명 이상의 고용을 창출했다. 그러나 1994년 외국 자본의 갑작스런 유출로

페소(peso)화가 폭락했으며, 결국 국제통화기금(IMF: International Monetary Fund)의 구제금융을 받는 결과가 초래되었다. 이러한 경제 위기를 맞게 된 것은 북미자유무역협정이 멕시코의 경제를 성장시키는 순기능도 있었지만, 멕시코 시장에 대한 미국과 캐나다 상품의 무차별적인 공급 확대라는 역기능도 있었기 때문이다.

1995년에 출범한 남미공동시장(MERCOSUR)은 남아메리카 국가들의 경제블록 공동체로서 회원국 간의 관세 철폐를 통한 자유무역과 대외적인 공동 관세를 추구하는 관세동맹을 목표로 하고 있다. 현재 5개국의 정회원국과 7개국의 준회원국이 가입되어 있으며, 회의 공용어로는 스페인어, 포르투갈어, 과라니(Guarani)어를 채택하고 있다. 아르헨티나, 브라질, 파라과이, 우루과이 등 4개국이 남미공동시장을 결성하기 이전인 1991년의 상호 간 무역액은 100억 달러 정도였지만 2010년에는 880억 달러로 증가하여 자유무역의 효과를 긍정적으로 평가할 수 있다. 그러나 4개국의 2010년 전체 무역액에서 역내 무역액이 차지하는 비중은 16%인 반면, 역외 국가인 유럽연합(EU), 중국, 미국과의 무역액 비중은 각각 20%, 14%, 11%로서 남미공동시장의 회원국들은 여전히 대외 무역에 크게 의존하고 있음을 알 수 있다.

1822년 포르투갈에서 독립한 이후 황제가 통치하던 브라질은 1889년 군부 쿠데타(coup d'état)에 의해 공화정으로 전환되었다. 이후 군부 독재자들에 대한 반란, 쿠데타 등으로 불안정한 정치 상황이 이어졌으며, 1980년대에 와서야 민주정치가 회복되었지만 정치 지도자의 부정부패는 지속되고 있어 브라질의 가장 큰 문제로 지적되고 있다. 현재 남아메리카 전체 인구의 절반가량을 차지하는 브라질은 2002년 심각한 금융 불안으로 인하여 국제통화기금(IMF)으로부터 구제 금융을 받은 적이 있다. 당시 20%에 달하는 높은 실업률, 물가폭등, 계층 간 소득 불평등 등으로 심각한 사회문제가 발생했다. 이후 브라질 정부의 성장과 분배를 동시에 추구하는 실용주의 정책이 어느 정도 효과를 거두게 되어 신흥 공업국으로서 확고한 지위를 차지하게 되었다. 소위 브릭스(BRICS)라고 불리는 신흥 경제 대국의 일원으로서 라틴아메리카의 경제를 이끌고 있지만, 권력층의 비리와 경제적 불안정도 잠재해 있다.

남미공동시장
남미 국가 간의 자유무역과 관세동맹을 목표로 아르헨티나, 브라질, 파라과이, 우루과이 등 4개국이 모여 1995년에 발효시킨 경제공동체로서 흔히 메르코수르(MERCOSUR: Mercado Común del Sur)라고 부른다. 이후 2012년에 베네수엘라가 정회원국으로 가입했으며, 볼리비아, 칠레, 콜롬비아, 에콰도르, 가이아나, 페루, 수리남은 준회원국으로 활동하고 있다. 옵서버 국가로는 멕시코와 뉴질랜드가 있다.

브릭스(BRICS)
Brazil, Russia, India, China, South Africa의 첫 글자를 조합한 명칭으로서 2000년대 말 세계은행이 처음 사용했다. 이 국가들의 공통점은 개발도상국가에서 신흥 경제 대국으로 발돋움했으며, 큰 규모의 영토 및 인구와 함께 자원도 풍부하여 성장 잠재력이 크다는 것이다.

브라질은 기본적으로 지하자원과 농산물이 풍부하기 때문에 성장 잠재력이 무한하다. 생산량 기준으로 세계 2위의 철광석과 알루미늄, 3위의 흑연, 4위의 질석, 5위의 마그네사이트 등의 지하자원이 풍부하며, 농산물 역시 세계 생산 1위인 콩과 커피, 3위인 면화 등이 있어 주요 농산물 수출 국가이다. 수입하는 석유를 대체하기 위해서 꾸준하게 개발해 온 녹색에너지 산업도 빛을 보게 되어, 브라질은 미국에 이어 세계 2위의 에탄올 생산국이다. 브라질에서 자동차 연료로 많이 사용되는 에탄올은 주로 사탕수수에서 추출한 **바이오연료**(biofuel)이다. 미국에서는 주로 옥수수에서 에탄올을 추출하고 있는데 사탕수수에서 추출하는 것이 효율이 더 높기 때문에 브라질의 에탄올 산업은 유리하다고 볼 수 있다. 바이오연료는 화석연료(석탄, 석유, 천연가스)보다는 친환경적이지만, 에탄올 생산을 위한 옥수수나 사탕수수를 재배하기 위해서는 대규모 농장이 필요하기 때문에 산림을 훼손하거나 식량용 농지를 잠식하게 되며, 에탄올 생산과정에서도 이산화탄소가 방출되는 등 환경오염을 일으키고 있다. 그러므로 장기적으로 보면 원자력이나 신재생 에너지의 개발이 불가피하다.

중앙아메리카의 6개 국가들은 2003년부터 2004년에 걸쳐 미국과 함께 **중미자유무역협정**(CAFTA: Central America Free Trade Agreement)을 체결했다. 이에 따라 중미 국가들은 기존의 농산품과 자유무역지대의 공산품에 대한 대미 수출의 관세 혜택을 더 많이 받게 되었지만, 미국의 상품과 서비스에 시장을 개방해야 하고 환경 및 노동문제의 개선은 어려워질 가능성에 노출되어 있다.

**바이오연료**
에너지원으로 활용이 가능한 생물체(동물, 식물, 미생물) 및 그 폐기물 등의 바이오매스(biomass)에서 추출한 연료를 말한다. 예를 들면 옥수수, 사탕수수, 콩 등을 발효시켜 알코올(에탄올)을 추출하며, 가축의 분뇨를 부패시켜 메탄가스를 추출한다.

**중미자유무역협정**
미국(G. W. 부시 대통령)의 제안으로 시작하여 2003년부터 2004년까지 중앙아메리카의 코스타리카, 엘살바도르, 과테말라, 온두라스, 니카라과, 도미니카 공화국 등 6개국과 미국이 체결한 자유무역협정이다. 카리브 연안 국가인 도미니카 공화국(D.R.)이 나중에 참여하여 CAFTA-DR이라고 명칭을 고쳤다.

## 3. 라틴아메리카의 인구와 도시 발달

2018년 기준으로 라틴아메리카에는 20개 독립국이 있으며, 전체의 인구는 약 6억 5000만 명에 이른다. 그중 인구가 많은 나라들을 나열하면 브라질 2억 1000만 명, 멕시코 1억 3000만 명, 콜롬비아 5000만 명, 아르헨티나 4500만 명, 페루 3200만 명, 베네수엘라 3200만 명 등이다. 라

그림 7-7. 상파울루의 티에테(Tietê) 강(왼쪽) 티에테강은 한때 상파울루의 상수원이었지만 20세기 후반부터는 공업 폐수로 인해 오염되었으며, 현재 수질 개선 사업이 진행 중이다(자료: Wikimedia ⓒ Hirama).

그림 7-8. 상파울루의 파라이소폴리스(Paraisópolis)(오른쪽) 상파울루의 대표적 빈민가(favela)인 이곳에는 약 2만 가구, 10만 명이 모여 살고 있다. 한국의 달동네와 흡사한 모습을 보인다(자료: Wikimedia ⓒ Rodrigo).

틴아메리카는 20세기에 걸쳐 전반적으로 높은 출산율을 보이고 인구가 급증했으나, 21세기 들어서 합계출산율(제2장 2절 참조)이 2 이하로 떨어진 나라들이 나오기 시작했다.

20세기 들어서 많은 농촌 인구가 도시로 이주하여 라틴아메리카의 도시화율은 2018년 현재 유럽보다도 높은 81%에 이른다(제1장 4절 참조). 아르헨티나, 우루과이, 베네수엘라의 도시화율은 90%가 넘는다. 이는 **가도시화**(假都市化, pseudo-urbanization)의 대표적인 현상으로서, 농촌 인구가 산업화에 따라 도시로 이동한 것이 아니라 농촌의 소득 여건과 생활환경이 열악하기 때문에 무작정 도시로 이주한 것이다. 산업화가 아직 미약한 중남미 도시에 전입한 농촌 주민들은 일자리를 구하지 못하고 도시 빈민으로 전락하는 경우가 많다.

라틴아메리카 대도시들을 2017년도 인구 순위에 따라 나열해 보면, 브라질 상파울루(São Paulo) 약 1200만 명, 멕시코 멕시코시티(Mexico City) 892만 명, 콜롬비아 보고타(Bogota) 885만 명, 브라질 리우데자네이루(Rio de Janeiro) 645만 명, 칠레 산티아고(Santiago) 574만 명, 아르헨티나 부에노스아이레스(Buenos Aires) 300만 명으로 나타났다.

멕시코시티는 멕시코의 수도로서 정치, 경제, 문화의 중심지이며, 멕시

**가도시화**
한 국가의 산업화 수준에 비해서 과도하게 도시 인구의 비율이 높은 현상을 말하며, 과잉도시화(over-urbanization)라고도 한다.

그림 7-9. 멕시코시티 다운타운 지하에서 발굴된 테노치티틀란의 유적 (© 김학훈)

**테노치티틀란**

1325년 멕시카(Mexica) 부족이 건설한 도시로서 텍스코(Texcoco) 호수 내의 섬에 위치했다. 1428년 주변 3개 부족이 연합하여 아스텍(Aztec)제국이 성립된 후에 테노치티틀란은 제국의 수도 역할을 했으며, 1521년 스페인의 코르테스에게 정복될 당시 최대 인구는 20만 명 이상으로 추정된다. 이후 이 도시는 스페인 군대에 의해 파괴되고 호수는 대부분 매립되었으며, 현재 멕시코시티의 다운타운이 바로 그 도시의 위치로서 일부 유적지가 발굴되어 있다.

코 GNP의 약 40%를 생산하고 있다. 이 도시의 중심가에는 고층빌딩과 함께 식민지시대의 우아한 광장들이 들어서 있고, 멕시코 대기업들의 본사와 다국적 기업들의 지사가 자리 잡고 있어서 멕시코의 경제를 통제하고 관리하고 있다. 고대 아스텍제국의 수도 **테노치티틀란**(Tenochtitlan)을 파괴한 스페인 군대가 그 자리에 건설한 멕시코시티는 멕시코고원의 화산들로 둘러싸인 분지에 위치하여 대기오염이 심각하다. 다른 중남미 대도시처럼 멕시코시티에는 농촌에서 온 많은 이주자들이 도시를 둘러싸고 있는 불량 주거지 또는 빈민가(바리오 barrio)에서 생활하고 있다. 이 도시의 주택 중 약 50%가 가구주가 직접 건축한 것으로 조사될 만큼 불량 주택이 많으며, 많은 집들이 언덕 경사지, 계곡 바닥, 호숫가 저지대 등에 위치하여 홍수나 산사태에 취약한 상태이다.

중남미에서 가장 큰 도시인 상파울루(São Paulo)는 대서양 연안에서 약 70km 떨어진 내륙 고원지대에 위치하고 있으며, 브라질 경제의 중심지 역할을 담당하고 있다. 다운타운에는 넓은 가로들과 마천루 빌딩들이 즐비하지만, 그 주변은 슬럼화된 주거지역이 둘러싸고 있다. 상파울루는 브라질의 금융 중심지로서 최근에는 광역 정보통신망을 구축했다. 브라질 국민총생산(GNP)의 약 30%를 담당하는 상파울루는 상업 중심지에서 공업 중심지로 변신한 바 있으며, 지금은 세계경제와 연관된 정보 서비스

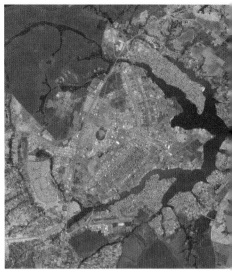

그림 7-10. 리우데자네이루의 명물 예수상과 슈가로프(Sugarloaf)산(왼쪽) 예수상은 코르코바도(Corcovado)산(700m) 정상에 1922년부터 10년간 제작되었으며, 상의 높이는 30m이고 양팔 길이는 28m이다. 해안가에 위치한 원뿔형 화강암괴인 슈가로프 산(396m)은 옛날 배에 싣던 설탕 덩어리 모양과 비슷하다고 붙여진 이름이다(자료: Wikimedia ⓒ de Barros).
그림 7-11. 브라질리아의 위성사진(오른쪽) 브라질리아의 중심가는 항공기 형태의 시가지를 형성하고 있다. 이 사진은 2010년 국제 우주정거장(ISS: International Space Station) 에서 촬영되었다(ⓒ NASA).

의 중심지 기능도 수행하고 있다. 그러나 과도하게 집중된 인구를 위한 도시의 상하수도 시설은 부실한 상태여서 주민의 28%는 상수도가 없는 집에 살고 있으며 50%는 하수도 시설도 없이 살고 있다(Marston et al., 2017: 297).

리우데자네이루(Rio de Janeiro)는 1822년부터 1960년까지 브라질의 수도였으며, 현재 브라질의 문화와 방송 매체의 중심지인 항구 도시이다. 이 도시의 구조를 살펴보면, 오래된 중심가에는 남쪽 방향으로 부유층의 주거지와 아름다운 해변이 있으며, 북쪽으로는 저소득층 주거지와 공업지대가 자리 잡고 있다. 상파울루나 리우데자네이루는 다른 중남미 대도시처럼 중심가를 둘러싸는 외곽에 무허가 판자촌 또는 빈민가(파벨라 favela)가 들어서 있다. 이러한 빈민가는 지금도 농촌에서 밀려오는 이주민들이 값싼 주거지를 찾다가 정착하는 곳으로서 상하수도나 전기 시설이 미비하여 주거 환경이 열악하다.

브라질리아(Brasília)는 1960년 리우데자네이루에서 옮겨온 브라질의 수도이다. 이 도시는 황량한 브라질고원에서 공사한 지 5년 만에 완공된 계

<br>

브라질리아
코스타(Lúcio Costa)의 설계로 1956년 착공하여 1960년 완공한 계획도시로서 항공기 형상을 한 교차로와 건물 배치가 특징이다. 동서로 지나는 기념 축(Monumental Axis)과 남북으로 지나는 주거 축(Residential Axis)이 교차하도록 설계했다. 기념 축에는 국회, 대통령궁, 대법원, 정부기관, 방송탑을 배치했으며, 주거 축에는 아파트 주택과 상업시설, 학교, 오락시설, 교회 등을 배치했다.

그림 7-12. 브라질리아의 기념 축(Monumental Axis) 전경  기념 축에는 넓은 잔디광장의 회랑과 국회, 대통령궁, 대법원, 정부기관, 방송탑 등을 배치했다(자료: Wikimedia ⓒ Webysther).

획도시로서 브라질의 내륙 개발을 통한 경제성장을 목표로 오랫동안 수도 이전을 논의한 끝에 결실을 본 것이다. 도시의 중심가를 항공기 모양으로 설계하여 정부 기관 간의 소통을 원활하게 하고 교통 정체를 방지하고자 했던 이 도시의 계획인구는 50만 명이었지만, 교외 지역에 지속적으로 전입하는 인구 때문에 위성도시들이 형성되면서 브라질리아의 연방 관할구역(Federal District) 인구는 256만 명(2015년)으로 증가했다. 브라질의 입법부, 사법부, 행정부가 모여 있는 수도로서 브라질리아 전체 고용의 약 40%가 공공 행정에 종사하며, 그 외 언론 방송, 금융업 등 서비스업의 비중이 크다.

## 4. 아마존 개발과 환경 파괴

브라질은 1950년대부터 내륙 개발을 본격적으로 시작하여, 새 수도인 브라질리아를 건설하고 아마존(Amazon) 분지를 중점적으로 개발했다. 아마존강은 세계에서 나일강 다음으로 긴 강으로 알려져 있으며, 유수량과 유역 면적은 세계에서 가장 크다. 아마존 분지는 브라질 국토의 약 40%를 차지하는 방대한 지역이지만, 열대우림으로 뒤덮여 개발이 어려운 곳이다. 이곳을 동서로 횡단하는 약 5000km 길이의 아마존 횡단도로가 1970년대에 완성되었으며, 도로 주변 곳곳에 농업 개발을 위한 거점 마을이 건설되었다.

**아마존강**

과거 여러 조사에 의해 나일강의 길이는 대략 6650km이고 아마존강은 약 6400km 정도라고 알려져 왔지만, 2001년 브라질 과학자들의 조사에 의하면 아마존강의 길이는 6992km이며, 나일강은 6853km라고 한다. 이렇게 두 강의 정확한 길이는 아직도 논란거리이다.

이 개발사업은 상업적 농업과 광산 개발을 위주로 전개되고 있다. 또한 공업 발전을 위하여 아마존 분지의 한 복판에 위치한 마나우스(Manaus)를 자유무역지대로 지정하고, 외국 기업과 국내 기업의 공장들을 많이 유치했다.

이러한 아마존강 유역 개발은 단기적으로는 경제개발에 도움이 되겠지만, 장기적으로는 환경 파괴로 인한 재난을 가져올 수 있다. 즉, 온실기체인 이산화탄소를 흡수하고 많은 양의 산소를 공급하여 지구의 허파 구실을 하는 아마존 열대우림의 상당 부분이 파괴되었으며, 또한 토양의 침식, 생태계의 파괴, 원주민 생활 터전의 상실 등의 문제가 발생하기 때문이다.

아마존 열대우림 지역에서는 전통적으로 화전농업이 널리 이루어졌지만 일정 기간 농경지로 사용 후 이동함으로써 열대우림 지역이 지속 가능할 수 있었다. 그러나 이 지역에 서양의 열강들에 의해 식민화가 진행되고 인구가 증가하면서 산림의 파괴 속도가 빨라지기 시작했다. 19세기부터 많은 라틴아메리카 국가들이 독립했으나 경제적으로는 식민지 상태에서 벗어나지 못하여 유럽과 미국의 기업들이 천연자원과 농산물 확보를 위해 대규모 투자를 했으며 무차별적인 개발이 이루어졌다. 그 결과 1970년대 이래 브라질의 열대우림은 60만km²의 산림이 사라질 만큼 파괴되었다.

그림 7-13. 아마존강과 도로망

그림 7-14. 브라질 마나우스의 아마존 극장 '아마존의 심장'이라고 불리는 마나우스는 인구 215만 명(2018년)의 대도시이다. 아마존 극장(Teatro Amazonas)은 천연 고무가 붐이던 19세기 말에 이탈리아 건축가의 설계로 공사를 시작하여 1896년 완공되었으며, 매년 오페라 축제가 열리는 마나우스의 상징적 건물이다(자료: Wikimedia © J. Zamith).

그림 7-15. 아마존의 불법 화전(火田) 불법 화전뿐 아니라 영세 농부들을 열대우림 지대로 이주시키는 브라질 정부의 정책도 아마존 열대우림의 벌채와 훼손을 촉진하였다. 한 농부가 옥수수를 심은 화전에 또 다른 작물을 심기 위한 구멍을 파고 있다(자료: New Scientist © A. Vieira).

아마존 열대우림 파괴의 원인으로는 소떼 방목지 확보, 상업적 농업의 활성화, 목재 생산, 도로 및 철도 등 인프라 건설 등을 꼽을 수 있다. 특히 소떼 목장의 확장은 가장 중대한 열대우림 파괴의 요인으로 지목된다. 2000년대 초반에 발생한 열대우림 파괴의 약 60% 이상이 소떼 목장에 의한 것이다. 아마존에서는 산림만 제거하면 목초지를 쉽게 조성할 수 있어 저비용으로 소를 기를 수 있기 때문에 소 목장은 아마존의 농부뿐 아니라 외지의 자본가들에게도 매력적인 투자처인 것이다.

20세기 후반에 들어 유럽의 선진국들은 브라질로부터의 소고기 수입을 증가시켰다. 최근에는 브라질 헤알화가 평가절하되면서 소고기의 가격이 상승했으며, 결과적으로 소떼 목장의 확장으로 이어졌다. 또한 아마존 밀림에 도로를 개설하는 것은 사람의 발길이 닿지 않는 아마존 오지까지 목장이 확장되는 길을 제공했다. 소 목장 이외에도 농작물 재배지 특히 바이오 연료와 관련된 콩 재배지의 확대가 아마존 열대우림 파괴의 또 다른 요인으로 지목되고 있다.

이러한 아마존 열대우림 파괴를 줄이기 위해서 몇 가지 대책을 제안할 수 있다. 우선 산림을 목장으로 전환할 경우 토지 소유권을 부여하는 정책을 없애는 것이다. 그리고 현존하는 목초지의 생산성을 높이는 것이 새로운 산림 파괴를 막는 방법이기도 하다. 무엇보다도 불법 벌채와 화전 조성을 브라질 정부가 꾸준히 단속해 나가는 것이 중요하다.

## 5. 혼혈의 진전과 독특한 문화

미국과 멕시코 사이의 경계를 이루는 리오그란데강 이남의 멕시코, 중앙아메리카, 카리브해, 서인도 제도, 남아메리카를 포함하는 지역은 문화적으로 복잡하다. 이 지역은 다른 대륙의 사람들이 이주하기 전까지 원주민 인디언(황인종)이 생활하고 있었다. 원주민들이 형성한 멕시코 동부의 마야 문명(기원전~10세기), 멕시코 중앙부의 아스테카 문명(13세기~16세기), 그리고 페루를 중심으로 안데스 산지의 잉카 문명(13세기~16세기)은 그들의 화려했던 역사를 말해준다. 안데스 산지의 잉카제국은 15세기에 전성기를 맞이했으며, 16세기에 들어 유럽인에 의해 식민지로 전락했다.

1492년 콜럼버스가 서인도 제도에 도달하면서 아메리카의 존재가 유럽에 알려져 새로운 항로가 개척되었다. 이를 계기로 스페인과 포르투갈 사이에 식민지 쟁탈전이 강화되는 가운데, 1494년에 토르데시야스 조약

그림 7-16. 잉카제국의 마추픽추 안데스 산지에 위치한 마추픽추는 15세기 잉카제국의 유적으로 신전을 비롯한 모든 건축물이 돌로 정교하게 건설되어 신비롭다(© 김경훈).

이 체결되어 식민지 개척의 범위가 결정되었다. 이 지역을 라틴아메리카라고 부르는 것은 남부 유럽의 라틴계 국가에 의해 기반이 형성되고, 그들의 문화가 강하게 남아 있기 때문이다. 즉 라틴아메리카는 두 나라의 영향으로 가톨릭교를 주로 신봉하며, 포르투갈어를 사용하는 브라질 이외에 많은 국가가 스페인어를 공용어로 사용한다.

라틴아메리카는 유럽인의 이주와 대규모 농원의 노동력 확보를 위해 아프리카로부터 노예가 들어오면서 여러 유형의 혼혈인이 생겨났다. 인디언의 비율이 높은 곳은 과테말라, 페루, 볼리비아 등 이전부터 다수가 거주했던 안데스 산지이며, 백인은 아르헨티나, 우루과이 등 원래부터 원주민이 적고 흑인에 의존하는 플랜테이션이 전개되지 않은 곳, 그리고 흑인은 아이티와 자메이카 등 플랜테이션이 발달한 국가에 집중적으로 분포한다. 반면 혼혈인 메스티소는 멕시코, 콜롬비아, 칠레, 파라과이, 베네수엘라에 다수 거주하며, 물라토는 도미니카 공화국에 많다.

브라질은 유럽 계통의 백인이 과반을 조금 넘지만, 혼혈인의 비율도 높아 인구 구성이 복잡하다. 남아메리카는 19세기 초에 독립하는 국가가 계속해서 생겨났고, 이후 노예제도가 폐지되어 농원에서는 노동력 부족 현상이 발생했다. 이것을 보충하기 위해 브라질은 남유럽과 북유럽에서 많은 이민을 받아들였다. 게다가 20세기에는 아시아인의 이주도 활발히

그림 7-17. 리우데자네이루의 카니발  브라질에서 매년 사순절 전날까지 5일 동안 열리는 가톨릭교 축제이다. 축제 기간에는 모든 사람들이 하던 일을 멈추고 밤낮 축제를 즐긴다(자료: Wikimedia ⓒ Sergio Luiz).

이루어졌다. 이러한 이민의 역사에서 브라질은 다양한 인종과 민족, 문화가 융합되었다. 그래서 다문화국가 브라질을 '인종의 도가니'라고 부르지만, 사회적으로 인종차별은 거의 없는 편이다.

라틴아메리카에는 인디언, 백인, 흑인의 혼혈과 함께 문화도 서로 융합되어 독특한 문화가 생겨났다. 예컨대 브라질에서는 매년 2월에 각지에서 카니발 축제가 열린다. 카니발은 원래 유럽 사회의 가톨릭 종교행사였지만, 브라질에서는 백인 상류 사회의 축제가 되었다. 그러나 노예 해방이후 서민 사이로 확대되어 하층 계급도 역할을 맡아 아프리카 계통 사람들이 참가하여 새로운 형태의 카니발이 탄생했다. 여기에 사용되는 삼바 리듬은 아프리카 음악을 바탕으로 한 것이며, 아프리카 기원의 악기도 사용된다. 그리고 가톨릭교는 인디언과 아프리카의 전통적인 종교와 융합하여 유럽과는 또 다른 형태의 신앙이다.

## 세계의 커피 산업

커피(coffee)는 세계에서 가장 많이 즐기는 음료로서 매일 20억 잔 이상의 커피가 소비되며, 1990년대에 비해서도 그 소비량이 두 배로 증가했다.

커피 원두는 빨갛게 익은 커피나무의 열매를 따서 속의 씨를 추출한 다음 말리고 볶은 것이다. 커피의 원산지는 에티오피아로 추정되는데 그 음료의 전파 경로를 살펴보면, 15세기경 예멘을 거쳐 중동 지방으로 건너갔으며, 16세기 이후에는 베네치아를 거쳐 전 유럽으로 퍼졌다. 재배지역은 유럽 열강의 식민지 개척에 따라 라틴아메리카와 동남아시아까지 확대되었다.

커피는 열대 또는 아열대 지역에서 자라기 때문에 남북 회귀선 사이의 저위도 지역을 묶어 커피벨트(coffee belt)라고 한다. 커피 재배국가로는 아프리카의 에티오피아, 케냐, 탄자니아 등, 아시아의 인도, 베트남, 인도네시아, 필리핀 등, 라틴아메리카의 브라질(전 세계 생산의 33%), 콜롬비아, 페루, 온두라스, 과테말라, 멕시코, 코스타리카 등이 있다. 커피는 식민지 라틴아메리카에 들어온 이후 중요한 상품 작물로 자리 잡았으며, 오늘날 전 세계 커피의 반을 라틴아메리카에서 생산하고 있다.

다년생 상록 식물의 열매인 커피는 포도와 마찬가지로 생육에 기후, 고도, 토양 등이 중요하다. 커피의 품종은 크게 아라비카(Arabica)와 로부스타(Robusta)로 나눈다. 아라비카는 에티오피아 원산의 아라비카종(caffea arabica) 작물에서 수확한 커피로서 전 세계 생산량의 70%를 차지하고 있으며, 로부스타는 19세기 말 콩고에서 발견된 카네포라종(caffea canephora) 작물에서 수확한 커피를 말한다. 아라비카종은 해발고도 900~1200m의 고지대에서 잘 자라며 카페인 성분이 적어 순한 맛인 반면, 카네포라종은 800m 이하의 저지대에서 재배되며 카페인 성분이 비교적 높고 강한 맛이 있다.

세계 최대의 커피 생산국은 브라질로서 전 세계 생산량의 약 33%(2016년)를 생산하며, 약 23만 개 이상의 커피 농장이 있다. 브라질의 26개 주 중에서 남서부 브라질고원 일대의 13개 주를 중심으로 테라로사(terra rossa: 석회암이 풍화된 적색토)

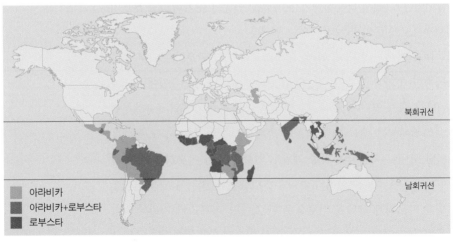

아라비카
아라비카+로부스타
로부스타

북회귀선

남회귀선

그림 7-18. 커피 벨트와 커피 품종  커피 생산국은 대체로 남·북회귀선 사이의 저위도에 위치한 개발도상국들이다. 커피의 품종은 크게 아라비카와 로부스타로 나누어진다(자료: Wikimedia ⓒ Dlouhý).

그림 7-19. 커피 열매의 수확
니카라과의 한 커피 협동농장 (Soppexca)에서 커피 열매를 수확하고 있다. 약 700명이 일하는 이 농장에서 생산된 커피는 아일랜드의 커피회사(Bewleys)로 수출되는데, 공정무역의 계약에 따라 수출 가격, 노동 조건 등이 철저하게 관리된다(자료: McCabe, Independent.ie, July 2, 2019. © C. Mittermeier).

토양에서 많은 커피 작물을 재배한다. 콜롬비아는 전 세계 3위의 커피 생산국으로서 안데스산맥의 800~1900m 고지대에서 양질의 아라비카 커피를 생산하고 있다. 영국의 식민지였던 18세기 초부터 커피 재배를 시작한 자메이카에서는 재배환경이 뛰어난 블루마운틴에서 재배된 커피가 세계 최고의 브랜드로 알려져 있다.

세계 2위의 커피 생산국은 동남아시아의 베트남이다. 1857년 프랑스인이 도입한 베트남의 커피 생산은 현재 쌀 다음으로 중요한 수출용 농산물이다. 1986년 도이모이 개혁으로 기업의 사유화가 허용되자 커피 농장의 생산이 급증했으며, 현재 베트남은 로부스타 커피 생산에서 세계적 경쟁력을 가지고 있다. 한국에서 소비되는 커피의 상당량이 베트남산이기도 하다.

최근 유럽, 미국, 오스트레일리아, 일본, 한국 등 많은 나라에서는 공정 무역(fair trade) 운동이 전개되고 있다. 커피의 경우 생산과 소비를 매개하는 중간 상인과 다국적기업들이 중간에서 폭리를 취하기 때문에 커피 생산국의 수많은 노동자들은 노동력만 착취당하고 정당한 임금을 받지 못하는 양상을 보이고 있다. 무역 구조가 잘못되었다면 이를 공정하게 개선하여 생산자와 소비자의 직거래, 최저 가격 보장, 장기 거래 계약 등 생산자의 이익이 보장되는 제도적 장치를 마련할 필요가 있다.

그림 7-20. 커피 포장지의 공정무역(Fair Trade) 마크 (© 김학훈)

---

공정 무역: 선진국 기업이 개발도상국의 농산물 및 원료 생산자에게 정당한 대가를 지불하는 무역을 말하며, 최근에는 생산과정의 친환경성, 인권 보호 등에도 관심을 확대하고 있다. 국제기관에서 신청 기업들을 심사하여 공정 무역 인증을 부여한다. 개발도상국의 수출품 중에서 많은 생산 인력이 투입되는 커피, 카카오, 설탕, 바나나 등의 농산물이 공정 무역의 대표적인 인증 대상이다.

# 08 오세아니아

오세아니아(Oceania)는 대양(大洋)이라는 뜻으로 오스트레일리아, 뉴질랜드, 그리고 태평양 상의 미크로네시아, 멜라네시아, 폴리네시아로 구성된다. 태평양의 섬 지역들은 주로 열대 또는 아열대 해양성 기후 특징을 보인다. 이들 중 해발고도가 높은 섬들은 주로 화산작용에 의해서 형성된 것들로 토양이 비옥하여 주민의 수가 비교적 많은 편이며, 반대로 낮은 고도로 형성된 섬들은 주로 산호섬들로 상대적으로 인구가 적다. 오스트레일리아 대륙의 동부 해안 지역을 따라서 남북 방향으로는 그레이트디바이딩산맥(Great Dividing Range)이 발달되어 있으며 내륙으로 들어가면 초원지대를 지나 사막이 나타난다.

뉴질랜드는 인도-오스트레일리아판과 태평양판이 만나는 환태평양 조산대의 일부로서 두 개의 섬으로 구성되어 있다. 북섬에는 화산지형, 노천온천, 간헐천 등이 발달되어 있고, 남섬에는 남알프스산맥(Southern Alps Mts.)과 함께 북동쪽으로는 캔터베리 평원(Canterbury Plains), 남서쪽 경사면으로는 피오르(fjord) 해안이 발달되어 있다.

오스트레일리아는 아열대 고기압의 영향으로 대륙의 중앙에 넓은 사막이 형성되어 있고, 그 주변 지역에 초지로 덮여 있는 스텝 기후 지역이 분포한다. 대륙 북쪽에 분포한 열대 기후대는 동부 해안을 따라 고위도(남극 방향)로 갈수록 점차 아열대 및 온대 기후로 바뀐다. 남부 해안과 남서 해안에서는 지중해성 기후도 나타난다.

뉴질랜드는 대체로 온대해양성 기후가 나타나지만, 섬들이 남북으로 길게 분포하기 때문에 다양한 기후 특성을 보인다. 북섬의 북부 지역(Northland)은 아열대 기후가 나타나고, 남섬의 남부 지역(Southland)은 냉대 기후를 보이는 한편, 남섬의 남알프스산맥을 경계로 서해안은 습윤한 반면 동해안 쪽은 건조한 편이다.

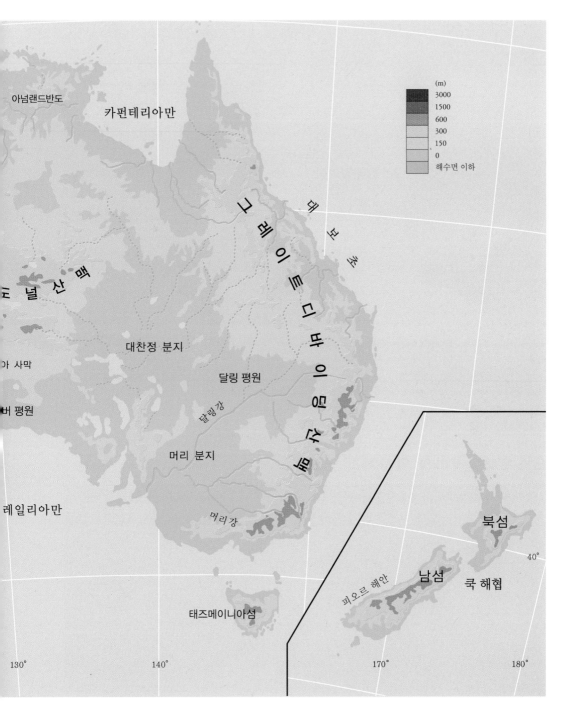

아넘랜드반도

카펀테리아만

(m)
3000
1500
600
300
150
0
해수면 이하

□□널 산 맥

그레이트디바이딩산맥

대보초

아 사막

대찬정 분지

달링 평원

버 평원

달링강

머리 분지

레일리아만

머리강

북섬

남섬

쿡 해협

40°

피오르 해안

태즈메이니아섬

130°          140°                          170°          180°

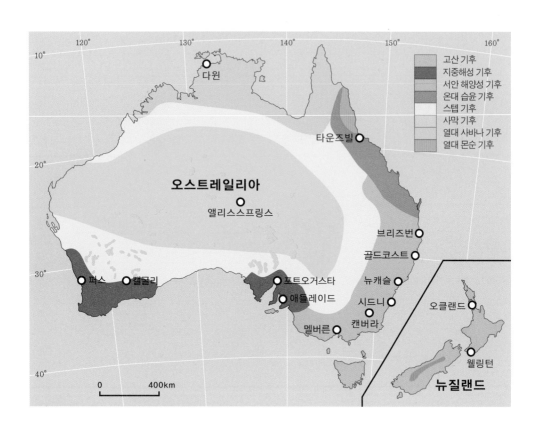

| | | |
|---|---|---|
| | 고산 기후 | |
| | 지중해성 기후 | |
| | 서안 해양성 기후 | |
| | 온대 습윤 기후 | |
| | 스텝 기후 | |
| | 사막 기후 | |
| | 열대 사바나 기후 | |
| | 열대 몬순 기후 | |

## 오스트레일리아의 역사지리 연표

| 1606 | 네덜란드 선원, 호주 북부해안 상륙 |
| 1642 | 네덜란드인 타스만, 태즈매니아와 뉴질랜드 발견 |
| 1769 | 영국인 제임스 쿡 선장, 뉴질랜드 탐험 |
| 1770 | 제임스 쿡, 호주 동해안 탐험 |
| 1788 | 영국, 오스트레일리아에 식민지 건설 |
| 1807 | 오스트레일리아의 양모, 최초로 영국으로 수출 |
| 1840 | 영국, 뉴질랜드 합병 |
| 1851 | 오스트레일리아에서 금광 발견 |
| 1901 | 오스트레일리아 연방 형성, 백호주의 정책 |

| 1907 | 뉴질랜드, 자치령 지위 획득 |
| 1947 | 뉴질랜드, 영국으로부터 독립 |
| 1948 | 오스트레일리아에 스노위강 개발 프로젝트 |
| 1973 | 오스트레일리아 백호주의 정책 포기 |
| 1986 | 오스트레일리아 헌법 주권 확립. 영국으로부터 최종적인 독립 |
| 2000 | 시드니 올림픽 개최 |
| 2014 | 오스트레일리아, 한국과 자유무역협정 체결 |
| 2015 | 뉴질랜드, 한국과 자유무역협정 체결 |

## 1. 오세아니아 이민의 역사와 다문화주의

오스트레일리아(Australia, 호주) 대륙은 17세기 초 네덜란드 사람들이 항해 중에 상륙하면서 최초로 알려졌다. 이민의 역사는 1770년 영국의 탐험가 제임스 쿡(James Cook) 선장이 동부 해안에 상륙하여 그곳을 "뉴사우스웨일스(New South Wales)"라는 이름의 영국령으로 선언한 것이 시초이다. 본격적인 식민지 개척은 영국에서 함대 선원과 죄수를 포함 대략 1530명을 태우고 출발한 선박들이 1788년 현재의 시드니(Sydney) 해안에 도착하면서 시작되었다. 도착한 인원은 정확하지 않지만, 1788년에 보고된 식민지 최초의 주민 센서스에는 총 1030명(죄수 및 그 가족 753명과 일반인 277명)이 집계되었다. 당시 영국은 미국의 독립 이후 죄수들을 내보낼 새로운 유배지가 필요했으며, 또한 경제 및 군사 목적의 식민지를 확보하기 위해서 오스트레일리아 신대륙으로 사람들을 이주시켰다. 이후 1868년까지 죄수들의 유배는 계속되어 80년 동안 약 16만 2000명의 죄수가 오스트레일리아로 보내졌다.

초기의 이민자들은 밀 재배에 성공했으며, 계속해서 1823년에는 스페인 원산의 메리노(Merino) 양을 도입하여 양모 산업의 기초를 다지는 등 목축업도 활발히 이루어졌다. 이곳에서 생산된 농·목축업 제품은 영국으로 향하는 주요 수출품이 되었다. 영국은 오스트레일리아 이민을 장려하는 한편 뉴사우스웨일스에서 북부와 서부 등 다른 지역으로 식민지를 더욱 확대해 나갔다. 즉 태즈메이니아(1825년)를 비롯하여 웨스턴오스트레일리아(1828년), 사우스오스트레일리아(1836년), 빅토리아(1851년), 퀸즐랜드(1859년) 등의 식민지를 개척했다. 이들 식민지는 현재 오스트레일리아의 6개 주와 북부령(Northern Territory, 1911년)으로 발전했다.

1851년 남동부의 시드니와 멜버른 근교에서 금맥이 발견되면서 시작된 골드러시(gold rush)는 1890년대 퀸즐랜드와 웨스턴오스트레일리아까지 이어졌다. 그리하여 영국 이외에 유럽, 북아메리카, 중국 등지에서 많은 이민자들이 들어왔고, 경제가 호황을 누리면서 각종 산업이 발달했다. 기후 환경이 좋지 않은 북부의 개척은 비유럽 국가의 노동자들이 공헌했다. 북동부의 케언스(Cairns)는 주로 중국인이 개척에 참가했으며, 건조지대의 물자 수송은 당시 영국령이었던 아프가니스탄의 이슬람교도가 낙타를 몰고 활약했다.

이런 가운데 저임금의 중국계 이민자가 대륙 전 지역으로 확대되면서 임금 경쟁, 노동운동 등으로 백인들과 갈등을 초래했으며, 때로는 중국인을 혐오하는 인종 폭동도 발생했다. 오스트레일리아 노동자에게 아시아계 사람들에 의한 일자리 축소와 저임금은 위협이 된 것이다. 증가하는 외국인 노동자, 그중에서도 아시아계(주로 중국인)와 태평양계(주로 멜라네시아인) 노동자의 존재는 사회적 갈등을 일으켰기 때문에 1901년 오스트레일리아의 연방자치제 성립과 함께 아시아인들의 이민을 제한하는 이민제한법이 제정되었다. 이에 따라 백인 우선주의를 내세운 백호주의(White Australia Policy) 정책이 실시되어 유색인들은 토지 소유와 고용, 사회보장 등과 관련하여 크게 불이익을 받았다.

그러나 오스트레일리아는 광대한 면적에서 제한된 인구와 산업이 발달함에 따라 부족한 노동력을 보완하기 위해 제2차 대전의 종전과 함께 이민수용 정책을 발표했다. 처음에는 영국인과 아일랜드인의 이민을 중점적으로 받아들여 백호주의를 유지하려고 했지만, 유럽 여러 국가로부터 다수의 이민을 적극적으로 받아들였다. 게다가 1970년대에는 지리적으로 가까운 아시아에서 이주자 수가 급증했다. 특히 오스트레일리아는 전쟁이 발생한 베트남과 캄보디아의 난민들을 인도적 차원에서 선도적으로 받아들였다. 그리하여 종래의 이민정책은 크게 수정되어 1973년 이민법을 개정하면서 백호주의가 폐지되고, 1975년에는 인종차별금지법이 제정되었다.

이에 따라 전 세계에서 오스트레일리아로 이주하는 사람들의 수는 크게 증가했다. 현재 오스트레일리아의 인구는 약 2500만 명(2018년)인데, 인구의 26%가 외국에서 태어났으며, 출신 국가별로는 영국을 선두로 뉴질랜드, 중국, 인도, 필리핀, 이탈리아, 베트남 등의 순이다. 그리고 공용어는 영어를 사용하지만, 전 인구의 15%가 가정에서 중국어, 아랍어, 베트남어, 이탈리아어, 스페인어, 그리스어, 한국어 등을 사용하고 있다.

애버리지니(Aborigine)라 불리는 오스트레일리아 원주민들은 1788년 당시 최대 100만 명이 살고 있었다고 추정되지만, 영국의 식민지가 된 이후

그림 8-1. 오스트레일리아 국경일의 애버리지니 시위행렬  오스트레일리아 국경일(Australia Day, 1월 26일)은 영국인들이 1788년 오스트레일리아 대륙에 정착한 날을 기념하는 것인데, 애버리지니 원주민들은 침략일(Invasion Day)로 간주하여 매년 같은 날 집회를 열고 시위를 한다(2007년 Brisbane에서, 자료: Wikimedia ⓒ Jackmanson).

주로 전염병으로 인구가 격감했으며 20세기 초까지 이어진 변방의 전쟁과 학살로 최소 2만 명 이상의 원주민이 목숨을 잃었다. 현재 원주민 혈통의 인구는 약 65만 명(2016년, 총인구의 2.8%)으로 나타났다. 내륙 오지에 사는 원주민들은 수렵, 채집 등 전통적인 생활방식을 고수하며 열악한 생활환경에서 살고 있으며, 도시로 이주한 원주민들도 대체로 높은 실업률, 낮은 교육수준, 짧은 기대수명의 특징을 보이고 있다(그림 8-1).

이처럼 오스트레일리아에는 여러 인종과 민족이 거주함에 따라 1970년대 중반부터 백호주의에서 다문화주의로 전환했다. 예컨대 방송에서는 영어 이외에 다양한 언어를 접할 수 있다. 라디오 방송은 70개에 가까운 언어로 방송되며, 텔레비전은 유럽과 아시아 국가에서 방송되는 뉴스나 영화 등의 녹화를 방송하거나 일상생활에 유익한 정보를 여러 언어로 제공한다. 또한 오스트레일리아의 사설 교육기관이나 초중등학교에서는 외국어 수업이 활발하게 이루어진다. 그리고 대도시의 쇼핑센터에는 다양한 언어로 제작된 간판이 넘치며, 한국을 비롯한 아시아계의 상점도 많다.

현재 오스트레일리아는 여러 인종과 민족이 집결한 세계의 축소판으로 서로가 문화적 다양성을 인정하고, 각자의 문화를 존중하는 가운데, 하나의 국민으로서 자부심을 갖도록 다문화주의 정책을 시행하고 있다. 다문화 정책의 추진과 관련하여 주민생활과 직결되는 서비스는 각 주 정부 및 지방자치체가 제공한다. 각 주 정부는 다문화주의에 관한 원칙을 규정하고 있으며, 조직과 사업, 정주지원, 영어 학습, 통역제도 등을 체계적으로 갖추었다. 예컨대 주민생활과 밀접한 정책으로 성인 이민자를 위한 최고 150시간 이내의 영어 학습 기회 제공, 130개 이상의 언어로 제공하는 번역 및 통역 서비스가 있다.

뉴질랜드(New Zealand)도 오스트레일리아와 유사한 이민 역사를 가지고 있다. 1642년 네덜란드의 타스만(Abel Tasman)이 처음 뉴질랜드섬을 발견한 이후 오랜 세월이 지난 1769년에 영국의 제임스 쿡(James Cook)이 뉴질랜드의 북섬과 남섬의 해안선 대부분을 탐사하고 이어서 오스트레일리아의 동부 해안을 탐사한 바 있다. 이후 유럽과 북미 사람들이 고래 및 물개 사냥을 위해 뉴질랜드에 상륙하고 원주민인 마오리(Maori)족과 교역을 했다. 이때 유럽인들은 감자와 머스킷총을 전달하여 원주민들의 식량 공급과 부족 간 전쟁 방식에 큰 변혁을 일으켰다. 19세기 동안 마오리족의 인구는 전염병과 전쟁으로 인해 약 40% 감소했다. 1840년 영국은 40개 마오리족 추장과의 협상을 통해 뉴질랜드 전체를 합병하고 영국령 식

그림 8-2. 마오리 전사들의 하카(Haka) 댄스 2012년 미국 국방장관의 뉴질랜드 방문을 환영하는 춤을 추는 마오리족(자료: Wikimedia)

민지로 전환했다. 이후 영국인들의 이민이 급증하고 양을 들여와 초지를 개간하게 되자 마오리족과의 토지 분쟁이 잦아지고 결국 1845년부터 1872년까지 뉴질랜드 전쟁(New Zealand War)이 발생했으며, 결과는 패배한 마오리족의 토지 상실로 이어졌다(그림 8-2).

현재 뉴질랜드의 인구는 약 490만 명(2018년)인데, 이 중 유럽인은 74%, 마오리족 15%, 아시아인 12%, 태평양계는 7%를 차지한다. 1970년대 이전에는 오스트레일리아처럼 유럽계 백인들의 이민만을 받아들였지만, 1970년대 이후에는 이민 문호가 확대되어 아시아와 태평양계 이민이 급증했다. 그 결과 전체 인구의 25% 이상이 외국에서 출생했으며, 외국 출생자의 출신국은 영국이 가장 많고, 그 외에 중국, 인도, 오스트레일리아, 남아프리카 공화국, 피지, 사모아 등이다.

## 2. 오스트레일리아와 뉴질랜드의 자원과 산업

광활한 영토를 가진 오스트레일리아는 인구밀도가 희박한 반면 석유를 제외한 철광석, 천연가스, 석탄, 우라늄 등 지하자원이 풍부하고, 각종 기업적 농업이 발달해 있다(그림 8-3). 식량 작물은 자급하고 있으며, 소고기, 양모, 밀, 면화, 와인 등의 잉여 농산물을 아시아를 포함한 세계 시장에 수출하고 있다. 오스트레일리아의 밀 수출액은 미국, 캐나다, 프랑스에 이어 4위를 차지하고 있으며, 와인 수출액은 프랑스, 이탈리아, 스페인에 이어 4위를 기록하고 있다.

오스트레일리아의 농업 분포를 보면 밀 생산은 대륙의 남동

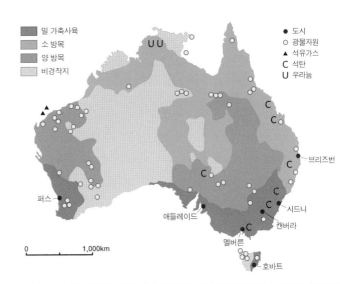

그림 8-3. 오스트레일리아의 농업과 지하자원 오스트레일리아의 농업에서 밀 재배와 가축 사육이 큰 비중을 차지하며, 지하자원은 철광석, 천연가스, 석탄, 우라늄이 풍부하다(자료: Cole, 1996: 239).

**대찬정분지**

오스트레일리아 동쪽의 그레이트
디바이딩산맥에 내린 강수가 지하
수가 되어 중앙 저지(분지) 쪽으로
흐르면 불투수층에 의해 피압 지하
수가 형성된다. 피압 지하수 위의
불투수층을 철관으로 뚫으면 지하
수의 압력으로 지상까지 물이 솟아
오르게 되는데, 이렇게 만들어진 우
물을 찬정(鑽井)이라 한다. 대찬정
분지에는 4700개에 달하는 찬정이
분포하고 이 물을 이용한 목양 지대
가 넓게 펼쳐 있다.

**키위**

뉴질랜드에만 서식하고 날지 못하
는 독특한 새인데, 개체 수가 적어
보호 조류이며 야행성이기 때문에
동물원 외에서는 보기가 어렵다. 키
위프루트(kiwifruit)은 과일 이름으로
외국에서는 키위로 줄여서 부르지
만, 뉴질랜드에서 키위는 키위 새이
거나 뉴질랜드인을 가리키는 애칭
으로만 사용된다. 그리고 키위프루
트의 원산지는 중국이며, 20세기
초에 뉴질랜드로 전래된 것이다. 현
재 키위 생산량도 중국이 전 세계의
56%를 차지하고 있다.

부와 남서부에서 이루어지며 양 사육과 혼합되기도 한다. 사탕수수 재배
는 퀸즐랜드의 온난 습윤한 해안가를 따라 플랜테이션 형태로 번성하고
있다. 머리(Murray)강과 달링(Darling)강의 유역 분지에서는 관개시설을 갖
추고 과수, 채소 등을 재배하는 원예농업이 발달했다. 지중해성 기후에
적합한 포도 재배(viticulture)는 대륙의 남서부, 남부, 남동부의 일부 계곡
에서 이루어진다. 해안에서 먼 내륙 지역은 대부분 건조하기 때문에 곡
물 농업보다는 양과 소를 기르는 방목 형태의 목축이 보편적이다. 중앙
저지의 **대찬정분지**(Great Artesian Basin)에는 지하수를 활용하는 대규모 목
양지대가 분포한다.

뉴질랜드 사람을 뜻하는 애칭이 **키위**(kiwi)인데, 이는 뉴질랜드에만 서
식하는 희귀한 새의 이름을 딴 것이다. 그런데 외국에선 뉴질랜드산 과
일 이름으로 잘 알려져 있다. 뉴질랜드에서 처음 키위프루트(kiwifruit)을
수출한 것은 1960년대이며 현재 세계 생산량의 10% 정도를 점유하고 있
다. 뉴질랜드의 농업은 양과 소를 키우는 목축 활동이 지배적이어서 양
방목과 젖소를 키우는 낙농업에 광활한 초지가 활용되고 있다(그림 8-4).
뉴질랜드에서 사육되는 가축 수는 인구의 20배에 이를 만큼 많다. 낙농
업은 북섬의 도시 인근 저지대에서 활발히 이루어지고 있다. 남섬에서는

그림 8-4. 뉴질랜드에서 사육하는 다양한 양의 품종 뉴질랜드 경제에서 목양 산업이 차지하는
비중은 매우 크다. 양털깎기 쇼에서 양의 품종들을 소개하고 있다. 중앙 상단에 있는 양이 고급 양
털을 제공하는 메리노(Merino)종이다(ⓒ 김학훈).

목축업과 함께 밀과 보리 같은 곡물 농업과 와인 제조용 포도 재배가 활발하다. 뉴질랜드의 와인 수출액은 세계 10위 정도를 차지하고 있다.

오스트레일리아와 뉴질랜드의 경제발전에서 운송체계의 획기적인 변화가 큰 기여를 했다. 즉 1882년 냉동선의 발명으로 두 나라는 기존의 양모, 밀, 금속 외에 신선한 소고기와 낙농제품을 수출할 수 있게 되었다. 그리고 1867년의 수에즈운하 개통과 1914년의 파나마운하 개통으로 유럽행 운송의 시간과 비용을 크게 절감할 수 있었다.

20세기에 들어와서도 농업 또는 광업에 크게 의존하고 있던 오스트레일리아와 뉴질랜드는 1920년대부터 수입 공산품을 대체하기 위한 산업 정책을 시행했지만 그 결과는 제조업에 대한 과도한 보조금 지급과 수입품에 대한 관세 인상으로 나타났다. 국내 시장은 좁고 세계 시장에 나서기에는 경쟁력이 떨어지는 기업들의 비효율성 때문에 정부는 제조업을 보호하고 농업에 대한 보조금 지급을 지속했다. 그러나 1970년대에 와서 오스트레일리아에 대한 일본의 투자가 시작되었고, 수출의 비중이 유럽보다는 아시아가 더 커졌다. 또한 1973년 영국이 당시의 유럽공동체(EC)에 가입하게 되자 영국이 오스트레일리아와 뉴질랜드에 제공하던 무역특혜가 사라졌다. 이러한 상황을 타개하기 위해 오스트레일리아는 1980년대부터 정부 간섭과 규제를 줄이기 시작했다. 즉 금융산업의 규제를 풀고, 농업과 공업에 대한 보조금을 줄여나갔으며, 에너지 공기업들을 매각하여 민영화했다. 이러한 신자유주의 정책은 국가 채무를 줄이는 데에는 성공했지만, 경제 불평등과 실업률을 증가시키는 부작용이 있었다.

농업국가라 할 수 있는 뉴질랜드는 오스트레일리아와는 달리 수출할 만한 광물자원이 부족한 나라이다. 1970년대 이전에는 국가 경제를 영국에 대한 양모, 버터 같은 농산물의 수출에 상당히 의존했는데, 영국이 유럽공동체(EC)에 가입하면서 무역 특혜가 사라지고 공동 관세가 부과되자 뉴질랜드는 심각한 불황을 겪게 되었다. 그리하여 1980년대 이후에는 오스트레일리아와 마찬가지로 신자유주의 개혁을 추진하면서 농업 보조금을 철폐하고, 무역 관세 삭감, 사회복지 지출 감소, 항공·우편·산림과 관련된 정부 소유 기업들의 민영화 등의 정책을 시행했다. 지금은 뉴질랜드가 세계에서 가장 시장 지향적인 국가 중 하나로 변모했다.

1970년대 이래 급성장하고 있는 오스트레일리아의 광업은 중국에 철광석과 석탄을 수출하게 된 것에 힘입은 바가 크다. 대신 오스트레일리아는 중국의 공산품 소비제를 많이 수입해서 소비하고 있다. 게다가 매년 약 50만 명의 중국 관광객이 오스트레일리아를 방문하여 소비하면서 지역 경제에 도움을 주고 있다. 관광산업에는 오스트레일리아 노동력의 7% 이상이 종사하고 있으며, 이들은 매년 660만 명의 관광객을 상대하며 그들의 수요를 충족시키고 있다.

현재 오스트레일리아와 뉴질랜드의 산업 구조에서 가장 빨리 성장하는 산업은 서비스 부문이다. 오스트레일리아의 경우 서비스 고용의 비중이 1980년의 58%에서 2015년의 77%로 증가했으며, 뉴질랜드의 경우 같은 기간에 58%에서 75%로 증가했다. 특히 금융, 관광, 방송, 사업서비스 등이 가장 많이 성장했는데, 이는 여성 고용의 증가와 외국 자본의 투자에 힘입은 바가 크다. 제조업 부문에서는 오스트레일리아의 경우 식품가공업, 전자, 금속가공, 자동차 등이 크게 성장했으며, 뉴질랜드의 경우 식품가공업, 화학, 제지, 기계 분야가 성장했다.

## 3. 오스트레일리아와 뉴질랜드의 도시 발달

오스트레일리아 사람들은 내륙의 광활한 미개척 오지를 아웃백(Outback)이라 부르는데, 외국 사람들은 오스트레일리아 전체를 아웃백이라고 부르면서 오스트레일리아인의 상당수가 광야에서 전원생활을 하는 것으로 착각한다. 실제로는 오스트레일리아 인구 2500만 명(2018년)의 대부분인 약 86%가 도시에 살고 있는 것이다. 인구 100만 명 이상의 대도시만 살펴보면, 동부 해안의 브리즈번(Brisbane)부터 시드니(Sydney), 멜버른(Melbourne), 애들레이드(Adelaide)를 지나 서부해안의 퍼스(Perth)까지 해안을 따라 도시 벨트가 길게 이어진다. 그러나 내륙으로 들어가면 갈수록 강수량이 감소하듯이 인구밀도도 급격히 감소한다.

뉴사우스웨일스(New South Wales)주의 수도인 시드니는 인구 513만 명으로 오세아니아에서 가장 큰 도시이며, 증가하는 인구를 수용하기 위해 교외 지역으로 계속 확장되고 있다(그림 8-5). 도시 구조는 동쪽에 부유층, 서쪽 교외에는 서민층이 거주하며, 곳곳에 민족별 이민 집단이 자리 잡고 있다. 대표적인 예로는 이탈리아인, 그리스인, 중국인, 베트남인, 한국인 등의 집단 거주지가 있다. 도시로 이주한 애버리지니들의 거주지도 교외 한 곳에 집중되어 있는데, 그곳에서 상호 유대와 조직을 형성하고 사회 차별에 대처하고 있다. 중심가에서는 **젠트리피케이션**(gentrification)이 진행되어 낡은 주택들이 부유층 주거지로 탈바꿈했으며, 달링하버(Darling Harbor) 부두가의 낡은 공장이나 창고들은 상점, 박물관, 회의장, 위락시설 등으로 재개발되었다. 도시 인근에는 블루마운틴스(Blue Mountains) 국립공원, 본다이비치(Bondi Beach) 같은 아름다운 자연 관광지가 많이 있다.

멜버른은 인구 485만 명으로 시드니와 쌍벽을 이루는 대도시로서, 빅토리아주의 수도이며 오스트레일리아 남동부의 공업 중심지이다(그림 8-6). 이 도시는 19세기 후반 골드러시의 운송 중심지로 발달했다. 제2차 세계대전 후에는 난민과 이민자들이 들어와서 도시 주변의 섬유, 의류, 금속가공 공장에서 일하게 되자 더욱 크게 발전했다. 오늘날에는 화학,

**젠트리피케이션**
오래되어 퇴락한 도심부를 리모델링이나 수리를 통해서 재활성화 또는 재생시키는 과정이다. 그 결과로 주거 환경이 개선되고 상가가 활성화되지만 건물 임대료가 상승하는 부작용이 있다.

그림 8-5. 시드니의 다운타운과 오페라 하우스 시드니는 오스트레일리아 최대의 도시이며 세계 3대 미항 중의 하나이다. 시드니의 상징이라 할 수 있는 오페라 하우스는 1973년에 완공되었으며 조개껍질들을 겹쳐놓은 모양의 지붕으로 유명하다(ⓒ 김학훈).

그림 8-6. 멜버른 항구에서 본 다운타운 멜버른은 오스트레일리아 제2의 도시로서, 공업 중심지이며 또한 문화의 중심지 역할도 수행하고 있다(자료: Wikimedia ⓒ O'Neill).

식품가공, 자동차, 컴퓨터 분야의 공업이 발달하고 있으며, 연극, 영화, 뮤지컬, 미술 등의 축제를 정기적으로 개최하며 문화의 중심지 역할을 수행하고 있다.

오스트레일리아 제3의 도시는 퀸즐랜드(Queensland)주의 수도인 브리즈번으로 241만 명의 인구를 가지고 있으며, 동부 해안으로 흐르는 브리즈번 강변에 위치하며 해변 관광지인 골드코스트(Gold Coast)가 가까이 있다. 제4의 도시는 대륙 남서쪽에 위치하며 웨스턴오스트레일리아(Western Australia)주의 수도인 퍼스로서 현재 204만 명의 인구를 가지고 있는데, 계속 인구가 증가하면서 시역이 과도하게 교외로 확장되는 스프롤(sprawl) 현상이 우려되고 있다. 제5의 도시는 사우스오스트레일리아(South Australia)주의 수도로서 133만 명의 인구를 가진 애들레이드(Adelaide)인데, 오스트레일리아에서 삶의 질이 가장 높은 도시로 여러 번 선정될 만큼 살기 좋은 도시이다.

오스트레일리아의 연방수도는 시드니와 멜버른 사이의 내륙에 위치한 캔버라(Canberra)로서 1908년에 지정되었으며, 1913년에 도시계획이 확정되어 공사가 시작되었다. 이 도시의 인구는 약 41만 명(2017년)으로 오스트레일리아 내륙에서는 가장 큰 도시이다(그림 8-7, 그림 8-8). 이곳이 수도 입지로 지정된 것은 경쟁 관계인 시드니와 멜버른이 타협한 결과로서 두 도시 사이에 수도를 정하되 뉴사우스웨일스주 안에 두고 시드니에서 적어도 160km 이상 떨어진 곳에 있어야 한다는 합의가 있었기 때문이다.

이 도시는 미국의 워싱턴, 브라질의 브라질리아처럼 어떤 주에 속하지 않고 연방 직할의 계획도시로 건설되었다.

뉴질랜드에서는 인구 490만 명(2018년) 중 70% 이상이 북섬에 거주한다. 북섬에 위치한 오클랜드(Auckland)는 뉴질랜드에서 가장 큰 도시로서 뉴질랜드 인구의 1/3인 약 163만 명의 주민이 살고 있다(그림 8-9). 이 도시는 오클랜드 지협 주변에 발달한 도시로서 큰 항구가 두 개 있다. 북쪽의 항구(Waitemat Harbour)는 다운타운과 접해 있으며 보통 오클랜드 항구라고 부르며 동쪽의 태평양 쪽으로 열려 있다. 지협 남쪽의 항구(Manukau Harbour)는 서쪽 오스트레일리아 방향의 태즈먼해(Tasman Sea)로 열려 있다.

뉴질랜드의 수도인 웰링턴(Wellington)은 역시 북섬의 남쪽 끝에 위치하며 인구는 42만 명으로 뉴질랜드에서 두 번째로 큰 도시이다. 웰링턴에서 쿡 해협(Cook Strait)을 건너면 남섬에 도달한다. 남섬의 남알프스 산맥은 서쪽으로 치우쳐 있어서 큰 도시는 동쪽 해안 지역에 분포하고 있다. 남섬에서 가장 큰 도시인 크라이스트처치(Christchurch)는 뉴질랜드에서 세 번째로 큰 도시이며 인구는

그림 8-7. 캔버라 중심부의 가로망 지도  캔버라가 수도로 지정된 후 도시설계 공모에서 미국의 건축가 월터 그리핀(Walter B. Griffin) 부부가 선정되고 1913년에 공사가 시작되었다. 이들의 계획(Griffin Plan)은 원, 육각형, 삼각형 등 기하학적 모티프를 사용했고, 당시의 전원도시 운동을 반영했다. 호수를 가로지르는 커다란 삼각형 가로망이 의회 삼각형(Parliamentary Triangle)이다(자료: Wikimedia ⓒ Martyman).

그림 8-8. 캔버라 중심부의 전경  사진 하단 중앙의 전쟁기념관(War Memorial)에서 뻗어나가는 기다란 광장(Anzac Parade)은 호수 건너 연방의회(Parliament)를 향하고 있다(ⓒ Tong, https://www.flickr.com/photos).

그림 8-9. 오클랜드 항구에서 본 다운타운(자료: Wikimedia ⓒ Simon)

약 40만 명이다. 이 도시의 배후지에는 광활한 캔터베리 평원(Canterbury Plains)이 펼쳐져 있다. 뉴질랜드의 도시들은 오스트레일리아의 도시들과 마찬가지로 교육, 보건, 치안, 환경, 휴양 등과 관련된 삶의 질이 세계적으로 높은 수준을 보인다.

## 4. 태평양 제도의 역사와 문화

오세아니아(Oceania)는 오스트레일리아, 뉴질랜드뿐 아니라 태평양 상의 약 2만 5000개의 섬을 포함한다. 태평양 제도(Pacific Islands)는 크게 미크로네시아(Micronesia), 멜라네시아(Melanesia), 폴리네시아(Polynesia)로 나눌 수 있다(그림 8-10). 이 지역은 오랫동안 서구 열강의 식민 지배를 받다가 독립한 나라가 많아서 식민지 종주국의 문화가 강하게 남아 있다.

미크로네시아는 그리스어로 작은 섬들이라는 의미로 북위 20° 정도, 동경 135°~175° 정도까지 태평양상의 500km²에 이르는 넓은 해역에 산재한 마리아나제도, 캐롤라인제도, 마셜제도 등으로 이루어져 있다. 화산섬과 산호초(珊瑚礁, coral reef) 섬들이 대다수인 미크로네시아의 기후는 열대 해양성 기후로 연중 기온의 변화가 적고 강수량이 많다. 미크로네시아에는 미크로네시아연방, 팔라우, 마셜, 나우루, 키리바시가 있다.

산호초
열대 바다에서 산호충의 유해나 분비물이 퇴적되어 형성된 석회질의 암초이다. 수심 20m 정도의 따뜻하고 깨끗한 바다에서 발달하며, 그 유형은 위치 관계에서 환초·가초·보초로 분류된다.

그림 8-10. 오세아니아의 지역 구분  6대주 가운데 가장 작은 오스트레일리아와 태평양의 제도로 이루어진 지역이다. 지리학 및 인류학상 미크로네시아, 멜라네시아, 폴리네시아로 나뉜다. 2만 5000개의 섬이 분포하지만, 주민이 거주하는 섬은 3000개 정도이다(자료: Wikimedia ⓒ Kahuroa).

　미크로네시아의 조상은 몽골 계통으로 아시아 사람들과 얼굴이 비슷하며, 머리는 검고, 피부도 갈색이 많다. 3500년 전부터 사람이 거주했으며, 16세기에는 포르투갈과 스페인 사람들이 이 지역으로 항해하면서 외부인에 의한 통치와 전쟁의 역사를 경험하게 되었다. 스페인은 1886년에 마리아나제도와 캐롤라인제도의 영유권을 선언했고, 1898년에는 미국과의 전쟁에서 패하면서 재정적 어려움으로 독일에게 두 섬을 매도했다. 그래서 미크로네시아 국가의 종교는 대부분 가톨릭 또는 기독교이며, 미국의 영향으로 공용어는 영어가 많다.

　사람들의 생활은 해발고도가 높은 화산섬과 해발고도가 낮은 산호초섬에서 다양하게 이루어진다. 화산섬은 화산성의 비옥한 토양과 지형적 조건으로 비도 자주 내리기 때문에 농업에 적합해 감자, 고구마, 토란 등을 재배한다. 반면 산호초섬에서는 농업에 적합하지 않아 어업이 이루어지며, 그 외에 바나나, 파파야, 파인애플 등을 자급용으로 재배한다.

남태평양에 위치한 멜라네시아는 그리스어로 검은 섬들을 뜻하며, 명칭의 유래는 멀리서 보면 새까맣게 보인다는 설과 주민의 피부색이 검기 때문이라는 설이 있다. 멜라네시아는 북측의 미크로네시아와 180도 경선 부근에서 동측의 폴리네시아와 접한다. 환태평양 조산대의 서측에 위치하여 화산섬이 많고, 기후는 열대기후이다. 멜라네시아에는 파푸아 뉴기니, 솔로몬, 바누아투, 피지, 프랑스령 누벨칼레도니 등이 분포한다.

멜라네시아는 대부분 오스트랄로이드(Australoid) 계통의 주민들이 거주했는데, 몽골로이드 계통의 인종과 혼혈도 이루어졌다. 이 지역에는 16세기 중반부터 유럽인이 들어와 19세기에는 네덜란드, 영국, 독일, 프랑스 등이 섬의 영유를 둘러싸고 싸웠다. 1970년대 독립을 하기까지 유럽 열강에 의한 오랜 식민지 역사를 경험했기 때문에 토착 문화와 서양 문화가 융합되어 문화적으로 복잡한 사회이다.

화산섬 멜라네시아에는 열대림이 무성하며, 현재에도 원시적인 수렵과 농경 생활을 영위하는 사람들도 있다. 특히 파푸아뉴기니에는 전통적인 화전농업 중심의 원시적인 생활을 하고, 산악지대에서는 활과 화살, 창으로 야생의 돼지와 사슴 등을 수렵하여 식료로 사용하는 사람들도 있다. 그리고 해안 부근의 사람들은 카누를 타고 투망과 낚시 바늘, 작살을 이용한 어업 활동이 이루어진다. 마을은 대개 소규모이며, 가옥은 주변의 나무와 야자 잎으로 만들어 소박하다. 파푸아뉴기니와 솔로몬제도에는 습기가 많은 열대우림 기후로 지면에서 1~2m 정도 높여 만든 고상식 주택이 많다.

태평양 동측에 위치한 폴리네시아는 그리스어로 많은 섬들을 가리키며, 북의 하와이제도, 남서의 뉴질랜드, 남동의 이스터섬을 연결하면 삼각형의 광대한 해양지역이다. 이 지역에는 투발루, 사모아, 통가, 쿡제도 등의 국가들과 프랑스령 소시에테제도 및 투아모투제도 등 많은 섬들이 분포한다. 폴리네시아인의 조상은 약 3000~2000년 전에 아시아에서 이주한 몽골계이다. 이들은 옛날부터 **아우트리거 카누**(outrigger canoe) 같은 작은 배를 타고 수천km나 떨어진 섬들을 왕래했던 해양 민족이다. 현재도 폴리네시아 사람들에게 카누는 사람과 물자를 운반하는 중요한 수송 수단이다(그림 8-11).

**아우트리거 카누**
선체의 바깥으로 배의 부력과 안정을 유지하는 데 도움을 주는 현외(舷外) 장치를 한쪽 또는 양쪽에 단 카누를 말한다.

그림 8-11. 통가(Tonga)의 전통적인 카누 안정성을 위해 카누 본체의 한쪽 또는 양편에 아우트리그라는 부표가 달려 있다(자료 : Wikimedia).

    폴리네시아 사람들이 사용하는 하와이어, 타히티어, 라파누이어, 사모아어, 통가어 등은 서로 빈번한 왕래가 있었기 때문에 문법 등이 유사하다. 종교는 서구 식민지의 영향으로 크리스트교를 다수 믿지만, 의식주의 생활양식은 전통적인 방식이 다수 존재한다. 유럽인이 들여오기 전까지 사람들은 나무껍질로 만든 타파(tapa)라는 수피포(樹皮布)를 사용하여 옷을 만들어 입었다. 현재에도 결혼식 등의 의식과 폴리네시아 춤을 출 때에 즐겨 입으며, 관혼상제에서 제외할 수 없는 문화이다. 그리고 이 지역은 산호초 섬들이 많아 토기의 재료가 되는 점토를 구하기 어려워 토기 문화는 발달하지 않았다. 그래서 지면에 구덩이를 파고 그 속에 재료를 넣어 음식을 익히는 우무(Umu) 요리가 발달했다.

## 5. 오스트레일리아와 뉴질랜드의 생태 관광

    오스트레일리아, 뉴질랜드 그리고 남태평양의 여러 나라들은 생태학적 관광산업을 적극적으로 육성하고 있다. 관광이란 인간의 여가활동을 윤택하게 하는 데 그 목적이 있는데, 서양의 자연보호주의의 출현으로 말미암아 자연이 관광산업에 결합되는 모습이 최근 나타나기 시작했

그림 8-12. 오스트레일리아의 캥거루와 코알라  오스트레일리아와 뉴질랜드에는 다른 대륙과 다르게 진화한 동물들이 많이 있다. 특히 오스트레일리아에서 볼 수 있는 캥거루와 코알라는 초식동물로서 유순한 성질과 독특한 외모로 인해 동물원에서 관광객들의 많은 사랑을 받고 있다(ⓒ 김학훈).

다. 특히 관광객이 자연의 일부가 되어 자연을 관찰하고 체험하는 생태학적 관광이 생겨났다. 관광과 환경과의 관계를 살펴볼 때 남서태평양 지역 중 뉴질랜드의 경우는 깨끗함과 녹색의 의미를 강조하며, 오스트레일리아의 경우에는 자연경관의 아름다운 풍광을 강조한다. 하지만 아름다운 자연 자체에 매력이 있다 하여도 많은 광광객의 유입이 없다면 소용이 없다.

오스트레일리아의 경우는 관광지의 순결한 모습과 웅장미의 홍보에 치중하여 관광객을 끌어들이는 데 큰 효과를 보고 있다. 1980년 오스트레일리아의 경우 90만여 명의 관광객을 끌어 들었고 2010년에는 그 5배가 넘는 590만 명을 유치했다. 관광은 오스트레일리아의 경제발전과 인력 고용 면에서 많은 기여를 하고 있다. 또한 관광산업은 오스트레일리아의 가장 큰 수출 산업이라고 할 수 있으며, 국내총생산의 약 4~5%를 차지하여 오스트레일리아의 관광산업은 많은 새로운 직업을 창출해 냈다.

2000년대에는 관광산업 종사자가 전체 노동력의 약 7%를 차지했고 향후 주 소득원이 될 전망이다. 주별 관광 소득별 순위는 뉴사우스웨일스 37%, 퀸즐랜드 23%, 빅토리아 21% 등을 차지하여 그 비중이 대단히 높다. 이것은 오스트레일리아의 주 수입원이 관광산업에 의하여 돈을 해외로부터 벌어들인다는 말이다.

　뉴질랜드 역시 관광산업이 빠르게 성장하고 있다. 뉴질랜드의 관광업 종사 인구는 18만여 명으로 전체 고용시장의 7.5%를 차지하게 되었다. 2016년 관광객의 수입은 145억 달러에 이르며 뉴질랜드 수출 총수입의 20.7%에 이른다. 자연을 바탕으로 하여 체험적인 관광산업의 성격을 띤 뉴질랜드의 관광산업 전략은 매우 성공적이라는 평가이다. '깨끗함과 녹색'이라는 구호 아래 생태 관광을 통하여 해외 관광객을 유치하고 있는 다른 국가에도 모범적인 사례로서 귀감이 되고 있다. 북섬과 남섬의 두 섬으로 이루어진 뉴질랜드는 관광과 스포츠를 즐기기에 대비된다(그림 8-13). 아열대 기후에 가까운 북섬은 여름철에는 다이빙·낚시·스쿠버 다이빙·제트스키·래프팅 등을, 겨울철에는 일광욕 등을 즐길 수 있고, 냉대 기후에 속한 남섬은 여름철에 골프와 승마, 카약 타기를, 겨울철에 트래킹, 온천욕 등을 즐길 수 있다. 대자연을 느끼게 하는 트래킹 코스로는

그림 8-13. 뉴질랜드 생태 관광　뉴질랜드의 베이오브아일랜드는 낚시, 다이빙, 요트, 카약, 돌고래와의 수영 등 바다에서 여러 가지 레저와 스포츠를 즐길 수 있으며 금빛 모래사장은 휴식을 취하며 선탠하기 좋다. 아름다운 섬들과 다양한 동물들을 볼 수 있다(자료: Wikimedia).

## 금광의 재발견: 뉴질랜드 애로우타운

뉴질랜드 남섬에 위치한 애로우타운(Arrowtown)은 퀸스타운(Queenstown)에서 북동쪽 방향으로 약 21km로 떨어져 있으며 자동차로는 20분 거리에 있다(그림 8-14). 1862년 한 마오리족 농부가 애로우 강(Arrow River)에서 금을 발견했다(그림 8-15). 이 사실을 알고 애로우 강가에 나타나서 사금을 채취하기 시작한 사람들은 세 그룹의 유럽인 광부들이었다. 이들은 금 발견을 비밀로 유지하기로 합의했으나, 결국 실수로 소문이 나서 단 3개월 만인 1862년 12월 말에는 약 1500명이 애로우 강가에 나타나 사금 채취를 하게 되었다. 골드러시로 갑자기 형성된 이 마을의 이름을 "Arrowtown"이라 정하고, 1867년에는 법정 자치시(borough)로 등록했다.

당시 애로우타운은 세계 최대의 사금 산지로 소문이 나면서 유럽인, 호주인, 중국인까지 몰려들어 7000명이 넘는 인구를 가진 취락으로 성장했다. 사금을 많이 채취하려고 강 주변의 자연제방을 수압 호수를 이용하여 깎아내기도 했으며, 1890년대부터는 강 주변의 금맥 암반을 파쇄하여 가루로 만들어 금을 채취하는 방법도 동원했다. 그러나 차츰 금맥이 고갈되자 1900년대 초에는 취락 인구가 410명으로 감소했다.

당시의 커뮤니티 시설은 읍사무소, 우체국, 감옥, 병원, 약국, 은행, 공립학교, 가톨릭학교, 장로교회, 가톨릭성당, 성공회 교회, 감리교회, 신문사, 호텔, 제분소 등이 있었다. 주변 농장에서는 양치기와 곡물 재배가 이루어졌으며, 애로우타운도 곡물과 포도 재배가 주 소득원인 농촌 취락으로 변하여 지속적으로 인구가 감소했으며, 1961년의 인구는 최저치인 172명으로 집계되었다. 그러나 1960년대부터 관광 및 휴양산업에 대한 수요가 늘어나면서 경관이 독특한 폐광촌의 정취를 즐기려는 관광객들의 발길이 이어졌다. 관광객의 증가와 함께 애로우타운의 인구도 계속 증가하여 2013년에는 2445명으로 집계되었다.

미국 서부개척 시대의 마을과 흡사한 애로우타

그림 8-14. 애로우타운의 위치(자료: Wikimedia)

그림 8-15. 애로우타운의 시가도(자료: Otago Daily Times)

그림 8-16. 애로우타운의 중심가 버킹엄 스트리트(© 김학훈)

운 중심가에는 70개 이상의 역사적 건물이 남아 있으며, 19세기 말의 경관을 유지하도록 보전되었다(그림 8-16). 4계절이 비교적 뚜렷한 이 지역은 매년 3~4월에 열리는 가을축제 때 중심가인 버킹엄 거리(Buckingham Street)는 주변 언덕의 단풍과 고풍스러운 거리를 보러 오는 관광객들로 만원을 이룬다. 그리고 애로우타운 중국인 취락(Arrowtown Chinese Settlement)은 1870년대에 지어진 중국인 광부 가옥들을 복원하여 2004년부터 관광자원으로 활용하고 있다(그림 8-17).

중국인 광부들은 1865년에 처음 뉴질랜드로 왔다. 이들은 주로 중국 남부 저장성 출신으로서 호주 빅토리아 지역의 금광에서 일하다가 뉴질랜드의 골드러시를 따라 재이주한 중국인 광부들이었다. 애로우타운에는 1866년부터 중국인 광부들이 들어오기 시작했는데, 최대 60명의 중국인이 사금 채취에 종사했다고 한다. 이들은 애로우타운 중심가에서 약 200m 떨어진 곳에 움막 같은 집들을 짓고 살았으며, 한때 약 10채의 오두막집, 2개의 상점과 넓은 텃밭이 있었다고 한다. 이들은 고단함과 외로움을 잊기 위해 아편을 구해서 피우기도 했고, 도박을 하기도 했다. 1890년대부터 금맥이 고갈되면서 차츰 중국인들이 애로우타운을 떠났고, 20세기 초에는 중국인 취락에 아무도 살지 않아 버려진 상태가 되었다.

이 중국인 취락에서 볼 수 있는 중국인 광부들의 열악한 주거환경과 고단한 삶의 흔적은 당시 중국인 광부들의 생활에 관한 스토리텔링과 함께 관광 자원이 되고 있으며, 특히 해외 중국인들의 단체 관광이 이어지는 계기가 되었다. 그리고 애로우타운도 주민들의 자발적인 노력과 협조로 타운을 가꾸고 관광객들을 유치하여 다시 활기를 찾았다.

(자료: 김학훈, 2017)

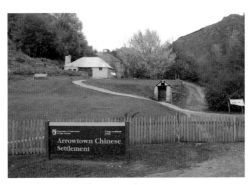

그림 8-17. 중국인 취락(© https://nzhistory.govt.nz)

그림 8-18 뉴질랜드 퀸스타운의 호숫가  퀸스타운은 뉴질랜드 남섬의 관광 중심지로서 아름다운 와카티푸 호수(Lake Wakatipu)와 함께 각종 서비스 시설이 들어선 시가지가 있다. 이 도시는 수상 스포츠, 스키, 번지점프 등 즐길 거리가 많이 있으며, 또한 피오르드랜드 국립공원의 밀포드 사운드(Milford Sound)로 가는 길목에 위치하여 연중 많은 관광객이 찾고 있다(© 김학훈).

피요르드랜드 국립공원의 밀포드 트랙과 루트본 트랙, 아벨 타스만 국립공원의 타스만 해안선 트랙, 통가리로 국립공원의 트랙 등이 대표적이다. 이 중에서 최초의 국립공원인 통가리로 국립공원 트랙에서 원시림과 영화 반지의 제왕 촬영 장소를 즐길 수 있다. 와카파파 빌리지에서 타마레 이크를 거쳐 루아페후산과 나우루호산 중간 부분의 화구호로 가는 코스가 그것이다.

　이처럼 오스트레일리아와 뉴질랜드 같은 지역은 생태 관광이란 이름으로 자연을 잘 보존하여 산업을 발전시키는 데 반하여 라틴아메리카의 아마존이나 동남아시아의 열대림 지역은 경제발전을 위하여 훼손되고 있으니, 세계화란 그 지역의 특성과 주민의 태도 및 정부 정책 등에 의해서도 큰 영향을 받고 있다고 할 수 있다. 한 곳에서는 자연을 파괴하여 삶의 질을 저하시키고 그로 인해 찌든 삶을 치유하기 위하여 의도적으로 자연이 잘 보존된 곳에서 생태 관광을 즐기도록 하는 것은 세계화의 밑바닥에 깔려 있는 야누스적인 일면이다.

제**4**부

# 이슬람 세계와 아프리카의 세계화

- 제9장 서아시아와 북부 아프리카
- 제10장 중부 및 남부 아프리카

# 09 서아시아와 북부 아프리카

    서아시아 지역은 지중해성 기후가 나타나는 지중해 연안을 제외하면 대부분 건조 기후 지역으로 스텝과 사막이 넓게 펼쳐 있다. 지형은 사막지대와 산악지대가 대부분을 차지한다. 아라비아반도의 동부에는 이라크에서부터 쿠웨이트, 사우디아라비아, 오만에 이르는 긴 저지대가 뻗어 있다. 대조적으로 아리비아반도의 서부와 터키, 이란, 아프가니스탄에는 산지 지형이 넓게 펼쳐진다. 고원으로는 아나톨리아고원(터키), 이란고원, 아라비아고원이 있으며, 산맥으로는 이란의 자그로스산맥, 아프가니스탄의 힌두쿠시산맥이 유명하다. 아라비아반도는 홍해, 아라비아해, 오만만, 페르시아만으로 둘러싸여 있다. 홍해와 지중해를 연결하는 수에즈 운하는 아시아와 아프리카의 경계가 되기도 한다.

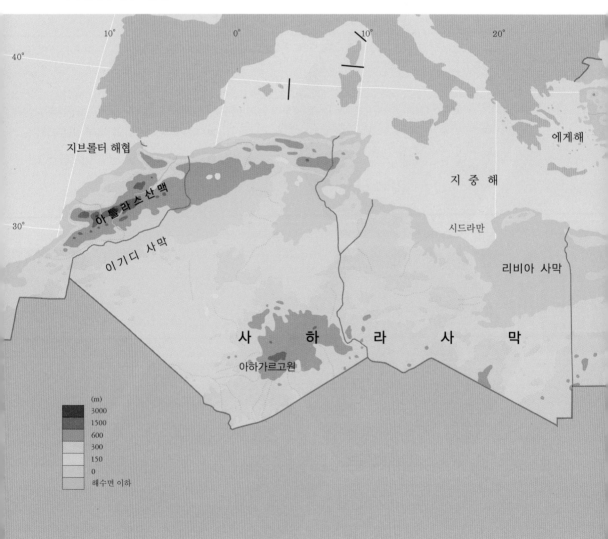

북부 아프리카의 기후는 지중해성 기후가 나타나는 지중해 연안을 제외하면 대부분 사막 기후가 나타난다. 지형은 지중해 연안지대, 아틀라스산맥, 리비아 사막, 나일강 하류의 삼각주 지대를 제외하면 대부분 사하라 사막으로 덮여 있다. 사하라 사막은 중위도 고압대에서 형성되는 고온건조한 대기의 영향으로 북아프리카의 동서 방향을 따라 넓게 형성되었다. 나일강은 탄자니아와 부룬디의 국경지대에서 발원하여 동아프리카의 대열곡을 따라 북쪽으로 흐르다가 지중해로 빠져나간다. 나일강은 강 유역의 농경 활동에 큰 기여를 하고 있는데, 나일강 유역이 여러 나라에 걸쳐 있기 때문에 댐 건설 등 강물의 관리는 국제적인 갈등의 요인이 되고 있다.

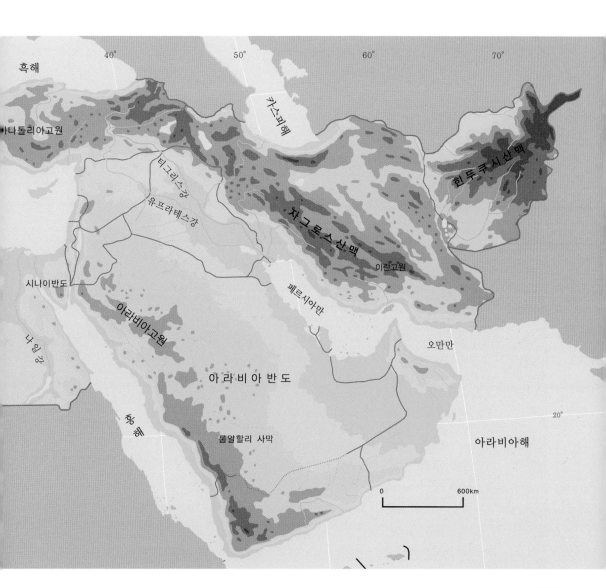

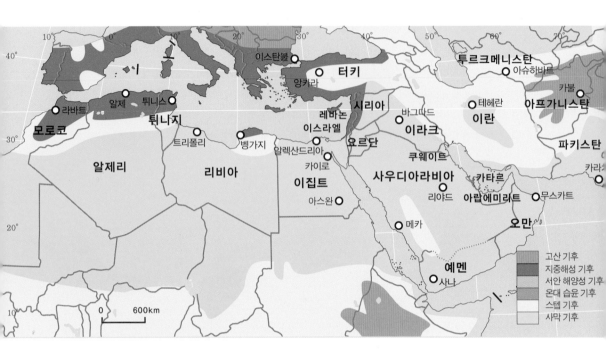

고산 기후
지중해성 기후
서안 해양성 기후
온대 습윤 기후
스텝 기후
사막 기후

## 서아시아와 북부 아프리카의 역사지리 연표

# 1. 이슬람 문화의 전통

서아시아 지역은 유럽과 중앙아시아 사이에 위치하며, 북부 아프리카의 모로코, 알제리, 튀니지, 리비아, 이집트 등 5개국은 남쪽으로 사하라 사막과 만난다. 이 지역은 강수량이 적고 기온이 높아 사막, 또는 반사막이 대부분이며 관개농업이 일반화되어 있지만, 전 세계 석유매장량의 2/3가 집중되어 있어 그 영향력이 막강하다. 또한 이 지역은 이슬람 문화의 전통이 견고한 지역으로서, 북부 아프리카와 서아시아 지역을 묶어 이슬람 문화지역이라고도 한다. 고대 로마제국은 이 지역을 통치한 적이 있으나 7세기부터 15세기까지는 오히려 **무어족**(요르족)과 오스만투르크 세력이 유럽으로 침투해 유럽을 이슬람화하려고 했던 적도 있다.

19세기에 북부 아프리카가 주로 프랑스, 이탈리아 그리고 영국의 영향을 받은 것과는 달리, 서남아시아의 대부분은 제1차 세계대전까지 터키의 지배를 받았다. 즉 이 곳은 유럽에 의한 세계화의 영향을 덜 받은 지역의 하나이다. 특히 제2차 세계대전 이전까지 페르시아만의 석유는 소량 개발됐으나 1945년 이후 석유 산업이 급속히 발달하면서 이 지역은 석유를 배경으로 자신의 문화를 강화시킬 수 있었다. 이 지역의 석유가 세계경제에서 차지하는 비중은 대단히 크다. 약 50% 이상의 인구가 농업에 종사하고 있지만 전체 면적 중에서 경작 면적은 협소하며 나머지 65%가 불모지이다. 빈곤한 오아시스 농업과는 달리 풍부한 석유와 천연가스는 이 지역 제일의 수출 품목이다. 하지만 이를 바탕으로 한 석유산업의 발전은 더디게 진행되었다. 특히 사막에 거주하는 이들은 구매력이 낮아 넓은 시장을 형성하지 못했다.

쿠웨이트, 카타르, 아랍에미레이트와 같은 작은 규모의 왕국을 제외한 알제리, 이란, 이집트 등과 같은 대국들은 석유수출국임에도 불구하고 주민들이 대부분 빈곤 상태에 처해 있다. 삶의 질을 나타내는 수치 중의 하나인 기대 수명은 60~70세 정도로 낮은 편은 아니지만 성인들의 문맹률은 다소 높다. 특히 여성의 문맹률이 높아 젊은 여성 인력을 쓸모없게 만들고 있다. 이 지역은 이제 무엇보다도 자유주의와 개인주의를 거부하며 알라신에 대한 기도와 금욕으로 자신의 생활을 영위할 수 있도록 하

**무어족**
아프리카 북서부에 살고 있는 혼합 민족으로 8세기 이베리아반도 침입 당시 그곳에 정착했던 베르베르인과 아랍인이 혼합·형성되었다. 인종적으로는 코카서스(백인)인종이나 아랍어를 사용하고 이슬람교를 믿는다.

그림 9-1. 기도하는 무슬림  라마단 기간 중 이슬람교도들의 기도가 절정에 이른다. 이 기간에는 해가 떠 있는 동안 음식뿐만 아니라 담배, 물, 성관계도 금지된다. 라마단이 끝난 다음날부터 축제가 3일간 열려 맛있는 음식과 선물을 주고받는다(자료: Wikipedia ⓒ Mostafameraji).

고 있지만 이는 서구 민주적인 제도와의 결합이 필요하다. 2011년 초 튀니지, 이집트의 장기 독재정권이 반정부 민주화 시위에 의하여 축출되고 리비아, 예멘, 알제리 등도 장기 집권에 따른 민주화의 열망을 저버리기 어렵게 되었다. 이른바 '오일머니'로 국민에게 복지를 제공하는 대신 정치 참여를 막아온 사우디아라비아 등 걸프 지역 왕정 또한 단일 정당체제 속에서 정권을 억압적으로 유지했으며 왕족 일가의 전횡 때문에 국민의 불만이 잠재되어 있다. 이슬람주의에 힘입어 왕정 또는 장기 독재, 경제 악화가 묵인되어 온 이 지역은 서구적 민주화의 가치를 실현시켜야 할 과제를 안고 있다. 이에 대한 해결이 실패한다면 막대한 양의 석유 자원에도 불구하고 높은 인구증가율, 협소한 경지면적, 대도시에서의 공업 발달에 따른 식량과 원료의 수입, 빈부 격차 등과 같은 문제를 해결하기 어렵다. 종교적 관행과 함께 이슬람 문화가 갖는 엄격한 율법을 바탕으로 이루어지는 문제 중에서 문맹률, 특히 여성의 문맹률을 낮추고, 일부다처제의 전통을 개혁한다면 풍부한 석유 자원이 갖는 이점이 더욱 빛을 볼 수도 있다.

한편, 터키에서 쿠르반 바이람으로 알려져 있는 희생제는 이슬람인에게 가장 중요한 축제일이다. 이날은 메카 순례 여행의 절정인 이슬람력으로 12월 10일이다. 이 축제는 가축을 제물로 바치는 집단 예배의 하나이며 제물을 바침은 순례 여행의 끝을 의미한다. 제물을 바치는 일은 대개 남자가 하며 그 남자는 메카를 향하여 니야(Niyyah, 본래 깨끗한 본성과 행동의 의도를 말함)를 읊고 제물을 바치는 사람들의 이름을 말한 다음 '알라의 이름으로', '알라는 가장 위대하시다'라고 말하면서 양, 낙타, 소 등과 같은 동물의 숨통과 경정맥 모두를 단숨에 잘라 제물로 바친다.

이때 도축되는 동물은 주로 양으로 이슬람에서는 양을 신성한 동물로 취급한다. 아브라함이 하느님과의 약속대로 자기 아들을 제물로 바치려는 순간 하느님이 양을 대신 제물로 바칠 것을 명하셨다는 전설에 따른 것이다. 아브라함의 아들 이름이 코란에는 나오지 않지만 이슬람에서는 보통 희생양의 이름이 이스마엘이었을 것으로 본다. 아들을 다시 얻을 수 있으리라는 희망이 없는 나이에 외아들을 제물로 바치려는 아브라함의 순종이 얼마나 깊고 위대한지를 보여준다고 하며 둘째 아들 이삭은 순종에 대한 보상이라고 여긴다. 희생제 때 도축된 제물은 여러 날 동안 참여자들이 먹어치우게 된다.

이슬람지역에서 유목이 절대적으로 필요한 생활양식이기 때문에 그 가축을 식용하는 데에 어떤 법칙과 예절이 있기 마련이다. 코란에는 즉, 죽은 동물의 고기, 피가 흐르는 고기, 돼지고기, 알라 이외의 이름으로 도살된 동물의 고기, 때려잡은 동물의 고기, 교살당한 동물의 고기, 추락사한 동물의 고기, 야수가 먹고 남긴 고기, 도박에서 분배된 고기 등을 먹지 못하게 금지하고 있다. 규정된 도살법은 알라의 이름으로 가장 고통을 주지 않고 도살하는 희생제의 방법과 같다. 피를 먹는 것은 금지되지만 도살 후 고기 속에 남아 있는 것은 예외이며 포도주와 같이 취하게 하는 음료는 금지되지만 약용 식물과 융합하여 마취제로 사용되는 것은 허용된다. 극한 상황에서는 금지된 음식도 허용되며 하디스에 의해서 식사의 집단주의가 강조된다.

이슬람 사회에서는 식사 시간에 친구나 친척집을 방문해도 전혀 실례가 되지 않으며 식사 초대에 기꺼이 응해야 하며 초대받지 않은 동행인도 맞이하는 것이 보통이다. 식사는 '알라의 이름으로 잘 먹겠습니다'로 시작하여, '알라를 찬양하며 잘 먹었습니다'로 끝내야 한다. 불결한 왼손을 사용해서는 안 되고 오른손 엄지, 검지, 중지 셋을 사용하여 먹어야 좋다. 하디스에서는 과식과 사양하지 않는 태도를 경계하는데, 주인은 손님에 대하여 성심껏 권유하고 음료 등을 마실 때 오른쪽에 앉아 있는 사람부터 돌린다. 손님을 관대하게 접대하는 예절에서 나온 타인에게 베푸는 헌금 관습인 '사다카'는 빈부로 인한 갈등을 완화하는 기능이 있다.

## 2. 분쟁과 갈등의 역사

서남아시아에서의 분쟁과 갈등의 상황은 제국주의 시대의 유산이며 그 직접적인 요인은 세계경제에서 차지하는 전략상의 중요성 및 종교 갈등에 있다. 아랍, 특히 팔레스타인과 이스라엘과의 분쟁은 **시오니즘**이 발단이 되었다. 19세기 말 유럽 전역에 흩어져 거주하던 유대인은 팔레스타인 지방에 합법적인 정부를 수립하는 것이 시오니즘의 주요 목표 중 하나라고 했다. 이에 따라 수천 명의 유럽 거주 유대인이 팔레스타인으로 이주하기 시작했고, 1917년 오스만제국이 영국과의 전쟁에서 패배하고 서남아시아에서의 영향력이 약화되자 시오니즘이 더욱 기승했다. 팔레스타인 지방에 원래 거주하던 아랍인과 유대인의 갈등이 점증하자 영국은 유대인의 이주를 제한하기에 이르렀다. 마침내 1947년 영국은 팔레스타인에서 철수하면서 UN에 이 문제를 넘기고 대신 미국이 이 문제를 중재하는 방안을 내놓았다.

미국의 방안은 팔레스타인 지방을 분할하여 아랍인과 유대인이 비슷한 면적을 차지하고 살도록 하고 예루살렘은 UN이 관할하는 국제도시로 하자는 것이었다. 그러나 1948년 이스라엘이 건국을 선포하자 전쟁이 발발했으며, 그 결과 이스라엘은 요르단강 서안을 제외한 대부분을 점령하고 예루살렘을 일방적으로 수도로 선포했다. 이스라엘은 1967년 기습적

시오니즘(Zionism)
서기 70년경의 유대인 반란을 진압한 로마제국에 의해 유대인들은 고향에서 쫓겨나 다른 나라를 전전하는 디아스포라(diaspora) 상태가 되었는데, 더 이상 떠돌아다니지 말고 조상들이 살던 팔레스타인으로 돌아가자는 주장이 19세기 말 유럽의 유대인들 사이에 대두되었다. 실제로 20세기 초부터 팔레스타인으로 이주하는 유대인이 증가하였으며, 결국 제2차 세계대전 후 이스라엘을 건국하게 되었다.

그림 9-2. 시오니즘의 등장　19세기 후반 러시아와 유럽을 휩쓸던 반유대주의(anti-Semitism)를 계기로 옛 시온(Zion) 땅에 유대인의 나라를 세우자는 움직임이 일어났다. 그 움직임이 바로 시온주의(Zionism) 운동이며 이스라엘 건국으로 이어졌다. 사진은 1940년대 시오니즘 청년 운동 포스터이다(자료: wikimedia).

인 전쟁을 일으켜 6일 만에 이집트의 시나이반도, 시리아의 골란고원, 가자지구, 동부 예루살렘 및 요르단강 서안을 점령하였다. 1982년 시나이반도를 이집트에 돌려주었으나 이스라엘의 영토 확장은 팔레스타인 난민 문제를 초래했다. 1964년에 **팔레스타인 해방기구**(PLO)가 발족해 이스라엘 정부와 대립해 오던 중 1993년 자치권을 얻는 조건으로 이스라엘과 평화협정을 체결하고 팔레스타인 자치 정부도 수립되었으나, 지금까지 대립 상태가 해소되지 않고 때때로 무력 충돌이 발생하고 있다.

중동 지역에서 미국 패권주의의 대표적인 예가 1991년의 걸프 전쟁이다. 이라크가 쿠웨이트를 자신의 영토라고 주장하며 침공했을 때 미국 등 서방 다국적군은 원유 때문에 이라크를 반대편에 섰고 1990년 8월 2일 새벽 이라크가 쿠웨이트를 무력 침공한 결과 1991년 미국과 이라크 사이에 걸프 전쟁이 발생했으며, 이는 결국 미국의 승리로 종결되었다.

하지만 이라크의 쿠웨이트 침공도 충분한 이유가 있다. 이라크는 예전부터 쿠웨이트의 독립을 인정하는 것을 꺼렸는데, 쿠웨이트 때문에 이라크의 페르시아만 접근이 제한되기 때문이다. 또한 이라크가 이슬람지역 일대의 맹주로 군림하고자 한 데도 그 이유가 있다. 이슬람지역의 맹주가 되려는 이라크에 대항하여 사우디아라비아-이집트-시리아의 반대 진영이 구성되었고, 이러한 골격이 반이라크연합의 핵심이 되었다. 이들 아랍 3국은 이라크의 지역패권주의, 즉 사우디아라비아의 안보체제를 와해시키면서 시리아와 이집트를 위협하는 지역 패권주의 시도를 물리치기 위하여 단결했던 것이다.

또한 2003년에 발발한 미국-이라크 전쟁도 미국 패권주의의 상징적 사건이다. 2001년 9월 11일 이슬람교도에 의한 미국 뉴욕시의 세계무역센터 빌딩 폭파 사건은 전 세계인을 전율시키기에 충분했지만 '테러와의 전쟁'을 선언한 미국은 아프가니스탄 전쟁에서 승리하고 여세를 몰아 '대량살상무기를 이라크가 은폐하고 있다'는 명분으로 미국의 부시 대통령이 페르시아만 지역에 20만 명의 미군을 집결시키고 2003년 3월 20일 이라크의 수도 바그다드의 폭격을 명령해 이라크를 침공한 것이다. UN의 승인 없이 영국과 연합 전선을 펼쳐 승리한 미국은 미국 내에서 테러가 일어날 가능성이 있는 경우 미국은 자신이 규정한 적을 일방적으로 처리하

**팔레스타인 해방기구**
이스라엘이 건국되기 이전부터 팔레스타인에 살고 있던 아랍인들의 다양한 저항 조직들을 통합한 정치 결사체이다. 1960년대 후반부터는 PLO 내에 군사조직이 창설되어 이스라엘에 대한 테러 공격을 하기도 했다.

## 이스라엘과 팔레스타인 문제

20세기 초부터 세계 각국의 유대인들은 건국의 꿈(시오니즘)을 가지고 팔레스타인으로 속속 모여들었고, 차츰 팔레스타인의 아랍인들과 갈등이 심해졌다. 이스라엘과 팔레스타인 간의 분쟁의 불씨는 제1차 세계대전 중 영국이 제공하였다. 당시 오스만터키가 점령하고 있던 팔레스타인 지방의 유대인과 아랍인들에게 영국은 각각 전쟁 후 건국을 약속하였지만, 같은 땅에 두 나라를 세울 수 없어서 그 약속을 지킬 수 없었으며, 유대인과 아랍인 사이의 갈등만 증폭시켰던 것이다. 제2차 세계대전이 끝난 후 1947년에 UN이 나서서 팔레스타인 땅을 유대인과 아랍인들이 나누어 가지도록 하는 중재안을 발표했으나, 팔레스타인의 거주민 비율은 아랍인들이 훨씬 높지만 반 이상의 땅을 유대인들에게 할당했기 때문에 아랍인들은 중재안을 거부했다. 이런 상황에도 불구하고 유대인들은 1948년 건국을 선언하고 국호를 이스라엘로 정했으나, 유엔의 중재안을 반대해 온 주변 5개 아랍 국가들은 선전포고를 했다. 이것이 제1차 중동전쟁(팔레스타인 전쟁)인데, 그 결과는 이스라엘이 승리하여 가자지구와 요르단강의 서안지구를 제

그림 9-3. 이스라엘의 분쟁 지역  이스라엘은 1967년 3차 중동전쟁에서 승리하면서 가자지구, 서안지구를 영토에 편입시키고, 골란고원은 강점하였다. 이 지역에서는 지금까지도 각종 분쟁이 발생하고 있다.

외한 대부분의 팔레스타인 영토를 차지하게 되었고, 예루살렘은 동서로 나누어 동쪽은 요르단, 서쪽은 이스라엘이 관할하기로 하였다.

그 이후에도 이스라엘과 주변 아랍 국가들의 갈등은 지속되어 1956년 제2차 중동전쟁(수에즈 전쟁), 1967년 제3차 중동전쟁(6일 전쟁), 1973년 제4차 중동전쟁(라마단 전쟁)이 발발하였다. 모든 전쟁은 대체로 이스라엘에 유리한 조건으로 휴전이 성립되었으며, 그 결과 동예루살렘뿐 아니라 가자지구, 서안지구까지 이스라엘 영토가 되었고, 시리아 영토인 골란고원까지 이스라엘이 점령하고 있는 상태이다.

팔레스타인의 아랍인들은 1964년 팔레스타인 해방기구(PLO)를 조직하고 저항한 끝에 1994년 가자지구에

그림 9-4. 예루살렘 성의 통곡의 벽(Wailing Wall)  서기 70년 로마 군대가 유대인들의 반란을 진압하고 예루살렘 성안에서 포로로 잡힌 유대인들을 처형하자 그들의 가족들이 이 성벽에 와서 울며 기도했다는 전설이 있다. 그 역사적 배경은 이곳을 이스라엘의 정체성을 상징하는 장소로 만들었으며, 지금도 많은 유대인들이 이곳에 와서 신에게 기원을 드리고 있다. 또한 이곳은 이슬람교의 창시자 무함마드가 승천했다는 장소이기도 하여 이슬람교의 성지가 되었다. 성벽 위의 황금빛 돔(바위 돔 사원)은 무함마드의 승천을 기리기 위해 691년에 건립된 것으로 현존하는 가장 오래된 이슬람 건축물이다(© 김학훈).

서 팔레스타인 자치정부를 수립할 수 있
었다. 그러나 계속된 팔레스타인 사람들
의 저항과 테러에 대해 이스라엘은 2005
년부터 가자지구에 장벽을 세우고 사실상
봉쇄로 대응하였다. 서안지구에 대해서는
지속적으로 키부츠(kibbutz) 같은 협동농
장과 유대인 정착촌을 건설하여 아랍인들
의 토지를 잠식해 들어갔다.

그림 9-5. 가자지구의 봉쇄 장벽   이스라엘은 2005년 팔레스타인
자치정부가 있는 가자지구에서 군대를 철수하면서 대신 700km에 이
르는 장벽을 쌓아 사실상 봉쇄에 들어갔다(© Cedoc).

2006년 이후 팔레스타인 자치정부에
서 집권한 이슬람주의 무장 정당인 하마
스(Hamas)는 간헐적으로 이스라엘에 대
한 자폭 테러와 무력 대립을 해왔으며, 그
때마다 이스라엘의 보복 공격으로 수많은 팔레스타인 민간인들이 사망하는 피해를 입었다. 2014년 여름 교
전이 발생했을 때는 무려 2000여 명의 팔레스타인 사람들이 사망했다. 2013년부터 팔레스타인 정부는 유엔
에서 투표권 없는 옵서버(observer) 국가 지위를 행사하고 있고, 많은 이슬람 국가들은 팔레스타인의 독립
을 인정했지만, 이스라엘이 실효적으로 점령하고 있기 때문에 주권을 가진 국가가 되지 못하고 있다. 2017년
에는 미국의 트럼프 대통령이 예루살렘을 이스라엘의 수도로 인정한다는 발표를 하여 팔레스타인 사람들의
대규모 시위를 촉발하기도 했다.

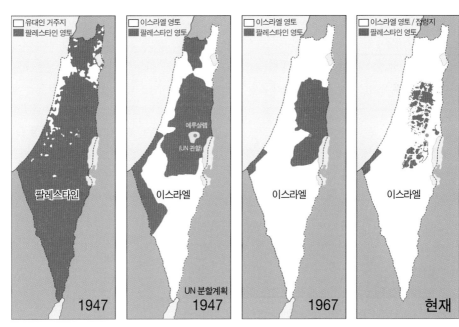

그림 9-6. 팔레스타인 영토의 축소   1947년에 발표된 유엔의 팔레스타인 분할계획에 따라 1948년 건국한 이스라엘은
4차례의 전쟁을 치르고 유대인 정착촌을 확대하면서 팔레스타인의 영토를 지속적으로 잠식하였다. 현재 팔레스타인 아랍
인들은 가자지구와 서안지구에만 집중적으로 거주하고 있다(자료: www.ifamericaknew.org).

## 테러리즘과 이슬람의 빈곤

무슬림은 평화와 형제애를 강조하는 보편 종교의 하나이며 수억 명의 신도로 이루어진 세계적인 종교이다. 하지만 최근 무슬림들에 의한 테러가 빈번해지고 있어 이에 대한 이해가 요구된다. 과거에는 이슬람에게 방해되는 특정 집단을 상대로 한 테러가 일반적이었지만 9·11 사태 이후로는 불특정다수를 향한 테러가 빈발하고 있다. 스스로를 죽이면서까지 테러를 저지르는 이유에 대해 의문을 가지게 된다. 이것은 테러리즘의 사회경제적 요인과 이슬람교 내부적 요인으로 나누어 설명할 수 있다.

서구를 향한 적개심이 사회경제적 요인이다. 서구의 만행 중 첫 번째인 십자군 전쟁은 무슬림의 기억에 잊히지 않는 상처를 남겼다. 기독교에 대한 적대감이 폭력성을 강화하는 계기가 되었다. 서구 식민 지배로 차별 대우와 심한 굴욕감을 느낀 것이 두 번째 요인이다. 세 번째는 서구 국가들이 팔레스타인 땅에 이스라엘 건국을 도왔고 대 이스라엘 전쟁에서 아랍 국가들의 참패로 아랍 국가들이 강한 분노를 느껴 이슬람 무장단체들이 만들어졌다. 마지막으로 미국이 정치적·경제적 힘으로 아랍 진영의 분쟁에 깊이 개입함으로써 이슬람 테러의 잘못은 무슬림들에게 있는 것이 아니라 바로 미국 등의 서방에 있다고 다수가 믿게 되었다는 것이다.

그러나 이슬람 테러는 사회경제적 요인만으로는 쉽게 설명이 되지 않는다. 역사적으로 이슬람은 원초적으로 테러리즘의 성향을 지녔다는 것이다. 또 한편 지배와 억압이 폭력의 원인이라면 전 지구상에 서구의 지배와 억압을 당한 다른 민족이나 국가들도 같은 행동을 해야 하는데 그렇지 않다는 것이다. 오히려 서구로부터 착취당한 소수이며 비서구인들에 대한 이슬람의 테러는 설명하기 어렵다. 그래서 이슬람교의 창시자 무함마드가 '박해가 사라지고 종교가 온전히 알라의 것이 될 때까지 지하드하라'고 한 가르침에서 그 원인을 찾아야 한다. 무함마드가 지하드를 명령했을 뿐 아니라 그 자신이 직접 지하드를 수행한 점으로 미루어 이슬람교도의 호전성과 폭력성을 부정할 수 없다고 본다.

결론적으로 19세기 초 이후 오늘에 이르는 200년간 서구의 영향으로부터 이슬람 사회를 개혁하고자 했으나 성공을 거두지 못한 데서 테러리즘의 원인을 찾아야 한다고 본다. 원리주의자들은 자신들이 문제의 원인을 서구적으로 개혁하지 못한 점을 인정하지 않고 이슬람의 근본으로부터 멀어진 것이라고 보고 현대와 전혀 맞지 않는 중세적인 계율과 규율에 집착하고 있는 것이다. 특히 서구의 민주주의 국민 주권은 신에 속한 것이라고 하여 1500년으로 회귀하고자 하는 비합리성, 폐쇄성, 전근대성을 지지하게 되므로 이슬람 사회는 독재와 빈부 격차, 사회 빈곤의 양산을 가져오게 되는 것이다(자료: 조성학·김선정, 2015).

그림 9-7. 이슬람의 테러단체 '지하디스트(jihadist)'는 알라의 뜻에 따라 성스러운 전쟁을 치르는 사람이라는 뜻이다. 본래는 '침입을 받을 경우에만 최소한의 방어적 수단으로 무력을 쓰라는 뜻'이었으나 "공격적인 지하드가 신자의 의무"라고 변질되었다(자료: Wikimedia).

겠다는 의지를 이 전쟁을 통해 강하게 표출했다. 그러나 UN의 무기 사찰단장 한스 블릭스(Hans Martin Blix)는 끝내 대량살상무기를 이라크에서 발견하지 못했다고 발표했다. 미국은 이라크와의 전쟁에서 원유를 안정적으로 확보하면서, 원조 및 투자와 같은 보상을 통해 주변국들이 전쟁에 중립을 지키거나 협조하도록 만드는 선례를 만드는 데 성공했다.

여러 차례의 전쟁을 통해 확인되었듯이 미국 위주의 패권주의와 세계화에 대항한 이슬람 세력은 전 세계의 무기개발 경쟁을 가속화시키는 데 일조해 왔다. 특히 이슬람 세계와 서방 세계의 전쟁으로 확전된 걸프 전쟁은 초강대국만이 통제할 수 있는 위성, 스텔스 폭격기, 잠수함 발사 미사일, 조기 경보기, 인공위성에 의한 정보의 입수 등 미래의 전쟁이 어떤 방식으로 벌어질지를 가늠하게 한 전쟁이었다. 레이더에 잡히지 않는 F-117 스텔스 폭격기, 토마호크 순항미사일, 수많은 종류의 레이저 유도 및 TV 유도 폭탄, 미사일과 같은 정밀 유도탄, 적외선 탐지기와 같은 야간 투시장비, 광역 전자통신체제 등의 성능이 걸프 전쟁을 통해 입증되어 장래 무기개발 경쟁의 방향을 제시해 주었다.

국민총생산액 대비 무기 구입 비용의 비율을 보면 세계의 여러 지역들 중에서 서남아시아와 북부 아프리아카가 제일 높으며, 이 중에서도 오만, 사우디아라비아, 이스라엘, 예멘, 쿠웨이트 등이 높은 비율을 보인다. 그러나 동아시아에 속해 있는 북한에는 훨씬 미치지 못한다. 물론 각 국가의 경제발전 수준을 고려한다면 저개발 국가들의 높은 비율이 절대적인 의미를 갖지 않는다. 하지만 경제 수준을 초과한 군비 투자가 이루어지고 있는 현실은 세계화의 지향점과 견주어 생각해 볼 여지를 많이 남겨둔다고 하겠다.


## 3. 이슬람 세계의 민주화

2011년 이른바 '아랍의 봄'은 유럽 관광객의 천국으로 알려진 튀니지에서 비롯되었다. 한 청년의 분신이 벤 알리 대통령의 퇴진을 가져왔고, 이집트의 대통령 무바라크도 시민 투쟁을 견디다 못해 동일한 길을 걸었다. 리비아에서의 정권 퇴진 운동은 외세가 개입한 내전으로 이어졌다. 이러한 민주화 운동은 '아랍예외주의'에 대한 도전으로 향후 앞으로의 귀추가 주목될 만하다.

'아랍예외주의'란 아랍인이나 이슬람인은 유럽인과는 질적으로 다르다고 하는 오리엔탈리즘의 한 종류이다. 20세기 초까지 오랜 기간 동안 중앙집권적 제국의 정치체제를 경험함으로써 권위주의에 익숙해졌고 근대 이후로는 서구의 강력하고 지속적인 개입을 겪으면서 외세로부터 자신들을 보호해 줄 강력한 정치권력을 선호하는 성향이 있다는 것이다. 더구나 국가가 원자재 수입을 통제하며 고유한 부족 차원의 강한 연대가 국민국가 차원의 민주주의를 어렵게 만든다는 설명이 '아랍예외주의'의 주된 내용이다.

최근 아랍의 권위주의 정권들이 민주화를 요구하는 시민의 저항에 직면하게 된 배경에는 권력과 부의 독점과 부패, 인권침해, 물가폭등과 실업, 특히 심각한 청년 실업문제와 이로 인한 청년세대의 박탈감, 노조, 사회단체, 정당의 의존으로부터 벗어나 자발적인 참여와 소셜미디어의 등장 등이 있다. 튀니지의 경우 경제성장의 과실은 관광지역이자 공장이 집중되어 있는 해안지대가 차지하고 내륙의 낙후지역의 주민, 특히 청년들이 심한 박탈감을 느껴 민주화의 선봉에 서게 되었다. 이집트도 튀니지와 마찬가지로 경제적 요인이 크게 작용했는데, 실질 소득이 감소하는데 물가는 인상되고 실업률이 높아지는 상황이 2004년 말부터 시위와 파업으로 이어지게 되었다. 알제리는 비공식 부문에 종사하는 빈곤한 도시 서민들의 문제가 반정부 운동의 주요 배경이었다. 즉 2007년부터 진행되어 온 노점상, 암시장, 도시 빈민의 철거 및 이전 문제를 둘러싸고 지역 단위의 투쟁이 촉발되어 부자들과 다국적 기업에 대한 특혜가 불만의 정점에 달했다.

이슬람 원리주의의 미명 아래 정권과 극소수 지배

그림 9-8. 튀니지의 민주화 2010~2011년 독재 정권에 반대해 전국적 시위로 확산된 튀니지의 민중혁명으로, 튀니지에서 흔히 볼 수 있는 꽃 재스민 이름을 따 재스민 혁명으로도 불린다. 2010년 말에 시작된 튀니지 혁명은 아프리카 및 아랍권에서 쿠데타가 아닌 민중봉기로 독재정권을 무너뜨린 첫 사례가 되었다(자료: Wikimedia).

충의 권력 독점이 이루어지고 이를 정치 경찰에 의한 억압적 지배에 의존해 해결함에 따라 대다수 사회구성원은 유리되고 독립운동, 민족주의 이데올로기, 아랍식 사회주의는 더 이상 설득력을 갖지 못하게 되었다. 더구나 국가가 위로부터 추진한 재이슬람화는 실업이나 양극화 같은 경제적 상황의 악화를 해결하기에는 역부족이었다.

북아프리카의 튀니지, 알제리, 리비아 등의 민주화운동은 정치적 성숙·시민사회·국가의 불가능성이라고 하는 이 지역에 대한 기존 인식에 극복할 수 있는 현실적 근거를 제공하고 있다는 점에서 중요하며, 그동안 이슬람 종교에 갇혀 있던 아랍 세계를 개방화하는 전환점이 될 수 있다. 오리엔탈리즘이라고 하는 예외주의로부터 서구의 민주주의가 승리하고 서구의 경험을 이러한 지역에 적용될 수 있는 가능성을 보여주는 점에서 중요하다. 후쿠야마의 '역사의 종말'론이나 헌팅턴의 문명론이 실험을 거치는 과정에 있다고 보아야 할 것이다.

## 4. 이란의 핵 개발과 경제발전

페르시아만 국가들은 시아파가 다수인 이란을 좋아하지 않는다. 하지만 그들은 전쟁보다는 평화를 원하며 이미 거대한 자본을 이란으로부터 유치했기 때문에 이란의 영향력 아래 놓여 있다고 해도 과언이 아니다. 오늘날 이란과 관련된 위기는 1954년 미국이 모하마드 모사데크 정권을 전복시키면서 시작됐다.

1980년에 발발한 이란-이라크 전쟁은 페르시아 전통(이란)과 아랍 전통(이라크)이라는 문화적 차이에서 시작됐다. 양국 간 갈등은 이란이 페르시아만 입구의 작은 섬 3개를 침공하면서 시작됐다. 원래 이라크의 영토였던 3개의 섬이 아랍에미레이트 영토가 되자 이란이 그곳을 침략한 것이다. 이라크는 이를 비난하고 이란은 이라크 내의 산악지대에 거주하고 있는 쿠르드족의 분리 독립을 지원했다. 이라크는 이를 아랍 주권에 대한 모독으로 간주했고 8년간 전쟁을 치르게 되었다. 9세기경 아랍인에 의하여 페르시아제국이 정복된 이후 남아 있던 앙금이 이란-이라크 간의 전쟁으로 비화된 것이다. 이라크를 지원했던 미국과 영국 등 서방 세계는 서남아시아 지역의 원유 생산이 차지하는 막대한 비중 때문에 어느 한쪽의 패권을 인정하기 어려운 입장이었다.

이제 전략적 패권국으로 부상한 이란은 수차례에 걸쳐 미국이 이란의 정권을 전복시키려 한 사실을 잊지 않고 있으며 미국에 충분히 대항할 수 있는 힘을 길러왔다. 이란은 페르시아만에 있는 많은 섬들을 오랫동안 요새화했고 미국의 항공모함 전단을 뚫을 수 있는 무인항공기를 독자적으로 개발 배치했을 뿐 아니라 핵무기 개발이 임박했음을 보여주기도 한다. 이란은 일본, 중국을 비롯한 미국의 여러 동맹국에 일 평균 250만 배럴의 석유를 판매하고 있으며, 외환보유고는 사상 최고 수준이다. 이란은 그 돈으로 최첨단 러시아제 무기를 구입하고 러시아와 가까운 사이가 됐다. 이란의 핵개발은 2015년 IAEA와 이란과의 '과거 및 현재 핵활동 규명을 위한 로드맵'을 체결하고 검증·모니터링 활동을 했으나 미국과 이란 간 긴장이 고조되어 2018년 5월 미국은 JCPOA 탈퇴를 선언했다.

이란이 내부적으로 어떤 문제를 가지고 있든지 간에 미국의 군사적 위협에 맞설 수 있는 결속력은 강하며 2002년 전쟁 시뮬레이션에서 미국

그림 9-9. 이란의 핵개발  이란의 핵개발 문제는 이란의 반체제 조직이 2002년 8월에 국제원자력기구(IAEA)에 신고하지 않은 우라늄 농축 공장이 존재함을 알리면서 주목받기 시작했다. 이란은 평화가 목적이라는 것을 강조하고 있지만 핵확산금지조약(NPT)의 완전 준수, 강화된 사찰제도의 안보조치 추가의정서에 즉시 무조건 서명할 것 등이 요구되고 있다. 사진은 아라크의 IR-40 중수로 (자료: Wikimedia ⓒ Nanking2012).

이 패배했다는 사실은 믿을 만하다. 이스라엘이 미국과 협공을 하는 것도 간단하지 않다. 이스라엘인들이 시리아 상공을 무사히 넘어올 수 있다면 그러하겠지만 이제 사우디아라비아나 쿠웨이트가 망설이게 될 것이다. 중동 지역에서 아랍과 페르시아의 패권 경쟁은 이라크의 약화로 인해 이란에게 절대적으로 유리한 여건이 조성되었음은 명백하다.

## 5. 터키의 개혁과 비전

터키는 신오스만주의(Neo Ottomanism)라는 외교 정책을 수립하여 과거 오스만제국이 지배한 지역의 국가들과의 화해 및 협력을 통하여 강대국으로 발전하고 있다. 2002년 정치적 안정을 되찾은 터키가 높은 경제성장을 보일 수 있는 것은 수출 덕분이다. 터키의 주요 수출시장은 러시아와 중동국가로서 이란·시리아·리비아 등과 활발히 교역하고 있다. 외국 자본의 투자도 활발해 아제르바이잔 정부가 터키 석유화학의 대주주이며 사우디아라비아가 이슬람 금융 부문에 투자했다. 터키 투자의 장점은 낮은 임금에도 불구하고 양질의 노동력이 풍부한 점이다.

2010년 6월 터키는 레바논·요르단·시리아 등과 자유무역협정을 추진하는 데 합의했다. 시리아와의 국경선에 매설된 지뢰 제거, 유프라테스강 댐의 방류에 의한 시리아의 가뭄 해결, 이라크와의 철도 운행 재개, 이란과의 자유무역지대 개설 등도 실현시켰다. 터키에는 중동과 중앙아시아의 원유관과 천연가스관이 모두 지나간다. 아제르바이잔 바쿠와 조지아 트빌리시를 거쳐 터키 제이한에 이르는 길이 1768km의 석유 파이프라인이 건설되어 있고, 이라크 북부의 키르쿠크에서 제이한까지 송유관도 운행 중이다. 특히 유럽연합은 아제르바이잔과 투르크메니스탄 등에서 생산된 천연가스가 불가리아·루마니아·헝거리·오스트리아로 수송되는 파이프라인 건설에 터키와의 협력에 나서고 있다.

러시아는 천연가스를 흑해 해저를 거쳐 수송한 후, 한 갈래는 그리스·이탈리아 남부로, 다른 한 갈래는 세르비아·헝가리·오스트리아·슬로베니아·이탈리아로 각각 공급하는 사우스스트림 가스 파이프라인 건설 협정을 터키와 체결했다. 이제 유럽의 에너지 소비국은 물론 러시아와 중동 및 중앙아시아의 에너지 생산국도 터키의 눈치를 보지 않을 수 없게 됐다. 터키가 원유, 천연가스 등의 물류 요충지에 위치하고 있기 때문이다. 러시아와 원전 건설 협정을 맺은 터키가 유럽연합 회원국이 되려는 시도와 함께 중국과의 철도건설에 의한 실크로드 복원 계획이 실현된다면, 이러한 지리적 이점을 활용하여 터키가 오스만제국의 영광을 재현하는 것은 어려운 일이 아니다.

더구나 터키는 실크로드의 종착지이며 아시아와 유럽의 문화 교차지로서 이와 관련된 역사문화 유적들이 많이 남아 있다. 자연적으로 형성된 석회암 지형을 이용한 터키인의 생활 모습과 지중해, 에게해, 흑해의 아름다운 모습도 세계의 관광객들을 끌어들일 수 있는 매력적인 요소이다. 오늘날 이스탄불을 포함한 터키 전역은 관광객의 방문 증가로 관광업이 호황을 누리고 있다. 터키에는 비잔틴제국과 오스만제국이 남겨놓은 궁전, 사원, 박물관, 기념탑, 성벽 등 역사유적지가 수를 헤아릴 수 없을 만큼 많다. 특히 이스탄불은 두 제국의 수도로서 1600년 동안 존속되어 인류 문화의 흔적을 고스란히 담고 있는 세계적인 관광도시이다.

이스탄불에서는 술탄 아흐메트 사원(일명 블루 모스크), 성 소피아 성당, 톱가프 궁전 등이 유명하다. 카파도키아는 인근 위르겁과 함께 세계적인 석회암지대로서 1985년 세계자원 및 문화유산으로 지정되었다. 그곳의 괴레메 야외 박물관에서 4세기 전후 초기 기독교 교회의 수도사들이 신앙생활을 하던 주거 유적지를 볼 수 있다. 동굴 교회, 채색되어 아름다운 성화, 석회암층 깊숙이 파놓은 거실, 창고, 침실 등은 당시 기독교인의 신앙생활을 엿볼 수 있는 흔적이다. 에게해 연안의 에페소 등의 여러 도시는 그리스, 헬레니즘제국, 로마제국의 지배를 받았고 사도 바울이 세 차례에 걸쳐 전도 여행을 한 곳으로 기독교 초기 교회가 세워진 곳이다. 에페소에는 성모마리아의 집으로 공포한 곳이 있으며 로마 트라야누스 황제 시대에 건립됐다는 셀수스 도서관을 볼 수 있다.

보스포루스 해협 크루즈도 유명하다. 지중해와 흑해를 연결하는 보스포루스 해협은 동서양을 가르는 지정학적 요충지로서 역사적·문화적 상징성을 내포하고 있다. 과거에는 이슬람의 성지 순례와 관련된 여행 숙박

그림 9-10. 터키의 관광지 카파도키아  카파도키아는 카르스트 지형이 유명하며 동쪽으로 소아시아 동부의 광대한 목장이 발달되어 좋은 가축, 곧 말과 양을 많이 사육하는 것으로 유명하다. AD 17년 이후 티베리우스 황제에 의해 로마의 한 속주가 되었으며, 신약 시대에는 디아스포라 유대인들도 다수 거주하여 많은 기독교인들이 방문한다(자료: Wikimedia ⓒ Bernard Gagnon).

업 이외에는 본격적인 관광산업이 발달하지 못했지만 터키의 관광 여행업은 성시를 이루고 있고 주변 국가에도 영향을 미치게 되었다.

요르단은 성경에 나오는 성소가 75군데나 있지만 외국인이 여행하기 쉽지 않았다. 1998년 요르단은 자국의 산업을 농업 등과 같은 1차 산업에서 3차 산업으로 구조를 고도화시키기고 자국의 자연, 문화자원을 보호하기 위하여 관광업 발달을 장려했다. 요르단이 장려하는 문화자원은 2000년 전에 탄생한 기독교의 역사 유적지와 관련이 깊다. 예를 들어 7세기경 건립된 비잔틴 교회 터는 예언자 엘리아의 탄생지이며 예수 그리스도가 세례를 받았다고 전하는 곳에 건축되었음이 발굴을 통하여 알려졌다. 요르단은 베다바라 교회 등 수많은 유적지가 방문객에 의해 훼손되는 것을 방지하기 위하여 왕립위원회를 조직하여 운영하고 있다. 요르단의 관광 여행업에서 생태 관광 및 온천관광이 출현한 것은 흥미롭다. 여행에 장애가 되었던 사해와 홍해 및 주변의 사막 등을 개발하여 그 한 예로 서남아시아의 가장 큰 온천을 사해에 개발했다. 해수면 이하에 위치한 사해는 염도가 매우 높아 전 세계인의 관심을 받는데, 이에 더하여 온천이 개발됨으로써 이제 확실한 관광지로 자리매김하게 된 것이다.

# 10 중부 및 남부 아프리카

사하라 사막 이남의 아프리카 지역은 동아프리카 대열곡(Great Rift Valley)을 제외하면 다른 대륙에 비해 상대적으로 평탄한 지형이 연속적으로 나타난다. 사하라 남부와 적도 지역에서는 해발고도가 낮은 엘주프, 차드, 수단, 콩고 등의 분지 지역들이 연속되어 분포하며, 니제르강, 콩고강 등이 이러한 분지 내 하계망을 형성하고 있다. 반면 동아프리카에는 중심축에서 양쪽 바깥 방향으로 지각이 서로 멀어지는 지각 운동에 의하여 형성된 대열곡과 산지들이 자리 잡고 있다. 동아프리카의 대열곡은 홍해에서 시작되어 에티오피아를 관통하여 아프리카 남동부의 스와질란드에 이르기까지 그 길이가 약 9600km에 이른다. 에티오피아에서 탄자니아를 잇는 이 열곡을 따라 빅토리아호, 탕가니카호, 말라위호 등의 대형 호수가 분포하고 열곡 주변에는 해발고도 4000m이상의 높은 산지들(가령, 카메룬산, 케냐산 등)이 연속되어 화산과 지진이 빈번하다. 남아프리카 지역은 칼라하리 분지가 넓게 차지하고 있고, 남동부에서는 드라켄즈버그산맥이 동쪽 해안선을 따라 위치한다. 한편 남아프리카 서쪽 해안을 따라서는 아열대 고기압 이외에 남서 해안을 따라 북상하는 차가운 해류의 영향으로 나미브 사막이 길게 나타난다.

해들리 순환의 영향으로 적도 아프리카 지역에서는 열대우림이 탁월하며, 그 주변에 열대 사바나와 건조 스텝 기후 지역이 대상으로 나타난다. 열대우림의 가장자리에는 해들리 순환의 남북 계절 진동에 따라 건기와 우기가 뚜렷하게 구분되는 사바나 기후대가 나타난다. 사바나 기후대에는 건기에 바싹 마른 장초가 넓게 펼쳐지는 식생 경관에 야생동물들이 마실 물을 찾아 이동하는 모습이 나타난다. 한편 남서부 기니만 지역을 중심으로는 연강수량이 2000mm 이상이고 북반구 여름철(6~8월)에 주로 강수가 집중되는 열대 몬순 기후대가 나타난다. 그 이북의 사헬 지대는 반건조 스텝 기후가 동서 대상으로 길게 나타나며 강수의 경년 변동으로 수자원을 확보하는 데 많은 어려움을 겪는다. 남아프리카에서는 남서부 해안 지역을 중심으로 동쪽의 대열곡 주변의 산악 지역을 따라서는 동서의 대상 기후 지역 분포를 벗어나 고산 기후 지역이 나타난다. 아프리카 남동쪽에 위치한 마다가스카르의 경우에는 동풍 계열의 영향으로 북동 해안을 따라서 강수가 집중하고 남서 해안을 따라서는 매우 건조한 기후가 나타난다.

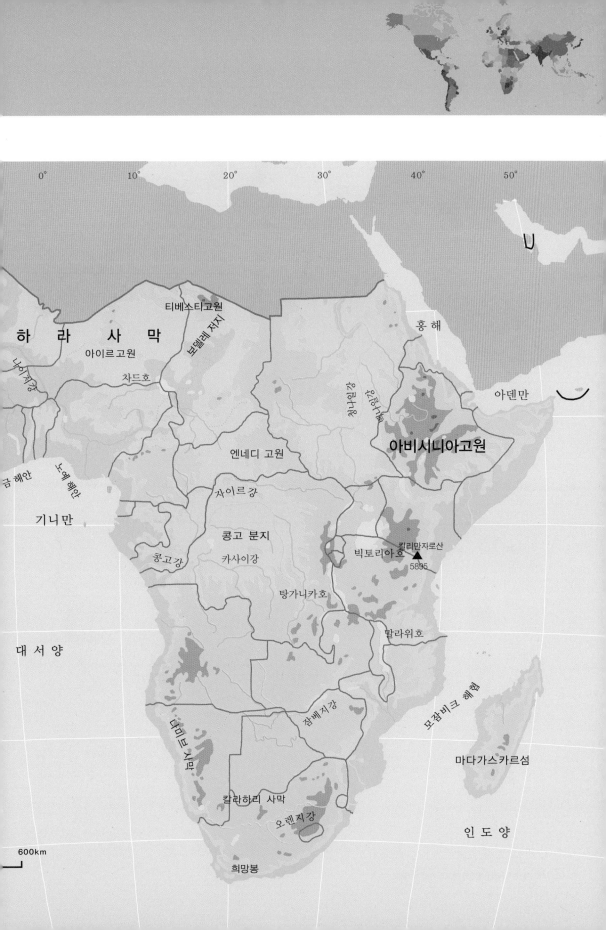

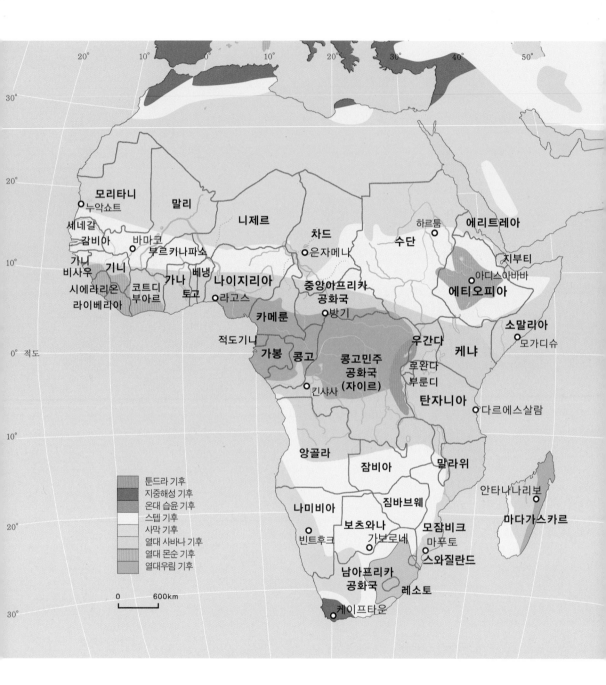

툰드라 기후
지중해성 기후
온대 습윤 기후
스텝 기후
사막 기후
열대 사바나 기후
열대 몬순 기후
열대우림 기후

0    600km

모리타니
　누악쇼트
세네갈
　잠비아
감비아
가니
비사우  기니
시에라리온
라이베리아

말리

니제르

차드
　은자메나

수단

하르툼

에리트레아

지부티
　아디스아바바
에티오피아

소말리아
　모가디슈

바마코
부르키나파소

가나  베냉
코트디  토고
부아르

나이지리아
　라고스

중앙아프리카
공화국
　방기

적도기니

카메룬

가봉  콩고

콩고민주
공화국
(자이르)
　킨샤사

우간다

케냐

루완다
부룬디

탄자니아

다르에스살람

앙골라

잠비아

말라위

안타나나리보

나미비아

짐바브웨

보츠와나
　가보로네
　빈트후크

모잠비크
　마푸토
스와질란드

마다가스카르

남아프리카
공화국
　케이프타운

레소토

20°  10°  10°  20°  30°  40°  50°
30°
20°
10°
0° 적도
10°
20°
30°

# 중부 및 남부 아프리카의 역사지리 연표

| | | | |
|---|---|---|---|
| 1505 | 포르투갈, 동아프리카에 무역기지 설립 | 1914~1915 | 제1차 세계대전으로 독일 식민지 상실 |
| 1571 | 포르투갈, 앙골라에 식민지 건설 | 1935~1936 | 이탈리아, 에티오피아 정복 |
| 1652 | 네덜란드, 케이프 식민지 설립 | 1949 | 남아프리카에 아파르트헤이트 성립 |
| 1659 | 프랑스, 세네갈에 무역기지 설립 | 1957 | 황금 해안(가나) 독립 |
| 1806 | 영국, 케이프 식민지 장악 | 1960 | 대다수의 식민지 독립 |
| 1807 | 영국, 노예무역 폐지 | 1965 | 남부 로디지아(짐바브웨), 독립 선언 |
| 1860 | 프랑스, 서부 아프리카 장악 | 1967 | 나이지리아 내전 발생 |
| 1884 | 독일, 남서 아프리카 장악 | 1975 | 포르투갈, 모잠비크와 앙골라를 독립시 |
| 1886 | 독일이 영국과 함께 동아프리카 분할 | | 킴 |
| 1890 | 로디지아 식민화 | 1993 | 남아프리카에서 아파르트헤이트 철폐 |
| 1896 | 이탈리아, 에티오피아 정복 시도 | 2002 | 세네갈, 월드컵 축구 8강 진출 |
| 1899 | 보어 전쟁 시도 | 2010 | 남아공 월드컵 개최 |
| 1910 | 남아프리카 연방 성립 | | |

그림 10-1. 에티오피아 곤다르(Gondar) 왕국의 아디암 세게드 리야수(Adiam Seghed Iyasu)성((ⓒ 옥한석)

그림 10-2. 한국 농진청이 에티오피아에 세운 KOPIA 농업협력 시험포(ⓒ 옥한석)

# 1. 아프리카의 식민화 과정

대서양에서 홍해에 이르는 사하라 사막은 아프리카 북부를 동서로 가로지른다. 북위 15°~20°에 걸쳐 있는 사하라 사막을 경계로 이북은 북부 아프리카, 이남은 검은 아프리카(Black Africa)라고 부르기도 한다. 이 지역에는 마다가스카르 등 대서양과 인도양의 군도를 포함하여 40여 개국이 존재한다. 오래된 대륙으로 광물자원이 풍부한 지역이다. 그럼에도 2010년 1인당 국민총생산액은 2000달러 미만으로 개발도상국의 절반, 라틴아메리카의 1/5, 세계 평균의 1/8에 불과하여 남아시아와 함께 가장 빈곤한 대륙으로 알려져 있다.

라틴아메리카와 사하라 이남의 아프리카는 열대지방에 위치한다는 것 말고도 닮은 점이 많다. 유럽의 초기 식민지였으며 각 국가별 경계선이 식민지 당시의 경계선을 따르고 있다는 점, 서부 유럽과 미국의 원료 공급기지로 취급되었던 점 등 여러 가지가 비슷하다. 기후적인 다양성에서 차이가 있긴 하지만 두 지역은 모두 넓은 열대우림을 포함하고 있다는 점도 공통점이다. 그러나 아프리카는 라틴아메리카에 비해 유럽 이주민들의 후예가 그리 많지는 않으며, 문화적으로 본래 아프리카의 고유한 삶으로 회귀하는 모습을 보여주기도 한다.

사하라 이남의 아프리카는 인류의 기원지로 알려져 있지만 수천 년 동안 아프리카 이외의 세계에 큰 영향을 미치지 못했으며, 오히려 인도양의 해안 지역과 북부 아프리카 지역에서는 7세기 이후 아라비아와 이슬람의 지배를 받았다. 또한 15세기 이후에는 서부 아프리카 연안을 따라 유럽이 진출했다. 특히 16~19세기에는 아프리카와 아메리카를 잇는 **노예무역**의 공급지로서, 오늘날에는 노예무역이 남겨놓은 신대륙의 아프리카 문화의 원산지로 인식되고 있다. 대서양 기니만 연안의 후추해안(Pepper Coast), 상아해안(Ivory Coast), 황금해안(Gold Coast), 노예해안(Slave Coast) 등의 독특한 지명과 **코트디부아르**(Côte d'Ivoire) 같은 국가명은 유럽의 착취와 지배의 역사를 잘 보여준다. 1960년대 이후 이 지역에는 많은 신생 독립국이 등장했으나 아직도 무역과 교역에 있어 과거 식민지 모국과 불평등한 관계가 지속되고 있는 실정이다.

**노예무역**
아메리카 신대륙에서 플랜테이션 농업을 경영하기 위해 아프리카의 서해안에서 흑인 노예를 수입 매매한 행위이다.

**코트디부아르**
기니만의 해안을 끼고 있는 국가이다. Côte d'Ivoire는 프랑스어로 상아의 해안이라는 뜻이며 영어권에서는 Ivory Coast라고 불린다.

과거 몇몇 왕조가 콩고강 유역 분지에서 성립했었으나, 오늘날 대부분의 지역에서 수렵과 채집에 의존하는 수많은 부족들이 흩어져 살고 있다. 그래서 식민지배가 종료된 뒤에 인위적인 국경선의 획정이 남겨놓은 후유증으로 말미암아 부족 간의 전쟁과 인종 청소, 난민 문제 등이 야기되었다. 의료시술의 보급으로 인한 인구 폭발, 에이즈 발생, 계속되는 한발로 말미암은 식량 부족과 기근, 다국적기업에 의한 새로운 식민지배 등이 심각한 문제로 떠오르고 있다. 유엔의 아프리카 경제개발계획 보고서에는 철강, 제철, 경공업 등의 발전이 이루어져야 한다고 지적했음에도 불구하고, 남아프리카공화국을 제외하고는 거의 산업발전을 이루지 못하고 있다. 아프리카 전력 생산량의 절반 이상이 남아프리카공화국에서 이루어지고 그 외 지역은 미미하다. 또한 철강공업은 전무하여 라틴아

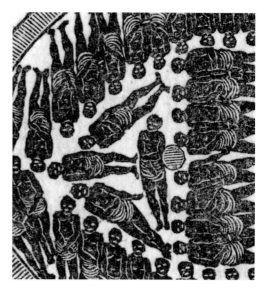

그림 10-3. 노예무역선 노예무역선에 실린 노예들은 질병과 학대를 견디지 못한 자살, 폭동 등으로 전체 노예의 10% 이상이 중간에 죽어 대서양에 버려졌고, 열대지방에 온 그들은 날씨와 온갖 전염병이 창궐하는 환경에 적응해야 했고, 사탕수수를 설탕으로 정제하는 공장에서 일해야 했다. 그 결과 신대륙에 도착한 노예 가운데 다시 30% 이상이 수년 내에 죽었다(자료: Wikimedia).

메리카와는 큰 대조를 이룬다. 철도교통은 다소 발달했으나 해안과 내륙을 잇는 수준에 불과하며, 이는 자원을 식민모국으로 수송하기 위한 식민시대의 유산이라고 할 수 있다. 이에 따라 나타난 아프리카 국가 간의 극단적인 불균형 성장을 어떻게 극복할 것인가는 해결 과제이다. 아프리카연합(African Union), 아프리카경제위원회(Economic Commission for Africa)와 같은 경제연합체의 역할이 보다 중요하다.


## 2. 아프리카인에 의한 아프리카의 발전

사하라 이남의 아프리카 경작지는 일반적으로 생산성이 낮아 곡물 및 작물의 생산량이 매우 적은 편이다. 삼림자원은 풍부하고, 지하자원은 풍부하지만 특정한 지역에 편중되어 있다. 나이지리아, 앙골라, 가봉 등

은 석유(전 세계의 2%), 나이지리아는 천연가스(전 세계의 3%), 남아프리카 공화국과 짐바브웨는 석탄(전 세계의 6%)을 생산하고 있다. 생산된 석유 전량과 석탄의 절반가량은 외부로 수출되고 있다.

인구 분포는 지역별로 뚜렷한 대비를 보여주는데, 서아프리카 해안, 중부 및 동부 아프리카는 비교적 인구밀도가 높으나 이들 지역 이외의 건조 및 열대우림 지역은 낮은 편이다. 인구구조를 보면 15세 이하가 40%, 65세 이상이 4%로 전체 인구 규모는 지난 30년간 2배 이상 증가했다. 연평균 인구증가율은 대체로 3%를 상회하며 지속적으로 인구가 증가하고 있다. 취업률은 35~52%에 불과한데, 1차 생산품을 그대로 수출하는 것에서 벗어나 이를 가공 수출하는 2차 산업의 육성이 이루어지지 않는다면 경제 상황이 개선될 가망은 희박하다. 1인당 에너지 소비량도 연간 155kg에 불과해 취사에 나무 연료가 주로 이용되고 있는 실정이며, 교통이 불편하여 연료 사용량이 매우 적다. 남아프리카공화국을 제외하고는 이 지역의 경제활동은 농업이 주류인데, 최근 그 비율의 감소에도 불구하고 절대 농업 인구수는 증가하고 있다.

사하라 이남의 아프리카는 기대수명이 50세 전후로 개발도상국의 평균치 이하에 머무르고 있으며 문맹률도 높다. 대부분 국가들의 문맹률이

그림 10-4. 빅토리아 폭포  잠베지강의 물이 너비 약 1500m, 110~150m 높이의 폭포로 바뀌어 낙하한다. 꼭대기에서 치솟는 물보라만 보이고 굉음밖에는 들리지 않기 때문에 옛날부터 '천둥소리가 나는 연기'라고 불렸다(자료: Wikimedia ⓒ Diego Delso).

40~50%에 이르고 있으며 80%에 이르는 국가도 많다. 1인당국민총생산액이 낮아 300달러에서 600달러의 분포를 보여, 전 세계적인 소득분포의 하위 3/4에 아프리카 국가들이 놓여 있다. 3520달러의 남아프리카공화국을 제외하고 카메룬, 짐바브웨, 코트디부아르, 나이지리아 등 26개국이 1000달러 이하이다. 무역에 관한 한 사하라 사막 이남의 아프리카 몇몇 국가는 2차 생산품이 전무한 실정이다. 따라서 사하라 이남 아프리카의 대부분 국가는 최빈국으로서 원조를 받아야 할 형편에 놓여 있다. 부족 중심의 사회에서 부족들이 하나로 결합하여 민족을 형성할 만한 언어와 종교가 결여되어 있는 것이 발전의 저해 요인이다. 하지만 아프리카 자연관광 자원의 웅장함이 많은 관광객을 끌어들여 발전의 원동력이 되고 있다(그림 10-4).

## 3. 남아공의 아파르트헤이트 극복

남아프리카공화국(남아공)은 **아파르트헤이트**(apartheid), 즉 인종차별정책으로 유명했다. 이곳은 1652년 네덜란드인의 정착지로 제일 먼저 개척되어 **보어인**(Boer)이 이주했고 19세기 이후부터 영국의 식민지가 되어 영국계 백인들이 이주했다. 1910년에 독립을 했지만 백인이 전체 인구의 약 1/5이하였으며, 보어인과 영국계 백인의 비율은 6:4 정도였다. 이들은 특권을 행사하기 위하여 인종차별정책을 채택했다. 수십 개의 구역을 정하여 흑인만이 거주하도록 제한했으며 공공시설의 이용에도 명백한 차별을 두었다.

국제사회의 압력과 흑인들의 오랜 투쟁 끝에 아파르트헤이트 관련 법은 1991년 폐지되었으며, 1994년 남아공 최초의 흑인 대통령으로 선출된 만델라(Nelson R. Mandela)는 포스트-아파르트헤이트(post-apartheid)라는 기치 아래 새로운 남아프리카공화국을 탄생시키고자 했다. 하지만 이것이 모든 문제를 해결해 주지는 못했다. 인종적 갈등이 아직 존재하고 있으며, 경제적인 기반이 약화되고 범죄가 만연해 있고 차후의 권력구조에 대한 우려의 목소리가 높다. 포스트-아파르트헤이트 이후 남아프리카

**아파르트헤이트**
남아프리카공화국에서 백인이 유색인종에게 불리하게 행한 인종 분리 및 정치·경제 면에서의 차별 대우 정책을 말한다.

**보어인**
남아프리카 공화국의 네덜란드계 백인을 부르는 명칭이며 농민을 뜻하는 Boor(농민)가 어원이다. 17세기 중엽 네덜란드 동인도회사가 만든 케이프 식민지에 이주한 사람들의 후예로 이주민의 대부분은 농민이었다.

공화국에서는 다소 모순되게 보이는 이상한 상황들이 벌어지고 있다. 인종차별정책의 희생자들이 자본을 가진 백인에게 사정을 하고 있으며, 차별주의자인 백인 자신들은 과거의 잘못을 외면하고 있다.

최근 남아프리카공화국의 변화는 여러 가지 면에서 고무적이다. 특정 지역의 무단 입주 금지를 해제하고 외진 지역, 특히 흑인 거주 지역까지 전기를 공급하고, 깨끗한 물을 마실 수 있도록 우물을 개발하는 일 등 남아프리카공화국 정부는 인종차별정책 아래에서는 상상할 수도 없던 복지정책을 추진하고 있다. 또한 임산부나 아이들을 위한 무료 약품이나 노인연금, 그리고 6세까지의 어린아이를 가진 부모를 위한 월 보조금 등도 지급하고 있다. 남아프리카공화국은 크게 민주화, 인종차별 정책 폐지, 그리고 경제발전이라는 3단계의 발전 과정을 거치고 있다. 인종차별 정책의 극복은 매우 느리고 큰 희생이 따른다. 남아프리카공화국의 백인들은 사실 큰 보복 없이 기존의 기득권을 유지하고 있는데, 그것은

그림 10-5. 넬슨 만델라(1918~2013) 전직 변호사로서 반아파르트헤이트 무장투쟁을 계획한 죄로 27년간 수감 생활을 한 만델라는 어떤 상황에서도 남아프리카공화국은 유지되어야 한다는 신념을 가지고 있었다. 1994년 남아프리카공화국 최초의 흑인 참여 자유총선거에 의하여 대통령에 선출되면서 아파르트헤이트는 종결되었고 350여 년에 걸친 인종 분규는 종식되었다. 1993년 당시 대통령인 데클레르크와 함께 노벨평화상을 받았다(ⓒ https://www.sahistory.org.za).

당면한 경제문제 때문으로 보인다.

남아프리카공화국의 고질적인 실업을 해결할 어떤 방법도 아직 찾아내지 못하고 있다. 남아프리카공화국은 자국의 경제를 살리기 위해서 동아시아의 경제개발 방법을 적극적으로 수용하고 있으며, 새로운 고용을 창출하기 위해 노력하고 있다. 인종차별정책이 남겨놓은 문제와 경제 문제를 해결하기 위해서 흑인들은 오히려 백인들이 떠나지 않고 경제를 부흥시켜 주기를 기대하고 있다. 이런 상황에서 백인들은 다수의 흑인들을 억압했다는 비난을 받지 않으면서도 자신들의 지위가 오히려 확고해진 것을 다행스럽게 여기고 있는 듯하다.

## 4. 아프리카의 종족 분쟁과 빈곤

　사하라 이남의 아프리카는 세계에서 가장 빈곤하며 경제적 불평등이 심한 지역 중의 하나이다. 최근 이 지역의 국가들이 괄목할 만한 성장을 보였지만 여전히 전반적인 빈곤 상태를 벗어나기에는 역부족이다. 이러한 빈곤의 원인으로 종족(ethnic groups) 간의 갈등을 꼽고 있다. 식민 통치 시기에 식민 종주국에 의하여 자의적으로 국경선이 설정됨으로써 동일 종족이 여러 국가로 흩어지거나 한 국가 내에 다양한 종족이 공존하게 되었고, 이에 따라 종족 간 갈등이 해소되지 못하고 무력 분쟁이 반복되는 상황이 발생하여 빈곤과 불평등의 악순환이 초래되었다.

　이러한 종족 분쟁의 대표적 예로서 르완다 대학살을 살펴보자. 1916년부터 벨기에의 식민지였던 르완다는 1962년에 독립했지만, 해묵은 투치족과 후투족의 갈등은 지속되었다. 처음에는 벨기에의 비호를 받던 소수

표 10-1. 사하라 남부 지역의 종족 집단 구성

| 국가 | 종족 집단의 구성 |
| --- | --- |
| 가나 | 3개 주요 부족(Fanti, Ashanti, Ewe)과 많은 소수 부족 |
| 가봉 | 4개 주요 반투(Bantu) 부족 집단, 4개 다른 주요 부족들 |
| 감비아 | 말린키(Malinki) 41%, 푸라니(Fulani) 14%, 워로프(Wolof) 12% |
| 나이지리아 | 200여 개 부족, 하우사푸라니(Hausa-Fulani) 29%, 요루바(Yoruba) 21%, 이보(Ibo) 18% |
| 남아공 | 아프리카인 75.2%, 백인 13.6%, 아시아인 2.6%, 혼혈 8.6% |
| 라이베리아 | 아프리카 원주민 부족 95%, 6개 주요 부족 집단 |
| 르완다 | 후투(Hutu) 84%, 투치(Tutsi) 15%, 트와(Twa) 1% |
| 부룬디 | 후투(Hutu) 86%, 투치(Tutsi) 13%, 트와(Twa) 1% |
| 우간다 | 바간다(Baganda) 17%, 안코레(Ankole) 8%, 바소가(Basoga) 8%, 이태소(Iteso) 8%, 바키가(Bakiga) 7%, 랑기(Langi) 등 6% |
| 중앙아프리카공화국 | 80여 종족, 가장 큰 종족은 반다(Banda) 32% |
| 차드 | 240 부족, 12개 부족이 광범한 부족 집단 |
| 카메룬 | 200여 부족, 가장 큰 부족 집단은 인구의 31% |
| 콩고(민주공화국) | 200여 종족 집단, 4개 대규모 집단이 인구의 약 45% |
| 콩고(브라자빌) | 콩고인(Kongo) 48%, 상가(Sangha) 20%, 므보치(M'Bochi) 12%, 테케(Teke) 17% |
| 코트디부아르 | 7개 주요 종족 집단, 인구의 15% 이상 되는 부족 없음 |
| 탄자니아 | 100여 개 부족, 아프리카 원주민 97% |

자료: Rudolph(2006: 166); 한양환(2007) 재인용.

종족인 투치족이 정권을 차지했지만 1973년 후투족의 쿠데타로 정권이 바뀌게 되었다. 이에 많은 투치족이 우간다로 망명을 떠났으며, 그곳에서 힘을 키운 투치족들은 국내로 돌아와 후투족에 조직적으로 대항하면서 르완다는 내전 상태에 빠지게 되었다. 그러다가 1994년 후투족인 르완다 대통령이 탄 비행기가 격추되면서 아프리카 최악의 비극이 시작되었다. 후투족 강경파들이 투치족과 온건파 후투족을 닥치는 대로 학살하여 100여 일간 80만 명 이상이 사망하고 200만 명이 난민이 된 것이다. 이러한 학살은 투치족 무장 세력이 수도 키갈리를 점령한 후 종료되었다. 이후에도 두 종족 간의 무장 충돌이 간헐적으로 발생했으나 최근에 와서는 정국의 안정을 되찾고, 두 종족 간의 화해와 용서를 위한 꾸준한 노력이 결실을 맺고 있다. 그러나 장기간의 종족 분쟁으로 인하여 르완다는 여전히 빈곤 상태에 빠져 있다.

〈표 10-1〉은 사하라 남부 아프리카의 종족 집단의 구성을 나타낸다. 사하라 이남 아프리카의 국가별 종족 다양성은 북아프리카나 다른 대륙보다 훨씬 심한 편이다. 특히 콩고민주공화국, 카메룬, 차드, 나이지리아,

그림 10-6. 콩고의 종족 간 분쟁  서방 제국주의 세력에 의해 콩고강을 중심으로 콩고강 서쪽지역
(현 콩고공화국)은 프랑스가, 동쪽 지역(현 콩고민주공화국 약칭 DR콩고)은 영국이 각각 점령했다.
DR콩고는 250여 종족으로 이루어진 아프리카 세 번째의 대국으로 1960년 벨기에로부터 독립한
이후 지역 세력 간의 정권 쟁탈 경쟁과 분리 독립 운동이 지속되는 가운데 게릴라 활동과 쿠데타가
빈번하게 일어나는 등 정치적 혼란이 지속되어 왔다(자료: Wikimedia).

우간다, 라이베리아, 탄자니아 등이 그러하다. 원래 종족집단은 일반적으로 '우리'라는 '연대감(solidarity)'을 가지는 경향이 있어 아프리카를 포함한 다종족·다민족 국가들은 종족을 단위로 한 집단행동이 나타날 가능성이 있다. 그러나 아프리카인들도 민주화된 국민국가를 추구하면서 점차 종족 정체성보다 국민 정체성이 강해지는 추세에 있다.

이러한 점을 고려하면 사하라 이남의 아프리카는 종족 다양성이 높은 것은 사실이지만 종족 문제가 빈곤과 경제적 불평등을 야기하는 직접적인 원인이라고 하는 주장은 근거가 약하고 오히려 종족 다양성이 사회적 갈등과 혼란을 억지하는 효과가 있으며 경제적 요인에 의하여 등장할 수 있는 계급 간의 갈등을 완화시키는 기능이 있다고 보는 것이 타당하다. 오히려 사하라 이남의 아프리카의 불평등과 빈곤은 내전의 발발과 관련성이 있다. 종족 다양성이 아니라 너무 빈곤하기 때문에 정치 지배 그룹의 탐욕과 피지배계급의 불만이 연관되어 내전이 발발했다. 정치적 관리의 실패로 빈곤과 불평등의 문제가 해결되지 못할 때 내전이 발발하고, 그 내전의 결과로 빈곤과 불평등이 더욱 악화되는 것이다.


## 5. 아프리카의 자원 개발: 피의 다이아몬드

아프리카는 세계적인 다이아몬드 생산지이다. 남아프리카에 본사를 둔 재벌기업 드비어스(De Beers) 사는 다이아몬드 가격을 고가로 유지하면서 동시에 안정적으로 공급하기 위해 전 세계 다이아몬드 교역의 2/3 이상을 장악하고 있다. 전 세계 다이아몬드의 80% 이상이 벨기에 안트베르펜(영어 명칭 안트워프)의 다이아몬드 센터에서 거래된다. 다이아몬드는 사랑과 사치의 대명사로서 뭇 여성의 결혼 예물로서 부와 세련미의 상징물이다. 다이아몬드는 크면 클수록 등급이 높아지고 정교하게 가공되어 반짝이는 빛은 등급이 나누어지고 금은 세공품과 함께 값비싼 가격에 거래된다. 견고하고 강하며 정교한 세공 기술 때문에 다이아몬드가 상업상의 가치를 지니게 되지만 생산을 둘러싼 인간의 추태는 이루 말할 수 없다.

그림 10-7. 다이아몬드 채취(앙골라) 다이아몬드 광맥은 강을 따라 넓게 퍼져 있고, 광석은 강바닥에 토사에 섞여 매장되어 있어 직접 손으로 다이아몬드를 채굴해야 하기 때문에 수많은 사람들이 강 양안에서 채취하게 된다(자료: Wikimedia © Mummane).

대부분의 다이아몬드는 남아프리카공화국, 보츠와나, 나미비아에서 생산된다. 이외에 앙골라, 콩고민주공화국, 시에라리온도 주산지이다. 다이아몬드는 환금성이 강하고 수송이 용이하므로 종종 무기 구입 대금으로 지급되어 부패, 폭력, 전쟁을 수반하기도 한다. 전 세계 다이아몬드의 10%가 '피의 다이아몬드(blood diamond)'라고 한다. 다이아몬드는 대규모 광산에서 상업적으로 채굴되기도 하지만 진흙 구덩이나 강바닥의 모래 속에서도 발견되어 일확천금을 꿈꾸는 많은 사람들이 모여들기도 한다.

앙골라나 콩고민주공화국에서는 광산 개발업자가 군대의 보호를 받으면서 채굴을 하고 있어 다이아몬드 가격에는 무력 동원 비용이 포함되어 있다. 다이아몬드 광산이 발견되면 수천 명의 주민을 추방하면서까지 광산 구입에 열을 올리기도 한다. 앙골라와 나미비아, 짐바브웨는 콩고민주공화국을 보호한다는 명분을 내세우며 군대를 파견하고, 부룬디, 르완다, 우간다는 반군을 지원하기 위해 군대를 파견했다. 서부 콩고민주공화국의 킨샤사 부근 일대 다이아몬드 생산지는 전란에 휩싸여 있으며 짐바브웨와 르완다가 남부에서 광산을 둘러싸고 교전 중이다. 시에라리온의 내전도 다이아몬드로 인해 발생했는데, 반군은 주민들이 다이아몬드 생산지를 떠나도록 위협하는 수단으로 사람들의 사지를 절단하는 행위를 서슴지 않았다. 세계의 인권옹호협회는 드비어스사가 분쟁지역에서 생산된 다이아몬드를 구입하지 않도록 권유하고 원산지를 알 수 있도록 지문 채취 기능을 강화했다.

반면 보츠와나는 다이아몬드 생산에 있어서 전란에 휩싸이지 않은 모범적인 국가이다. 전 인구의 25%가 광산업에 종사하며 아프리카인의 평균 생활수준을 상회하도록 하는 데 다이아몬드가 기여하고 있다.

콩고민주공화국의 내전에는 다이아몬드뿐 아니라 콜탄(콜럼바이트-탄탈라이트)이라는 지하자원도 관련되어 있다. 콜탄은 처리 과정을 거쳐 탄탈륨이 되는데, 이 금속은 휴대폰의 전자부품에 극소량이지만 필수적으로 사용되며, 각종 전자기기의 부품 재료로 활용되고 있다. 이 콜탄의 가격은 스마트폰이 보급된 2010년부터 급격하게 상승했다. 콜탄의 세계 1위 생산국이 콩고민주공화국이고 2위는 르완다인데, 르

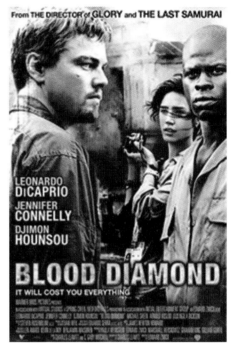

그림 10-8. 영화 〈피의 다이아몬드〉 시에라리온의 내전을 배경으로 반란군들의 잔인한 행태, 반인륜적인 다이아몬드의 채굴 과정, 비정상적인 다이아몬드 유통 시스템 등을 폭로한 영화로서 2006년 제작되었다.

완다는 콩고민주공화국의 내전에 관여하면서 콜탄을 빼돌리고 있다는 의심을 받고 있다(김홍준, 2019). 콜탄의 채취 과정은 사금이나 다이아몬드 채취와 흡사한데 강바닥의 흙을 넓적한 통에 담은 뒤 무거운 콜탄이 밑에 가라앉을 때까지 물속에서 흔들어주어야 한다. 더 많은 콜탄을 생산하기 위해서는 밀림을 불도저로 밀어내야 하기 때문에 환경 파괴도 극심하다. 반군들은 강제로 동원한 주민들에게 고된 채취작업을 시키고 있으며, 획득한 콜탄을 밀거래하여 전비를 마련하고 있다. 이렇게 자원이 풍부한 아프리카는 그 자원 때문에 전란이 끝나지 않는다고 해서 '자원의 저주'라는 말이 나오고 있다.

## 아프리카의 수자원 문제

음용수는 인간을 포함한 지구상의 생명체가 존재하도록 하는 중요한 필수 자원이다. 열대 지역이나 몬순 지역은 여름철 폭우가 발생하여 많은 피해를 주지만, 사막 기후 지역이나 사바나 지역은 매년의 강수 시스템에 따라 필요한 수자원 확보가 이루어지므로 이는 그 지역에 사는 생명체의 삶에 중대한 영향을 미친다. 1970년대 이후 아프리카 지역은 강수량이 줄어들어 가뭄이 수십 년간 지속되었다. 음용수 혹은 농업용수와 직결된 수자원 문제는 서구 식민지의 후유증, 부족 간의 갈등 등 사회적 문제, 에이즈, 풍토병 등의 질병 문제와 더불어 아프리카의 발전을 저해하는 요소이다.

특히 사하라 사막 남부의 사헬 지역을 중심으로 서아프리카 몬순의 북상이 약화되어 1970~1980년대에 수십만 명이 기근과 질병으로 사망했고, 수백만 마리의 야생 동물들이 사라졌다. 사하라 이남뿐만 아니라 서아프리카에서 두 번째로 크고 중요한 습지인 차드 호수도 지난 수십 년간 주변 지역의 인구 증가에 의한 관개용수 사용의 급증과 강수량의 감소로 그 크기가 1960년대 초반의 1/25로 줄어들었다. 사헬지역은 남부의 아프리카 사바나 초원과 북부의 사하라 사막에 중간에 위치한 지역이다. 2010년 7~8월에는 니제르의 경우 강한 열파와 강수 부족으로 곡물이 성장하지 못하여 35만 명이 아사했고, 120만 명이 기근에 의한 사망의 위협에 놓였다.

아프리카의 수자원이 감소하고 있다는 징후는 적도 동아프리카 탄자니아의 킬리만자로 산악 빙하에서도 감지되어 왔다. 기온 상승은 이 지역의 산악 빙하를 녹아내리게 한다. 2000년대 후반의 킬리만자로 산악 빙하의 크기는 20세기 초에 비하여 90% 정도 녹아서 사라져버렸다. 킬리만자로의 산악 빙하는 향후 수십 년 이내에 사라져 주변 생태계에 큰 변화를 가져올 것이라 예상되고 있다. 이 열대 산악빙하의 감소는 관광수입 감소와 관련된 국지적인 현상이 아니라 현재 아프리카에서 대규모의 기후변화에 의한 생태계 변화를 보여주는 대표적인 징후인 것이다(그림 10-9).

일부 지역에서는 인구의 증가와 이에 따른 이동목축 증가 등 외부 요인의 변화에 의해 식생 생태계가 파괴되었다고 알려져 있다. 하지만 거시적 규모에서 보면 1970년대 이후 전 세계 사막 주변 지역을 중심으로 기온 상승과 강수량 감소가 나타나고 이것이 사막화의 주요한 요인으로 지목된다. 이 지역의 인구의 폭발적인 증가와 고질적인 식량 문제 상황도 수십 년간 지속된 가뭄에 더욱 민감하게 반응하는 요인이다. 1973년 United Nations Sudano-Sahelian Office(UNSO)가 창설된 후 사막화와 가뭄 방지를 위해 많은 노력을 해오고 있지만 식량과 물 부족 문제는 아직 해결되지 못하고 있다. 21세기에 기온 상승과 강수 감소의 기후변화 양상이 지속된다면 이 문제는 증폭될 위험성을 지니고 있기 때문에 효율적 수자원 관리 기술 전수를 위한 국제적인 도움이 절실하다.

그림 10-9. 킬리만자로산 아프리카 대륙 최고봉으로 지구에서 가장 큰 휴화산이다. 거대한 스텝 위 외따로 떨어져 솟구친 킬리만자로의 눈 덮인 봉우리는 아프리카의 젖줄이었으나 지난 100년 사이에 90%가 녹아 사라지고 말았다(자료: Wikimedia).

제**5**부

# 아시아의
# 세계화

■ 제11장 남아시아
■ 제12장 동남아시아
■ 제13장 중국과 일본

# 11 남아시아

남아시아는 히말라야산맥 이남에 위치하여 인도를 중심으로 동쪽의 방글라데시, 서쪽의 파키스탄, 남쪽의 인도양에 스리랑카와 몰디브, 그리고 북쪽의 네팔과 부탄을 포함하는 지역이다. 대륙과 해양을 마주한 남아시아는 넓은 면적만큼 자연환경도 다양하다.

지형은 인도반도를 중심으로 크게 북부, 중부, 남부로 구분된다. 북부는 알프스-히말라야 조산대에 속하며, 8000m 이상의 험준한 산들로 연속된 히말라야산맥, 카라코람산맥, 그리고 파미르고원과 힌두쿠시산맥이 위치하여 세계의 지붕으로 불린다. 이 산맥들은 약 4000만 년 전에 유라시아대륙과 인도아대륙의 충돌로 형성되었다. 중부는 북부의 산악지대에서 하천이 흘러내리면서 토사가 퇴적되어 형성된 광대한 충적평야가 펼쳐져 있다. 티베트고원 서부에서 발원하는 인더스강은 주로 파키스탄 남부로 흐르면서 인더스평원을 형성하고 아라비아해로 흘러든다. 반면 갠지스강은 히말라야산맥의 빙하에서 발원하여 힌두스탄평원을 이루고 벵골만으로 유입한다. 하구에는 넓은 삼각주가 나타나며, 저지대에 방글라데시가 위치한다. 그리고 남부는 산맥과 고원으로 이루어진 인도반도와 인도양에 많은 섬들이 분포한다. 인도반도는 안정지괴로 과거 곤드와나대륙의 일부이다. 중앙에는 해발고도 약 600m의 평탄한 데칸고원이 넓게 펼쳐져 있고, 그 양측에는 동고츠산맥과 서고츠산맥이 해안을 따라 위치한다. 데칸고원 서부에는 중생대 말기에 마그마가 분출하여 형성된 현무암의 용암대지가 넓게 나타나며, 그것이 풍화되어 만들어진 비옥한 흑토 레구르(regur)가 두껍게 덮여 면화 재배가 활발하다.

한편 인도반도의 동남 해상에는 스리랑카가 위치하며, 남서 바다에는 1000개가 넘는 크고 작은 섬들이 남북 800km에 걸쳐 분포하는 몰디브제도가 있다.

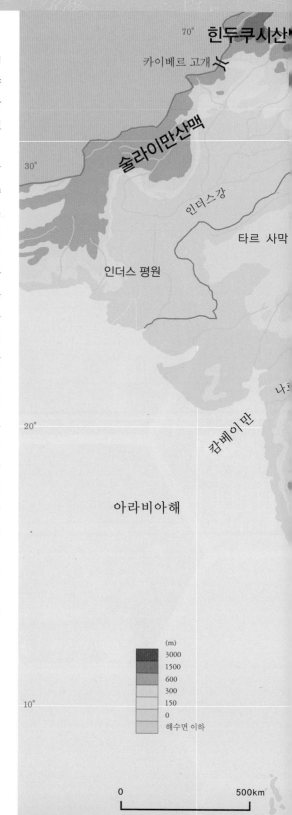

80°

90°

히말라야산맥

에베레스트산
8850 ▲

힌두스탄 평원

브라마푸트라강

갠지스강

빈디아산맥

사트푸라산맥

파가이산맥

마하나디강

데칸고원

동고츠산맥

고다바리강

마하나디강

크리슈나강

벵골만

안다만제도

포크 해협

인 도 양

실론섬

이슬라마바드

라호르

파키스탄

델리

네팔

카트만두

팀부

부탄

카라치 하이데라바드

바라나시

방글라데시

다카

아마다바드

인　도

콜카타(캘커타)

70°

80°

90°

30°

뭄바이

20°

미얀마

하이데라바드

양곤

10°

방갈로르

첸나이

| | |
|---|---|
| | 고산 기후 |
| | 온대 습윤 기후 |
| | 스텝 기후 |
| | 사막 기후 |
| | 열대 사바나 기후 |
| | 열대 몬순 기후 |
| | 열대우림 기후 |

스리랑카

몰디브

콜롬보

말레

0          500km

기후는 히말라야산맥 일대의 한대 기후부터 북서부의 사막 기후, 중부와 동부의 온대, 그리고 남부의 열대 기후까지 다양하다. 이들 가운데 남아시아 기후를 특징짓는 것은 몬순이라는 계절풍의 존재이다. 계절풍은 여름과 겨울에 바람의 방향과 성격을 달리하면서 우계와 건계를 형성한다.

여름 계절풍은 5월부터 10월에 걸쳐 인도양에서 습윤한 기류가 남서 방향에서 인도반도로 불어와 많은 비를 내리는 우계가 된다. 남서계절풍을 직접 받는 서고츠산맥의 풍상 지역은 강수량이 많지만, 풍하 지역인 데칸고원은 강수량이 적은 편이다. 그리고 북동부는 남서계절풍이 벵골만을 지나면서 다량의 수분을 공급하여 강수량이 풍부하고, 사바나기후가 나타난다.

특히 히말라야산맥 남측의 산록에 위치한 다르질링과 아삼 지방은 세계적인 다우지이다. 반면 11월부터 4월에는 유라시아대륙 내륙에서 발생한 고기압의 영향으로 건조한 바람이 북동 방향에서 남아시아로 불어와 강수량이 적은 건계가 된다.

한편 파키스탄을 중심으로 서부 일대는 연간 강수량이 적은 건조 지대이다. 그 가운데 인도와 파키스탄 국경 부근의 타르사막은 중위도 고압대의 영향으로 연강수량 300㎜ 이하의 소우지이다.

## 남아시아의 역사지리 연표

| | | | |
|---|---|---|---|
| 1206 | 인도에 최초의 이슬람 왕조인 노예 왕조 탄생 | 1905 | 벵골 분할 |
| 1398 | 티무르, 인도 침공 델리 약탈 | 1919 | 인도 민족주의 고조 |
| 1526 | 바부르, 델리 왕국 공격 무굴제국 건설 | 1947 | 인도, 파키스탄 분리 독립 |
| 1690 | 영국, 캘커타(현재 콜카타) 건설 | 1948 | 마하트마 간디 암살 |
| 1707 | 무굴제국 쇠퇴 | 1961 | 인도, 인구 4억 3600만 명으로 증가 |
| 1751 | 프랑스, 데칸고원 지배 | 1962 | 인도-중국 전쟁 발발 |
| 1757 | 영국, 인도에서 프랑스 격퇴 | 1964 | 인도 초대 수상 네루 암살 |
| 1796 | 영국, 실론 정복 | 1965 | 인도-파키스탄 전쟁 발발 |
| 1818 | 영국, 마라트 격퇴. 인도의 지배자로 군림 | 1971 | 동파키스탄, 파키스탄으로부터 분리, 방글라데시라는 명칭으로 독립 |
| 1845~1849 | 영국, 펀자브와 카슈미르 정복 | 1994 | 인도, 인구 9억 1200만 명으로 증가 |
| 1853 | 인도 최초의 철도와 전신망 건설 | 1997 | 파키스탄, 지하 핵실험 |
| 1857 | 인도 반영 항쟁인 세포이 항쟁 발생 | 2002 | 인도-파키스탄 간 카슈미르 영유권 분쟁 격화 |
| 1877 | 영국 빅토리아 여왕, 인도의 여왕으로 군림 | 2015 | 인도, 파키스탄이 제안한 카슈미르 주민 투표안 거부 |
| 1885 | 인도국민의회 개회 | | |

## 1. 남아시아의 역사와 문화

인더스 문명에서 시작되는 남아시아의 역사는 각 시대에 다양한 민족이 유입되어 서로의 종교와 문화에 영향을 주고받으면서 형성되었다. 세계 4대 문명의 하나로 알려진 인더스 문명은 현재 파키스탄의 인더스강 유역에서 기원전 2300년 무렵부터 약 500년 동안 번성했다. 그러나 기원전 1500년경에는 중앙아시아에서 카이베르 고개(Khyber Pass)를 넘어 진출한 반유목민 아리아인이 북서 인도를 지배하게 되었다. 그들은 산스크리트어를 사용했으며, 현재 인도 북부에서 널리 사용되는 힌두어와 관계가 깊다. 그리고 원래 이곳에 거주했던 검은색 피부의 드라비다족을 남쪽으로 추방했다.

인도반도 중심의 남아시아는 북동의 히말라야산맥과 북서의 타르 사막 등으로 둘러싸여 외부인들이 쉽게 침입할 수 없는 지역이기 때문에 카이베르 고개는 어느 시대에도 교통의 요지였다. 북서 인도로 진출한 아리아인은 원주민과 혼혈하면서 갠지스강 유역까지 세력을 넓히고, 이

그림 11-1. 카이베르 고개(Khyber Pass) 파키스탄과 아프가니스탄 사이에 위치해 있으며, 예부터 남아시아와 중앙유라시아를 연결하는 교차로 지역으로 다양한 민족과 문화가 왕래하던 요충지이다(자료: Wikimedia ⓒ James Mollison).

후 힌두교의 기원이 되는 브라만교 등을 보급시켰다. 사회에는 개인이 태어나면서 신분이 결정되는 카스트 제도가 발달하기 시작했다. 이러한 힌두교에 대한 반동으로 기원전 500년경에는 석가의 가르침을 바탕으로 하는 불교와 철저한 불살생을 설명하는 자이나교 등의 새로운 종교가 생겨났다.

4세기 무렵이 되면 아리아인이 확대한 브라만교의 성전에 나오는 신들을 대신하여 다신교로서 힌두교가 민중 깊숙이 침투했다. 그러나 인도에서 불교는 마우리아 왕조(B.C 321~B.C 185)가 쇠퇴하자 정치적인 분열이 발생하여 서서히 힌두교가 불교를 대신하는 이데올로기로서 그 지위를 계승하게 되었고, 13세기에는 불교가 이슬람 세력에 의해 거의 모습을 감추었다.

1000년경에는 이슬람교도가 중앙아시아에서 인더스강과 갠지스강의 평야지대로 들어와 인도 전역으로 나아갔다. 그리고 13세기까지 지역을 완전히 장악하여 건축과 예술, 이슬람법이라는 독자적인 제도, 정부의 형태 등 문화 발전에 영향을 미쳤다. 16세기 중반부터 무굴제국이 세워져 현재의 파키스탄에서 방글라데시, 인도 대부분의 지역이 이슬람 1인 통치자에 의해 통일되었고, 타지마할로 대표되는 다양한 이슬람문화가 번성했다. 그러나 네팔과 부탄, 아셈 지방, 인도 남부, 스리랑카는 이슬람의 영향 밖에 있었다.

마지막으로 남아시아의 역사와 문화에 크게 영향을 미친 것은 영국이라는 나라이다. 영국은 18세기부터 1947년의 독립까지 네팔과 부탄, 몰디브를 제외하고, 이 지역의 모든 나라를 정치적인 지배하에 두었다. 그들은 인도 사회에 개신교를 소개했으며, 정부와 행정, 법체계, 농업, 무역, 운수 및 통신 시스템 등 다방면에 걸쳐 변화를 초래했다. 공공시설, 교회, 철도역 등은 19세기 영국에서 유행했던 고딕 양식으로 건축되었다. 게다가 영국은 영국령 식민지의 플랜테이션에 노동력을 공급하기 위해 인도로부터 이민을 장려했다.

이와 같이 남아시아의 역사와 문화는 실로 복잡하고 다양성이 풍부하다. 수많은 언어가 존재하며, 그 외에 종교, 관습, 식습관, 의복 등도 지역에 따라 각양각색이다. 이러한 다양성은 변화에 풍부한 이 지역의 자연환경에 따라 생겨난 것임과 동시에 수세기에 걸쳐 사람들이 끊임없이 왕래하면서 새로운 문화를 가져오고, 원주민의 문화를 바꾸어 만들어졌다. 그러한 과정은 현대에 이르기까지 지속되었다.


## 2. 다양한 종교와 갈등

다언어, 다민족이 공존하는 남아시아는 종교의 분포도 국가와 지역에 따라 다양하다. 현재 남아시아 사람들은 힌두교를 비롯하여 이슬람교, 불교를 주요 종교로 신봉하며, 일부 지역에는 크리스트교 신자도 존재한다. 그러나 이들 종교는 조화롭게 공존하기보다는 대립과 갈등을 초래하기도 한다. 그 원인은 남아시아에 다양한 민족의 유입과 과거 식민지 지배의 역사에서 파악할 수 있다.

남아시아의 원주민은 드라비다인으로 찬란한 문명을 창조했다. 그러나 기원전 1500년경 중앙아시아에서 카이베르 고개를 넘어 진출한 유목민 아리아인이 세력을 확장하면서 브라만교를 신봉했다. 기원전 5세기 무렵에는 인도 북부에서 불교가 발생하고, 기원전 3세기 무렵에는 인도 전역으로 확산 및 발전했지만, 현재 인도에서 불교 신자는 5세기 무렵부터 시작된 불교에 대한 탄압의 영향으로 소수에 불과하다. 4세기경에 브라만교는 인도의 토착 신앙과 결합하여 힌두교로 발전했다. 힌두교는 창시자가 없는 다신교이며, 그 기본에는 윤회라는 사고가 있다. 인도에는 곳곳에 시바 신과 비슈누 신을 비롯한 다양한 신을 모시는 사원이 있다. 힌두교에서 소는 시바 신이 타고 다니는 신성한 동물이기 때문에 힌두교도는 소고기를 절대로 먹지 않는다.

힌두교도가 지켜야 하는 계율도 있는데, 하나는 불살생(不殺生)이기 때문에 인도에서는 채식주의자가 많다. 다른 하나는 많은 힌두교도가 중시하는 목욕이다. 사람들은 하루의 시작으로 하천이나 연못에서 몸을 깨끗이 씻어 죄를 물에 흘려보낸다. 힌두교의 성지 갠지스강의 바라나시는 순례자들이 목욕하는 장소로 유명하다. 갠지스강 주변에서는 화장(火葬)도 이루어지는데, 사람들은 연기와 함께 혼이 하늘로 올라가기를 바란다. 그리고 힌두교도가 지켜야 하는 생활 습관의 하나는 왼손이 아닌, 오른손을 사용하는 것이다. 왼손은 부정(不淨)하다고 생각하기 때문에 식사를 하거나 다른 사람에게 물건을 건네고 악수를 할 때에 반드시 오른손을 사용한다.

게다가 인도에는 예부터 힌두교와 결부된 카스트(caste)라 부르는 사회제도가 있어서 결혼, 직업 등 일상생활을 상세하게 규정하고 있다(그림 11-2). 카스트는 브라만, 크샤트리아, 바이샤, 수드라와 그 아래의 달리트(불가촉천민)라는 신분에 의한 상하관계

그림 11-2. 인도의 카스트 제도  인도에서 생겨난 특유의 사회적 신분제도로 4계급이 존재한다. 그리고 여기에도 속하지 못하는 달리트(Dalit)는 불가촉천민으로 가장 천한 직업에 종사했다.

와 각자 태어나면서 속하는 세속적인 직업집단으로 이루어져 있다. 카스트에 의한 신분 차별은 1950년대에 제정된 인도의 헌법에서 금지되고, 직업 선택의 자유도 인정되지만, 지금도 일상생활 속에 뿌리 깊게 남아 있다. 예컨대 인도의 신문에 실린 구혼광고 난에는 상대에게 요구하는 조건으로 '동일 카스트의 고학력'으로 기재되어 있는 것을 어렵지 않게 볼 수 있다.

이처럼 인도에서는 오랫동안 여러 종교가 공존해 왔다. 그러나 19세기 전반부터 영국이 인도를 식민지로 지배하면서 종교 간 갈등을 부추겼으며, 그에 따라 제2차 세계대전 이후 여러 나라로 분리 독립하게 되었다. 남아시아에서 종교 갈등의 역사는 다음과 같다.

식민지 시대에 영국은 플랜테이션을 확대하면서 남아시아 일대를 면화, 향신료, 차(茶) 등의 공급지로 삼아 이들 생산품의 무역으로 막대한 부를 창출했다. 이러한 영국의 독점적 지배에 대해서 인도인들은 여러 차례에 걸쳐 독립운동을 전개했다.

그러나 영국은 인도인들의 통합을 저해하고 분리를 조장할 목적으로 종교를 교묘하게 이용했다. 즉 영국은 인도 동부의 벵갈 지방을 힌두교도와 이슬람교도의 거주지로 분할하였고, 대부분 불교를 신봉하고 싱할리족이 거주했던 실론(Ceylon)섬에는 인도 남부에서 힌두교를 믿는 타밀

족을 이주시켜 이후 갈등의 원인이 되었다.

남아시아에서 힌두교, 이슬람교, 불교 간의 종교적 대립과 갈등이 심화되는 가운데, 제2차 세계대전 이후 1947년 8월에 인도는 영국으로부터 독립하면서 지역의 다수 종교에 따라 분리되었다. 힌두교도가 많은 인도, 그리고 이슬람교도가 많은 동파키스탄과 서파키스탄으로 영토가 나누어진 것이다. 다시 동·서 파키스탄은 1971년의 전쟁으로 동파키스탄은 방글라데시, 서파키스탄은 파키스탄이라는 국명으로 탄생했다.

그리고 인도 북부의 카라코람산맥 부근에 위치한 카슈미르 지방은 인도와 파키스탄 사이에 종교로 인한 무력 충돌이 잦은 곳이다(그림 11-3). 1947년 영국으로부터 독립할 당시 주민의 80%가 이슬람교로 파키스탄으로 귀속을 원했지만, 소수를 차지하는 지배층은 주민의 뜻과 다르게 인도로 귀속을 요구했다. 결국 인도는 이러한 요청에 따라 카슈미르 지방에 군대를 파견했고, 파키스탄도 그곳에 군대를 보내어 무력 충돌이 발생했으며, 그 후에도 크고 작은 무력충돌이 반복되고 있다. 현재 카슈미르 지방은 인도령과 파키스탄령으로 분할되었다.

한편 1948년에는 실론섬도 영국으로부터 독립을 쟁취하면서 인도에서 분리되었고, 1972년에는 국명을 스리랑카로 개칭했다. 스리랑카의 원

그림 11-3. 인도-파키스탄 분쟁지역  카슈미르는 한반도의 면적과 비슷한데, 이슬람교와 힌두교의 이질적인 종교로 세계적인 화약고가 되었다. 현재 카슈미르는 인도가 2/3, 파키스탄이 1/3을 점령하고 있으며, 정치적으로 긴장 상태가 지속되고 있다(자료: 배성재, 2014.11.20).

주민은 싱할리족으로 기원전 5세기에 북인도에서 이 섬으로 이주하여 불교 왕국을 만들었다. 영국이 1815년에 이 섬을 식민지로 지배하면서 인도에서 타밀족을 차와 고무 플랜테이션에서 일할 노동자로 이주시켰다. 스리랑카에서 싱할리족과 타밀족의 대립이 시작된 것은 1958년의 '싱할리 유일 정책'이다. 여기에서는 불교 개혁과 싱할리어를 공용어로 했기 때문에 타밀어를 사용하고 힌두교를 믿었던 타밀족과의 사이에 대립이 격화되었다. 1983년에 시작된 무력 충돌, 분리 독립 운동, 반정부 무장 게릴라 공격과 폭탄 테러의 격화 등이 계속되다가 2009년 5월에 무력 진압으로 내란 상태가 잠잠해졌다.

## 3. 인도의 경제 정책과 산업발전

인도는 자연환경이 다양해 그에 적응한 작물 재배와 가축 사육 등 1차 산업 경제가 상당히 다양하다. 전체 경제활동 인구의 2/3를 차지하는 농업은 지난 30년간 전체 산업에서 차지하는 비율은 다소 줄었지만 전체적인 농업 종사 인구의 숫자는 오히려 늘었다. 이 기간 동안 경작지의 면적은 거의 변하지 않았으나, 외국 원조를 거부하며 자신만의 식량 자급자족 체계를 강화했다. 인도는 북부 산악지대, 남서의 **데칸고원**을 제외하고는 대체로 곡물 농사를 짓기에 좋은 편이다. 강수량은 지역별로 큰 차이를 보이고 있으며 토양의 비옥도도 역시 지역별로 차이가 심하다. 갠지스 강 유역이나 화산암층인 뭄바이(봄베이) 동부는 특히 비옥하다.

한때 영국이 설립한 근대적 섬유, 금속 공장을 바탕으로 1947년 이후 인도는 1, 2차 산업의 자족적인 발전을 거두기 위한 계획경제를 수립했다. 수입 대체 산업을 육성하고 수입의존도를 줄여가는 정책이 한때 상당히 성공을 거두었지만, 한편으로는 공공 부문에 의한 과보호·고비용의 산업구조를 초래하여 여러 문제점을 낳기도 했다. 당시 철강, 석탄, 망간 등과 같은 풍부한 광물자원을 기초로 해서 경공업이 발달했으며, 운송, 채굴 장비와 같은 자본재를 생산할 수 있는 중공업도 상당히 성장했다. 1990년대 들어와서야 본격적으로 시장경제를 강조하는 정책으로 선회

**데칸고원**
인도 반도의 상당 부분을 이루는 고원이며, 가장 오래된 육지로서 곤드와나 대륙의 일부이다. 이 고원에서 인도반도의 북서부에 위치하는 곳에는 중생대 백악기 이후 분출된 현무암으로 이루어진 용암대지가 나타난다. 이 대지의 표면은 레구르라고 불리는 면화가 잘 자라는 현무암이 풍화된 흑색면화토가 덮고 있다. 연 강수량은 600~1000mm로 전반적으로 건조하나 연교차가 크다.

했다. 분립적인 민주제도를 기초로 한 인도의 경제발전 정책은 1991년에야 본격적으로 수립되기 시작했다. 그 이전에는 국가 정책에서 개인자본은 제외되었고, 비록 일부 지역에서 허용된다 하더라도 개인 투자의 양과 방법은 국가에 의해 결정되었다. 각 주의 발전은 거의 공공투자에 의해서만 이루어졌고, 그것도 농업, 기반시설(전력, 항구, 도로, 관개, 교통 서비스, 용수), 제조업 등에 국한되는 정도였다. 즉 각 주의 개발 자본은 중앙 정부로부터 이전되어 온 것이다. 각 지방 정부는 이제 개인 자본을 받아들이고 이것이 각 주의 성장에 큰 기여를 하고 있으므로 이를 바탕으로 발전을 가속화시키고자 노력하고 있다. 인도는 정통성 있는 민주 정부, 군건한 법의 전통, 독립적인 사법부, 정치적 압력보다는 시장 신호에 따라 반응하는 선진 금융 시스템, 세계 일류의 과학·공학 특히 컴퓨터 소프트웨어 분야, 영어를 구사하는 대졸 인력 등의 강점을 지니고 있다. 이를 바탕으로 만연한 부패, 신규 기업 설립과 투자 승인에 소요되는 긴 시간, 의회 내 다양한 정치집단, 농업의 높은 비중, 낮은 외화보유액, 방만한 재정 등의 문제를 극복, 최근 고도성장으로 이어지고 있다.

이에 인도의 IT산업과 영화산업은 세계적으로 주목받고 있는 부분이다. 인도 IT산업의 중심지인 방갈로르(bangalore)는 인도의 실리콘밸리로서 350여 개의 하이텍 회사들이 입주해 있고 5만 명의 IT 관련 고급 전문인력을 고용하는 소프트웨어 산업으로 전 세계에 명성이 높은 도시이다. 방갈로르는 1990년대에 해외투자를 유치해 성공을 거두고 있다. 인도의 IT산업의 성장은 내적 성장 요인과 외적 성장 요인이 동시에 작용한 결과이다. 내적으로 보면, 인도 정부가 방갈로르에 1910년대에 세계적인 과학자와 엔지니어를 배출한 유명한 학교인 인도과학원을 설치했고, 1960년대에는 핵심적인 방위산업체와 정보통신연구소들을 입주시키면서, 방갈로르는 인도의 최첨단 과학기술 중심지가 되었다. 이미 1958년에 미국의 텍사스 인스트루먼트가 이 도시에 성공적인 디자인센터를 설립한 바 있다. 1990년대에는 인도 정부의 경제개혁 이후 자유기업 자본주의가 더욱 번창하게 되었으며, 인도의 전문 소프트웨어 프로그래머의 대규모 인력 풀이 위력을 발휘하기 시작했다.

외적으로 보면, 1990년대에 IT산업을 주도하던 미국의 소프트웨어 회사들이 이미 실리콘밸리에서 엄청난 비용 상승에 직면하게 되었는데, 이에 대한 대안을 인도에서 찾게 되었다. 인도의 방갈로르는 고도로 숙련되고 영어를 구사할 줄 알며, 상대적으로 값싼 소프트웨어 엔지니어를 구할 수 있는 대규모 노동력 집적지가 되었다. 1992년 이후 인도 정부의 때맞춘 시장 개혁에 힘입어 초국적기업들의 투자와 인도 기업과의 합작투자 등을 끌어내면서 방갈로르는 하이테크산업의 세계적인 중심지가 되었다. 이러한 하이테크산업의 성공은 방갈로르라는 도시를 세계적인 차원으로 끌어올렸다. 도시 전체적으로는 아직도 전력이 부족한 점 등의 단점도 있고 낡은 단층집과 상점들이 늘어서 있는 모습은 인도의 다른 도시와 유사하지만, 하이테크산업과 협력 대학, 대규모 쇼핑몰과 여피적인 바를 비롯하여 서구 스타일의 물질주의가 공존하는 도시가 되었다. 소프트웨어 회사가 집중적으로 입지한 코라망갈라는 기업 경관과 카페, 레스토랑, 테니스코트, 극장 등의 서구적 경관을 갖추고 있으며, 근교의 교외 지역은 벤츠, BMW 등의 고급 외제차들이 넘쳐나는 중산층의 주거 경관으로 바뀌고 있다.

한편, 인도의 영화산업도 최근 빠른 속도로 성장하고 있다. 인도 영화의 1/3은 인도의 공용어인 힌디어로 제작되어 할리우드보다도 더 많은 관객을 끌어들인다. 인도에서 생산되는 1000여 개의 영화에서 얻는 수입은 할리우드의 영화 수입과는 비교가 안 되지만, 인도가 해외에서 벌어들이는 수입의 60%를 차지할 정도로 중요한 산업으로 성장했다. 이들 인도의 영화는 대부분 봄베이(뭄바이)에 기반을 두고 만들어지는데, 뭄바이 교외에는 대규모의 영화 세트장으로 된 영화 도시가 있다. 뭄바이는 '볼리우드(bollywood)'라는 별명을 얻었으며, 이들 영화는 볼리우드 영화라고 불린다(그림 11-4).

인도의 볼리우드는 다르질링 차나 타지마할처럼 전 지구적으로 인정받는 하나의 상품 브랜드이자 인도의 상징이 되어가고 있다. 최근에는 할리우드에서도 볼리우드 영화에 영감을 받은 영화들이 제작되고 있으며, 할리우드도 경쟁자로 인식하기에 이르렀다.

볼리우드 영화의 성공은 국내외적인 조건들이 잘 갖추어졌기 때문이다. 먼저 인도 내부에서 보면, 1992년 경제개혁 이후 인도의 중산층을 중

그림 11-4. 인도 영화 〈런치박스〉와 〈세얼간이〉의 포스터   볼리우드(Bollywood)는 뭄바이의 옛 지명인 봄베이와 할리우드의 합성어로 양적으로는 세계 최대를 자랑하는 인도의 영화산업을 일 컫는 단어이다. 할리우드 영화가 유일하게 뿌리내리지 못한 나라이며 10억 인구 10명 중 1명은 매 주 극장에 간다고 할 만큼 세계 최대의 관객층을 갖고 있기 때문에 볼리우드가 가능하다.

심으로 풍요로운 성장을 경험하고 서구 스타일의 물질문명과 대중문화가 인도에 유입된 것과 관련이 깊다. 또한 국외적으로 보면, 인도의 영화산업의 성공은 인구 규모가 큰 인도의 내수뿐만 아니라 수많은 인도인들의 세계 각국으로의 이주와 관련이 깊다. 많은 인도 이주민들이 살고 있는 미국, 유럽은 물론이고 최근에는 페르시아만 일대의 중동과 중앙아시아를 중심으로 하는 러시아, 심지어 아프리카와 라틴아메리카에서도 볼리우드 영화는 인기가 높다.

볼리우드 영화들은 전통적인 힌두 신화와 사회적 가치에 기반을 두고 문화적으로 독특한 오랜 역사를 가진 민속 극장이나 공연의 전통을 계승하는 형식으로 만들어진다. 그것들은 권선징악, 가난한 사람들의 역경, 가정 멜로드라마와 같은 친숙한 것이기도 하고, 때로는 카스트 제도와 같은 인도인의 실제 삶의 모습을 다루기도 하고, 때로는 스펙터클 오락물이나 판타지 형태를 갖추기도 하면서, 인도 사람들의 국민적 공감대를 형성하는 데 잠재적 힘을 발휘한다. 또한 이들 볼리우드 영화가 인도인들에게 인기를 누리는 것은 근본적으로 키스 신조차 부끄러워하는 인도인들의 가치관에 호소하는 보수적 건전성이라고 보기도 한다.


## 4. 히말라야 남사면의 네팔과 부탄

히말라야산맥의 남쪽 산록에 위치한 네팔과 부탄은 경제적으로 가난하지만 국민들이 느끼는 행복지수는 매우 높다. 양국은 북측으로 높고 험준한 중국의 티베트 자치구, 남측에는 인도의 힌두스탄 평원 사이에 위치한 동서 신장형의 내륙국이다. 북부의 고지대는 건조하며 한서의 차가 큰 기후가 나타나며, 해발고도 5000m 이상에는 두꺼운 빙하가 쌓여 있다. 반면 남부의 평지는 고온 다습하며, 계절풍의 영향으로 강수량이 비교적 많다. 이들 국가는 주변의 다른 나라와 달리 서구의 식민지 지배를 받지 않았다. 그것은 히말라야의 험준한 자연환경으로 외부 세력의 침략이 쉽지 않았기 때문이다. 양국은 자연환경의 영향으로 농업, 관광업, 수력발전 등의 경제활동도 유사하다.

최근 네팔과 부탄은 전체 경제활동에서 농업의 비중이 감소하고 있지만, 여전히 국민의 대다수는 농업에 종사하고 있다. 양국은 국토의 해발고도 차이가 크기 때문에 농업의 형태와 재배 작물은 고도에 따라 다르게 나타나는 자연환경을 반영하고 있다. 네팔 남부의 평지에서는 고온 다습한 기후로 벼농사 중심의 곡창지대이며, 해발고도가 높아지는 산간부에서 쌀 재배는 적미(赤米)로 바뀐다. 그리고 중부 산지에서는 가축과 농기구를 이용하여 밭농사가 행해진다. 높은 산지의 광대한 계단식 논밭은 여러 세대에 걸쳐 농민들이 전통 방식으로 개간한 것이다(그림 11-5). 해발고도가 높은 북부 산악지대의 초원에서는 여름에 양과 염소 등의 방목이 이루어지며, 가을과 겨울에는 산에서 내려와 마을에서 생활하는 사람들도 있다.

부탄도 인구의 대다수는 농민이므로 농업이 가장 주요한 생계 수단이다. 주요 곡물은 쌀, 옥수수, 밀, 메밀 등이며, 상업용으로 감자, 사과, 오렌지, 생강, 고추 등을 재배한다. 그리고 산지에서 축산업이 행해져 농민의 주식이자 주요 수입원으로 치즈와 버터, 우유 등의 유제품을 생산한

그림 11-5. 네팔의 계단식 논밭 국토의 대부분이 산지로 둘러싸인 히말라야 남사면의 국가에서는 여러 세대에 걸쳐 인력과 축력으로 계단식 논밭을 개간하여 생활했는데, 이러한 광경은 네팔에서 흔히 볼 수 있다(자료: Wikimedia).

다. 부탄 정부는 청정지역 이미지를 내세워 세계 최초로 유기농 농산물 국가를 선언하여 청정 유기농 농식품 산업을 활성화했다. 일본의 한 기업은 부탄에 표고버섯 재배에 투자하여 유기농 버섯을 유럽과 일본으로 고가에 수출하고 있다. 게다가 삼림자원도 풍부하여 등나무와 대나무로 만든 다양한 목제품도 주민의 주요 수입원이다.

네팔과 부탄은 웅대한 자연과 독특한 전통문화를 관광자원으로 개발하여 관광산업이 활발하다. 네팔은 세계에서 가장 높은 에베레스트산을 비롯하여 8000m 이상의 봉우리가 8개나 있고, 이 지역에 35개의 히말라야 트레킹 코스가 집적되어 세계의 산악인들로부터 사랑받고 있다. 기후가 온화한 중부지역에는 수도 카트만두 밸리를 중심으로 유네스코 세계문화유산이 산재하고, 네팔 최고의 휴양지 **포가라**도 유명한 관광지이다. 인도와 국경을 이루는 남부지역에는 부처의 탄생지 룸비니를 비롯하여 야생동물의 피난처 치트완 국립공원, 바르디아 국립공원, 슈크라 야

**포가라**
네팔어로 호수를 의미하며, 이곳에서 히말라야 트레킹 코스 중 가장 아름다운 안나푸르나를 조망할 수 있다. 주변의 다울라기리, 마나슬루 등 설산을 조망할 수 있어 해외로부터 많은 관광객이 방문한다.

생생물 보호구역, 코시타푸 야생생물 보호구역 등이 있다.

부탄도 관광산업이 전체 경제에서 약 40%를 차지할 만큼 주요 산업이다. 관광지로서 부탄은 특이한 점이 있다. 외국인은 부탄으로 관광을 떠나기 전에 1일 200~250달러의 비용을 체류하는 일정만큼 선입금해야 비자가 나온다. 이는 부탄 관광위원회(TCB)의 정책으로 적정하게 입국자 수를 제한해서 질 높은 서비스를 제공하여 외화를 벌겠다는 것이다. 게다가 가이드를 동반하지 않고 혼자 자유롭게 개별 여행을 할 수 없다. 정부가 가이드 수와 여행객 수를 제한하고, 호텔의 등급과 가격에도 개입하여 외국인 관광을 통제하고 있다. 부탄은 불교의 나라이기 때문에 방문객은 관광 일정의 상당 부분을 불교와 관련이 있는 장소를 방문하며, 가이드가 쇼핑을 강요하지도 않는다.

한편 히말라야의 험준한 산악지형과 눈 덮인 고산 지대에서 연중 계곡물이 흘러내리는 네팔과 부탄은 수력발전에 유리한 천혜의 조건을 갖추고 있다. 특히 부탄은 주요 수출 품목으로 전력이 1위(약 60%)를 차지할 정도로 수력발전이 국가 경제에 크게 공헌하고 있다. 부탄은 약 3만 MW의 수력발전 잠재력을 보유하고 있다. 그러나 현재 약 5%에 해당하는 1500MW가 개발된 상태이며, 2020년까지 1만MW의 발전량을 달성하기 위한 프로젝트를 추진하고 있다. 생산된 전력은 국내 소비량이 적어 약 90% 이상을 이웃나라 인도에 수출하고 있다. 부탄 정부는 경제성장의 원동력으로 수력발전을 선택 및 집중하여 청정 자연을 유지하겠다는 의지가 확고하다.

네팔도 유리한 자연 조건으로 8만 3000MW의 수력발전 잠재력(세계 제2위)을 보유하고 있지만, 전력 생산량은 부탄의 절반 정도이다. 네팔의 에너지 소비율은 바이오매스 85%, 석유 9%, 석탄 3%, 수력 2% 등으로 발전의 대부분은 생물 연료에 의존하며, 발전 시설의 미비로 전력 생산 비율은 높지 않다. 전력 부족으로 전기를 사용하는 국민은 약 50%에 불과하며, 농촌 지역은 더욱 낮아 약 10% 미만이다. 네팔 정부는 부족한 전력과 증가하는 전력 수요에 대응하기 위해 에너지 효율화 정책의 일환으로 수력 발전에 관심을 갖고 프로젝트를 추진하고 있다. 이 사업에 인도와 중국이 경쟁적으로 참가하는 가운데, 최근 한국수력원자력이 차멜리

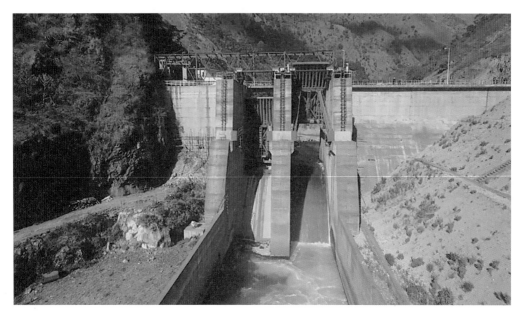

그림 11-6. 네팔 차멜리야 수력발전소　한국수력원자력이 네팔 수도 카트만두에서 북서쪽으로 950km 떨어진 다출라 지역에 30MW 규모로 건설한 수력발전소로 네팔 전체 전력의 약 3%를 공급한다(© 한국수력원자력).

야 수력발전소를 준공하여 네팔 전체 전력의 일부를 공급하게 되었다(그림 11-6).

## 5. 지상 최후의 낙원 몰디브

몰디브(Maldives)는 인도에서 남서쪽으로 약 500km 떨어진 인도양에 위치하며, 크고 작은 1200여 개의 섬들로 구성된 섬나라이다. 전체 면적은 모든 섬을 합해 약 298km² 정도로 아시아에서 가장 작은 나라이다. 총인구는 약 45만 명이며, 국교는 이슬람교이다. 몰디브 제도 가운데 가장 큰 말레섬에는 수도 말레(Male)가 위치하며, 예부터 해상교통의 요충지였다. 몰디브라는 국명은 고대 인도의 산스크리트어로 섬으로 된 꽃목걸이라는 뜻의 말라드비파(Malodheep)에 유래한다. 이것은 몰디브 제도의 아름다운 섬들이 진주 목걸이처럼 이어진 모습을 비유한 것이다.

몰디브는 중동, 아프리카, 인도, 아시아를 연결하는 해상 통상로의 교차점에 위치하여 해상 실크로드의 중요한 중계지가 되었다. 6세기 무렵

그림 11-7. 볼리푸시(Bolifushi)섬의 리조트 섬 전체가 리조트로 하얀 모래사장과 크리스탈 빛의 바다로 둘러싸여 있다. 방갈로 이외에 수상 스포츠센터가 있어 해양 스포츠를 즐길 수 있고, 다양한 볼거리와 이벤트를 체험할 수 있다(자료: Wikimedia ⓒ Giorgio Montersino).

스리랑카로부터 불교도가 이주하여 오랫동안 불교가 융성한 왕국이었지만, 12세기에 아랍인이 이슬람교를 전래하여 이슬람교 국가가 되었다. 무역 도시로 발전했던 몰디브는 유럽인들이 본격적으로 진출하면서 16세기에는 포르투갈이 말레를 지배했고, 17세기에는 스리랑카를 영유하던 네덜란드 동인도회사의 간접 통치를 받았다. 그리고 19세기 말부터 영국의 보호령으로 있다가 1965년에 영국으로부터 완전히 독립했다.

몰디브는 연평균기온이 약 25~30도 정도의 열대성 기후이며, 주요 경제 기반은 관광과 수산업이다. 특히 정부는 관광산업을 1970년대 초부터 집중적으로 투자하여 GDP의 약 25%를 차지하는 주요한 외화 획득원이 되었다. 조용한 자연을 배경으로 넓게 펼쳐진 백사장, 투명함을 자랑하는 청정 바다 등 산호초를 중심으로 밝은 태양이 비추는 아름다운 몰디브는 이상적인 지상의 낙원으로 불려 전 세계의 관광객에게 매력적이다. 세계적인 관광지 몰디브에는 연간 약 150만 명 이상의 관광객이 방문하고 있으며, 한국에서도 매년 약 3만 이상의 관광객이 찾을 정도로 인기가 높다. 최근 몰디브 정부는 10년 이내에 관광객 700만 명 유치를 목적으로 다양한 관광 정책을 발표하기도 했다.

섬의 대부분은 무인도로 작은 산호초 섬과 26개의 **환초**(環礁, atollreef)

환초
산호초 지형 가운데 둥근 원형으로 이루어진 암초이다. 섬의 침강으로 중심부는 호수이며, 외부는 바다와 연결되어 있다.

로 이루어져 있다. 세계적인 관광 휴양지로서 몰디브가 추진하는 하나의 섬에 하나의 리조트 설치 계획에 따라 약 200개의 유인도 가운데, 과반 이상이 관광 전용으로 사적인 느낌을 주는 리조트 섬이다. 그래서 해외로부터 많은 사람들이 찾아오는 허니문의 메카로 인기를 끌고 있다. 관광객은 섬 전체가 하나의 리조트를 이루는 곳에서 1~3주 정도 머무는 경우가 많다. 30분 정도로 둘러볼 수 있는 섬의 내부에는 레스토랑, 바(bar), 상점 등이 있고, 여기에는 관계자와 관광객만이 체재한다. 관광객들은 조용하고 맑고 푸른 바다에서 일광욕과 스쿠버 다이빙, 산호초, 지평선으로 넘어가는 석양 등 몰디브의 아름다운 자연을 마음껏 즐긴다.

그러나 몰디브는 자연환경과 관련하여 남은 과제도 있다. 몰디브의 섬들은 평균 해발고도가 약 1m, 최고 지점은 3.5m 정도로 지대가 낮아 폭우와 태풍 등 자연재해에 취약하다. 특히 지구 온난화에 따른 해수면 상승으로 몰디브의 해수면은 매년 3mm 정도 상승하고 있는 것으로 보고되었다. 향후 해안 침식의 가속화와 함께 해수면이 1m 정도 상승하는 2100년 이전에 저지대의 많은 토지가 바다에 잠겨 사라질 가능성이 있다. 그리고 지구 온난화와 해양의 산성화로 몰디브를 대표하는 산호초의 상당 부분이 손상되었고, 앞으로 그 피해는 심화될 것으로 보인다. 또한 바다의 수온 상승으로 어종이 변화함에 따라 수산업에도 영향을 미치고 있다. 현재까지 기후변화가 몰디브의 관광산업에 미친 영향은 크지 않지만, 장기적인 관점에서 국가적 전략이 요구된다.

## 인도의 결혼 풍습

인도 사람들에게도 결혼식은 인생 최대의 의식으로 성대하게 거행되는데, 기후가 좋은 11월부터 2월이 결혼 시즌이다. 이 시기에 인도를 여행하면, 악대나 심지어는 치장한 코끼리까지 등장하는 결혼 피로연을 볼 수 있다. 피로연에서 주류는 제공되지 않지만, 밤새 혹은 다음날까지 고조된 축하 분위기가 이어지기도 한다.

인도의 결혼 문화는 특이하게도 대다수가 전통적인 방식으로 중매결혼을 한다. 이는 인도 사회에 봉건적인 결혼 풍속이 여전히 남아 있기 때문이다. 힌두교도의 부모는 결혼 적령기에 있는 자식에게 어울리는 상대를 찾아주는 것이 임무이다. 어울린다는 말에는 특별한 의미가 담겨 있어 쉽지 않다. 1955년의 힌두 혼인법에는 누구라도 결혼과 이혼을 할 수 있다고 제정되었다. 그러나 실제 결혼에서는 기원 전후에 만들어진 마누(Manu) 법전의 전통적인 관습이 뿌리 깊게 남아 있다.

특히 결혼 상대는 동일한 카스트/바르나에 속해야 하는데, 그것은 4~5 계급의 신분제도가 아닌, 2000~3000으로 세분화된 자티(Jati, 근대 이전 직능 집단을 세습화한 가문)의 범위 내에서 찾아야 하는 한계가 있다. 예전에는 친척이나 지인, 친구 등을 통해 중매 결혼하는 것이 일반적이었지만, 최근에는 핵가족화로 신문과 잡지, 인터넷 사이트가 중매 역할을 한다. 신문의 일요판 8~10면은 신랑 및 신부의 구혼 광고로 가득한데, 최근에는 인터넷상의 중매 사이트가 2000개 이상으로 계속 증가하고 있다.

유료로 운영되는 중매 사이트를 통해 상대방의 연령, 신장과 체중, 외모, 학력, 직업, 소득수준 등을 파악할 수 있다. 게다가 소속 사회집단으로 바르나와 자티, 출신 지역, 그리고 상대의 조건도 명시되어 있다. 이들 사이트는 등록한 부모끼리 연락을 취해 남녀의 만남을 주선하는데, 해외에 거주하는 인도인도 사용한다.

그런데 결혼 중개업자(브로커)가 등장하여 돈만 챙기고, 구혼자를 울리는 경우도 있다. 또한 글로벌화 시대가 되었어도 여성들은 결혼할 때에 많은 지참금을 지불해야 하기에 인도의 결혼 문화는 아직도 보수적이다.

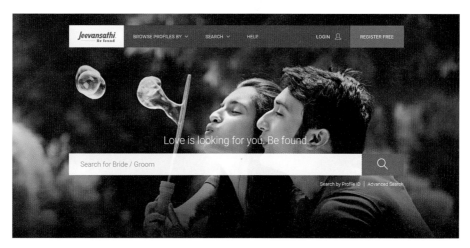

그림 11-8. 인터넷상의 중매 사이트  인도에서는 전통적으로 친지나 지인의 소개, 신문 광고 등을 통한 중매 결혼이 대다수를 차지하는데, 최근에는 인터넷 중매 사이트가 증가하고 있다(© https://www.jeevansathi.com).

# 12 동남아시아

100°

110°

20°

친드윈강

이라와디강

살윈강

샨고원

송꼬이강

통킹만

이라완산맥

인도차이나반도

하이난섬

짜오프라야강

메콩강

코라트 대지

안남산맥

남중국해

톤레사프호

스프래틀리군도
(난사군도)

10°

안다만해

타이만

팔라완섬

발라바크 해협

보르네오해

이란산맥

말레이반도

나투나 제도

보르네오해

말라카 해협

카푸아스 강

카푸아스산맥

아체 지방

0° 적도

인도양

(m)

| |
|---|
| 3000 |
| 1500 |
| 600 |
| 300 |
| 150 |
| 0 |
| 해수면 이하 |

바리산산맥

보르네오섬

수마트라섬

자와해

자와섬

대 순 다 열 도

소 순 다

0   300km

10°

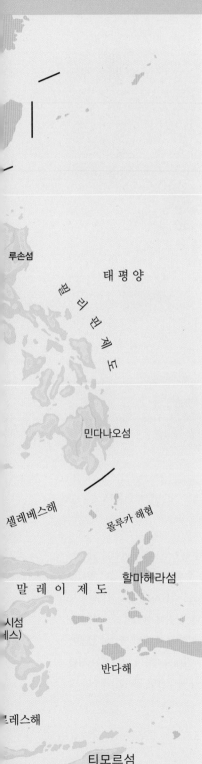

루손섬

태 평 양

필리핀 제도

민다나오섬

셀레베스해

몰루카 해협

말 레 이 제 도

할마헤라섬

시섬
베스)

반다해

레스해

티모르섬

아라푸라해

동남아시아는 크게 대륙과 해양의 섬들로 이루어져 있다. 대륙은 중국 남측의 인도차이나반도와 여기에서 돌출한 말레이반도, 그리고 해양은 필리핀 제도와 적도 부근에 수많은 섬들이 분포한다. 수리적 범위는 동경 90°~130°, 남위 10°~북위 30° 사이의 열대 지역에 속하며, 지리적으로는 동아시아와 남아시아, 인도양과 태평양을 연결하는 중간 지대에 위치한다.

주요 국가는 베트남, 라오스, 캄보디아, 타이, 미얀마, 말레이시아, 싱가포르, 인도네시아, 브루나이, 필리핀, 동티모르 등으로 타이를 제외한 대부분 국가는 서구의 식민 지배를 받았고, 국민소득도 높지 않다. 이 지역의 국가들은 동남아시아 국가연합(ASEAN), 아시아-태평양 경제협력체(APEC), 아시아-유럽 정상회의(ASEM) 등을 통해 아시아, 오세아니아, 유럽, 태평양 연안 제국과의 관계를 강화하고 있다.

동남아시아의 지형은 히말라야산맥에서 연결되는 신기 조산대가 인도차이나반도와 말레이반도를 이루고, 다시 수마트라, 자바로 이어지는 섬들이 열도를 형성한다. 이들 지역은 알프스-히말라야 조산대와 환태평양 조산대가 만나는 곳으로 지각이 불안정하여 화산과 지진, 쓰나미가 자주 발생한다. 대륙판과 해양판의 경계에 위치하여 해저에서 큰 규모의 지진이 일어나면 사람들에게 막대한 인명 및 재산 피해를 준다.

2004년 12월 수마트라 서쪽 바다에서 발생한 지진으로 높이 10m에 달하는 쓰나미가 순식간에 인도양 연안으로 몰려와 사망자와 실종자가 30만 명에 달했다.

인도차이나반도 북부는 히말라야산맥과 연속되어 해발고도 3000m 이상의 산들이 많으며, 남쪽으로 갈수록 점차 해발고도가 낮아진다. 남부는 북부에서 발원한 이라와디강, 메콩강, 짜오프라야강 등의 큰 하천이 흘러 주변에는 넓은 충적평야가 나타나며, 하구에는 거대한 삼각주가 형성되었다. 이 유역은 옛날부터 수로가 만들어져 수상교통이 발달했으며, 세계적으로 미작 농업이 활발하다.

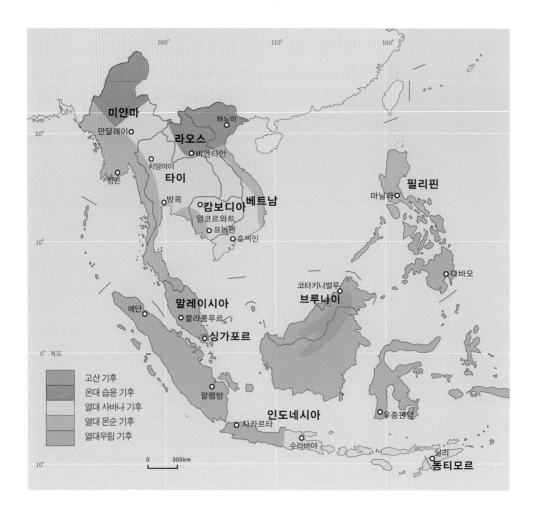

동남아시아는 전체적으로 열대에 위치하여 연중 기온이 높고 강수량도 많은 편이다. 인도차이나반도 남부는 건계와 우계가 뚜렷한 사바나 기후로 11월~4월은 북동계절풍의 영향으로 건계가 우세하여 수목의 잎이 떨어지고 대지는 건조하다. 남서계절풍이 부는 5월~10월은 우계로 많은 비가 내려 벼농사에 적합하다. 인도차이나반도 북부의 기후는 남부와 그다지 차이가 없지만, 12월~2월에 시원한 날씨도 나타난다. 산지에 살면서 주로 화전농업을 영위하는 소수민족은 건계에 밭을 태우고 우계에 씨앗을 파종한다. 한편 말레이반도와 적도 부근의 섬들은 연중 비가 많이 내리는 열대우림기후이다. 그리고 섬 주변의 바다는 수온이 높아 열대저기압이 발달하여 심한 폭풍우를 동반하기도 한다. 특히 필리핀 남부 해역은 태풍 발생지의 하나로 태풍이 북상하면 필리핀 북부와 타이완, 일본, 한국 등에 큰 피해를 초래하기도 한다.

그림 12-1. 타이(태국) 농촌의 고상(高床)가옥(왼쪽)  인도차이나 반도와 말레이 반도 일대는 열대 몬순의 영향으로 우기에 홍수가 발생하기 쉽기 때문에 전통 가옥은 마루가 높은 고상가옥들이 많다. 또한 고상가옥은 뱀이나 해충의 침입을 막는 기능도 있다(© 김학훈).

그림 12-2. 타이 푸켓타운(Phuket Town)의 구시가지(오른쪽)  말레이 반도에 위치한 푸켓섬은 베트남전쟁 중 미군을 위한 휴양지로 개발된 이후 세계적인 관광지가 되었다. 푸켓의 행정 중심지인 푸켓타운 인근에는 주석광산이 있고 제련소가 현재도 운영 중이다. 구시가지에는 19세기 주석광산에서 일하던 중국인들과 주로 무역에 종사하던 포르투갈인들이 분리되어 거주하면서 독특한 건축물들을 남겼다(© 김학훈).

## 동남아시아의 역사지리 연표

| | | | |
|---|---|---|---|
| 1044 | 동남아시아에 최초의 버마 왕조 성립 | 1863 | 캄보디아, 중국 일부, 베트남 통킹, 라오스 등이 프랑스 보호령이 됨 |
| 1170 | 자바에 스리위자야 왕국 극성 | | |
| 1180 | 캄보디아에 앙코르 제국 성립 | 1886 | 영국, 버마 병합 |
| 1220 | 타이 왕국 출현 | 1942 | 일본, 동남아시아 대부분 지배 |
| 1349 | 싱가포르에 최초의 중국 식민지 건설 | 1946~1954 | 베트남, 프랑스에 항거 |
| 1400 | 동남아시아의 상업 무역항, 말라카 성립 | 1949 | 인도네시아 독립 |
| 1428 | 베트남, 중국 축출 | 1957 | 베트남 내전 발발 |
| 1511 | 포르투갈, 말라카 획득 | 1965 | 인도네시아, 군사 쿠데타 발발. 싱가포르, 말레이시아 연방에서 독립 |
| 1571 | 에스파냐, 필리핀 정복 | | |
| 1619 | 네덜란드, 바타비아(자카르타) 식민 제국 건설 | 1967 | 동남아시아국가연합(ASEAN) 결성 |
| | | 1973 | 미국, 베트남에서 철수 |
| 1641 | 네덜란드, 포르투갈에서 말라카 획득 | 1995 | 베트남, ASEAN 가입 |
| 1819 | 영국, 자유무역항 싱가포르 건설 | 1999 | 유엔평화유지군 '한국 상록수부대' 동티모르 파병 |
| 1824 | 영국, 버마 정복 개시 | | |
| 1825 | 자바 전쟁, 인도네시아의 네덜란드에 대한 저항 | 2002 | 동티모르, 인도네시아로부터 독립 |
| | | 2004 | 인도네시아 쓰나미 발생 |

## 1. 동남아시아의 중층적인 역사와 문화

현재 동남아시아에 거주하는 대다수 사람들은 이주자들의 후손이다. 동남아시아는 고대 문명이 번성했던 서방의 인도와 북방의 중국과 지리적으로 인접하여 2000년에 걸쳐 인도 문명과 중화 문명이 상호 교류하면서 독특한 문화가 형성되었다. 게다가 이 지역은 아라비아 상인의 활동과 유럽 열강의 식민지 지배로 동양의 문화적 요소에 서양의 새로운 요소가 가미되어 언어, 종교, 민족 등이 복잡한 중층적인 문화가 나타난다. 이는 동남아시아가 동양과 서양을 동서로 연결하는 교역로에 위치하여 해양 실크로드 역할을 했기 때문이다.

먼저 인도 문화는 1세기부터 3세기에 걸쳐 동남아시아에 영향을 주었는데, 브라만교와 힌두교, 불교를 비롯하여 각종 제도와 사상, 미술과 건축양식 등이 전해졌다. 동남아시아에서 인도 문화는 5세기까지 미얀마 남부, 말레이반도, 베트남 중부, 인도네시아에서 번성했다. 이들 국가에서 힌두교와 불교가 대중의 종교로 수용되어 그 영향이 현재까지 남아 있다. 특히 메콩강 하류의 부남(扶南)은 동남아시아와 인도를 연결하는 해상무역의 요충지로 인도 문화가 크게 융성했다. 이 나라는 1세기부터 7세기까지 번성했는데, 인도 문화를 기초로 브라만교와 불교를 받아들이고, 산스크리트어를 공용어로 사용했다. 이후 7세기에는 쇠퇴하고, 크메르 왕국이 등장하여 힌두교를 국교로 정했다. 역대 왕들은 힌두교를 반영한 호화스러운 사원과 사당을 건설했는데, 이들 가운데 앙코르와트가 유명하다.

캄보디아에서 부남이 발전하던 시대에

그림 12-3. 동남아시아의 왕조 동남아시아는 태평양과 인도양을 연결하는 바닷길의 중심에 위치하여 문화적으로 인도 및 중국으로부터 오랫동안 영향을 받았다(자료: 이근명 외, 2013).

베트남 남부에서는 참파라는 나라가 번성했다. 참파는 2세기부터 5세기에 걸쳐 중국 문명, 그리고 5세기부터 8세기에는 인도 문명이 영향을 미쳤다. 참파도 인도와 중국을 연결하는 해상 중계무역으로 경제적인 기초를 확립했다. 15세기에는 중국인의 동남아시아에 대한 지식이 증가하면서 이곳으로 진출이 두드러졌다. 정화(鄭和)의 7회에 걸친 원정(동남아시아, 인도, 남아시아, 동아프리카)을 계기로 아시아에서 대항해시대가 열리고, 동아시아 해상로가 개척되었다. 16세기 후반에는 교역을 위해 동남아시아로 출국하는 중국인 상인이 증가하고, 명나라 후기부터 19세기에는 화남 지방 연안의 사람들이 화교가 되어 동남아시아로 이동하면서 이곳에 중국 문화가 더욱 확산되었다.

게다가 동남아시아에는 이슬람 문화와 서구 문화도 도입되었다. 교역 활동이 융성했던 15세기부터 17세기에 이슬람교도들은 동남아시아의 향신료를 유럽에 공급하고, 유럽과 중국, 일본에서 공급되는 상품의 중계무역에 종사하면서 이슬람교와 이슬람문화를 동남아시아에 본격적으로 전파했다. 오늘날 말레이시아, 인도네시아, 브루나이에 이슬람 문화권이 형성된 것은 14세기 이슬람교도의 교역 활동과 밀접한 관련이 있다.

유럽에서 동남아시아에 최초로 진출한 나라는 1509년 말라카에 입항한 포르투갈 함대였다. 동남아시아의 대표적 중계 무역지 말라카는 1511년 포르투갈에 점령되어 교역의 패권은 이슬람교도에서 포르투갈로 넘어갔다. 포르투갈은 말라카에 포르투갈 양식으로 도시와 교회를 건설하여 유럽 문화가 동남아시아에 뿌리를 내리는 계기가 되었다. 또한 포르투갈은 말라카를 거점으로 육두구(nutmeg)와 정향(clove)이라는 향신료를 유럽에 독점적으로 수출했다. 이러한 성공에 자극받은 네덜란드는 1602년 동남아시아에 네덜란드 동인도회사를 설립하고, 상관(商館)을 설치하여 세력을 확대해 나갔다. 네덜란드 동인도회사는 세계 최대의 무역회사로 성장하여 동남아시아에서 교역의 패권은 포르투갈에서 다시 네덜란드로 넘어갔다.

같은 시기에 필리핀에서는 스페인이 지배를 강화하고, 가톨릭 포교를 중심으로 유럽 문화가 급속히 침투했다. 스페인은 세부(Cebu)에 식민지를 건설하고, 1571년에 마닐라를 거점으로 식민지를 개척했다. 스페인은 경

상관
개항장의 외국인 거주지로 불리는 상업구역으로 식민지 시대에 선진국에 의한 해외 진출의 거점이 된 장소이다. 특정 국가의 상인이 거주하면서 자유로운 외출은 제한되었고, 현지 사람들은 정부의 허가를 얻어 상관을 방문하여 교류할 수 있었다.

제적 지배뿐만 아니라, 문화적 지배도 강화하여 가톨릭이 필리핀의 종교로 자리 잡도록 했다. 그러나 필리핀 남단부의 민다나오섬은 이슬람교가 뿌리 깊어 가톨릭으로 개종시키지 못했다. 이는 오늘날 민다나오섬에서 이슬람교도를 중심으로 분리 독립 운동으로 이어지고 있다.

18세기 이후에는 동남아시아에서 프랑스와 영국의 영향력이 강화되었다. 프랑스는 베트남과의 불월 전쟁(1858~1862)으로 베트남에 대한 지배를 강화하고, 청나라와 청불 전쟁(1884~1885)으로 베트남에 대한 종주권을 청나라로부터 박탈하여 베트남의 식민지화가 가속화되었다. 그 결과 프랑스는 베트남에 프랑스어와 가톨릭을 보급하고, 주변의 라오스, 캄보디아에도 영향을 미쳤다. 그리고 영국은 18세기 중반부터 인도를 식민지로 지배하고, 나아가 그 세력은 미얀마, 말레이반도에 미치고, 1824년에는 말라카와 싱가포르가 영국령이 되어 영국 문화가 침투하게 되었다.

이와 같이 동남아시아는 동서 교역의 거점으로 중요한 위치에 있었기 때문에 고대부터 인도 문화와 중국 문화의 영향을 지속적으로 받았다. 이후 14세기에는 이슬람 상인의 활동으로 이슬람 문화가 전해졌고, 15세기 이후에는 포르투갈, 스페인, 네덜란드, 프랑스, 영국 등 유럽인이 진출하면서 유럽 문화가 침투했다. 그리하여 동남아시아에는 정치, 경제, 사회 등 다방면에 걸쳐 동서양의 각종 제도와 문화가 모자이크처럼 곳곳에 남아 있다.


## 2. 개발에 따른 자연환경의 변화

인간이 거주하는 장소는 보다 나은 삶을 영위하기 위해 항상 크고 작은 개발이 존재한다. 개발이 행해지는 목적은 지역에 따라 다양해서 동남아시아도 예외는 아니다. 문제는 국가나 지역 주민에 의한 농업, 임업, 광업, 공업, 교통, 관광 등의 개발 과정에서 자연환경이 변화하고, 환경문제가 발생한다는 점이다. 동남아시아 국가들은 주로 삼림과 농업 등 1차 산업에서 개발에 따른 자연환경 문제가 현저하다.

동남아시아는 육지의 약 50%가 삼림으로 덮여 있고, 나머지 토지의 약 30%는 농경지이다. 동남아시아 국가들의 삼림 면적은 1960년대부터 1990년대 전반까지 대규모 벌채로 크게 감소했지만, 1990년대 중반 이래 현재까지는 둔화 추세이다. 목재 생산은 크게 산업용과 연료용으로 구분되며, 국가마다 그 비중은 다르다. 현재 동남아시아에서 삼림면적 100만 ha 이상 8개국 가운데 인도네시아, 미얀마, 말레이시아 순으로 산림 면적이 넓다. 반면 삼림이 가장 적은 필리핀은 1990년대 전반까지 통나무 등의 목재 수출로 많은 삼림이 파괴되어 그 면적은 국토의 1/4 정도이다.

삼림 벌채 이후에 원상태의 삼림이 형성되기까지는 최소 35년이라는 시간이 걸린다. 인구 증가와 상업 벌채 등으로 제2차 세계대전 이래 동남아시아의 삼림은 최대 지속 가능 생산량을 초과했다. 마침내 1980년대에 인도네시아는 원목 수출을 금지하고, 타이는 벌채 금지령을 내려 국내의 원목 생산은 감소했지만, 오히려 주변 국가들의 원목 수출을 촉진시켜 동남아시아 국가들의 환경 악화를 초래했다. 현재 동남아시아 국가들은 삼림 벌채와 관련하여 법에 따라 세금, 재식림 요금 등의 삼림 사용료를 납부해야 한다. 그러나 삼림 벌채권 허가의 대부분은 정치가, 관료, 군인 등의 지인에게 주어져 벌채 활동에 따른 수입도 징수되지 않고, 또한 삼림 보전을 위한 투자도 이루어지지 않는 경우가 적지 않다.

동남아시아 대부분의 국가는 삼림의 지속 가능한 개발을 목적으로 선택적인 벌채, 자연 재생, 재식림 등을 실시하고, 삼림법에 근거하여 불법업자에게 벌금을 부과하고 있다. 그렇지만 관리하는 자와 관리받는 자의 유착이 강하여 관리가 엄격하게 이루어지지 않아 삼림 파괴에 따른 여러 환경문제가 지속적으로 발생한다. 예컨대 동남아시아에서 개발과 벌채로 삼림 면적이 가장 많이 감소한 필리핀은 재식림과 보전이 제대로 이루어지지 않아 산사태와 같은 토양 침식의 증가, 수자원의 감소, 그리고 생물 다양성의 손실이라는 빈곤의 악순환을 초래했다.

불법에 의한 벌채와 그것을 수입하는 국가는 환경문제를 야기하는 주범으로 반드시 해결해야 할 과제이다. 이와 관련하여 1993년 캐나다 토론토에 설립된 삼림관리협의회(FSC: Forest Stewardship Council)를 비롯한 여러 인증제도는 주목할 만하다. 최근 동남아시아의 인도네시아, 말레이시아, 라오스, 베트남, 타이(태국) 등의 국가는 인증제도로서 유럽연합 산하 산림관리와 거래 행동계획(FLEGT: Forest Law Enforcement, Governance and Trade)을 도입하여 추진하고 있다. 이는 지구 환경보호의 중요성을 인식하여 생산국의 불법 삼림 벌채를 방지하기 위한 제도이다. 원목 수입국과 수출국이 협정을 맺어 정부 인증이 있는 합법적 목재만을 EU에 도입하는 자주적인 방안이다.

삼림이 많은 동남아시아에서 전통적인 방식의 화전농업도 환경 파괴를 초래하기도 한다. 동남아시아의 라오스는 국토의 대부분이 산지로 둘러싸여 화전농업이 번성했던 나라이다. 라오스에서 주식인 쌀은 제한된 평지에서 논벼가 일부 재배되며, 산지 주민들은 화전에 의한 밭벼를 재배하여 쌀을 생산한다. 문제는 산지 지역의 교육수준이 낮은 농민들이 전통적인 화전농법으로 환경을 파괴한다는 비난이다. 그래서 라오스는 정책적으로 화전을 억제하기 위해 1980년대 후반부터 산지 주민을 접근성이 높은 도로변으로 이전시켜 교육, 의료, 취업 등의 혜택을 받도록 했다. 또한 마을의 영역을 용도별로 구분하여 농지를 배분함으로써 화전농업을 제한하고 있는데, 이러한 정책은 타이, 베트남에서 실시되었다. 그리고 라오스는 1990년대 후반부터 화전을 억제하는 삼림법도 제정했다.

한편 동남아시아에서는 맹그로브(mangrove) 숲이 파괴되어 사람들에게 많은 재앙을 초래했다. 맹그로브는 바다와 육지가 만나는 해안가에 울창한 숲을 이루어 천연 방파제 역할을 한다. 밀물과 썰물 때에는 수시로 바닷물에 잠겨 소금기가 가득하며, 이러한 환경은 다양한 생물과 물고기의 서식처가 된다. 게다가 맹그로브는 이산화탄소 흡수량이 뛰어나고 일반 나무보다 산소를 5배 이상 생산하여 각종 공해와 지구 온난화로 몸살을 앓고 있는 지구에 공기 청정기 역할을 한다. 그런데 동남아시아는 세계 최대의 맹그로브 숲을 보유하고 있지만, 각종 개발로 해안가의 맹그로브 숲이 많이 제거되어 재앙을 초래했다.

예컨대 인도네시아는 약 350만ha의 맹그로브 숲이 있었는데, 현재는 무자비한 개발로 절반 이상이 파괴되었다. 사람들은 경제적 이익을 목적으로 엄청난 면적의 맹그로브 숲을 제거하고 새우 양식장을 만들거나 전망이 좋은 곳은 휴양지로 개발하여 대규모 리조트를 조성했다. 천연 방파제 역할을 했던 해안가의 맹그로브 숲이 사라지면서 2018년 인도

그림 12-4. 동남아시아의 맹그로브 숲  해안가의 맹그로브 숲은 인간과 생물에게 이익을 주는 일
석이조의 효과가 있다. 각종 영양분이 풍부하여 물고기의 산란 장소가 되며, 태풍이나 쓰나미가 몰
려올 때는 방풍림 역할을 한다(자료: 타이정부관광청).

네시아 슬라웨시섬과 반텐주 지역에 쓰나미가 덮쳐 많은 사상자가 발생
했다. 쓰나미의 위력을 직접 경험한 인도네시아 정부와 주민들은 2004년
인도양 쓰나미를 계기로 맹그로브 숲 복원 사업에 나섰다. 그러나 파괴
된 숲을 복원하기 위해서는 많은 예산과 상당한 시간이 걸려 조성 사업
은 더디기만 하다.


## 3. 인도차이나반도의 메콩강 경제권

메콩강은 중국의 티베트고원에서 발원하여 윈난성(雲南省)을 거쳐 미얀
마, 라오스, 타이, 캄보디아를 흘러 베트남에서 남중국해로 유입하는 총
4800km의 국제하천이다. 이 유역은 타이를 제외하고 나머지 국가들은
국제적인 시야에서 사회간접자본의 정비가 늦었다. 그 이유는 베트남 전
쟁, 캄보디아 내전, 국경지역의 분쟁이 장기간 지속되었고, 사회주의 경제
체제로 시장경제의 도입이 늦어졌기 때문이다. 게다가 지형적으로는 메
콩강 유역에 산과 계곡이 많아 물류 네트워크의 발전이 이루어지지 못했

다. 그러나 1991년의 파리평화협정, 사회주의 체제의 민주화 등으로 국제적 교류의 환경이 조성되었다.

1992년부터 아시아개발은행(ADB)의 주도로 이 유역을 하나로 묶기 위한 인프라 개발이 본격화되었다. 주요 목적은 메콩강 유역의 경제개발과 발전을 촉진하기 위해 **경제회랑**(Economic Corridor)의 인프라를 정비하고, 나아가 국제무역의 원활화, 민간 부문의 참가에 의한 경쟁력 강화, 인재 육성, 환경보호 등이다. 경제발전 단계는 뒤떨어졌지만, 높은 경제 성장률과 젊고 풍부한 인구는 동남아시아의 생산 및 소비 시장으로 거듭날 수 있다는 잠재력이 풍부하다. 이 프로젝트는 메콩강 유역의 5개국과 중국의 윈난성(2005년부터 중국 광서장족자치구가 참여하여 5개국 2성)이 협력하여 메콩강 경제권(GMS: Greater Mekong Subregion)을 추진하고 있다. 주요 개발 사업은 교통, 통신, 에너지, 환경, 인적자원 개발, 무역, 투자, 관광, 농업 등 9개 부문에서 진행되고 있다. 이들 가운데 가장 우선도가 높은 것은 교통 부문으로 도로, 철도, 공항, 내륙수운 등의 개발과 정비 사업이다.

**경제회랑**
국가를 횡단하거나 국경을 넘어 사람이나 물류가 활발하게 이동할 수 있도록 도로, 철도 등의 인프라를 일괄적으로 정비하는 경제권 구상이다.

1990년대 후반부터 공통된 인식으로 사람과 물자가 자유롭게 왕래 및 이동할 수 있도록 모든 국경지역에서 출입 절차를 간소화하는 경제회랑이 대두되었다. 1996년에는 국경 지역에 교통을 방해하는 장벽에 대한 축소가 합의되고, 1999년 이후에는 자유무역협정(FTA)의 영향으로 종래 해로 중심의 동아시아 산업 네트워크에 트럭이나 철도라는 선택 사항이 추가되어 기업 차원에서도 육상 교통의 장점이 강하게 인식되어 경제권 내에서 육상교통에 의한 물류의 이동에 박차를 가하고 있다. 이런 가운데 2001년 메콩강 경제권(GMS) 각료회의에서 경제회랑에 대한 구체적인 루트로 10개의 프로젝트가 채택되었는데, 그 핵심은 동서경제회랑, 남북경제회랑, 남부경제회랑으로 모양새를 갖춰 나가고 있다.

동서경제회랑은 베트남 중부의 다낭에서 라오스의 사반나케트, 타이의 핏사눌록을 거쳐 미얀마의

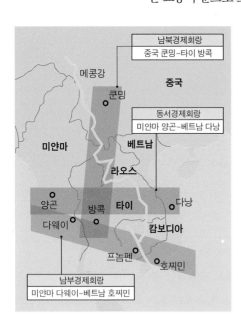

그림 12-5. 메콩강 경제권의 주요 경제회랑  메콩강 유역의 캄보디아, 타이, 베트남, 미얀마, 라오스 등 5개국으로 이루어진 일대 경제권으로 3개의 주요 경제 회랑은 동서회랑, 남북회랑, 남부회랑이다. 이들 나라를 연결하는 경제회랑의 정비로 경제발전의 기대가 높아지고 있다(자료: 임영신, 2018.12.5).

항구도시 모울메인에 이르는 약 1500km의 국제도로이다. 이 회랑은 태평양과 인도양을 육로로 연결한다는 점에서 가장 주목받는 노선이다. 남북경제회랑은 타이의 방콕에서 라오스, 미얀마를 거쳐 중국 윈난성의 쿤밍에 이르는 루트와 쿤밍에서 베트남 하노이를 거쳐 하이퐁에 이르는 루트, 게다가 하노이에서 광시좡족자치구 난닝까지의 루트로 구성되어 있다. 그리고 제2의 동서경제회랑으로 불리는 남부경제회랑은 방콕에서 캄보디아의 프놈펜과 베트남의 호찌민을 거쳐 남중국해 연안의 붕타우에 이르는 루트와 타이에서 베트남 해안선을 따라 남부연안회랑 등으로 구성된다.

이들 경제회랑은 노동력이 풍부하여 인건비를 저렴하게 확보할 수 있고, 권역에서 관세가 철폐됨에 따라 여러 가지 효과를 기대할 수 있다. 주요 효과는 무엇보다 생산 거점의 변화이다. 자동차, 전기, 전자부품 등의 산업 집적이 이루어져 생산 거점의 최적화를 지향하여 메콩강 경제권 각국으로 집적망이 확대될 가능성이 있다. 그리고 교통 요소의 발전도 가능하다. 각 회랑의 교통 요소에 사람들이 모여 기업은 노동력 확보가 한층 쉬워진다. 최근 타이에서 메콩강 경제권 각국으로 공장을 이전하여 제2의 공장 역할을 담당하는 사례가 증가하고 있다.

그러나 메콩강 경제권을 둘러싼 물류 네트워크를 형성하기 위해서는 남은 과제도 적지 않다. 물류를 원활하게 실시하기 위해 도로라는 하드웨어와 통관 절차의 간소화, 신속화라는 소프트웨어가 잘 연동되어야 한다. 육상 수송과 관련하여 국가 간에 고속 주행이 가능한 도로, 철도 인프라, 내륙 수로 등의 인프라가 신속히 마련되어야 한다. 그리고 경제회랑의 정비와 출입국 수속이 간소화된다고 하더라도 서로 다른 언어와 자동차 통행구분(좌측, 우측) 등이 통일되지 않은 문제는 권역 국가 간에 해결해야 할 과제로 남아 있다.

## 4. 화교의 진출과 차이나타운의 형성

화교는 중국 본토 이외의 국가나 지역에 거주하는 중국인과 그 자손을 일컫는다. 화교의 화(華)는 중국을 가리키며, 교(僑)는 임시 거주를 의미하여 언젠가는 중국으로 돌아갈 사람들을 뜻한다. 제2차 세계대전 이후 많은 식민지가 독립하고, 중국에서는 1949년에 중화인민공화국이 성립했지만, 대부분의 화교는 사회주의 중국으로 돌아가지 않고 거주국에 정착했다. 세계에 거주하는 중국인과 그 자손들 가운데, 본래 의미의 화교는 감소했다. 오늘날 중국에서는 해외 거주자와 관련하여 중국 국적 소유자를 화교, 그리고 중국 이외의 국적 소유자에 대해서는 화인이라는 용어를 사용한다. 그러나 우리나라에서는 이들을 엄격히 구분하지 않고 화교로 호칭하므로 여기에서는 화교라는 용어를 사용한다.

현재 전 세계에는 중국인들이 다수 분포하는데, 이들이 해외로 이주하게 된 계기는 다음과 같은 이유 때문이다. 첫째는 중국의 내란이나 왕조 교체기에 해외로 대거 도피한 경우이다. 정성공(鄭成功)이 대표적 인물인데, 그는 명나라가 망할 때에 많은 유민과 함께 대만으로 건너가 청에 항거하며 명을 재건하려는 항청복명(抗淸復明) 투쟁에 참여했고, 이 중 많은 사람들이 동남아로 이주했다. 둘째는 인구 증가에 따른 생활고에 직면하면서 해외 이주를 선택한 경우이다. 1661~1812년에 중국 남동부 광둥성(廣東省)과 푸젠성(福建省)의 인구가 각각 20배, 5배 늘어나자 좁은 공간에 대한 인구 압력으로 많은 사람들이 해외 이주를 선택했다. 셋째는 이주 대상국의 이민정책 변화와 같은 외부 요인이다. 유럽에 의한 동남아시아의 식민지 개척, 북아메리카와 오스트레일리아의 골드러시, 그리고 미국의 대륙횡단 철도 부설 등과 관련하여 여러 지역에서 저임금 노동자를 중국에서 대량으로 조달했다.

특히 중국 남동부 지역의 급격한 인구 증가와 해외의 이민정책이 맞물려 중국인의 해외 이주는 가속화되었다. 유럽 열강에 의해 중남아메리카, 동남아시아 등의 열대 지역이 식민지가 되면서 사탕수수, 고무, 커피 등의 플랜테이션 농원과 광산 개발이 곳곳에서 이루어졌다. 그리고 영국과 미국에서 노예해방 이후 노예 노동을 대신할 저렴한 노동력으로 중국인 노동력에 대한 수요가 증대했다. 이런 가운데 아편전쟁(1840~1842)이 계기가 되어 중국에서 해외로 이주가 본격화되었다. 전후 강화조약으로 영국과 청나라 사이에 난징조약(1842)이 체결되어 광저우(廣州), 푸저우(福

州), 샤먼(廈門), 닝보(寧波), 상하이(上海) 등 5개 항구가 개항되고, 홍콩은 영국에 할양되었다. 이후 광저우, 샤먼, 그리고 1860년에 개항한 선토우(汕頭)는 해외로 건너가는 중국인의 주요 출항지가 되었다.

동남아시아에서 영국은 미얀마·말레이시아·싱가포르, 프랑스는 베트남·라오스·캄보디아, 네덜란드는 인도네시아, 그리고 스페인은 필리핀(1898년부터는 미서 전쟁으로 미국령)을 식민지로 개척했다. 식민지 종주국은 고온다습한 열대 지역의 개발을 위해 중국 동남부의 광둥성, 푸젠성에서 많은 노동력을 받아들였다. 동남아시아의 식민지에는 지배의 거점이 되는 식민지 도시(colonial city)로 양곤, 싱가포르, 호치민, 자카르타, 마닐라 등이 계획적으로 건설되었다. 당시 식민지의 경제발전에 기여한 화교의 역할은 지대했으며, 식민지 지배자와 현지인 사이에서 상업에 종사하는 사람들이 점차 증가하여 도시에는 시장을 중심으로 차이나타운이 각지에 형성되어 현재에 이르고 있다.

그러나 중국이 1978년 개혁개방 정책을 실시하면서 화교를 둘러싼 상황은 크게 변화했다. 1980년대 중반부터 제한되었던 중국인들의 해외 이주가 완화되어 돈벌이와 창업, 투자, 유학 등을 목적으로 해외 이주가 다시 급증하기 시작했다. 이와 관련하여 중국에서는 개방개혁 정책 이전에

그림 12-6. 타이(태국)의 차이나타운  타이에서 화교는 총인구의 10% 이상을 차지할 정도로 다수가 거주한다. 그들은 중화요리식당, 보석상, 약재상, 재래시장 등 다양한 경제활동을 하는데, 화교가 많이 거주하는 방콕의 차이나타운에는 중국어 간판이 가득하다(ⓒ 타이정부관광청).

이주한 화교를 노화교(老華僑), 이후의 이주자를 신화교(新華僑)로 구분하여 부른다. 해외에 거주하는 화교는 1978년에 약 2404만 명, 1997년에 약 3284만 명, 그리고 2015년에는 4500만 명으로 증가했다. 이들 가운데 70% 이상이 아시아에 거주하며, 동남아시아에서 화교가 많은 국가는 인도네시아, 타이, 말레이시아 순이며, 중국 동남부의 광둥성 출신이 50%, 푸젠성 출신이 30% 이상을 점한다.

중국의 개혁개방 이후 동남아시아에는 신화교의 유입과 함께 저렴한 중국 제품이 대량으로 판매되고, 그들이 경영하는 상점과 중화요리 식당 등이 크게 증가했다. 신화교의 증가로 노화교가 형성한 차이나타운은 더욱 확대되고, 또한 새로운 차이나타운도 형성되었다. 신화교의 증가로 이전보다 거리에는 중국어 간판이 많아졌고, 사람들이 사용하는 말도 광둥성 동부의 차오저우(潮州) 방언에서 표준중국어로 바뀌고 있다. 21세기에 들어 중국의 경제가 발전하고, 국민의 수입도 크게 증가했다. 그래서 최근에는 종래 가난을 벗어나기 위한 돈벌이 목적의 해외 이주보다는 더 좋은 생활 조건을 찾아 해외로 나가는 중국인이 증가하고 있다.

싱가포르는 우수한 기능과 지식을 보유한 유능한 인재, 소득이 높은 부유층, 우수한 중국인 유학생을 적극적으로 받아들이는 이민정책으로 신화교가 증가하고 있다. 싱가포르인들은 신화교로 인해 물가와 주택 가격의 앙등을 초래하고, 구직 경쟁이 격화된다고 불만을 표출하는 경우도 있다. 그리고 인도네시아, 말레이시아 등 이슬람교도가 많은 국가, 남중국해 도서를 둘러싼 영토 문제로 민감한 필리핀과 베트남에서는 신화교의 유입에 대한 경계심이 강하다.

## 5. 국제 관광의 거점 싱가포르

싱가포르는 말레이반도 최남단에 위치한 도시국가로 719km²의 좁은 면적에 약 560만 명의 인구가 거주한다. 1963년 말레이시아가 영국의 식민지에서 독립했지만, 이후 말레이시아 정부가 말레이인을 우대하는 정책을 내놓자 중국계 사람들이 강하게 반발하면서 1965년에 분리·독립하

그림 12-7. 싱가포르의 랜드마크 머라이언  싱가포르의 상징물로 센토사섬의 머라이언 공원에 세워져 있다. 머라이언(merlion)은 사자(lion)와 인어(mermaid)의 합성어로 전설상의 동물이다. 상반신 사자는 산스크리트어로 싱가포르를, 그리고 하반신 인어는 바다를 의미한다(ⓒ 심정보).

여 싱가포르 공화국이 되었다. 현재 싱가포르의 민족 구성은 중국계 약 74%, 말레이계 약 13%, 인도계 약 9% 등으로 전형적인 다민족 사회이다. 그래서 정부는 단일 언어가 아닌, 영어를 공용어로 중국어, 말레이어, 타밀어를 모국어로 사용하는 이중언어정책을 추진했다.

싱가포르의 창이(Changi) 국제공항은 아시아 항공 교통의 허브(Hub)로서 세계 각지에서 많은 항공기가 모여든다. 이는 영국 식민지 시대부터 아시아와 유럽의 물자를 왕래하는 동서무역의 거점으로 번성한 역사와 관련이 있다. 세계의 자유무역항, 중계무역항으로 성장한 싱가포르는 도시의 기능이 잘 갖추어져 아시아와 구미 국가들의 다국적기업이 다수 입지해 있고, 또 세계 유수의 금융센터로 발전했다. 싱가포르는 국가 탄생 직후부터 급속한 공업화 정책을 추진하여 현저한 경제발전을 이루었다. 아울러 싱가포르는 관광산업으로 경제발전을 지향하는 국가 전략을 추진하여 현재 세계적인 국제 관광 거점으로 발전했다.

최근 싱가포르는 자국 인구보다 훨씬 많은 약 1500만 명 이상의 외국인이 매년 방문하여 관광과 비즈니스 면에서 국제 경쟁력을 갖추었다. 방문객은 싱가포르에서 가까운 아시아 출신이 가장 많고, 그 다음은 유럽, 오세아니아, 아메리카, 아프리카순이다. 세계경제포럼(WEF)이 발표한 「여행 및 관광 경쟁력 보고서 2017」에 의한 순위에서 싱가포르는 세계 136

개 국가 가운데 13위이다. 부문별로 국제적 개방성(1위), 비즈니스 환경(2위), 여행 및 관광의 우선도(2위), 지상 및 항만 인프라(2위), 인적자원 및 노동시장(5위), 안전 및 보안(6위), 항공교통 인프라(6위), 정보통신기술(ICT) 상태(14위) 등에서 높은 평가를 받았다. 싱가포르가 국제적인 관광 거점이 될 수 있었던 요인은 지리적으로 아시아의 중앙에 위치하여 항공교통망이 발달했기 때문이다.

관광산업의 정책과 발달 과정을 살펴보면, 초기에는 기반시설 정비와 관광자원 개발에 중점을 두고 도시부에 힐튼 등 4개의 고급 호텔을 건설했다. 1967년에는 전원도시 정책이 발표되어 녹색을 주제로 거리 만들기가 시작되어 녹지 환경을 활용한 관광자원이 정비되었다. 1970년대에는 교외에 공원과 동물원이 조성되어 현재까지 주요 관광자원으로 쓰인다. 관광산업의 브랜드와 관련해서 관광진흥국이 설립된 1964년에 사자를 마스코트로 홍보와 선전이 이루어졌다. 1977년에는 놀라운 싱가포르(Surprising Singapore)라는 새로운 브랜드로 미식과 쇼핑의 목적지, 그리고 이국적인 체험을 즐기는 장소로 소개되었다.

1980년대는 창이 국제공항 개장(1981), 지하철 개통(1987) 등으로 국내외를 연결하는 교통 기능이 크게 향상되었다. 1986년에는 이국적인 동양, 식민지 시대의 유산, 열대 섬 리조트, 청결하고 녹색이 넘치는 전원도시, 국제 스포츠 이벤트 등 5가지 주제를 중심으로 관광제품개발계획(1986~1990)이 발표되었다. 1995년에는 20년 동안 사용한 놀라운 싱가포르라는 캠페인을 새로운 아시아(New Asia)로 변경하여 서양과 동양, 전통과 현대성이 공존하는 장소로 홍보했다. 그리고 1996년에는 5년의 관광 마스터 플랜으로 관광 21이 발표되었다. 이 시기에 관광자원의 개발, 기업의 아시아 본부 유치, 전시회 유치와 회의장 확충 등이 이루어졌다.

2004년에는 10년의 관광계획으로 관광 2015가 발표되었는데, 중점 분야는 비즈니스, 레저, 서비스이다. 비즈니스 분야는 아시아에서 선진적인 **마이스(MICE)** 개최의 거점을 확보하는 것이다. 레저 분야는 정부 주도의 대형 프로젝트로 세계 최대의 관람차 건설, 대형 이벤트 유치, 복합형 리조트 도입, 국립경기장 건설 등이다. 그리고 서비스 분야는 아시아의 의료 허브를 실현하기 위해 세계적으로 높은 평가를 받고 있는 의료제도를

마이스(MICE)
기업회의(Meetings), 인센티브 여행(Incentives), 국제회의(Conventions), 전시(Exhibitions)의 약자로 이들 유치를 통해 관광객을 유인하는 산업이다.

그림 12-8. 마리나베이샌즈 복합형 리조트로 2561개의 호텔 객실, 4만 5000명을 수용할 수 있는 대형 MICE 시설, 옥상에서 아름다운 경치를 체험할 수 있는 수영장 등이 매력적이며, 건축 디자인에 대한 좋은 평가로 싱가포르의 새로운 상징이 되었다(ⓒ 심정보).

관광자원으로 활용하는 의료관광정책이다. 최근 싱가포르의 관광정책에서 가장 성공한 분야는 MICE라는 비즈니스·이벤트 유치와 종합 리조트의 도입이다.

MICE는 개최를 통해 비즈니스의 네트워크 구축과 혁신의 창조, 개최지역의 경제효과, 개최 국가·도시의 인지도와 경쟁력 향상 등 여러 가지 파급효과를 초래하기 때문에 전 세계의 도시가 유치 정책을 실시하여 매년 경쟁도 치열하다. 싱가포르는 1970년대 초반부터 MICE를 관광산업의 중요한 분야로 간주하여 정책을 개발하고 대규모 시설과 기반을 구축했다. 그 결과 2015년에 비즈니스 혹은 MICE 참가를 목적으로 싱가포르를 방문한 외국인은 전체 방문객의 약 20%로 관광 총수입은 전체의 22%에 달한다. 그리고 국제회의 개최 건수에서 싱가포르는 국가 기준으로 세계 제4위, 도시 기준으로는 세계 제1위를 차지하여 세계적인 국제회의 개최 도시로서 지위를 확보했다. 최근 북미 정상회담이 싱가포르에서 개최된 것은 그 입지 조건과 편의성 때문이었다.

싱가포르에서 MICE 시설을 갖춘 복합형 리조트(IR: integrated resort)의 유치는 관광과 경제발전에 가장 공헌한 사업이다. 2010년에 2개의 복합형 리조트로서 마리나베이샌즈(Marina Bay Sands)와 리조트월드센토사(Resorts World Sentosa)가 개업하여 싱가포르를 방문하는 관광객은 그 전

년도 2009년보다 500만 명 이상 증가했고, 또한 관광 총수입도 그에 비례하여 크게 늘어났다. 특히 마리나베이샌즈는 약 12만m²의 면적에 4만 5000명을 수용할 수 있는 대형의 MICE 시설 등이 매력적이다. 넓은 면적의 복합형 리조트에는 회의장 시설, 전시 시설, 레크레이션 시설, 숙박 시설, 카지노 시설 등 여러 시설이 하나의 구역에 모여 있다. 이들 가운데 카지노 시설은 넓지 않지만, 수익의 중심에 있다.

그림 12-9. 북미 정상의 역사적 첫 만남. 2018년 6월 12일 오전 싱가포르 센토사 섬 카펠라 호텔에서 적대 관계였던 미국의 도널드 트럼프 대통령과 북한의 김정은 국방위원장이 악수하고 있다(자료: Wikimedia).

좁은 면적의 도시형 국가 싱가포르가 국제적 관광의 거점이 될 수 있었던 배경은 지리적, 언어적 장점을 살려 정부 주도로 자신들의 환경에 맞는 관광자원을 개발해 왔기 때문이다. 그것은 녹색환경, 도시형 레져, MICE에 의료와 항만을 연계한 새로운 형태의 관광산업으로 시대의 흐름과 다른 국가·지역과 차별화된 관광자원 개발로 세계의 관광 거점이 된 것이다.

한편 싱가포르는 정치적 갈등이 있는 국가들이 정상회담 장소로서 가장 선호하는 곳이다. 중국의 시진핑 국가주석과 타이완의 마잉주 총통은 1949년 분단 이후 66년 만에 2015년 11월 7일 싱가포르에서 첫 정상회담을 가졌다. 그리고 2018년 6월 12일에는 미국의 도널드 트럼프 대통령과 북한의 김정은 국무위원장이 북한의 비핵화를 위한 첫걸음으로 싱가포르에서 북미 정상회담을 개최했다. 이 회담이 개최되기까지 전 세계의 언론은 싱가포르를 집중적으로 언급했기 때문에 싱가포르는 막대한 홍보 효과와 경제 효과를 누렸다. 특히 북미 정상회담과 양국 정상이 숙소로 사용했던 호텔들이 가장 큰 광고 효과를 보았다. 북미 정상회담 비용은 160억 원이 들었지만, 홍보 효과는 무려 6200억 원이라는 분석이 나왔다. 그래서 싱가포르 정부가 북미 정상회담 비용을 흔쾌히 부담했다고 한다.

## ASEAN, APEC, ASEM의 정치지리

베트남 전쟁(1965~75년)이 격화되는 가운데 인도차이나반도의 사회주의 세력에 대항하기 위해 1967년 인도네시아, 말레이시아, 싱가포르, 필리핀, 타이 5개국이 동남아시아 국가연합(ASEAN)을 결성했다. 베트남 전쟁과 캄보디아 내전이 종결되고, 정치적으로 안정되자 ASEAN은 경제적, 사회적, 문화적 상호 협력을 목적으로 동남아시아 11개국 가운데 동티모르를 제외한 10개국이 가맹하여 지역연합으로 성장했다.

ASEAN 각국은 EU와 같이 비교적 균일한 종교와 언어, 문화 전통의 공통성은 없지만, 학술 연구자의 정보 공유 촉진과 육성 등 교육과 문화와 관련된 분야에서 협력이 이루어지고 있다. 모든 국가는 영어 교육이 활발하고, 정상회담과 각료회의 등에서는 영어가 공통어처럼 사용되고 있다. 2015년에는 베트남 호치민에서 타이의 방콕을 연결하는 도로가 완성되어 ASEAN 경제공동체 내에서의 육상 수송의 대동맥으로서 경제 효과가 기대되고 있다. ASEAN은 1989년에 설립된 APEC(아시아-태평양 경제협력체)과 1994년에 발족한 ASEM(아시아-유럽 정상회의)에도 가맹하여 선진국과 국제사회의 정치적, 경제적 이슈에 대해서 긴밀한 협력을 추진하고 있다. ASEAN은 APEC과 ASEM을 통해 오세아니아, 아시아, 유럽, 태평양연안 제국과의 관계를 강화하고 있다.

APEC의 주요 역할과 목표는 참가국 간의 무역과 투자의 자유화·원활화의 촉진을 도모하고, 나아가 경제 및 기술 협력, 참가국 간의 안전보장을 이행하는 것 등이다. 그리고 ASEM은 아시아와 유럽의 정치, 경제, 문화라는 광범위한 분야에 걸친 협력을 추진할 목적으로 설립된 포럼이다. ASEM의 정치적 관심은 국제 정세에 비추어 주요한 지역 정세, 안전 보장 및 국제연합을 포함하는 국제 질서 등 다양하며, 최근에는 테러, 해양의 안전 보장, 에너지 안전 보장, 방재, 이민문제 등 글로벌 과제가 채택되고 있다. 또한 ASEM은 민주주의, 인권, 법의 지배, 언론의 자유 등의 기본적 가치 문제에 대해서도 자유로운 의사 교환이 이루어진다.

그림 12-10. 2017년 아세안(ASEAN) 회의 두테르테(Rodrigo Duterte) 대통령이 2017년 8월 8일 필리핀 국제컨벤션센터에서 개최된 아세안(ASEAN) 외교 장관회의 폐회식에서 참가국 외교 장관들과 기념촬영을 위해 포즈를 취하고 있다(자료: Wikipedia).

# 13 중국과 일본

동아시아는 유럽과 아시아로 이루어진 유라시아 대륙의 동측에 위치한다. 그 범위는 중국과 몽골, 한국, 북한, 일본 등이 포함되는 지역이다. 동아시아의 서측과 동측의 자연환경은 크게 다르다. 중국의 북서부는 해발고도가 높은 히말라야산맥과 톈산산맥 등이 연속되어 남쪽으로부터 습윤한 계절풍이 차단되어 저온 건조하며, 타클라마칸사막과 고비사막 등이 분포한다. 서부 고지에서 발원하는 황허강, 양쯔강 등의 대하천은 중부와 동부에 넓은 충적평야를 형성하며, 남동부는 온난 습윤한 기후로 인구밀도가 높다. 그리고 북동부는 여름과 겨울의 기온 차가 크며, 특히 겨울은 한랭 건조하다.

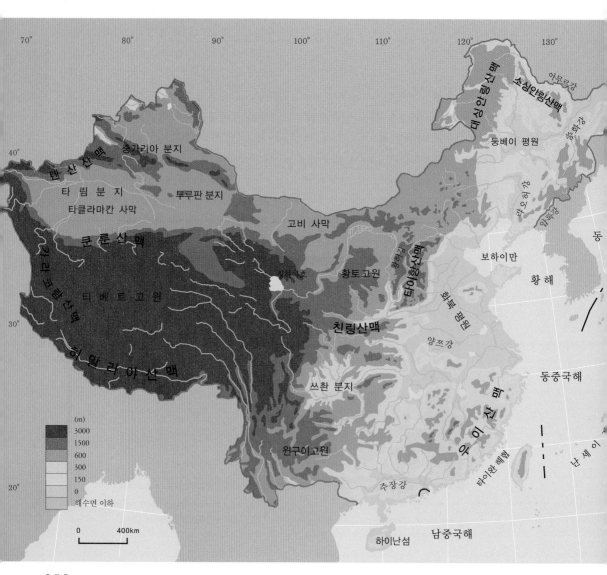

한편 일본은 육지의 3/4이 높은 산지로 이루어져 동북은 남북 방향, 서남은 동서 방향의 산맥이 분포한다. 그 사이의 중부는 일본 알프스로 불리는 3000m 이상의 험준한 산들이 솟아 있다. 환태평양 조산대에 위치하여 지진과 화산, 온천이 많은 것이 특징이다. 기후는 긴 신장형 국가이기 때문에 남북의 차이가 크게 나타난다. 겨울은 북서계절풍의 영향으로 서부 해안 지역에 폭설이 내린다. 여름에는 6월부터 장마가 시작되어 1개월 동안 홋카이도를 제외한 지역에서 비가 내리는 날이 많다. 그리고 여름이 끝날 무렵부터 가을에 걸쳐 태풍의 북상으로 엄청난 풍수해를 초래하기도 한다.

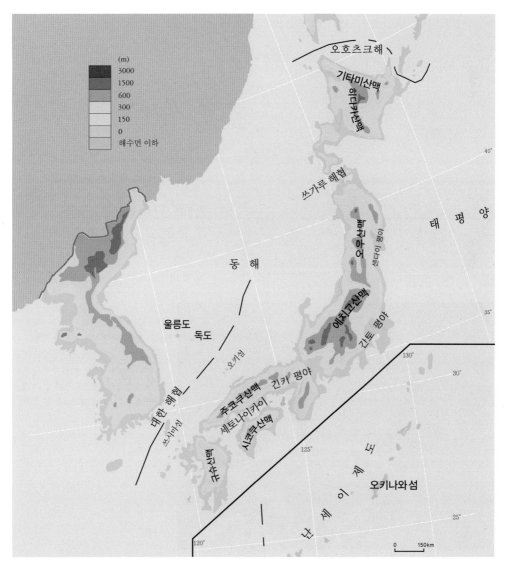

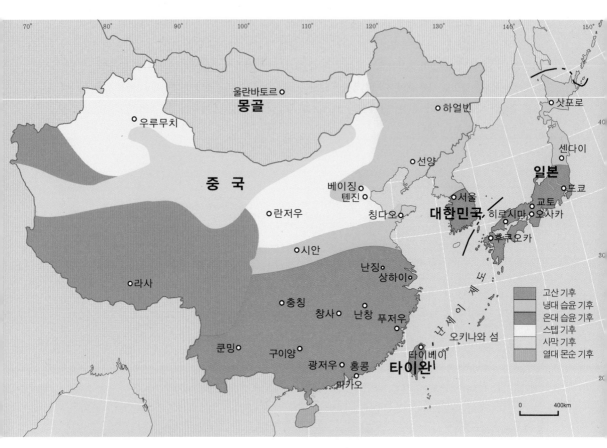

그림 13-1. 중국 장가계 천문산 상천제
중국 후난성에 위치한 장가계(張家界)의
최고 명물은 천문산 상천제(上天梯)일 것
이다. 999개의 상천제 계단을 오르면 산
절벽에 커다란 구멍이 뚫린 천문동(天門
洞)에 도달한다. 햇빛과 구름이 이 동굴
을 넘나드는 비경을 멀리서도 볼 수 있다
(ⓒ 김학훈).

## 중국의 역사지리 연표

| | | | |
|---|---|---|---|
| 1405 | 정화의 인도양 원정 | 1960~1965 | 농업경제 부문의 실패 |
| 1514 | 포르투갈, 마카오항 획득 | 1960 | 소련과의 우호 협력 종언 |
| 1550 | 인구 1억 3000만 명에 도달 | 1964 | 지하 핵실험 |
| 1644 | 명 왕조 멸망, 청 왕조 등장 | 1966 | 문화 대혁명 |
| 1689 | 러시아와 네르친스크 조약 체결 | 1967 | 수소폭탄 실험 |
| 1800 | 인구 3억여 명에 도달 | 1969 | 1000만~1500만 명 촌락으로 강제 이주 |
| 1839~1842 | 아편 전쟁 발발, 홍콩 양여, 5개항 개항 | 1970 | 인공위성 발사 |
| 1858 | 톈진 조약에서 개방 촉구, 11개항 개항 | 1971 | 타이완 대신 UN 가입 |
| 1850 | 영국·프랑스 군대 베이징 점령 | 1973 | 공산당원 2800만 명 돌파 |
| 1894~1895 | 일본, 타이완 점령 | 1975 | 신헌법 제정 |
| 1911~1912 | 신해혁명, 청 왕조 멸망 | 1976 | 저우언라이, 마오쩌둥 사망 |
| 1921 | 중국공산당 설립 | 1978 | 중공업에서 경공업 우대정책으로 변화 |
| 1931~1932 | 일본, 만주 점령 | 1980 | 선전 등에 경제특구 최초 설치 |
| 1937 | 중일 전쟁 발발 | 1989 | 톈안먼 사건 |
| 1941 | 일본, 제2차 세계대전 참전 | 1997 | 영국, 홍콩 반환 |
| 1945 | 제2차 세계대전 종전, 일본 철수, 국민당과 공산당 격돌 | 1999 | 포르투갈, 마카오 반환 |
| | | 2001 | WTO 가입 |
| 1949 | 공산당 내전 승리 국민당 타이완으로 이전 | 2008 | 베이징 올림픽 개최 |
| 1950~1954 | 경제건설 | 2013 | 시진핑 일대일로 제안 |
| 1955~1958 | 집단농장, 산업화 개시 | 2015 | 중국 남중국해 영유권 분쟁 |
| 1958 | 대약진 운동 | 2018 | 미중 무역전쟁 발발 |

## 일본의 역사지리 연표

| | | | |
|---|---|---|---|
| 1853 | 미국 페리 제독, 일본 개항 요구 | | 투하, 일본 식민지 상실 한국 해방 |
| 1868 | 도쿠가와 막부 종언, 메이지유신 국가 통합과 근대화 시작, 도쿄로 수도 이전 | 1950~1953 | 6·25 전쟁 발발, 일본의 발전 기틀 마련 |
| | | 1952 | 미국과 평화협정 조인 |
| 1873 | 인구 3500만 명 도달 | 1961 | 석탄 생산량 감소 |
| 1894~1895 | 청일 전쟁에서 승리, 타이완 점령 | 1966 | 인구 1억 명 도달 |
| 1904~1905 | 러일 전쟁에서 승리, 을사조약 체결 | 1968 | 미곡 생산 감소 |
| 1910 | 일본, 한국 합병 | 1973 | 철강 생산 최대 |
| 1923 | 도쿄·요코하마에 강진(관동대지진) | 1990 | 아키히토(明仁)가 125대 일왕으로 즉위 |
| 1931 | 만주 점령 | 1991 | 석탄 생산량 800만 톤으로 감소 |
| 1937 | 인구 7000만 돌파, 중일 전쟁 발발 | 1997 | 전후 최초로 마이너스(-) 성장 |
| 1941 | 일본 미국의 하와이 진주만을 습격 | 2002 | 한·일 월드컵, 아시아 최초로 공동 개최 |
| 1942 | 동남아시아 지배 | 2011 | 동일본 대지진 |
| 1945 | 미국, 히로시마와 나가사키에 원자폭탄 | 2019 | 나루히토(德仁)가 126대 일왕으로 즉위 |

# 1. 시장경제로 전환한 중국

중국은 1911년 신해혁명으로 최후의 왕조 청나라가 무너지고, 쑨원(孫文)을 대총통으로 하는 국민당 정부가 집권하면서 공화정치의 기초를 이루었다. 그러나 1917년 러시아 볼셰비키 혁명의 성공은 중국의 지식층에게 크게 영향을 미쳤다. 중국에서는 사회주의를 표방한 공산당이 창당되고, 젊은 마오쩌둥(毛澤東)이 참여하여 훗날 국가의 운명을 결정하게 되었다. 공산당은 1937년 일본과의 전쟁에서 승리하고, 제2차 세계대전 이후에는 쑨원의 후계자였던 장제스(蔣介石)의 국민당과 내전에서 승리하여 1949년 10월 중화인민공화국이 수립되었다. 이후 패배한 장제스 정권은 타이완으로 정부를 옮겼다.

새롭게 탄생한 중화인민공화국은 소련을 모델로 사회주의 체제를 견고히 하고, 공산당에 의한 1당 독재체제하에서 경제도 정부 주도의 계획경제로 생산성 향상을 도모했다. 1958년에 농촌의 생산조직과 행정조직이 일체가 된 **인민공사** 설립을 단행했다. 이 무렵부터 1960년에 걸쳐 마오쩌둥은 **대약진운동**을 전개했다. 그러나 농업과 공업의 집단화는 사람들의 노동 의욕을 빼앗아 농업은 황폐해지고, 각 계층의 불만이 쏟아져 나왔다. 게다가 한발과 수해 등 자연재해도 겹쳐 굶는 사람들도 생겨났다. 이들 정책이 실패로 돌아가자 권력투쟁으로 발전하고, 더욱 비참한 **문화대혁명**으로 이어졌다.

마오쩌둥이 사망한 후에 문화대혁명 때 실각했던 덩샤오핑(鄧小平)이 복귀하면서 공산당의 실권을 장악하여 1970년대 말에 개혁개방 정책으로 전환했다. 우선 마오쩌둥이 추진했던 집단농장을 해체하고, 직장과 역할을 일체화시킨 인민공사라는 제도를 중지했다. 그리고 1당 독재는 견지하면서도 시장경제를 도입했다. 개혁개방 정책은 내륙보다는 해안의 성장을 중시하는 정책으로 1980년에 광둥성의 선전, 주하이, 산터우, 그리고 푸젠성의 샤먼(아모이) 4곳에 경제특구를 설치하여 적극적으로 외자를 도입하고, 제품을 외국에 수출했다. 1984년에는 광저우, 푸저우, 상하이 등 14곳의 연안도시가 개방되었다. 이러한 개혁개방 정책으로 중국은 1990년대부터 경제의 고도성장 시대를 맞이했다.

**인민공사**
1958년부터 1982년까지 존재했던 농업집단 조직이다. 농지는 집단으로 소유하고, 작업은 농민들이 협동으로 행한다. 농업 기반 정비는 잘 갖추어졌지만, 농민의 노동 의욕은 높지 않다. 그래서 개혁개방 정책 이후 해체되었다.

**대약진운동**
마오쩌둥이 1958년부터 급진적인 경제성장운동을 전개했지만, 다수의 아사자가 나와 결국 1960년 초에 실패로 막을 내렸다.

**문화대혁명**
대약진운동의 실패로 마오쩌둥은 공산당 내부에서 구심력을 잃게 되었다. 문화대혁명은 마오쩌둥이 1966년부터 1976년까지 자본주의 도입에 맞서 실권파를 타도하기 위한 권력 투쟁이다.

한편 인민공사의 해체로 잉여 노동력이 증가함에 따라 농촌에서 일자리를 찾아 각종 산업이 집중한 연안지역으로 찾아와 돈벌이를 하는 농민공이 많아졌다. 연안부와 경제적 격차가 클수록 내륙부의 농촌에서 찾아오는 농민공이 증가했다. 중국 정부는 농촌에서 도시로의 인구 유출은 사회구조의 근간을 뒤흔든다고 보고 지방에 농촌공업정책의 일환으로 **향진기업**(鄕鎭企業)을 만들었다. 그 결과 향진기업이 농촌의 총생산에서 차지하는 비율은 증가했고, 농가 소득에서 농외 소득이 차지하는 비율도 점차 증가했다. 국영기업이 적자를 기록했지만, 향진기업의 약진은 두드러졌다.

그림 13-2. 중국의 주요 대외 개방 지역  중국은 1978년 개혁개방 정책의 일환으로 1980년에 경제특구, 1984년에 연안 도시 개방, 1985년에 연안경제개발구를 설치했다(자료: 현대중국경제).

**향진기업**
개혁개방 정책 이후 농촌에 설립된 기업으로 정부의 보호·통제를 받지 않고 지역 주민의 공동 경영으로 이루어진다. 농업, 공업, 교통, 운송업, 건축업 등 다양하며, 1980년대 중반부터 급증했다.

중국의 급속한 경제발전에 따른 사회문제 가운데 하나는 농민공이다. 중국은 호적이 농촌 호적과 도시 호적으로 분리되어 농촌 사람들은 자유로운 이주가 금지되어 있다. 농업 호적을 갖고 도시로 돈벌이하러 오는 사람들을 농민공이라 부르는데, 그들은 농민이면서 공인인 것이다. 농촌에서 대량의 노동력이 도시로 이동함에 따라 농민공은 전체 노동자의 약 30%를 차지하게 되었다. 그들은 대부분 중부와 서부의 내륙 출신으로 동부 연안지역에 취업하는 사람들이 압도적으로 많다. 주로 제조업이나 건설업 등에 종사하는데, 노동 시간이 많음에도 불구하고 저임금을 받는다. 게다가 농민공의 사회보장은 도시호적을 갖는 시민에 비해 매우 열악하며, 그 외에 농민공의 낮은 대우는 좀처럼 개선되지 않고 있다.

중국은 1970년대 말부터 시장경제로 전환하여 개혁개방 정책을 추진했다. 그 결과 40년 동안 경제적 성장을 이루고, 세계의 공장이라고 불릴 만큼 약진했다. 그러나 성장을 지나치게 강조한 나머지 이익만을 추구하는 풍조가 생겨나고, 정치적 부패도 만연하다. 게다가 개인 간, 도시와 농

## 홍콩과 마카오

홍콩(香港, Hong Kong)과 마카오(澳門, Macao/Macau)는 광둥성(廣東省) 주장(珠江) 삼각주의 하구에 위치하여 있으며, 두 도시 사이의 거리는 바닷길로 약 60km이다. 홍콩은 영국의 식민지였다가 1997년 중국으로 반환되었으며, 마카오는 포르투갈의 식민지였다가 1999년 중국으로 반환되었다. 중국은 영국 및 포르투갈과의 식민지 반환 협상에서 두 도시가 중국에 반환된 해로부터 50년 동안 외교·국방을 제외한 대부분에서 식민지 당시 체제를 유지하는 일국양제(一國兩制) 협정을 체결했기 때문에, 두 도시는 현재 중국 본토의 정치·행정체제를 적용하지 않고 자치를 허용하는 중국의 **특별행정구**\*가 되었다.

홍콩은 크게 홍콩섬(香港島), 구룡반도(九龍半島, Kowloon), 신계(新界)의 세 지역으로 구성되어 있으며, 전체는 18개 구(區)로 세분되어 있다. 인구는 약 750만 명(2018년)이고 면적은 1108km²(서울의 1.8배)로서 인구밀도가 매우 높다. 특히 홍콩섬 북부와 구룡반도 남부가 초고밀도로 개발되어 있고 나머지 지역과 신계는 인구밀도가 비교적 낮다. 홍콩과 접경하고 있는 광둥성 선전(深圳)은 1000만 명이 넘는 인구를 가진 경제특구로서 홍콩과의 인적, 물적 교류가 활발하다.

영국령 홍콩은 영국이 도발한 1차 아편전쟁(1839~1842)에서 패한 청나라가 홍콩섬을 식민지로 할양하면서 시작되었으며, 2차 아편전쟁(1856~1860)이 끝난 후에는 구룡반도가 추가로 할양되

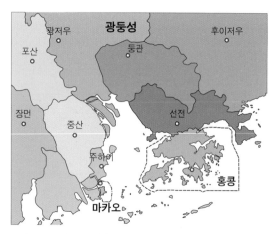

그림 13-3. 홍콩 특별행정구와 마카오 특별행정구의 위치 (자료: Macao Yearbook 2018)

그림 13-4. 홍콩섬 앞을 지나가는 유람선 홍콩섬과 구룡반도 사이에는 해저터널로 지하철과 승용차가 다니지만, 거의 10분 간격으로 왕복하는 페리선(ferry)이 편리할 때가 많다. 고층 건물들의 레이저 쇼로 유명한 홍콩의 야경을 관람하기 위한 유람선도 자주 다닌다 (ⓒ 김학훈).

었다. 청일전쟁(1894~1895)에서 청나라가 패하자 1898년 영국은 북쪽 접경지대의 신계 지역을 99년간 조차지로 요구하여 현재의 홍콩 영역을 확정했다. 19세기 홍콩은 중국과의 아편 및 차 무역으로 발전했으며, 20세기에는 다양한 상품의 중개무역으로 시장을 확대했다. 중국이 공산화된 1950년대부

---

\* **특별행정구**(特別行政區, SAR: Special Administrative Region)는 일국양제하에서 자치가 허용되지만, 홍콩의 경우 2047년 중국에 통합되기 때문에 자본주의적 자유를 누려온 홍콩 시민들은 불안할 수밖에 없다. 최근 중국 정부의 통제에 반발하여 발생한 홍콩의 시위 사태는 그러한 불안감의 표출이다.

터는 중국과의 교역이 어려워
지자 저임금을 활용한 의류봉
제업이 활기를 띠었으며, 1970
년대부터는 전자제품 제조업
이 발전했다. 1980년대부터 중
국이 개방되면서 홍콩은 아시
아의 금융 및 무역의 중심지로
자리 잡았으며, 1997년 중국에
반환된 이후에도 낮은 세율과
자유방임적 시장정책을 지속
적으로 추진하여 세계 금융과
중계무역의 중요한 축이 되고
있다. 지금 홍콩은 귀금속, 보
석, 시계, 명품 패션 등 쇼핑의
메카로 떠오르고 있으며, 쇼핑

그림 13-5. 마카오의 성 바울(St. Paul) 성당 유적  마카오에는 1594년 예수회 신학교인 성 바울 대학이 설립되었으며, 17세기에는 같은 부지에 성 바울 성당이 건립되었다. 여기서 마테오리치, 김대건, 최양업 등이 신학 공부를 했다. 1835년의 화재로 소실되어 성당 건물의 전면부만 남았으며, 2005년 UNESCO 세계유산으로 등재된 마카오 역사 중심지의 한 부분이다(ⓒ 김학훈).

을 즐기고 마카오의 카지노까지 왕래하는 세계 관광객들이 거리를 메우고 있다. 홍콩 1인당 총생산(GDP)은 일본보다 높은 10위권을 차지하고 있다.

마카오는 마카오반도와 타이파섬(Taipa, 凼仔島) 및 콜로안섬(Coloane, 路環島)으로 구성되어 있다. 두 섬 사이는 간척이 진행되어 1998년부터 형성된 **코타이**(Cotai)* 매립지에는 대규모 카지노 호텔들이 들어서 있다. 현재 마카오는 30.8km²의 좁은 면적에 65만 명의 주민이 거주하고 있으며, 인구의 80%는 마카오반도에 거주하고 있다.

아오먼(澳門)이라 불리는 작은 어항에 불과했던 마카오는 16세기 중반 포르투갈 무역상들이 진출하여 당시 명나라에 매년 공물을 바치는 조건으로 무역거래를 하면서 정착촌을 형성했다. 마카오는 동아시아 최초의 유럽인 거주지였으며, 19세기 홍콩이 중개무역항으로 부상할 때까지 오랫동안 중국 교역의 전초기지 역할을 수행했다. 포르투갈은 1차 아편전쟁 이후 마카오반도 앞의 타이파섬을 점령하고, 2차 아편전쟁이 끝난 후에는 콜로안섬을 점령했다. 결국 청나라는 1887년 마카오를 포르투갈에게 식민지로 할양했으며, 그 후 반환 협정에 의해 1999년 중국으로 반환되었다.

최근 마카오의 발달에는 관광업, 특히 카지노가 큰 기여를 했다. 패션산업과 금융업도 경제에 큰 기여를 하고 있지만, 카지노 수입은 미국의 라스베이거스를 능가할 만큼 규모가 커서, 마카오를 '동양의 라스베이거스'라고 부르기도 한다. 마카오에는 2018년 현재 41개의 카지노가 운영되고 있으며, 2000년 대부터 새로 건설된 대형 카지노 리조트만 17개에 이를 만큼 호황을 누리고 있다. 도박 산업과 관광 및 호텔 산업은 마카오 총생산(GDP)의 50% 이상을 차지하고 있으며, 마카오 정부 세입의 약 70%를 부담하고 있다. 마카오 관광객의 국적 분포(2017년)를 보면 중국 본토인이 68%, 홍콩 주민이 19%를 차지하고 있기 때문에, 마카오의 카지노 산업은 중국인들에게 크게 의존하고 있음을 알 수 있다. 마카오의 1인당 총생산(GDP)도 매우 높아서 2017년에는 세계 2위를 차지했다.

* **코타이**(Cotai)라는 지명은 콜로안(Coloane)과 타이파(Taipa)의 앞 글자를 각각 따서 합친 것이다.

촌, 연안부와 내륙부 등의 빈부 격차가 확대 및 심화되었다. 그래서 현재는 경제적으로 균형 있는 발전을 지향하고 있다. 예컨대 내륙부의 낙후된 지역을 발전시키기 위한 서부대개발 등의 정책을 시행하고 있다. 하지만 선거의 민주화 과정 등은 그다지 진전되지 않아 정치 개혁이 과제로 남아 있다.

## 2. 중국의 거대 인구와 다민족 사회

현재 중국의 인구는 14억 2000만 명을 돌파했다. 이는 세계 인구 73억 가운데 거의 1/5이 중국인이라는 계산이다. 중국에서 인구 증가는 역사상 두 번 있었다. 7, 8세기부터 약 1000년 동안의 인구는 약 4000만에서 7000만 명 정도로 비교적 완만하게 증가했지만, 이후 사회의 안정과 식량 생산이 증가하면서 17세기 말에 약 1억 명이었던 인구가 20세기 초에는 약 4억 명으로 급증했다. 중국 남동부의 사람들이 토지에 대한 인구압을 느끼면서 화교가 되어 국외로 활발하게 이주하기 시작한 것은 이 시기였다. 그리고 중화인민공화국이 건국될 때에 인구는 약 5억 명이었는데, 보건 및 의학의 보급으로 인구가 급증하여 1980년대 초에는 2배에 해당하는 약 10억 명을 돌파했다.

중국에서는 급격한 인구 증가를 억제하기 위한 정책이 1979년부터 실시된 한 부부 한 자녀 정책이다. 한 자녀 가정에는 학비와 의료비 등을 지원하지만, 두 자녀 이상의 가장은 임금을 동결하는 등 벌칙이 부과되었다. 다만 소수민족에 대해서는 이들 규정이 면제되는 우대 조치가 있었다. 이러한 정책은 30년이나 계속되었는데, 최근에 중국도 여성의 사회 진출과 결혼 연령이 높아지면서 인구 증가 속도가 둔화되었다. 중국에서 한 자녀 정책은 비교적 성공했지만, 여러 가지 문제도 나타났다. 부모들의 지나친 과보호는 버릇없이 자라나 소황제(小皇帝)를 탄생시켰고, 비만과 당뇨병 등 건강하지 않은 경우도 많다. 또한 농촌 지역에서는 한 가정에 2명 이상의 자녀가 태어나는 경우도 있는데, 이들 아동은 호적에 올리지 않아 사회복지 대상에서 제외되었다.

## 조선족 사회의 변화

조선족(朝鮮族)은 중국에서 만주와 간도 지역을 중심으로 거주하는 한국의 소수 민족을 가리키는 공식 명칭이다. 한반도에서는 한일병합 전후부터 1945년 이전까지 이들 지역으로 많은 사람들이 이주하여 농토를 개간하며 살았다. 또한 이 지역은 식민지 시대에 항일운동을 전개하는 독립운동가들의 활동 무대였다. 해방 직후 약 216만 명의 조선족 가운데 절반 정도는 고국으로 귀국했지만, 나머지는 그곳에서 삶을 지속했다.

이들 지역에는 조선족 중심의 행정구역으로 1952년에 옌볜조선족자치구가 생겨났고, 1955년에는 옌볜조선족자치주로 변경되었다. 대부분의 조선족은 1970년대까지 전통적인 농업을 하면서 생활했다. 주요 분포 지역은 지린(吉林)성, 랴오닝(遼寧)성,

헤이룽장(黑龍江)성 등 동북 3성으로 한때 인구가 200만에 달했지만, 현재는 많은 청장년층이 국내외로 이동하여 인구는 크게 급감했다.

이주의 시작은 중국의 개혁개방 정책에 따른 산업화로 1980년대부터 국내의 대도시와 내륙 및 연안 도시로 약 50만 명이 빠져나갔다. 그리고 1992년 한중 국교정상화를 계기로 노동자, 친척 방문, 국제결혼, 유학 등 다양한 목적으로 약 80만 명이 한국으로 들어왔다. 그 외에 일본, 러시아, 미국 등 다른 외국으로 약 20만 명이 이동하면서 조선족 사회는 붕괴 직전이다.

조선족 마을은 심각한 공동화 현상으로 1990년대에 비해 절반 가까이 사라졌다. 그리고 마을에는 노인만 남아 있고 아이들의 울음소리가 멈추면서 많은 학교가 문을 닫아 조선족 고유의 언어와 문화, 전통이 단절되고 있다. 이러한 조선족 사회의 변화에 대해서 민족 동화, 교육의 위기, 도덕적 위기, 농촌의 공동화 등 부정적 평가를 하는 조선족 공동체 붕괴론과 새로운 코리아타운의 형성, 새로운 기업가 집단의 형성, 국제적 민족 네트워크로의 발전 등 긍정적 측면을 강조하는 조선족진화론이 있다.

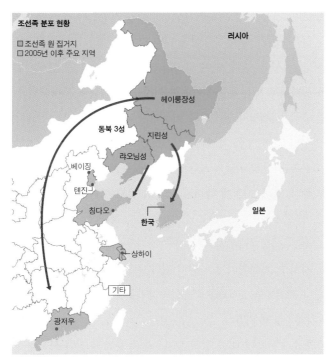

그림 13-6. 중국 내 조선족 분포 현황 조선족은 중국의 동북 3성에 집중 분포했지만, 최근에는 중국의 대도시와 연안도시, 한국, 일본, 러시아, 미국 등으로 다수가 이주하였다(김용권, 2011.12.08).

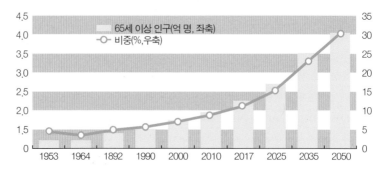

그림 13-7. 중국 인구의 노령화 추세  중국은 2011년에 65세 이상 인구 비중이 7%를 넘기며 노령화 사회에 진입했고, 2017년 11.4%, 2050년 30%까지 증가할 것으로 전망된다(자료: 정산호, 2019.01.09).

그러나 최근에는 저출생이 문제가 되어 40년 동안 시행한 산아제한정책 무용론이 확산되고 있다. 2014년에는 부부 한 쪽이 독자라면 둘째를 허용했고, 2016년에는 조건 없이 둘째를 허용하여 한 가족 두 자녀를 이상적인 가족 모델로 제시했다. 중국사회과학원에 따르면, 중국은 2028년 14억 4000만 명을 정점으로 총인구가 감소할 전망이다. 중국에서 저출생 현상은 젊은이들의 사회 진출이 늦어져 만혼이 나타나고, 독신과 딩크족의 증가도 한 몫을 했다. 반면 인구의 노령화가 급속도로 진행되어 인구 구조가 변화하고 노동시장에 막대한 어려움을 줄 것으로 예상된다.

한편 중국은 56개의 민족으로 이루어진 다민족국가이다. 이들 가운데 중국 인구의 약 92%를 차지하는 주요 민족이 한족(漢族)이다. 역사적으로 한족은 만리장성 이남의 중국 본토에서 주로 농경에 종사했던 사람들을 가리킨다. 한족 이외에 나머지 55개의 민족은 독자의 전통문화를 갖고 있으며, 전체의 10% 이하로 소수민족으로 불린다. 소수민족의 행정단위로 티베트, 신장웨이우얼, 네이멍구, 광시장족, 닝샤후이족 등 5개의 자치구와 자치주, 자치현이 설치되어 있다. 우리 동포가 많이 거주하는 둥베이(東北) 지역에는 1952년에 조선족자치구가 설치되었다가, 1955년에 조선족자치주로 바뀌었다.

중국의 소수민족에 대한 정책은 자신들의 문자와 언어 사용을 허용하고, 전통문화와 풍습의 계승을 인정하는 온화책을 펼치고 있다. 이와 함께 북부의 신장웨이우얼자치구, 서부의 티베트자치구 등과 같이 분리 독립을 요구할 때에는 가혹하게 무력을 행사하는 강경책을 병행하고 있다. 신장웨이우얼자치구의 위구르족은 대부분 이슬람교도로 사막과 초원에서 양을 목축하며 생활한다. 그리고 티베트자치구의 티베트족은 티베트 불교를 믿으며 티베트고원에 거주한다. 이들 지역은 분리 독립 운동이 끊이지 않아 항상 중국 정부와 긴장 관계에 있다.


## 3. 국경을 넘는 중국의 환경문제

중국에서는 급속한 공업화와 도시화의 진전으로 인구의 도시집중 및 생활양식이 변화하면서 대기오염, 수질오염, 토양오염 등 심각한 환경오염이 발생하고 있다. 그리고 인간의 식생 파괴로 사막화도 확대되고 있다. 이들 환경문제의 위험성은 바람이나 하천에 의해 국경을 넘어 많은 사람들에게 피해를 준다는 점이다. 특히 중국에서 발생하는 대기오염과 사막화로 인한 황사는 바람을 타고 이웃나라 한국과 일본까지 날아와 환경문제를 일으킨다.

중국의 만성적인 대기오염은 국토의 1/4, 총인구의 과반에 해당하는 약 7억 명의 건강에 영향을 미치는 심각한 환경문제이다. 중국에서 발생하는 스모그에는 고농도 초미세먼지(PM2.5)뿐만 아니라 납, 카드뮴 등 맹독성 중금속이 함유되어 있다. 세계 10대 환경오염 도시 가운데 베이징, 충칭, 란저우 등 7개가 중국의 도시이며, 베이징의 공기오염도는 WHO 기준치의 30배 이상이다. 대기오염으로 호흡기 계통의 질병 치료에 경제적 손실이 많고, 매년 사망하는 중국인은 100만 명 이상으로 총사망자의 약 15% 이상을 차지한다.

대기오염의 발생원은 지역에 따라 다르지만, 주요 원인은 약 70%에 이르는 석탄의 대량 소비와 급속하게 증가한 자동차의 배기가스이다. 중국의 제1차 에너지 총소비량에서 석탄의 구성비는 약 70%로 매우 높다. 석탄의 약 절반은 화력발전에 사용되며, 나머지는 제철이나 시멘트 등 공장에서 소비된다. 중국산 석탄은 유황 함유 비율이 높다는 것이 문제이다. 게다가 자동차의 증가로 휘발유와 경유 소비량이 현저하게 증가하여 대

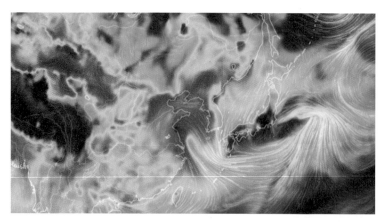

그림 13-8. 국경을 넘는 중국의 황사와 대기오염 2019년 3월 중국발 미세먼지가 유입되면서 한반도 서쪽 지역은 초미세먼지 대기 상황이 매우 나쁜 붉은 색을 띠고 있다(© 어스널스쿨).

기를 오염시킨다. 연료에 유황 함유 비율이 높음에도 불구하고, 배기가스에 대한 규제가 미약하다. 특히 경유를 사용하는 노후화된 트럭 등에 배기가스 정화 장치의 비율은 매우 낮다.

대기오염 가운데 황사도 각종 미세먼지와 중금속 오염물질이 뒤섞여 사람들의 건강에 영향을 미친다. 중국에서 발생하는 황사는 사막화의 확대에 따른 것으로 발생 횟수와 규모가 매년 증가하여 한국에서도 심각한 환경문제로 대두되었다. 중국의 사막화는 주로 북부와 서부 지역을 중심으로 계속 확대되고 있다. 사막화 비율이 높은 지역은 타클라마칸사막이 위치한 신장웨이우얼자치구가 자치구 면적의 약 40% 이상으로 가장 높고, 다음은 고비사막과 인접한 네이멍구자치구가 약 30% 이상이다.

이들 지역의 사막화는 자연적 요인과 인위적 요인이 결부되어 1970년대부터 급속히 진행되었다. 자연적 요인은 기후 온난화, 건조기후, 강수량 감소 등의 기후와 열악한 지표 생태 환경과 관련이 있다. 그리고 인위적 요인은 인구 증가에 따른 과도한 경지 개간과 방목, 이익 추구를 목적으로 대규모 광산 개발이 이루어지면서 지하수의 흐름을 바꾸어 토지의 사막화를 가속화시켰다. 특히 개혁개방 이후 농·목민에게 초지와 황무지 사용권을 부여하는 **승포제**(承包制) 시스템은 생태계 파괴를 초래하는 구조적 요인으로 작용했다. 결국 사막화의 확대로 이들 지역의 농민과 유목민들은 삶의 터전을 잃고 다른 지역으로 밀려나 생태학적 난민으로 전

**승포제**
승포경영책임제(承包經營責任制)의 약칭으로 1978년 덩샤오핑의 개혁개방정책 이후 농촌 토지에 대해 소유권은 단체(集體)에 있으나 경작을 위한 목적으로 그 사용권은 농가에게 주는 제도를 말한다. 승포제를 통해 토지를 산업적, 상업적 용도로 변경하거나 외부인에게 대여할 기회가 발생하면 마을의 지도자와 향정부의 관리가 자의적으로 결정할 수 있게 되었다.

락하게 되었다.

현재 중국은 국토의 1/4 이상이 사막 지역이며, 세계에서 가장 빠른 속도로 사막화가 진행되고 있다. 사막화한 토지를 원상태로 회복하기까지는 약 300년이라는 시간이 걸린다고 한다. 중국 정부는 사막화 방지책으로 1978년부터 녹색 장벽(Green Wall) 만들기 프로젝트, 1980년대 초부터 삼북방호림(三北防護林) 프로젝트, 2001년 중국 사막화 방지 및 사막 개선법 제정, 2002년 퇴경환림 조례 등을 내놓았다. 여기에 한국의 NGO 동북아산림포럼은 사막화 방지를 위해 중국 현지에서 조림사업을 실시하고 있다. 무엇보다 사막화 방지 정책이 제대로 실행되기 위해서는 해당 지역 주민들이 사막화 확대의 심각성을 인식하고, 사막화 방지 사업에 적극적으로 참여하는 것이 중요하다.

## 4. 자연재해가 빈번한 일본

일본은 환태평양 조산대에 위치한 나라로 화산이 빈번하게 발생하고, 지반이 불안정하여 지진과 쓰나미가 끊이지 않는다. 그리고 여름과 가을에는 남서태평양에서 발달하는 열대이동성 저기압인 태풍이 불어와 폭풍우, 홍수, 산사태 등의 풍수해를 남긴다. 이처럼 일본은 위치, 지형, 기후 등의 영향으로 세계에서 자연재해(natural disaster)가 많이 발생하는 국가에 속한다.

일본열도에서 지진과 화산활동이 활발한 것은 유라시아 판, 북아메리카 판, 태평양 판, 필리핀 판 등 4개의 판이 만나는 경계에 위치하기 때문이다. 1923년 9월에 발생한 간토대지진은 규모 9.0의 강진으로 14만 3000여 명이 사망했고, 1995년 1월에는 고베에서 규모 7.3의 지진으로 6433명이 목숨을 잃었다. 지진의 발생은 인명 피해 이외에 많은 건물이 파괴되고, 산사태와 **액상화 현상**(液狀化現象)을 초래하며, 철도와 도로는 엿가락처럼 휘어져 복구에도 상당한 시간이 걸린다.

지진 대국이라 불리는 일본은 전 세계 지진의 약 10%가 일어나며, 규모 6.0 이상의 지진은 약 20%를 차지한다. 지난 20년 동안 일본은 세계

**액상화 현상**
지진으로 심한 흔들림이 지속되면 지하수위가 높거나 수분을 많이 함유한 사질 토양이 액체와 같이 분출하는 현상이다. 충적평야나 매립지는 액상화의 위험성이 높다.

에서 중국, 인도네시아, 이란에 이어 4번째로 지진의 발생 빈도가 높았다. 그러나 사망자 수는 상대적으로 낮은 7위를 기록했는데, 그것은 철저한 내진설계와 방재교육의 결과이다. 지진은 암반이 어긋나 움직이는 단층에 의해 나타나는데, 과거에 지진이 자주 있었던 지역은 미래에도 발생할 가능성이 높다. 이러한 단층을 **활성단층**이라 부르며, 주변에는 원자력발전소, 댐과 같은 대규모 건설은 가급적 피한다.

활성단층은 해저에도 존재한다. 2011년 3월 도호쿠(東北) 지방의 인근 태평양에서 규모 9.0의 대지진이 발생했는데, 그 흔들림은 쓰나미가 되어 순식간에 육지로 밀려왔다. 해안가에는 쓰나미에 대비하여 인공 제방이 축조되었고, 피난 경보도 울렸지만, 거대한 자연재해 앞에 사람들은 많은 피해를 당할 수밖에 없었다. 평야는 광범위하게 침수되었고, 시가지와 항만 등은 전쟁터처럼 변했다. 또한 후쿠시마현(福島縣)에서는 원자력발전소 설비가 손상되어 중대한 사고가 발생했다. 쓰나미의 원인은 대부분 지진이므로 일본에서 지진과 쓰나미는 불가분의 관계이다.

화산의 분화는 용암이나 두꺼운 화산재가 분출되어 가옥이나 농경지에 피해를 준다. 화산활동에서 공포는 화구에서 빠른 속도로 흘러내리는 **화쇄류**(火碎流)이다. 1991년 6월 나가사키현의 운젠다케(雲仙岳)에서 발생한 화쇄류로 사망자 40명, 행방불명 3명, 부상자 9명이 발생했으며, 49곳의 주택이 완전 또는 일부 파손되었다. 현재 세계에는 활화산이 1500개 정도 분포하며, 그 가운데 110개는 일본에 존재한다. 세계에서 일본의 국토는 0.25%에 불과하지만, 활화산은 세계의 약 7%에 해당하는 수치이다. 게다가 분화 순위 A에 해당하는 화산이 13개나 존재하기 때문에 세계적으로 일본은 화산 대국이다. 화산의 분화는 자연재해를 초래하지만, 화산활동으로 생긴 호수와 온천, 그리고 재해기념관 등은 관광지로 활용된다.

일본에서는 강풍과 많은 비를 동반하는 풍수해도 빈번하게 발생한다. 장마와 태풍에 의한 집중호우는 매년 전국 각지에서 나타나는데, 특히 서일본은 태풍이 지나가는 길목에 위치하여 다른 지역보다 폭풍우, 대규모의 홍수, 산사태 등으로 인명 피해와 경제적 손실이 막대하다. 태풍은 열대와 아열대의 따뜻한 바다에서 발생하여 북상하는데, 지구 온난화는

**활성단층**
지층이 상하 또는 좌우로 흔들리는 것을 단층이라고 한다. 그리고 활성단층은 최신의 지질시대인 신생대 제4기에 활동하여 현재도 활동이 지속되고 있다고 보이는 단층을 가리킨다.

**화쇄류**
화산에서 분출한 고온의 화산쇄설물과 화산 가스의 혼합물이 화구에서 빠르게 흘러내리는 현상으로 사람들의 생명을 위협하기도 한다.

수해에 영향을 미친다. 일본의 연평균 기온은 100년에 1.19℃ 비율로 상승하고 있다. 또한 시간당 80mm 이상의 비가 내리는 집중호우의 연간 발생횟수도 증가하고 있다. 지구 온난화의 진전에 따라 더 강력한 태풍이 발생하고, 집중호우의 빈도는 증가할 것으로 예측되어 태풍과 호우에 의한 풍수해, 토사 재해 발생 위험이 높아지고 있다.

이와 같이 일본인은 항상 재해 위험성을 안고 생활한다. 대책의 일환으로 기상위성과 관측망을 정비하여 지역마다 상세한 기상예보, 화산의 분화와 지진 발생의 위험도 예측에 관한 연구를 진행하고 있다. 아울러 다양한 조사를 통해 피난장소를 결정하고, 위험구역을 지정했다. 또한 지역마다 **방재지도**(harzard map)를 만들어 재해에 대비하는 정책도 진행되고 있다. 이러한 대책은 자연재해를 완전히 막을 수는 없지만, 인간의 노력으로 피해를 최소화할 수 있다는 입장이다. 일본에서는 2011년 3월 동일본대지진을 계기로 지자체와 주민의 자연재해에 대한 인식이 크게 바뀌

**방재지도**
일본 정부와 지자체가 지역사회에서 발생할 가능성이 있는 자연재해를 예측하고, 그 피해와 범위를 지도화한 것이다. 지도에는 각 지역에서 예상되는 화산, 지진, 쓰나미, 풍수해 등의 발생 지점과 범위, 피해 정도, 피난 경로와 장소 등에 대한 정보가 제시되어 있다.

그림 13-9. 쓰나미의 피해로 초토화된 이와테현(岩手県) 미야코(宮古) 항구의 주변 지역 2011년 3월 11일 도호쿠 지방의 동측 태평양에서 관측사상 최대의 지진이 발생했다. 이 지진으로 거대한 쓰나미가 순식간에 해안으로 몰려와 1만 8000명 이상의 사상자와 실종자, 그리고 많은 건축물이 파괴되었다(자료: Wikimedia ⓒ U.S. Marine Corps photo by Lance Cpl. Garry Welch).

었다. 자신들의 생활 지역에서 발생하는 재해의 종류와 성격을 잘 파악하고, 평소에 방재 활동에 협력하면서 재해가 발생하면 신속하고 적절하게 행동한다.


## 5. 일본의 지방 소멸 전망

일본의 국세조사는 1929년에 시작되었는데, 이 조사에 근거하여 일본의 인구 변화를 살펴보면, 지속적으로 증가하던 총인구는 21세기에 들어 감소하기 시작했다. 1940년대는 제2차 세계대전의 영향으로 일시적인 인구 감소를 경험했으며, 1945년에 약 7200만의 총인구를 기록했다. 이후 자연적 증가로 1967년에 최초로 1억을 돌파했으며, 2008년에는 1억 2808만을 정점으로 인구 감소 시대를 맞이했다. 현재와 같은 추세로 인구 감소가 계속된다면 2048년에 총인구는 1억 이하로 떨어질 전망이다 (그림 13-10).

연령별로 인구 구성을 살펴보면, 1950년의 청장년층(15~64세) 비율은 59.7%로 이 수치는 2010년에 63.8%로 조금 증가했다. 그러나 유소년층 (0~14세)과 노년층(65세 이상) 인구의 비율은 큰 폭으로 변화했다. 같은 기간에 유소년층은 35.4%에서 13.2%로 감소한 반면, 노년층은 4.9%에서 23.0%로 상승했다. 연간 출생 수는 베이비붐(Baby boom)이 있었던 1940

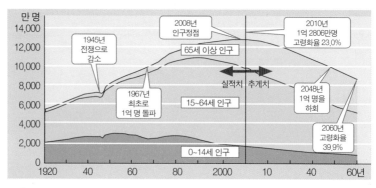

그림 13-10. 일본의 인구 변화와 연대별 인구 비율의 변화  일본의 총인구는 지속적으로 증가했지만, 2008년을 정점으로 감소 추세이다. 향후 연령별 인구 비율은 유소년층과 청장년층은 감소하고, 노년층은 증가할 것으로 예상된다(자료: 內閣府, 2007).

년대 후반에 약 270만 명이었지만, 현재는 100만 명 정도로 크게 감소했다. 그리고 지방에서 도시로의 인구 이동은 과거 도쿄권, 나고야권, 오사카권 등 3대 대도시권에 집중되었지만, 현재는 도쿄 일극 집중으로 변화하고 있다.

지방의 소도시는 연간 출생 수의 감소와 함께 다수의 젊은이들이 대도시로 이동하고, 고령의 주민들은 점차 줄어들어 한적한 분위기로 바뀌고 있다. 국토 면적의 약 55%는 과소지역으로 지방에 위치한 소도시와 농산어촌은 인구 감소로 방치되는 농지와 가옥이 증가하고 있다. 그리고 최소 요구치를 충족시키지 못하는 초중등학교, 병원, 파출소, 우체국, 행정기관 등은 통폐합되었다. 게다가 상점가와 주유소 등의 공동화 현상과 버스 노선의 감소 또는 폐지 등으로 주민들의 생활 기능이 저하되고, 지역사회의 경제는 침체되고 있다.

도시화와 산업화의 진전에 따라 인구의 이촌향도는 전 세계의 공통된 현상이다. 특히 일본은 세계에서 유례가 없을 정도로 저출생과 고령화의 속도가 빠르고, 인구의 대도시 집중과 지방의 쇠락이 심각한 편이다. 2014년 5월 마스다 히로야(增田 寬也)가 의장으로 있는 일본창성회의(日本創成會議)는 전국의 인구 자료를 분석하여 2040년까지 사라질 896개의 **소멸 가능 도시** 리스트를 발표했다. 소멸 가능 도시는 아키타현 96.0%, 아오모리현 87.5%, 시마네현 84.2%, 이와테현 81.8%로 도호쿠(東北)지방에 두드러지게 많으며, 그 외에 와카야마현 76.7%, 도쿠시마현 70.8%, 가고시마현 69.8% 등 남서 지방에도 집중되어 있다.

이러한 경고는 일본의 1799개 지자체 가운데 약 절반에 해당하는 수치로 많은 사람들에게 충격과 위기감을 주었으며, 장래 일본의 인구 문제에 대한 관심을 높이는 계기가 되었다. 나아가 마스다 히로야는 2014년 8월에 간행한 『지방소멸-도쿄 일극 집중을 초래하는 인구 급감』이라는 책에서 리스트를 공표하게 된 경위와 그것을 증명하는 자료, 그리고 이러한 사태를 어떻게 대처할 것인가에 대한 방안을 담았다. 저자가 책의 제목을 인구 감소가 아닌, 소멸이라는 용어를 사용한 것은 이 문제의 해결이 국가 사회적으로 매우 절박하다는 의미이다.

장래 일본은 특유의 인구 감소로 **극점 사회**(極點社會)가 도래하여 인구

**소멸 가능 도시**
인구 감소로 행정 기능을 유지하기 어려워 소멸할 가능성이 있는 도시를 말한다. 여기에 해당하는 것은 2010년을 기준으로 2040년까지 20~39세 여성이 5할 이하로 감소하는 지방자치단체이다.

**극점 사회**
지방은 인구의 유출 및 감소로 위기에 빠지고, 대도시는 지속적으로 인구가 집중하여 최종적으로 국가 전체가 축소되어 가는 일그러진 사회이다.

가 도쿄 일극에 집중하는 문제가 발생한다고 언급했다. 비혼화, 만혼화로 저출생이 지속되는 가운데, 하나의 문제로서 지방에서 젊은이들의 이탈은 일본 전체의 인구 감소로 연결된다는 것이다. 그것은 대도시가 지방에 비해 비싼 물가와 좁은 주거 공간, 커뮤니티의 미형성 등으로 아이를 키우기 좋은 환경이 아니기 때문에 인구 재생산은 저하한다고 보았다. 이는 현재 전국의 평균 출생률이 1.43이지만, 도쿄는 1.13으로 **도도부현**(都·道·府·県) 가운데 최하위라는 지표가 말해준다. 지방의 젊은이들이 도쿄로 집중하는 것은 국가 전체의 출생률을 하락시키며, 결과적으로 일본의 총인구 감소를 가속화시킨다는 지적이다.

**도도부현**
일본의 광역 자치단체를 총칭하는 것으로 1도(都)(도쿄도), 1도(道)(홋카이도), 2부(府)(오사카부, 교토부), 43현(県)으로 총 47개로 구성되어 있다.

　일본창성회의는 일본이 직면한 심각한 인구 감소를 멈추고, 지방을 활성화시키기 위한 종합적인 전략을 제시했다. 그것은 인구 감소의 심각성을 국민이 기본 인식으로 공유하기, 장기적이고 종합적인 시점에서 유효한 정책을 실시하기, 국민의 희망 출생률 실현과 방해 요인을 제거하기, 결혼하여 아이를 낳고 키우기 쉬운 환경을 정책적으로 개발하기, 여성뿐만 아니라 남성의 문제로서 인식하기, 새로운 비용은 차세대를 위해 지원하기, 지방에서 대도시로의 인구 흐름을 바꾸기, 선택과 집중에 따라 지역을 지원하기, 여성과 고령자 그리고 해외 인재가 활약할 수 있는 사회 만들기, 해외로부터 고급 인재를 수용하기 등이다.

　이들 가운데 도쿄 일극 집중에 제동을 걸고, 지방 소멸에 대비하여 무엇보다 중요한 것은 인구의 자연적 증가로서 여성이 아이를 낳고 살고 싶은 공동체를 만드는 정책이다. 그리고 사회적 증가로서 지방으로부터 인구 유출을 차단하는 댐 기능을 지방에 구축하고, 젊은이에게 매력적인 지방 중핵 도시를 구축하는 것이다. 성공 사례로서 시코쿠의 가미야마(神山)는 주산업인 임업의 쇠퇴로 약 5만 명의 인구가 약 6000명으로 급감했는데, 지자체가 초고속광케이블망을 구축하면서 IT 관련 벤처기업 13개가 입주했다. 빈집이 많아 임대료를 아낄 수 있고, 젊은 인구가 늘면서 한적했던 산골의 전통 시장은 유기농 카페와 피자 가게가 생기는 등 여러 상점은 활기를 되찾았다. 전국적인 유명세로 연간 약 3000명이 견학하고, 200명이 이주 희망자로 대기하는 등 청장년층의 귀촌 1번지로 각광받고 있다.

## 6. 일본과 주변국의 영토 분쟁

섬나라 일본은 러시아, 한국, 중국, 타이완 등 주변국과 영유권 문제로 정치적 갈등이 빈번하게 발생한다. 이들 국가들과 영토문제가 일어나는 근본 원인은 근대 일본이 제국주의 확장 과정에서 부당하게 착취한 땅을 돌려주는 과정에서 나타난 것이다. 북방 영토는 자신들의 땅임에도 돌려받지 못한 상태이고, 독도는 한국의 영토인데 억지 주장을 펼치고 있으며, 조어도(釣魚島, 일본명 센카쿠, 중국명 다오위다오)는 중국령인데 일본이 실효 지배하고 있다. 그리고 태평양 상의 오키노토리는 배타적 경제수역 확보를 목적으로 작은 암초를 인위적으로 만든 인공섬이다.

북방 영토는 홋카이도 북쪽 해상에 위치한 에토로후섬, 구나시리섬, 시코탄섬, 하보마이 군도의 섬들이다. 이 섬들은 1855년 러일화친조약에 의해 일본의 영토로 결정되었다. 그러나 제2차 세계대전 종반에 미·영·소는 얄타협정에서 전후 사할린 남부 및 주변의 모든 섬과 쿠릴열도는 소련에 반환한다고 서명했다. 그래서 소련군은 전후 북방 4개의 섬을 공격하여 점령했으며, 그곳에 살고 있던 1만 7000명의 일본인을 모두 강제로 철거시켰다.

이에 대해 일본 정부는 미·영·소 3국 사이에 이루어진 얄타협정은 비밀협정으로 일본은 여기에 참가하지 않았기 때문에 인정할 수 없다는 입장이다. 이 섬들이 위치하는 지역은 해상 통로의 요충지일 뿐만 아니라 주요 어장으로 다시마와 게 등의 수산자원이 풍부하다. 현재 이 지역은 러시아의 영토이지만, 전후 일본은 오랫동안 북방 4개 섬을 돌려받기 위해 반환운동을 추진해 왔다.

표 13-1. 일본과 관계국 사이의 영토 문제 쟁점

|  | 북방영토 | 독도 | 조어도 | 오키노토리섬 |
|---|---|---|---|---|
| 관계국 | 러시아 | 한국 | 중국·대만 | 중국 |
| 실효 지배국 | 러시아 | 한국 | 일본 | 일본 |
| 쟁점 | 반환 | 영유권 어업권 | 영유권 에너지 자원 | 배타적 경제수역의 유무 |
| 현상 | 교섭 난항 | 대처적 교섭 | 보안 활동 침입 저지 | 중국 선박 조사선 침입 |

자료: 本宮 武憲, 2007.

독도(일본명 다케시마)는 경상북도 울릉도에서 동남쪽 87.4km, 일본에서
는 시마네현 오키섬에서 북서쪽 157.5km의 해상에 위치한다. 전후 한국
은 일제에 강탈당한 독도를 되찾아 영토에 대한 주권을 행사해 왔다. 그
러나 일본에서 독도와 가장 가까운 시마네현은 2005년에 '다케시마의
날'을 제정하고, 나아가 문부과학성 초중등학교 사회과 학습지도요령 및
해설, 사회과 지리, 역사, 공민 교과서에 독도를 자국 영토로 기술하여 한
국인들로부터 강한 반발을 초래했다. 한국 정부는 독도가 대한민국 고유
의 영토로서 일본과의 영토 분쟁은 결코 존재하지 않는다는 입장이다.
그러나 일본 정부는 2005년 3월 '다케시마의 날'을 제정한 것을 계기로
초중등학교 사회과 교과서를 통해 독도 도발을 지속하고 있다.

조어도는 중국 동남쪽 약 330km, 타이완 북동쪽 약 170km, 오키나와
서남쪽 약 410km 지점에 위치해 있다. 조어도는 역사적으로 류큐왕국의
영토였지만, 일본이 청일전쟁 이후 1895년에 영유를 선언하여 오키나와
현에 편입시켰다. 제2차 세계대전 이후에는 미국에 의한 오키나와 지배
가 시작되었고, 1951년 샌프란시스코 강화조약으로 조어도는 미국이 점
령하게 되었다. 당시 중국과 타이완은 조어도에 대해 일절 영유권을 주
장하지 않았다.

그러나 조어도를 둘러싼 영유권 문제는 1968년 국제연합 아시아 극동
경제위원회의 연안광물자원 조사보고서에 석유 매장의 가능성이 있다
는 것이 알려지면서 표면화되었다. 즉 1971년 미국과 일본이 오키나와 반
환 협정에 서명하고, 1972년 5월에 오키나와와 조어도를 일본에 넘겨준
것이 영유권 문제의 계기가 되었다. 2010년에는 조어도 주변의 바다에서
중국 어선이 해상보안청의 순시선과 충돌했으며, 2012년에는 민간 소유
의 섬들을 국가가 매입하여 일본 정부의 소유로 등록했다. 현재에도 조
어도 주변에는 중국 어선의 접근과 침입은 계속되고 있다. 일본 정부의
조어도에 대한 입장은 독도와 달리 영유권 문제가 존재하지 않는다는 이
중적 태도를 취하고 있다.

한편 오키노토리는 수도인 도쿄에서 남서쪽으로 약 1740km 떨어진 태
평양의 암초였다. 전후 샌프란시스코 강화조약으로 미국이 관리했으며,
1968년에 오가사와라제도와 함께 일본에 반환되었다. 일본은 이 암초를

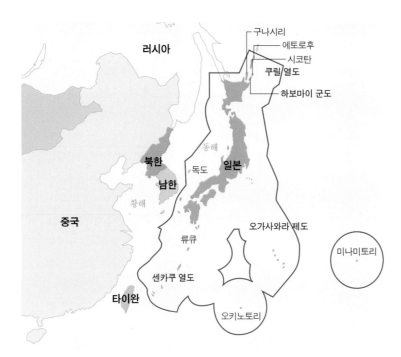

그림 13-11. 일본이 주장하는 배타적 경제수역의 범위 섬나라 일본은 미해결의 과거사 문제로
주변국과 영토 문제로 정치적 갈등을 빚고 있다. 그리고 태평양에는 인공섬을 구축하여 배타적경제
수역 범위를 확장했지만, 주변국들은 이를 인정하지 않는다.

1987년부터 약 300억 엔을 들여 파도의 침식을 막기 위해 방파제 등 보
안공사를 실시하고, 콘크리트로 인공섬을 만들어 헬기 착륙 시설을 만
들었다. 작은 암초가 인공섬으로 탄생하여 일본은 국토면적 약 38만km²
보다 넓은 약 40만km²의 **배타적 경제수역**(EEZ)을 확보했다고 주장한다. 일
본이 작은 암초를 인공섬으로 만든 목적은 주변 바다가 세계 유수의 어
장이며, 연안의 대륙붕은 석유와 천연가스 등 지하자원이 풍부하게 매장
되어 있기 때문이다. 아울러 주변 국가의 진출을 막아 정치적, 경제적으
로 태평양을 지배하겠다는 의도가 내포되어 있다.

**배타적 경제수역**
영해 기선으로부터 200해리에 이
르는 해역 중 영해를 제외한 수역으
로 어업활동이나 해저자원 등에 대
한 경제적 활동의 권리를 가지게 된
다.

## 군함도의 관광지화와 세계유산 등록

군함도 해저에 질 좋은 석탄이 매장되어 있어 미쓰비시가 1890년부터 본격적으로 개발을 시작했다. 태평양 전쟁 시기에는 약 5만여 명의 조선인이 나가사키현의 탄광에 강제로 연행되어 강제 노동에 시달렸으며, 군함도에는 1943~1945년까지 약 800여 명의 조선인 징용자들이 열악한 환경에서 장시간 석탄을 채굴했다. 한때 군함도는 인구밀도가 도쿄 이상으로 높았지만, 1974년 폐광과 함께 무인도로 전락했다.

군함도가 다시 세상에 주목받기 시작한 것은 관광지 추진 및 세계유산 등록과 관련이 있다. 일본 정부는 2015년 군함도 해저 탄광 입구를 메이지 일본의 산업혁명 유산 시설 23곳 가운데 하나로 세계유산으로 등록하는 과정에서 한국 정부와 민간으로부터 강한 반발을 초래했다. 최종적으로 일본과 한국 정부는 과거 일본이 조선인을 강제로 연행한 정책과 관련하여 이해할 수 있는 조치를 강구할 것

을 약속하고, 군함도의 세계유산 등록이 이루어졌다. 그러나 일본은 군함도의 과거사를 제대로 알리지 않고, 산업혁명의 유산과 상징성만 부각시켜 논란이 계속되고 있다.

군함도는 오랫동안 방치되어 있었지만, 나가사키시는 이 섬을 관광지화하여 현재는 많은 관광객이 방문하고 있다. 2009년 4월부터 일반인들의 관광이 시작되었는데, 관광은 주로 주력 갱도였던 제2수직 갱도와 탄광의 중추였던 벽돌 구조의 종합사무소, 1916년에 만들어진 철근 콘크리트 구조 7층 30호 아파트 등을 견학 통로에서 볼 수 있다. 관광객은 2013년도에 16만 7000여 명으로 2009년에 비해 약 3배 증가했다. 그리고 2015년도에는 세계유산 등록을 계기로 28만 6000여 명이 방문했다. 나가사키시는 군함도에 국내외 관광객이 크게 증가함에 따라 중국어, 한국어 등 외국어 해설도 실시하고 있다.

그림 13-12. 나가사키의 군함도 전경  군함도는 나가사키 항구에서 남서쪽으로 약 19km 떨어진 곳에 위치한 작은 섬으로 크기는 동서 160m, 남북 480m, 둘레 1.2km 정도이다. 섬의 모양이 해상 군함을 닮아 군함도라고 호칭하며, 일본어로는 군칸시마(軍艦島), 하시마(端島)로 불린다(자료: Wikimedia).

제**6**부

세계화와
지구촌의 미래

■ 제14장 권역을 초월한 세계화와
지구촌의 미래

# 14 권역을 초월한 세계화와 지구촌의 미래

　　현재 진행되고 있는 세계화 과정을 살펴보면 지구촌의 미래에 대한 견해는 낙관론과 회의론으로 나누어볼 수 있다. 낙관론자들은 세계화를 자본주의 경제체계가 최근에 전 세계적으로 확산된 것이며, 이에 따라 민족국가가 차츰 소멸될 것이라고 주장하고 있다. 반면에 회의론자들은 세계화를 19세기부터 진행되어 온 국제 교류의 연장선에 있으며, 민족국가의 위상은 변함이 없을 것이라고 주장하고 있다. 문화적으로도 미국문화 또는 한류가 전 세계로 퍼져 나가듯이 보편적인 세계주의와 함께 문화의 세계화가 진행되고 있으며, 한편에서는 민족주의가 부활하고 전통 문화에 심취하는 사람이 늘고 있는 것도 사실이다.

　　그러나 민족국가의 위상은 이전 시대와는 분명 다른 모습으로 재편되고 있으며, 세계 각 지역의 기능적 연계는

점점 더 강화되어 거대한 지구적 시스템을 형성해 가고 있다.

　이 책의 마지막 장은 권역을 초월하는 세계화와 지구촌의 미래를 다루었다. 고대의 실크로드는 이미 권역을 초월한 세계화의 양상을 보였으며, 1990년대 말부터 등장한 한류(韓流)라는 한국의 대중문화가 아시아권을 넘어 전 세계로 확산되고 있다. 북극권과 남극대륙은 특정한 국가나 권역을 초월해서 보존해야 할 인류 공동의 영역으로 점차 인식되고 있다. 끝으로 세계화에 따른 지구촌의 미래를 살펴보고, 세계지리의 이해를 바탕으로 지구촌의 지속 가능한 발전과 세계 평화의 길을 모색하고자 한다.

# 1. 한류의 세계화

1990년대 말부터 한국 대중문화가 중국을 비롯한 동남아시아에서 주목받기 시작했다. 한국 대중문화가 외국에서 폭발적으로 소비되는 것을 의미하는 '한류(韓流)'라는 단어는 '한국유행문화'를 줄여서 부르는 말이다. '한류'는 한국의 문화가 타이완, 베트남, 중국, 필리핀, 몽골, 일본 등 해외에서 소비됨으로써 경제적·사회적 영향을 미치는 현상이다. 미국의 할리우드에서 생산된 영화가 미국 생활을 동경하게 만든 것처럼 한국에서 생산된 드라마나 영화가 아시아적 문화 감수성을 자극하여 문화교류를 활발하게 하는 일은 한류의 일면이다. 이것은 1970년대 홍콩 영화나 일본 애니메이션의 성공과는 다른 일면이다.

한류는 이제 대중문화의 장르별 또는 지역적 확산에 머무르지 않고 김치, 고추장, 라면, 가전제품 등의 한국 제품에 대한 인지도 제고와 수출 증가를 가져오고 있다. 즉 '한류'는 수출 상품에 대한 인지도 상승과 함께 간접적인 경제적 파급효과를 초래했다. 문화적 현상에 머물지 않고 한국이라는 국가 브랜드 이미지를 높이는 민간 외교의 역할을 할 뿐 아니라 관광수지 적자 개선 등 경제적 효과까지 영향을 미치고 있다. 이러한 '한류' 바람은 경제적 파급효과와 함께 한국 문화, 한국어에 대한 관심 등 한국의 정신이나 가치에 대한 세계적인 확산 조짐을 보이고 있다.

한류는 아시아뿐만 아니라 아프리카, 오스트레일리아, 영국, 미국, 프랑스, 독일, 불가리아, 이집트, 라오스, 카자흐스탄 등 전 세계로 파급되고 있다. 오늘날 세계는 '문화 전쟁의 시대'라고 할 만큼 문화의 역할이 중요하고, 문화는 그 나라의 가치·이미지·대외 경쟁력 등과 직결된다. 이러한 측면에서 한류의 발전 방향은 한국의 발전과 직결된다고도 할 수 있다. 중국, 일본, 동남아 등에서 한국의 대중문화가 한류라는 문화적 현상을 일으킬 정도로 인기를 얻을 수 있었던 이유는 아시아 여러 나라의 사정이 다소 다르긴 하나, 소위 아시아적 연대라고 할 만한 문화적 동질감 때문이다. 그것은 유교적 전통과 현대적 관념 사이의 갈등과 융화이다.

중국에서 외국 드라마 사상 최고의 시청률을 기록한 〈사랑이 뭐길래〉(1991)는 당시 중국인들이 매우 공감할 만한 내용이었다. 당시 중국에는

그림 14-1. 방탄소년단의 뉴욕 공연(2018) 빅히트 엔터테인먼트 소속의 7인조 보이 그룹인 방탄소년단(BTS)은 10대에서부터 20대들이 사회적 편견과 억압을 받는 것을 막아내고 당당히 자신들의 음악과 가치를 지켜내겠다는 뜻을 가지고 있다. 최근 미국 유명 음악 사이트 빌보드 챠트의 1위를 차지한 바 있다(ⓒ빅히트 엔터테인먼트).

유교적 전통과 사회주의적 관습이 공존하고 있었으며, 가족 문화가 3대에서 2대로, 그리고 핵가족으로 급속하게 분화되는 과정이었다. 그리고 경제성장의 결과로 각 가정마다 거실에 텔레비전이 자리 잡았다. 이런 분위기에서 〈사랑이 뭐길래〉가 중국의 대중들에게 가족의 공존과 화합, 공감할 수 있는 공통된 문화적 배경을 제공했다는 측면에서 인기를 끌게 되었다. 그 외에 〈보고 또 보고〉, 〈목욕탕집 사람들〉 드라마도 마찬가지로 동양의 유교 전통과 현대 서양의 생활방식을 두루 포함하고 있다. 세계화 속에서 전통적 윤리와 현대적 관념의 충돌을 잘 보여주고 있다.

일본에서 크게 인기를 끈 〈겨울연가〉의 경우 산케이신문 한국지국장 구로다 가쓰히로의 말처럼 일본 사회에서의 잃어버린 정서(즉, 1960년대식의 지순한 사랑)를 자극한 것이 성공의 요인이었다. 중국에서 '앞서가는 서구화'에 관심을 가진 것과는 달리 일본은 '지나간 시간에 대한 향수'가 공감대를 자극했던 것이다. 일본 드라마는 질은 높지만 생동감이 부족하고 TV 프로그램은 10대 위주로 편성되어 있어 삼십대 이상의 중년 여성들을 대상으로 한 프로그램이 거의 없었다. 소외되었던 중년 여성들은 이러한 사회적 불만의 분출구가 필요했는데, 〈겨울연가〉가 일종의 분출구 역할을 해주었던 것이다. 즉 '아시아적인 문화 감수성'이라는 공통점이 있지

## 동아시아 지중해론과 한국 문명의 가능성

한반도는 동해, 황해, 동중국해를 내해로 하고 일본열도로 둘러싸인 하나의 지중해 속의 반도이다. 이탈리아의 로마와 같은 동아시아 지중해의 한국이다. 로마 문명의 지중해론과 같은 맥락에서 한국 문명이 다루어질 수 있다고 생각한다. 유럽의 지중해 패권을 둘러싼 로마제국의 흥망이 유럽 사회와 세계에 미친 영향을 생각해 볼 때 지중해론을 동아시아의 한반도에 적용해 볼 가치가 있다. 카르타고와의 포에니 전쟁 후 로마의 성공은 오늘날 산업화에 성공한 한반도의 한국과 사정이 비슷하다.

그림 14-2. 동아시아의 지중해

사실 한국 근대 문명의 특징을 문화변동론적 시각에서 살펴보면 동아시아에서 한국 문명의 가능성이 열려 있다. 한국은 문화변동론에 의하면 서구 문명 변동의 도입 경로, 변동에 대한 저항의 정도는 동아시아의 중국과 북한과 비슷하였으나 선택의 메커니즘이 달라지고 지위와 역할의 변동이 나타나 물질주의와 개인주의의 특징이 나타나 일본보다도 더 서구 사회에 동화되고 있다고 보아야 할 것이다. 일본은 천황제란 입헌군주제를 채택하여 서구 문명에 큰 저항 없이 근대화되었으며, 한국은 개신교가 메커니즘에 중요한 역할을 하게 되었다. 다만 한국의 개신교가 아직 혼합주의 양상을 보이고 있지만 개인의 자유와 인권에 대한 인식은 높다고 할 수 있다. 독재체제에 대한 시민혁명을 여러 차례 경험한 일이 이를 말해준다. 중국과 북한은 마르크스-레닌주의를 수용하면서 서구 사회와 전혀 다른 이질적인 길을 걷게 되었다. 선택의 메커니즘은 공산주의였으며 저항에 성공했으나 다당제나 시민의 인권이 결여되어 세계적 보편성과 멀어지게 되었다.

한국의 개신교는 차지하는 인구가 27.6%나 되어 중국의 5.1%, 일본의 1.5%와 비교하여 일본의 '천황제', 중국의 '당황제' 북한의 '어버이수령제'와 달리 새롭게 이식되어 정착된 이념이라고 볼 수 있다. 민족(ethnic group)의 가치를 중시하는 '천황제', '당황제', '어버이수령제'는 동아시아의 평화보다는 갈등과 전쟁을 가져올 위험성이 크다. 특히 경제적 번영을 경험하고 있는 동아시아 3국은 향후 인구 급감이 예상되고 있다. 자민족 중심적인 가치를 강조한다면 외국인 인구의 유입이 이루어지기 어려워 3국은 인구 절벽을 맞이하게 될 것이다. 다문화 공존에 성공한 미국이나 라틴아메리카와 같이 성령, 사랑, 창조, 공동체를 강조하는 한국 기독교가 다문화의 중심 역할이 가능하다. 한국 개신교 교회의 중국 등지의 선교 활동이 순조롭게 진행되고 혼합주의를 벗어나는 노력이 이루어진다면 다문화, 평화 및 부의 창조를 아우를 수 있는 한국 개신교가 동아시아 공동체의 중심 역할 하게 되어 한국은 문명의 허드(hearth)가 될 수 있는 것이다(옥한석, 2018).

만, 각국의 정황이 한국 문화와 맞는 코드가 나라마다 달랐다.

최근 세계적인 동영상 사이트 유튜브에 등록된 한국 가수의 동영상 조회 접속 횟수에서 미국이 일본, 태국에 이어 3위를 차지하여 미국이 한류의 주요 시장으로 떠올랐다. 이를 신 한류라고 한다. K-POP, 즉 음악을 중심으로 신한류는 힙합, R&B, 일렉트로닉 댄스 등 영미권 음악을 빠르게 흡수하여 이를 동양적으로 소화한 특유의 스타일이다. 아시아를 중심으로 형성됐던 드라마 중심의 한류시장이 K-POP 중심으로 바뀌어, 인터넷을 통해 팝의 본고장인 미국으로, 다시 전 세계로 확산된 것이다. 2009년 빌보드 싱글 차트인 '핫 100'에서 상위를 기록한 원더걸스, 동방신기 출신의 3인조 남성그룹 JYJ, 소녀시대, 보아, 샤이니, 그리고 2017년과 2018년 빌보드 뮤직 어워드 톱 소셜 아티스트상을 연속 수상한 방탄소년단(BTS) 등 한국의 대표 아이돌 스타들은 세계를 묶는 인터넷과 대중문화 콘텐트가 만나 이루어진 한국의 물결이다. 이 물결은 한국드라마와 대중음악이 팬 사이트, 소셜 네트워크 등 사이버 공간상에서 이룩해 낸 성공이다.


## 2. 실크로드와 중국의 일대일로

일찍이 중앙아시아를 거쳐 동양과 서양을 연결하는 육로가 개척되었는데, 이를 독일의 지리학자 리히트호펜(Richthofen, 1833~1905)은 실크로드(Silk Road, 비단길)라고 처음 명명했다. 그는 1868년부터 1872년까지 중국 각지를 답사하고, 『중국』(China)이라는 5권짜리 책을 1877년부터 1912년에 걸쳐 저술했다. 그는 이 책의 제1권에서 동서교류사를 개괄하면서, 중국으로부터 중앙아시아 지역과 인도반도의 북서쪽으로 수출되는 주요 물품이 비단(silk)이라는 사실을 감안하여 이 교역로를 독일어로 '자이덴슈트라센(Seidenstrassen: 영어 Silk Road)'이라고 명명했다.

그 후 여러 학자들의 연구에 의하면, 고대에서 중세에 이르기까지 동양과 서양의 교역은 중국 장안(長安, 현재의 시안)에서 중앙아시아를 지나 서아시아를 거쳐 콘스탄티노플(Constantinople, 현재 이스탄불)까지 약

6400km에 달하는 길을 따라 이루어졌다는 것이 밝혀졌다. 또한 오랜 역사에서 볼 때 동서 교역 물품에서 비단이 주류를 차지했던 기간은 짧은 편이고 다른 중요한 물품과 문화도 이 교역로를 따라 전해졌기 때문에 비단길이라는 표현보다는 중앙아시아의 오아시스들을 연결한 교역로를 뜻하는 오아시스 길(Oasis Road)이 더 적절하다는 주장도 있다. 그뿐만 아니라 학자들은 유라시아 대륙의 북방 초원지대를 지나는 초원길(Steppe Road)과 지중해로부터 홍해, 아라비아 해, 인도양을 지나 남중국해에 이르는 바닷길(Southern Sea Road)까지 실크로드의 범주에 포함시켰으며, 이러한 **실크로드의 종착지**를 서쪽은 로마, 동쪽은 금성(金城, 현재의 경주)까지 확대했다.

이에 따라 실크로드라는 말은 과거 동양과 서양을 연결한 여러 갈래의 간선(幹線)과 지선(支線)으로 이루어진 교통망을 망라하는 하나의 상징적인 용어로 통용되고 있다. 비단길(오아시스 길), 초원길, 바닷길은 동서로

**실크로드의 종착지**
일반적으로 실크로드의 서쪽 끝은 콘스탄티노플(동로마제국), 동쪽 끝은 장안(당)이라고 하지만, 이를 확대하여 서쪽 끝은 로마(로마제국), 동쪽 끝은 금성(신라)로 본다면 그 길이는 장장 1만 2000km에 이른다.

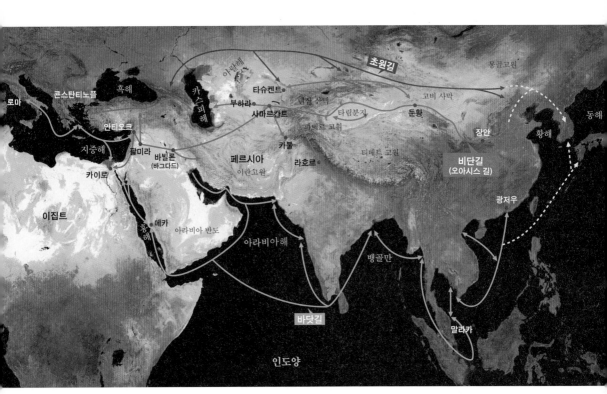

그림 14-3. 실크로드(Silk Road)의 3대 간선  지도에 나타난 초원길, 비단길(오아시스 길), 바닷길은 동서로 전개된 문명교류의 주요 통로로서 실크로드의 3대 간선(幹線)이다(자료: 전국지리교사모임, 2014a: 168).

전개된 동서 문명 교류의 주요 통로로서 실크로드의 3대 간선이라 할 수 있다(그림 14-3). 사실 문명 교류사를 추적해 보면 유라시아와 아프리카를 동서로 이어주는 길은 이 3대 간선 외에도 수많은 샛길(지선)이 있었을 뿐만 아니라, 유라시아의 남북을 관통하는 지선도 여러 개가 병존해 왔다(정수일, 2013). 이러한 실크로드를 통한 주요 교역품으로는 중국의 비단, 칠기, 도자기와 **서역**(西域)의 유리병, 옥, 향료, 말, 농작물(석류, 호두, 깨 등)이 있었다. 또한 실크로드를 통해서 중국과 한반도에 불교와 간다라 미술이 전파되었으며, 서양에는 중국의 제지법, 인쇄술, 화약, 나침반 등이 전파되는 등 문화 교류도 활발했다.

역사적으로 실크로드는 BC 8세기부터 AD 18세기까지 약 2500년간 지속되었으며, 동서 교역을 중개한 사람들은 서역인들이었다. 중국 한(漢) 나라 이전에는 주로 초원길을 따라 교역이 이루어졌으며, 파미르고원과 타클라마칸사막으로 막혀서 통행이 어려웠던 오아시스길은 한 무제(武帝) 때 장건(張騫, ?~BC 114)의 서역 개척을 계기로 교역로가 확보되었다. 이

서역
중앙아시아와 서아시아 지역을 뜻한다. 중국 한(漢)대의 중앙아시아에는 '서역 36국'이라는 표현대로 많은 왕국이 있었다. 이후 서역의 의미가 서아시아까지 확대되었고, 후대에는 더욱 확대되어 서양(西洋)의 의미로 쓰이기도 했다.

그림 14-4. 중국 돈황의 월아천(月牙泉)과 월천각(月泉閣) 월아천은 비단길의 주요 행선지인 중국 둔황(敦煌)의 명사산(鳴沙山)의 계곡에서 솟아나는 초승달 모양의 샘으로 결코 마른 적이 없는 사막의 오아시스이다. 그러나 1990년대부터 인근 지역에서 지하수를 농업용수로 사용하면서 월아천이 고갈될 위기에 처하게 되자 최근에는 인공으로 물을 보충하고 있다. 이곳에 위치한 월천각은 도교사원이다 (ⓒ 민병훈).

후 서역과의 교류를 확대해 나가다가 당(唐) 태종(太宗, 599~649) 때는 오아시스 길(비단길)의 전성기를 맞게 된다(그림 14-3). 당의 수도인 장안에는 색목인(色目人)이라고 불리는 서역인들이 많이 거주했으며, 더 멀리는 신라국의 금성(경주)에도 서역인이 왕래했다. 13세기 몽고제국의 세력 확대도 실크로드의 초원길과 오아시스 길을 따라 이루어졌다.

바닷길은 아라비아와 로마의 상선이 먼저 개척한 것으로 추정되는데, 처음에는 인도 서해안에서 중국 비단을 가져가다가 차츰 동남아시아를 지나 중국 광저우(廣州) 지역까지 로마의 상선이 진출했다. 중국의 송(宋)대에는 오아시스 길의 통행이 상대적으로 어려워지자 바닷길을 이용한 교역이 활발했다. 명(明)의 영락제(永樂帝) 때는 정화(鄭和, 1371~1433)가 이끄는 대함대가 아프리카 동안까지 원정하여 바닷길을 확보하며 위세를 떨쳤으며, 청(淸)대에는 해외 항해를 규제했으나 스페인, 포르투갈의 상선이 중국, 일본, 멀리는 중남미까지 왕래하면서 바닷길이 유지되었다.

초원길과 오아시스 길 등 육로를 통한 교역은 교역품의 수요 감소와 서역 왕국들의 통제로 인하여 18세기부터 쇠퇴했으며, 지금은 오아시스에

그림 14-5. 터키 아나톨리아 지방의 카라반 숙소  이곳은 실크로드를 횡단하는 대상들의 숙소 유적지로서 과거에는 잠자리와 식사뿐 아니라 물품 매매, 여행 안전 등에 대한 정보도 제공했다. 보통 낙타가 하루 동안 걸을 수 있는 거리인 20~30km마다 대상 숙소들이 있었다(ⓒ 김학훈).

세워졌던 대상(隊商, caravan)들의 숙소 건물들만 유적지로 남아 있다(그림 14-5). 동서 교역의 오래된 흔적으로 남아 있는 실크로드는 최근의 세계화 추세와 관련해서 권역을 초월하여 교류를 이어나간 인류의 의지를 보여주는 사례가 되고 있다.

이러한 실크로드가 현대에 와서 다시 살아나고 있다. 중국의 시진핑 주석은 2013년 구상한 일대일로(一帶一路) 계획을 2014년 중국에서 열린 아시아-태평양 경제협력체(APEC: Asia-Pacific Economic Cooperation)에서 공식적으로 발표했다. "세계의 기회를 중국의 기회로 바꾸고, 중국의 기회를 세계의 기회로 바꾼다"는 주장에 따라 육상 실크로드(一帶)와 해상 실크로드(一路)를 동시에 구축하겠다는 것이다. 구체적으로는 두 대상 지역에서 인프라 정비, 무역 진흥, 자금의 왕래를 촉진하기 위해서 국제적인 협력을 이끌어내겠다는 계획이다. 전략적 측면에서 이 계획은 중국이 국제 사회에서 더 큰 역할을 담당하면서 동시에 중국 경제의 미래를 유리하게 이끌어 가려는 포석이다. 중국의 공식적인 통계에 따르면 일대일로 계획은 지구상 인구의 63%에 해당하는 44억 인구를 대상으로 하고, 이와 관련한 GDP는 전 세계 GDP의 29%인 21조 달러에 달한다고 한다.

육상 실크로드(공식 명칭: 실크로드 경제벨트)는 중국을 거쳐 중앙아시아에 이르는 옛 실크로드를 확장해서 러시아, 유럽까지 교통 인프라뿐 아니라 경제적으로 연결하는 계획이며, 해상 실크로드(공식 명칭: 21세기 해상 실크로드)는 동남아시아와 인도양을 거쳐 아프리카 동안과 지중해까지 해당 국가들의 경제 협력과 해상 무역을 촉진하는 계획이다(그림 14-6). 이러한 계획에 대해 이미 러시아를 포함한 약 60개 대상국뿐 아니라 ASEAN, EU, 아랍연맹, 아프리카연합 등의 지지를 받아냈다.

일대일로 계획의 재정 지원을 위해서 중국은 아시아 인프라 투자은행(AIIB: Asian Infrastructure Investment Bank), BRICS 신개발은행(New Development Bank BRICS), 실크로드 기금(Silk Road Fund)의 설립을 주도하고 가장 많은 기금을 제공했다. 아시아 인프라 투자은행은 2013년 중국이 제안하여 2015년 공식 출범했는데 중국이 30%의 기금을 출자하고 본부는 베이징에 두었다. 2017년 말까지 한국을 포함하여 58개국이 회원으로 가입했으며, 주요 경제국 중에서 미국과 일본은 가입하지 않고 있

그림 14-6. 중국의 '일대일로(一帶一路)' 계획  실크로드 경제벨트(一帶)는 옛 실크로드를 확장해서 러시아, 유럽까지 교통 인프라뿐 아니라 경제적으로 연결하는 계획이며, 21세기 해상 실크로드(一路)는 동남아시아와 인도양을 거쳐 아프리카 동안과 지중해까지 경제 협력과 해상 무역을 촉진하는 계획이다(자료: 중앙일보, 2017.11.16).

다. 2015년에 출범한 BRICS 신개발은행은 BRICS 5개국의 재정 및 개발의 협력 관계를 육성하기 위해 설립되었으며, 본부는 중국 상하이에 있다. 실크로드 기금은 일대일로 계획의 해당 국가들에게 자금을 지원하기 위해 만들어진 중국 주도의 투자 기금으로서, 2014년 말 중국이 400억 달러의 개발 자금을 조성하여 출범했으며, 본부는 베이징에 두었다. 현재 중국은 일대일로 계획에 따라 파키스탄과 아프리카, 동유럽 여러 나라의 개발계획에 투자를 하고 있다.

중국이 막강한 재력을 바탕으로 추진하고 있는 일대일로 계획에 대해 미국과 일본은 경계를 하고 있다. 중국의 국제적 영향력이 증대되면서 중국의 군사적 패권주의가 노출되고 있기 때문이다. 중국은 베트남, 필리핀과의 영유권 분쟁지역으로서 해상 실크로드 상에 위치한 시사(西沙)군도와 난사(南沙)군도를 이미 점령하고 있으며, 일본이 실효 지배하고 있는 조어도(釣魚島, 센카쿠 열도, 다오위다오)에 대해서는 영유권을 주장하고 있다. 미국은 이러한 분쟁지역에 대해 중국의 영유권을 인정하지 않는다는 입장을 밝히고 있다. 또한 중국은 해상 실크로드에 해군을 주둔시키기 위해서 캄보디아, 미얀마, 방글라데시, 스리랑카, 파키스탄의 항구 한 곳씩을 사용하는 협정을 체결하여 해군기지 네트워크를 구축했다(김민석, 2017). 인도는 인도양에서 중국의 영향력이 증대하는 것을 우려하여 미국, 일본, 호주와 전략적 협력을 모색하고 있다. 이에 따라 미국의 트럼프 대통령은 중국의 팽창주의에 대응하기 위해 2018년 11월 인도·태평양 외교전략을 수립하고 일본 및 인도와 협력하고 있다.

## 3. 북극권과 남극대륙

북극권(北極圈, Arctic Circle)은 북위 66° 33′ 47″의 위선을 가리키지만, 북극을 중심으로 하는 대략 북위 66.5° 이상의 고위도 지방을 뜻하기도 한다(그림 14-7). 북극권에서는 하지 때 하루 24시간 **백야**(白夜, white night)**현상**이 나타나고 동지 때는 하루 종일 **극야**(極夜, polar night)**현상**이 나타나는 지역이다. 북극해는 북극을 중심으로 유라시아 대륙과 북아메리카 대륙, 그린란드에 의해 둘러싸인 바다를 말한다.

위도를 기준으로 보면 북극권 내에 포함된 바다를 북극해라고 할 수 있다. 북극해에는 러시아, 노르웨이, 캐나다 등에 속하는 많은 섬들이 있는데, 노르웨이령 스피츠베르겐(Spitzbergen)섬에는 한국의 다산과학기지가 위치하고 있다.

**북극을 최초로 정복**한 사람이 누구인지는 아직도 논쟁거리이다. 극지에 대한 탐험이 경쟁적으로 이루어지던 20세기 초에는 빙상 이동에 개썰매를 활용했지만, 곧 비행선이 등장했으며, 지금은 스노모빌, 항공기, 쇄빙선, 빙상 자동차 등으로 북극에 접근할

**백야현상과 극야현상**

하지가 가까워 오면 북극권에서는 밤에도 해가 지지 않는 백야현상이 나타나고 남극권에서는 낮에도 해가 뜨질 않아서 밤이 지속되는 극야현상이 나타난다. 동지가 가까워 오면 반대로 북극권에서는 극야현상, 남극권에서는 백야현상이 나타난다. 그 이유는 지축이 약 23.5° 기울어진 상태로 자전과 공전을 하기 때문이다. 극야현상은 흑주(黑晝)현상이라고도 한다.

**북극 정복**

북극에 1908년 4월 도달했다는 미국의 쿡(Frederick A. Cook)과 1909년 4월 도달했다는 미국의 피어리(Robert E. Peary)의 주장은 오랜 기간 논란이 지속되었다. 결국 쿡의 주장은 신빙성이 있지만 공인받지 못했으며, 피어리는 북극 가까이는 갔지만 도달하지는 못한 것으로 결론이 났다.

그림 14-7. 북극해와 북극권 북극해는 북극점을 중심으로 유라시아 대륙과 북아메리카 대륙, 그린란드에 의해 둘러싸인 바다이다. 북위 66.5°의 위선을 뜻하는 북극권은 그 위도 이상의 고위도 지방을 가리키는 용어로 쓰이기도 한다.

그림 14-8. 그린란드 Scoresby Sund 지역 가까이로는 영구동토층의 툰드라 식생과 고상 가옥이 보이며, 멀리 그린란드 해를 떠다니는 빙산과 유빙 사이로 배가 지나고 있다(자료: Wikimedia ⓒ Hannes Grobe).

## 빙산과 유빙

극지방의 해빙 위에 오랫동안 내린 눈이 쌓이고 얼어붙어 형성된 얼음 덩어리가 여름철에 가장자리부터 떨어져나가 저위도 방향으로 흐르는 것이 빙산이다. 또한 육지의 빙하도 바다로 흘러들어와 깨지면서 빙산이 된다. 유빙은 높이가 5m 이하의 비교적 작은 얼음덩어리로서 겨울철에 바닷물이 얼었다가 깨지면서 떠다니는 것이 대부분이다.

## 빙하

빙하에는 세 종류가 있다. 즉 계곡을 천천히 흐르는 곡빙하(valley glacier), 극지방의 넓은 지역을 덮고 있는 대륙빙하(continental glacier) 또는 빙상(氷床, ice sheet), 그리고 산꼭대기의 좁은 지역을 덮고 있는 빙모(氷帽, ice cap)가 있다. 대륙빙하(빙상)는 그린란드와 남극대륙에 큰 규모로 분포한다. 빙상이 바다 위로 흘러들어 넓게 덮고 있는 것은 빙붕(氷棚, ice shelf)이.

수 있다.

북극해의 상당 부분은 연중 해빙(海氷, sea ice)으로 덮여 있으며, 이 해빙은 해류에 의해 매우 느리게 이동하고 있다. 겨울철에는 이 해빙이 확대되어 북극해의 대부분이 얼음으로 덮이지만 봄부터 여름까지는 해빙이 축소되고 빙산(氷山, iceberg)과 유빙(流氷, ice floe)이 떨어져 나온다. 그리고 최근 지구 온난화의 영향으로 여름철 해빙의 면적은 해가 갈수록 줄어들고 있다(제3장 5절 참조).

북극권 내의 육지들은 대개 영구동토층을 형성하고 있고 일부는 빙하(氷河, glacier)로 덮여 있다. 이렇게 영구동토층이 분포하는 지역을 영구동토대라고 한다(제3장 5절 참조). 여름철에도 영구동토층의 땅 깊은 곳은 여전히 얼어 있지만, 지표면은 녹아서 늪지를 형성하기도 하며 초본류도 자랄 수 있다. 최근에는 지구 온난화로 인하여 지구 전체적으로 영구동토 면적이 감소하는 추세에 있다. 알래스카, 캐나다, 시베리아 등지의 툰드라 지대에서는 가옥 바닥의 열기로 영구동토가 녹아 지반이 내려앉는 것을 막기 위해 가옥 바닥을 높여서 고상(高床) 가옥을 짓는다.

북극권에 살고 있는 원주민은 시베리아 동단, 알래스카, 캐나다 북부

그림 14-9. 북극항로  지구 온난화로 열리게 된 북극 항로에는 베링해를 지나서 러시아 북부 및 스칸디나비아 연안을 통과하는 북동항로와 캐나다 북부 및 그린란드 연안을 통과하는 북서항로가 있다(자료: 울산항만공사).

에 거주하는 에스키모(Eskimo)족 또는 **이누이트**(Inuit)족과 스칸디나비아 북부의 랩(Lapp)족이 대표적이다. 이들은 전통적으로 바다표범 및 순록 등의 수렵과 어로에 종사하며 계절적인 이동생활을 해왔지만, 최근 미국과 캐나다 정부에서는 원주민들의 마을 정착생활을 지원하는 정책을 추진했기 때문에 에스키모들의 생활이 크게 변했다.

지구 온난화에 의한 북극 해빙의 융해는 북극 항로(North Pole Route)의 개척이라는 새로운 국면을 열었다. 2017년 여름 역사상 처음으로 쇄빙선의 도움 없이 대형 선박이 북극해를 통과하게 된 것은 기후변화의 역설이다. 노르웨이에서 북극해와 베링해협을 통과하는 북극 항로(북동항로)로 19일 만에 한국에 도착한 이 LNG(액화천연가스) 수송선은 지중해를 거쳐 수에즈운하와 인도양을 통과하는 기존의 남방 항로에 비해 약 30%의 운항 시간을 절약했다(그림 14-9).

**이누이트**
에스키모는 '날고기를 먹는 사람'이라는 뜻의 인디언 말로서, 백인들이 인종차별적으로 붙인 이름이라고 한다. 그래서 캐나다에서는 북극권 원주민들을 사람이라는 뜻의 이누이트(Inuit)로 부르고 있다. 반면 알래스카와 시베리아 동부 원주민들은 여전히 에스키모로 불리고 있으며, 같은 에스키모 종족인 그린란드 원주민들은 칼라알릿(Kalaallit)이라 한다.

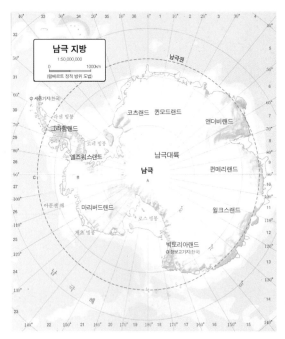

그림 14-10. 남극대륙 남극대륙은 빙하(빙상)가 뒤덮고 있는 대륙으로 오스트레일리아 면적의 약 2배에 이른다. 남극대륙의 해안에는 빙상이 바다 위로 흘러들어 넓게 덮고 있는 빙붕이 나타난다.

**아문센과 스콧**
1911년 12월 14일 남극을 최초로 정복한 아문센은 1928년 북극해에서 실종된 비행선을 구조하기 위한 비행선에 탑승했다가 역시 추락하여 승무원 전원이 실종되었다. 1912년 1월 17일 남극에 도달한 스콧의 탐험대 5명은 남극에서 귀환 도중 모두 동상, 추위 또는 굶주림으로 사망했다.

남극대륙(Antarctica)은 남극점을 중심으로 1361만km²의 넓이를 가진 대륙으로 오스트레일리아 면적의 약 2배에 이른다(그림 14-10). 세계 지형도로 보면 얼음으로 덮인 평탄한 대륙처럼 보이지만, 실제로는 평균 해발고도가 2200m이고, 남극점은 2804m, 최고봉인 빈슨산(Mount Vinson)은 4892m이다. 가장 추운 겨울 3개월(7, 8, 9월)의 평균기온은 영하 63℃이며, 최저 기온은 영하 94.7℃까지 내려간 적이 있다. 남극대륙의 98%는 평균 1900m 두께의 대륙 빙하(continental glacier), 즉 빙상이 연중 덮고 있으며, 빙상이 바다 위로 흘러들어 넓게 덮고 있는 빙붕은 남극대륙 해안선의 74%에서 나타나고 있다. 남아메리카 대륙 쪽으로 뻗어나간 남극반도(Antarctic Peninsula)의 해안지대에는 여름철에 이끼류와 초본류가 자라기도 한다.

남극을 최초로 정복한 사람은 노르웨이의 아문센(Roald Amundsen, 1872~1928)으로 1911년 12월 14일 남극에 도달했으며, 영국의 스콧(Robert Scott, 1868~1912)은 그보다 약 5주 후에 남극에 도달했다(그림 14-11). 이후 20세기 중반까지 탐험을 이끈 나라들은 남극대륙에 대한 영유권을 주장하면서 기지를 건설했다. 1959년에는 12개 국가 대표가 모여 남극대륙을 평화적으로 이용하기 위한 남극조약(Antarctic Treaty)을 체결했다. 1961년에 발효된 이 조약에는 남극 지역의 범위를 남위 60° 이남으로 설정하고, 남극 지역은 평화적 목적으로만 이용할 수 있고 군사적 활동은 금지하며, 과학적 조사 활동의 자유는 보장한다고 명시했다. 남극조약에 가입한 나라는 최초 12개국에서 53개국(2015년)으로 늘었으며, 그중 40개국이 남극 지역에 연구 기지를 설치했다. 남극점에는 1957년 미국이 아문센-스콧 기지(Amundsen-Scott South Pole Antarctic Station)를 설치했다. 한국도 1998년에 남극반도 인근의 킹조지섬(King George Island)에

그림 14-11. 남극을 정복한 영국의 스콧 원정대  스콧이 이끄는 5인의 원정대는 출발한 지 78만인 1912년 1월 17일 남극에 도달하여 이 사진을 찍었지만, 아문센 원정대가 먼저 왔다간 사실을 알고 실망한 가운데, 귀환 도중 추위, 동상, 굶주림으로 모두 사망했다. 가운데 서 있는 사람이 스콧이며, 사진 왼쪽에 앉아 있는 대원(H. Bowers)이 줄을 당겨 카메라 셔터를 작동했다(자료: Wikimedia).

그림 14-12. 남극의 세종과학기지  1988년 남극 인근의 킹조지섬(King George Island)에 설치된 한국 최초의 남극 과학기지이다(© 정호성. 1999년 5월 촬영).

세종과학기지를 설치했으며(그림 14-12), 2014년에는 로스해(Ross Sea) 연안에 장보고과학기지를 설치했다.

## 4. 세계화와 지구촌의 미래

21세기는 '거리의 파괴(annihilation of distance)', '공간의 축소(shrinkage of space)'가 우리의 생활 깊숙이 파고들어 현실화됐다. 그 중심에는 인터넷으로 대표되는 정보통신기술이 있으며 이는 전 세계를 실시간 생활권으로 바꿔놓았고 비즈니스의 속도나 영향력을 과거와는 비교할 수 없을 정도로 향상시켰다. 이제는 컴퓨터뿐 아니라 스마트폰 등의 IT 디바이스를 통해 손바닥에서 전 세계를 살펴볼 수 있는 시대에 살고 있다. 이른바 세계화가 가속화되고 있는 것이다.

특히 장소, 지역, 공간이 통합되며 경제의 세계화가 이루어지고 있으며 그것은 바로 경제성장을 위하여 궁극적으로 소득수준 향상이 실현되어 번영한다는 말이다. 이제 소득수준을 나타내는 GDP 개념은 자동차·컴퓨터 같은 재화와 의료·교육·정보기술·금융 등 서비스의 질적인 개선이 제대로 반영되고 있지 않으며, 교육·의료·주거·여가 등에 대한 공공 부문의 기여가 제대로 측정되지 않고 있으므로 이제 물질적 생활수준은 생산보다는 소득과 소비, '부(wealth)'와 더 밀접하게 관련되는 만큼 순국민소득, 실질 가구소득, 소비 등의 지표에 관심을 가져야 한다고 본다.

또 계층 간 불평등이 심각한 상황에서는 평균 가계 지표보다는 상위·중위·하위 가계 지표들이 현실을 더 잘 보여주고, 삶의 질을 측정하려면 건강, 교육, 일자리와 주거 등의 일상생활, 정치적 참여, 사회적 관계, 개인적·경제적 안정뿐 아니라, 계층·성·세대·이민자 등의 그룹별·지역별 불평등 정도, 나아가 행복·만족·즐거움·자부심 같은 긍정적 감정과 고통·걱정 같은 부정적 감정 등 주관적 지표들도 중요하다. 이들은 삶의 질을 결정하는 요소들이며 지속 가능성은 현재 수준의 삶의 질이 미래 세대에게도 유지될 수 있는지를 보여준다.

현재 수준의 삶이 미래 세대에게도 유지될 것인가를 결정하는 가장 중요한 요소 중의 하나가 신뢰이다. '타인에 대한 신뢰 수준'을 비교하기 위해 미국 미시간대학교 등에서 실시한 '세계 가치관 조사' 결과가 의미심장하다. 나라별로 '대부분의 사람은 신뢰할 수 있다'라는 명제에 대해 긍정적으로 답한 사람의 비율이 나와 있다. 소득이 고른 북유럽의 스웨덴·덴마크·노르웨이 등은 모두 60%가 넘는 사람들이 타인을 신뢰했지만, 소득 격차가 큰 싱가포르와 포르투갈은 '불신국가'였다. 특히 포르투갈에서 타인을 신뢰하는 비율은 10.0%에 불과했다. 사회 구성원 사이의 불신은 사회적 결속을 무너뜨리고, 재난 상황에서 서로 외면하는 결과를 낳았다. "불신과 불평등은 서로 강화한다. 그리고 불신은 사회의 안녕은 물론이고 개인의 안녕에도 영향을 미친다"고 했다.

그러나 문화적 정체성을 배양하는 공동체의 규모가 지역적으로 확장되고 있기에 국지적인 문화가 소멸되는 것은 당연하며, 이를 대신할 소위 세계 문화가 획일화된 모습으로 자리 잡을 것이라는 기대는 성급한 감이 없지 않다. 타자를 인정하고 다양성을 인정하자는 포스트모더니즘의 문화적 담론들은 다양한 색깔의 국지적인 문화를 상호 인정하면서 꽃피우자는 것과 다르지 않다. 획일화된 세계 문화, 즉 모든 지구 공동체 구성원들이 기준으로 삼아야 하는 가치관과 행동양식을 의미하는 보편적 문화는 과연 가능한 것이고 필요한 것인가? 이 점은 경제나 정치 분야의 세계화 담론과 비교했을 때 크게 다르다고 할 수 있는데, 유감스럽게도 문화 분야는 인간들의 정체성 및 생활의 질이라는 측면을 고려했을 때 그러한 보편적 문화가 바람직하고 반드시 필요한 것이라는 확고한 논리적 근거를 찾기가 어렵다. 오히려 지역적 특수성을 간직한 국지적 문화가 다양하게 자기의 색깔을 유지하고 있는 것이 문화의 중요한 기능인 정체성의 확보나 생활의 질 향상에 더 많은 도움을 줄 수 있다고 볼 수 있다.

문화는 정치경제적 활동과는 다르다. 문화가 시공간적으로 제한된 국지적인 환경에서 집단 구성원들의 대면 접촉을 통해 형성되어 인간을 사회적 주체로 성장시키고 인간의 의식을 지배하는 원리로서 기능하고 있는 데 비해, 정치나 경제 현상은 사회적 주체로 형성된 인간의 의도적, 계획적 노력들에 의해 이루어진다고 할 수 있다. 이는 곧 정치적 세계화나 경제적 세계화가 민주주의 정치체제와 자본주의 정치체제의 확산이라는 확실한 지향점을 가지고 있다는 것을 의미하며, 또한 그것의 가치와 당위성도 인정되고 있음을 의미한다. 세계를 동질화시키는 것이 가능한 일이라고 할 수 있다. 하지만 위와 유사하게 문화적 세계화도 획일화, 동질화된 무언가를 지향해야 한다고 한다면 그것은 애당초 문화의 본질에 대한

그림 14-13. 지구촌 통신기술과 교통수단의 급속한 발달로 지구 전체가 하나의 생활권으로 변화된 오늘날의 지구 문명을 말한다. 지구 전체가 하나의 마을과 같은 생활 장소가 되어 지구상의 인류가 민족과 종족의 벽을 넘어 모두가 서로를 알게 되고 모든 정보를 공유하게 된 사회를 일컫는다.

오해로부터 기인하는 것이라고 아니할 수 없다. 설사 그것이 가능하다고 해도 무엇을 통해 세계를 동질화시킬 것인지에 대해서는 정답을 알 수 없다. 언어나 종교가 지역적으로 다양하게 분포되어 있다는 것은 그 통용 지역 내에서 의사소통 체계가 원활하게 이루어지고, 이를 바탕으로 독특한 세계관이 형성되어 있다는 것을 뜻한다. 만약 언어와 종교를 통일하여 전 세계인들이 단일한 언어와 종교의 영향을 받는다고 한다면 어쩌면 문화의 세계화가 이루어졌다고 볼 수도 있다. 그러나 과연 이것이 가능한 일이고 바람직한 일인가?

최근 경제의 세계화가 거스를 수 없는 대세가 되어가면서 각 지역이 문화적 전략을 통해 세계 자본의 종속성을 극복하고 지역경쟁력을 강화하고자 노력하는 것도 지역문화의 부활과 관련해 주목할 만하다. 항간에서 자주 접할 수 있는 "가장 지방적인 것이 가장 세계적인 것이다"라는 언설은 지역 문화의 중요성을 보여주고 있다. 즉 지역의 고유한 특성들은, 그것이 전통적인 지역 특색이건 새롭게 창조된 지역 특색이건 불문하고, 지역 경쟁력을 강화하는 수단으로 자리 잡고 있다. 전통문화가 부활되기도 하고 새로운 지역 문화가 창출되기도 하면서 자본 유치의 수단이 되고 있다. 또한 이는 지역 주민들의 삶의 질을 높여주고 정체성을 강화시켜 주는 데도 큰 역할을 하고 있어 문화의 본원적 기능에도 부합된다. 획일성보다는 다양성이 중시되고, 이를 통해 지배와 종속의 관계보다는 우열과 차별이 없는 동등한 지역관계가 설정될 수 있기에 경제의 세계화가 갖는 문제점들을 보완해 줄 수도 있다.

강윤희 외. 2009.『현대 러시아 문화연구: 시민의식과 문화정체성』. 한울.

김동하. 2017.『화교 역사 문화 답사기 1』. 마인드탭.

김대호. 2016.『4차 산업혁명』. 커뮤니케이션북스.

김민석. 2017.12.22. "중국 진주목걸이냐 미국 다이아몬드냐". ≪중앙일보≫, 32면.

김용권. 2011.12.8. "조선족 한때 192만명… 30년만에 절반 줄어". ≪국민일보≫.

김재한 외. 2003.『고등학교 지리부도』. 법문사.

김창우·강남규. 2019.3.23-24. "공유경제 10년의 빛과 그늘". ≪중앙SUNDAY≫.

김학훈. 1998.「미국-멕시코 국경지대의 산업화 과정」. ≪한국경제지리학회지≫, 1(1), 81~112.

_____. 2007.「실리콘 밸리의 형성과정과 산업구조 변화」. ≪청대학술논집≫, 9, 105~120.

_____. 2011.「미국 최초의 공업도시 로웰의 성쇠와 재생」. ≪한국도시지리학회지≫, 14(2), 49~64.

_____. 2013.「미국 라스베이거스의 관광 산업과 도시 발달」. ≪청대학술논집≫, 20, 147~168.

_____. 2017.「금광의 재발견: 폐광취락의 재활성화」. ≪한국도시지리학회지≫, 20(3), 45~62.

_____. 2019.「마카오의 도시발달과 관광산업」. ≪한국사회과학연구≫, 40(2), 41~64.

김학훈·이종호. 2013.『개발과 환경』. 동화기술.

김홍준. 2019.3.9. "스마트폰에 0.02g, 콜탄 쟁탈전이 부른 민주콩고의 눈물". ≪중앙 SUNDAY≫.

김홍식. 2007.『세상의 모든 지식』. 서해문집.

노순규. 2014. "한류(K-POP)의 성공요인과 발전전략". ≪기업경영≫, 233~264.

배성재. 2014.11.20. "60년 넘은 카슈미르 분쟁… 노벨평화상이 화해의 씨앗 될까". ≪한국 일보≫.

백경학. 2018.6.23. "루터 가라사대 '맥주 마시고 자면 천국 갈 수 있다'". ≪중앙 SUNDAY≫, 21면.

안승오. 2016. "이슬람 테러리즘의 요인분석". ≪신학과 선교≫, 49, 129~161.

엄한진. 2011.「북아프리카 민주화 운동의 성격과 전망」. 비판사회학회 편. ≪경제와 사 회≫, 90. 133~165.

옥한석. 2018.「동아시아 지중해론과 한국문명의 가능성: 문화변동론적 관점에서」. 동 양사회사상사학회 편. ≪사회사상과 문화≫, 21(2), 65~86.

_____. 2014.「개신교 감리교의 강화도 전래와 문화변동」. ≪대한지리학회지≫, 49(5), 705~715.

외교부. 2017.『재외동포현황』.

이근명. 2013.『고등학교 역사부도』. 천재교과서.

이문영·조유선·황동하. 2009.「대중문화의 생산 소비 메커니즘과 문화정체성」.『현대 러시아문화연구』. 한울.

이상환. 2012.「북아프리카의 민주화흐름에 대한 경험적 해석: 경제발전, 반부패, 세계 화, 문화와의 연관성을 중심으로」. ≪한국정치외교사논총≫, 33(2), 155~181.

이양호·이신화·지은주. 2014. 「사하라 이남 아프리카의 빈곤과 불평등: 신생 민주주의
　　　정치제도를 중심으로」. ≪국제지역연구≫, 23(2), 95~120.

이희연. 2011. 『경제지리학』. 제3판. 법문사.

임덕순. 1997. 『정치지리학원리』, 제2판. 법문사.

＿＿＿. 2003. 『문화지리학』, 제2판. 법문사.

임영신. 2018.12.5. "870조 메콩강 경제 잡아라…한중일 新삼국지". ≪매일경제≫.

장정훈·김호정. 2012.8.2. "'날씨경영' 못하면 GDP 10% 날린다". ≪중앙일보≫.

장호 외. 2003. 『고등학교 지리부도』. 지학사.

정산호. 2019.1.9. "인구절벽 중국 결론은 산아제한 폐지 '아이낳아 애국하자'는 캠페인
　　　도". ≪뉴스핌≫.

조성택·김선정. 2015. 「아프리카분쟁과 테러리즘에 대한 연구」. ≪한국테러학회보≫,
　　　8(4), 137~158.

전국지리교사모임. 2014a. 『세계지리, 세상과 통하다 1: 아시아에서 오세아니아까지』.
　　　사계절.

＿＿＿. 2014b. 『세계지리, 세상과 통하다 2: 아프리카에서 남북극까지』. 사계절.

전국지리교사연합회. 2011a. 『살아있는 지리 교과서 1: 자연지리』. 휴머니스트.

＿＿＿. 2011b. 『살아있는 지리 교과서 2: 인문지리』. 휴머니스트.

전종한 외 7인. 2015. 『세계지리: 경계에서 권역을 보다』. 사회평론.

정수일(편저). 2013. 『실크로드 사전』. 창비.

≪중앙일보≫. 2017.11.16. "21세기의 칭기즈칸이 되고 싶은 시진핑". 26면.

한양환. 2007. 「아프리카의 민주화와 종족분규: 코트디부아르의 남북 분단 사태를 중심
　　　으로」. ≪한국아프리카학회지≫, 25, 203~231.


菊地俊夫 編. 2011. 『世界地誌シリーズ1 日本』. 朝倉書店.

＿＿＿ 編. 2014. 『世界地誌シリーズ7 東南アジア・オセアニア』. 朝倉書店.

內閣府. 2012. 『子ども・子育て白書 平成22年版』. 內閣府.

本宮武憲. 2007. 「領土問題」. ≪社會科教育≫, 44(9), 63.

上野和彦 編. 2011. 『世界地誌シリーズ2 中國』. 朝倉書店.

松村嘉久. 1993. 「中國における少數民族政策の展開」. ≪人文地理≫, 45(5),
　　　51~74.

矢ヶ﨑典隆 編. 2018. 『グローバリゼーション 縮小する世界』. 朝倉書店.

＿＿＿ 編. 2018. 『ローカリゼーション 地域へのこだわり』. 朝倉書店.

岩田一彦 外. 2003. 『新しい社會科地圖』. 東京: 東京書籍.

友澤和夫 編. 2013. 『世界地誌シリーズ5 インド』. 朝倉書店.

帝国書院編集部. 2012. 『帝国書院 地理シリーズ 世界の国々1 アジア州(1)』. 帝
　　　国書院.

＿＿＿. 2012. 『帝国書院 地理シリーズ 世界の国々2 アジア州(2)』. 帝国書院.

＿＿＿. 2013a. 『帝国書院 地理シリーズ 世界の国々7 南アメリカ州』. 帝国書院.

＿＿＿. 2013b. 『帝国書院 地理シリーズ 世界の国々8 オセアニア州・南極』. 帝国
　　　書院.

増田寛也 編著. 2014. 『地方消滅 東京一極集中が招く人口急減』. 中央公論新書.

Baker, Bryan. 2017. "Estimates of the Unauthorized Immigrant Population Residing in the United States: January 2014." *Population Estimates*. U.S. Department of Homeland Security, July.

Bell, Daniel. 1973. *The Coming of Post-Industrial Society*. New York: Basic Books.

Berry, B. J. L., E. C. Conkling, and D. M. Ray. 1976. *The Geography of Economic Systems*. Englewood Cliffs: Prentice-Hall.

Bradshaw, M. 2000. *World Regional Geography: The New Global Order*, 2nd ed. McGraw-Hill.

Britsish Petroleum(BP). 2018. *BP Statistical Review of World Energy*.

Castells, M. and P. Hall. 1994. *Technopoles of the World*. London: Routledge. 『세계의 테크노폴』, 2006. 강현수·김륜희 옮김. 서울: 한울.

Christopherson, R. W. 2012. *Geosystems: An Introduction to Physical Geography*, 8th ed. London: Pearson Education.

Clark, Colin. 1957. *Conditions of Economic Progress*, 3rd ed. London: Macmillan.

Clawson, D. L. and J. S. Fisher. 1998. *World Regional Geography*. Englewood Cliffs: Prentice-Hall.

Cole, J. 1996. *Geography of the World's Major Regions*. London: Routledge.

De Blij, H. J. 1977. *Human Geography: Culture, Society and Space*. New York: Wiley.

De Blij, H. J., P. O. Muller, and J. Nijman 2010. *The World Today: Concepts and Regions in Geography*, 5th ed. Hoboken, NJ: John Wiley & Sons(『세계지리』. 2016. 기근도·김영래·지리교사모임 '지평' 옮김. 서울: 시그마프레스).

De Blij, H. J., P. O. Muller, and J. Nijman. 2012. *Geography: Realms, Regions, and Concepts*, 15th ed. Hoboken, NJ: John Wiley & Sons.

DeSouza, A. R. and F. P. Stutz. 1994. *The World Economy: Resources, Location, Trade and Development*. New York: Macmillan.

Ellwood, Wayne. 2001. *The No-Nonsense Guide to Globalization*. Oxford, UK: New Internationalist Publications(『자본의 세계화, 어떻게 헤쳐 나갈까?』. 2007. 추선영 옮김. 서울: 이후).

Fouberg, E. H., A. B. Murphy, and H. J. de Blij. 2015. *Human Geography: People, Place, and Culture*, 11th ed. Hoboken, NJ: John Wiley & Sons.

Friedmann, J. 1986. "World city hypothesis." *Development and Change*, 17(1), pp.69~84.

Getis, A., J. Getis, and J. Fellmann. 1985. *Human Geography: Culture and Environ-ment*. New York: Macmillan.

Gottmann, J. 1970. "Urban centrality and the interweaving of quaternary activities." *Ekistics*. 29, pp.322~331.

Hess, Darrel. 2011. *McNight's Physical Geography: A Landscape Appreciation*, 10th ed. Pearson Education(『McNight의 자연지리학』. 2011. 윤순옥 외 12인 옮김. 서울: 시그마프레스).

Hobbs, J. J. 2009. *World Regional Geography*. *Belmont*, California: Brooks/Cole.

Kaplan, D. H., S. R. Holloway, and J. O. Wheeler. 2014. *Urban Geography*, 3rd ed. New York: Wiley(『도시지리학』. 2016. 김학훈·이상율·김감영·정희선 옮김. 서울: 시그마프레스).

Knox, P. L., S. A. Marston, and D. M. Liverman. 2002. *World Regions in Global Context: Peoples, Places, and Environments*. Pearson Education.

Knox, P. L. and S. A. Marston. 2016. *Human Geography: Places and Regions in Global Context*, 7th ed. Boston: Pearson.

Macao SAR, DSEC(統計暨普查局). 2018. *Macao Yearbook 2018*.

Marshall, Tim. 2015. *Prisoners of Geography*. London: Elliott and Thompson(『지리의 힘』. 2016. 김미선 옮김. 서울: 사이).

Marston, S. A., P. L. Knox, D. M. Liverman, V. J. Del Casino, and P. F. Robbins. 2017. *World Regions in Golbal Context: Peoples, Places, and Environments*, 6th ed. Boston: Pearson.

Nelson, R. E., et al. 1995. *Human Geography: People, Cultures, and Landscapes*. Saunders College Publishing.

Nijman, J., P. O. Muller, and H. J. de Blij. 2016. *Geography: Realms, Regions, and Concepts*, 17th ed. Hoboken, NJ: John Wiley & Sons.

Paterson, J. H. 1994. *North America: A Geography of the United States and Canada*, 9th ed. New York: Oxford.

Peters, G. L. and R. P. Larkin. 1983. *Population Geography: Problems, Concepts, and Prospects*, 2nd ed. Dubuque: Kendall/Hunt.

Pew Research Center. 2019-06-12. "5 facts about illegal immigration in the U.S." *Fact Tank*.

Population Reference Bureau. 2017. *2017 World Population Data Sheet*.

_____. 2018. 2018 World Population Data Sheet.

Lessig, Lawrence. 2008. *Remix: Making Art and Commerce Thrive in the Hybrid Economy*. Penguin Press.

Rifkin, Jeremy. 2011. *The Third Industrial Revolution: How Lateral Power is Transforming Energy, the Economy, and the World*. Palgrave Macmillan.

Rowntree, L., M. Lewis, M. Price, and W. Wyckoff, 2017. *Globalization and Diversity: Geography of a Changing World*. 5th ed. London: Pearson Education(『세계지리: 세계화와 다양성』. 2017. 안재섭 외 6인 옮김. 서울: 시그마프레스).

Rubenstein, J. M. 2010. *Contemporary Human Geography*. Pearson Education(『현대 인문지리』. 2010. 김희순 외 4인 옮김. 서울: 시그마프레스).

_____. 2011. *The Cultural Landscape: An Introduction to Human Geography*, 10th ed. London: Pearson Education(『현대인문지리학: 세계의 문화경관』. 2012.

정수열 외 6인 옮김. 서울: 시그마프레스).

Schwab, Klaus. 2016. *The Fourth Industrial Revolution*. World Economic Forum.

Sharma, Ruchir. 2016. *The Rise and Fall of Nations: Forces of Change in the Post-Crisis World*. Norton.

Stern, Nicholas. 2007. *The Economics of Climate Change: The Stern Review*. Cambridge, UK: Cambridge University Press.

Toffler, Alvin. 1981. *The Third Wave*. New York: Bantam.

United Nations. 2019. *World Population Prospects: The 2019 Revision*. U.N. Department of Economic and Social Affairs. Population Division.

_____. 2018. *World Urbanization Prospects: The 2018 Revision*. U.N. Department of Economic and Social Affairs, Population Division.

US Energy Information Administration(EIA). 2019. https://www.eia.gov/.

Victor, Jean-Christophe. 2006. *Le Dessous Des Cartes: Atlas Géopolitique*. Paris: Éditions Tallandier(『아틀라스 세계는 지금: 정치지리의 세계사』. 2007. 김희균 옮김. 서울: 책과 함께).

Wheeler, J. H. and J. T. Kostbade. 1995. *Essentials of World Regional Geography*. Saunders College Publishing.

World Bank. 2015. *World Development Indicators*.

World Commission on Environment and Development(WCED). 1987. *Our Common Future*.

World Travel & Tourism Council(WTTC). 2017. *Economic Impact Analysis*.

**기타자료**

울산항만공사. https://blog.naver.com/ulsan-port.

A.T.Kearney, 2018 Global Cities Report,  https://www.atkearney.com/2018-global-cities-report.

City Mayors. 2018. Largest Cities in the World,  http://www.citymayors.com/statistics/largest-cities-population-125.html.

Otago Daily Times. http://www.odt.co.nz.

U.N. Food and Agriculture Organization(FAO), http://www.fao.org/faostat/.

U.S. Geological Survey, 2007. https://www.usgs.gov/.

U.S. Census Bureau. 2000 Census of Population and Housing. https://www.census.gov/.

U.S. Census Bureau. 2010 Census of Population and Housing. https://www.census.gov/.

U.S. Department of Homeland Security(국토안보부). https://www.dhs.gov/.

U.S. Energy Information Administration (EIA). 2019. International Energy Statistics. https://www.eia.gov/.

# 찾아보기

국가별 기초 통계자료

| 국가명 | 수도 | 면적 (km²) | 인구 (천 명) | 인구밀도 (명/km²) | 연평균 인구증가율 (%) | 합계 출산율 (명) | 국내 총생산 (10억 달러) | 1인당 국민총소득 (달러) | 재외동포 (명) |
|---|---|---|---|---|---|---|---|---|---|
| | | 2018 | 2018 | 2018 | 2015-2020 | 2015 | 2017 | 2017 | 2017 |
| **아시아** | | | | | | | | | |
| 네팔 Nepal | 카트만두 | 147,181 | 29,610 | 201 | 1.51 | 2.32 | 24.5 | 844 | 816 |
| 동티모르 Timor-Leste (East Timor) | 딜리 | 14,919 | 1,167 | 78 | 1.94 | 5.91 | 3.0 | 2,001 | 172 |
| 라오스 Laos | 비엔티안 | 236,800 | 6,492 | 27 | 1.53 | 2.93 | 16.9 | 2,328 | 2,980 |
| 레바논 Lebanon | 베이루트 | 10,452 | 6,856 | 672 | 0.88 | 1.72 | 51.8 | 8,532 | 128 |
| 마카오(중국령) Macao SAR, China | - | 33 | 667 | 20,286 | 1.51 | 1.19 | 50.4 | 77,902 | - |
| 말레이시아 Malaysia | 쿠알라룸푸르 | 330,803 | 32,799 | 99 | 1.34 | 2.11 | 314.5 | 9,679 | 13,122 |
| 몰디브 Maldives | 말레 | 298 | 378 | 1,269 | 3.45 | 2.22 | 4.6 | 9,703 | 28 |
| 몽골 Mongolia | 울란바토르 | 1,564,116 | 3,122 | 2 | 1.79 | 2.83 | 11.5 | 3,211 | 2,710 |
| 미얀마 Myanmar | 양곤 | 676,577 | 53,863 | 80 | 0.65 | 2.30 | 69.3 | 1,234 | 3,456 |
| 바레인 Bahrain | 마나마 | 778 | 1,543 | 1,983 | 4.31 | 2.12 | 35.3 | 21,365 | 193 |
| 방글라데시 Bangladesh | 다카 | 143,998 | 166,887 | 1,159 | 1.05 | 2.22 | 249.7 | 1,582 | 1,039 |
| 베트남 Vietnam | 하노이 | 331,212 | 94,660 | 286 | 0.98 | 1.96 | 223.9 | 2,232 | 124,458 |
| 부탄 Bhutan | 팀부 | 38,394 | 815 | 21 | 1.17 | 2.20 | 2.5 | 2,881 | 8 |
| 북한 Korea, North | 평양 | 120,540 | 25,450 | 211 | 0.47 | 1.95 | 25.0 | 1,000 | - |
| 브루나이 Brunei | 반다르세리베가완 | 5,765 | 421 | 73 | 1.06 | 1.90 | 12.1 | 30,057 | 465 |
| 사우디아라비아 Saudi Arabia | 리야드 | 2,149,690 | 33,414 | 16 | 1.86 | 2.73 | 683.8 | 21,120 | 3,913 |
| 스리랑카 Sri Lanka | 스리자야와르데네푸라 | 65,610 | 21,670 | 330 | 0.48 | 2.11 | 87.2 | 4,064 | 840 |
| 시리아 Syria | 다마스쿠스 | 185,180 | 17,070 | 92 | -0.56 | 3.10 | 24.6 | 1,400 | 0 |
| 싱가포르 Singapore | 싱가포르 | 723 | 5,639 | 7,804 | 0.90 | 1.23 | 323.9 | 54,720 | 20,346 |
| 아랍에미리트 United Arab Emirates | 아부다비 | 83,600 | 9,542 | 114 | 1.31 | 1.82 | 382.6 | 40,994 | 10,852 |
| 아르메니아 Armenia | 예레반 | 29,743 | 2,962 | 100 | 0.26 | 1.65 | 11.5 | 4,107 | 358 |
| 아제르바이잔 Azerbaijan | 바쿠 | 86,600 | 9,981 | 115 | 2.05 | 2.10 | 40.7 | 3,967 | 200 |
| 아프가니스탄 Afghanistan | 카불 | 645,807 | 31,575 | 49 | 2.47 | 5.26 | 20.8 | 592 | 43 |
| 예멘 Yemen | 사나 | 455,000 | 28,915 | 64 | 2.37 | 4.40 | 28.5 | 925 | 4 |
| 오만 Oman | 무스카트 | 309,500 | 4,184 | 14 | 3.59 | 2.90 | 72.6 | 15,128 | 339 |
| 요르단 Jordan | 암만 | 89,342 | 10,458 | 117 | 1.93 | 3.60 | 40.1 | 4,109 | 578 |
| 우즈베키스탄 Uzbekistan | 타슈켄트 | 447,400 | 32,654 | 73 | 1.58 | 2.38 | 48.7 | 1,586 | 181,077 |
| 이라크 Iraq | 바그다드 | 438,317 | 39,310 | 90 | 2.46 | 4.55 | 197.7 | 5,108 | 1,033 |
| 이란 Iran | 테헤란 | 1,648,195 | 82,611 | 50 | 1.36 | 1.75 | 439.5 | 5,431 | 456 |
| 이스라엘 Israel | 예루살렘 | 22,072 | 9,058 | 410 | 1.63 | 3.04 | 350.9 | 41,775 | 693 |
| 인도 India | 뉴델리 | 3,287,240 | 1,349,663 | 411 | 1.04 | 2.44 | 2,597.5 | 1,940 | 10,390 |
| 인도네시아 Indonesia | 자카르타 | 1,904,569 | 268,075 | 141 | 1.14 | 2.45 | 1,015.5 | 3,725 | 31,091 |
| 일본 Japan | 도쿄 | 377,944 | 126,200 | 334 | -0.24 | 1.41 | 4,872.1 | 39,605 | 818,626 |
| 조지아 Georgia | 트빌리시 | 69,700 | 3,730 | 54 | -0.18 | 2.00 | 15.2 | 3,667 | 113 |
| 중국 China | 베이징 | 9,640,821 | 1,398,197 | 145 | 0.46 | 1.60 | 12,237.7 | 8,660 | 2,548,030 |
| 카자흐스탄 Kazakhstan | 아스타나 | 2,724,900 | 18,357 | 7 | 1.81 | 2.70 | 159.4 | 7,772 | 109,133 |
| 카타르 Qatar | 도하 | 11,571 | 2,740 | 237 | 2.32 | 2.00 | 167.6 | 63,347 | 1,420 |

| 국가명 | 수도 | 면적 (km²) 2018 | 인구 (천 명) 2018 | 인구밀도 (명/km²) 2018 | 연평균 인구증가율 (%) 2015-2020 | 합계 출산율 (명) 2015 | 국내 총생산 (10억 달러) 2017 | 1인당 국민총소득 (달러) 2017 | 재외동포 (명) 2017 |
|---|---|---|---|---|---|---|---|---|---|
| 캄보디아 Cambodia | 프놈펜 | 181,035 | 16,289 | 90 | 1.49 | 2.70 | 22.2 | 1,300 | 10,089 |
| 쿠웨이트 Kuwait | 쿠웨이트 | 17,818 | 4,227 | 237 | 2.15 | 2.05 | 120.1 | 33,629 | 1,909 |
| 키르기스스탄 Kyrgyzstan | 비슈케크 | 199,945 | 6,309 | 32 | 1.81 | 3.12 | 7.6 | 1,214 | 19,035 |
| 키프로스 Cyprus | 니코시아 | 5,896 | 864 | 147 | 0.78 | 1.38 | 21.7 | 17,880 | 31 |
| 타이(태국) Thailand (Thai) | 방콕 | 513,120 | 69,183 | 135 | 0.31 | 1.53 | 455.2 | 6,307 | 20,500 |
| 타이완(대만) Taiwan | 타이베이 | 36,197 | 23,591 | 652 | 0.22 | 1.18 | 572.8 | 24,984 | 6,293 |
| 타지키스탄 Tajikistan | 두샨베 | 143,100 | 8,931 | 62 | 2.41 | 3.50 | 7.1 | 924 | 774 |
| 터키 Turkey | 앙카라 | 783,562 | 82,004 | 105 | 1.43 | 2.12 | 851.1 | 10,403 | 2,332 |
| 투르크메니스탄 Turkmenistan | 아슈하바트 | 491,210 | 5,851 | 12 | 1.61 | 3.00 | 42.4 | 7,082 | 1,451 |
| 파키스탄 Pakistan | 이슬라마바드 | 803,940 | 205,315 | 255 | 2.05 | 3.72 | 305.0 | 1,632 | 781 |
| 필리핀 Philippines | 마닐라 | 300,000 | 107,924 | 360 | 1.41 | 3.05 | 313.6 | 3,594 | 93,093 |
| 한국 Korea, South | 서울 | 100,295 | 51,635 | 515 | 0.18 | 1.23 | 1,530.2 | 29,745 | - |
| 홍콩(중국령) Hong Kong SAR, China | - | 1,106 | 7,483 | 6,765 | 0.85 | 1.20 | 341.4 | 48,291 | 15,083 |

**아프리카**

| 국가명 | 수도 | 면적 (km²) 2018 | 인구 (천 명) 2018 | 인구밀도 (명/km²) 2018 | 연평균 인구증가율 (%) 2015-2020 | 합계 출산율 (명) 2015 | 국내 총생산 (10억 달러) 2017 | 1인당 국민총소득 (달러) 2017 | 재외동포 (명) 2017 |
|---|---|---|---|---|---|---|---|---|---|
| 가나 Ghana | 아크라 | 238,533 | 30,281 | 127 | 2.19 | 4.18 | 47.3 | 1,587 | 726 |
| 가봉 Gabon | 리브르빌 | 267,667 | 2,068 | 8 | 2.67 | 4.00 | 14.6 | 6,756 | 90 |
| 감비아 Gambia, The | 반줄 | 10,690 | 2,228 | 208 | 2.94 | 5.62 | 1.0 | 470 | 41 |
| 기니 Guinea | 코나크리 | 245,857 | 12,218 | 50 | 2.77 | 5.13 | 10.5 | 821 | 77 |
| 기니비사우 Guinea-Bissau | 비사우 | 36,125 | 1,585 | 44 | 2.50 | 4.90 | 1.3 | 725 | 12 |
| 나미비아 Namibia | 빈트후크 | 825,118 | 2,414 | 3 | 1.86 | 3.60 | 13.2 | 5,151 | 38 |
| 나이지리아 Nigeria | 아부자 | 923,768 | 200,962 | 218 | 2.59 | 5.74 | 375.8 | 1,908 | 593 |
| 남수단 South Sudan | 주바 | 644,329 | 12,576 | 20 | 0.87 | - | 3.2 | 246 | 15 |
| 남아프리카공화국 South Africa | 프리토리아 | 1,220,813 | 57,726 | 47 | 1.37 | 2.55 | 349.4 | 5,976 | 3,650 |
| 니제르 Niger | 니아메 | 1,186,408 | 21,467 | 18 | 3.82 | 7.40 | 8.1 | 370 | 23 |
| 라이베리아 Liberia | 몬로비아 | 97,036 | 4,382 | 45 | 2.46 | 4.83 | 2.2 | 392 | 41 |
| 레소토 Lesotho | 마세루 | 30,355 | 2,263 | 75 | 0.79 | 3.26 | 2.6 | 1,324 | 7 |
| 르완다 Rwanda | 키갈리 | 26,338 | 12,374 | 470 | 2.61 | 4.20 | 9.1 | 732 | 241 |
| 리비아 Libya | 트리폴리 | 1,770,060 | 6,471 | 4 | 1.36 | 2.40 | 51.0 | 8,125 | 40 |
| 마다가스카르 Madagascar | 안타나나리보 | 587,041 | 26,263 | 45 | 2.67 | 4.40 | 11.5 | 436 | 235 |
| 말라위 Malawi | 릴롱궤 | 118,484 | 17,564 | 148 | 2.66 | 4.88 | 6.3 | 331 | 145 |
| 말리 Mali | 바마코 | 1,248,574 | 19,108 | 15 | 2.99 | 6.35 | 15.3 | 804 | 34 |
| 모로코 Morocco | 라바트 | 446,550 | 35,076 | 79 | 1.26 | 2.60 | 109.1 | 2,996 | 892 |
| 모리셔스 Mauritius | 포트루이스 | 2,040 | 1,266 | 620 | 0.20 | 1.49 | 13.3 | 10,679 | 41 |
| 모리타니 Mauritania | 누악쇼트 | 1,030,700 | 3,984 | 4 | 2.78 | 4.88 | 5.0 | 1,124 | 70 |
| 모잠비크 Mozambique | 마푸토 | 799,380 | 28,862 | 36 | 2.90 | 5.45 | 12.3 | 402 | 184 |
| 베냉 Benin | 포르토노보 | 112,622 | 11,733 | 104 | 2.73 | 5.22 | 9.3 | 829 | 20 |
| 보츠와나 Botswana | 가보로네 | 581,730 | 2,303 | 4 | 2.07 | 2.88 | 17.4 | 7,436 | 145 |
| 부룬디 Burundi | 부줌부라 | 27,816 | 10,953 | 394 | 3.15 | 6.00 | 3.5 | 320 | 17 |
| 부르키나파소 Burkina Faso | 와가두구 | 270,764 | 20,244 | 75 | 2.87 | 5.65 | 12.9 | 650 | 52 |

| 국가명 | 수도 | 면적 (km²) 2018 | 인구 (천 명) 2018 | 인구밀도 (명/km²) 2018 | 연평균 인구증가율 (%) 2015-2020 | 합계 출산율 (명) 2015 | 국내 총생산 (10억 달러) 2017 | 1인당 국민총소득 (달러) 2017 | 재외동포 (명) 2017 |
|---|---|---|---|---|---|---|---|---|---|
| 상투메프린시페 São Tomé & Príncipe | 상투메 | 1,001 | 202 | 202 | 1.89 | 4.30 | 0.4 | 1,924 | 0 |
| 세네갈 Senegal | 다카르 | 196,722 | 15,726 | 80 | 2.77 | 5.00 | 16.4 | 997 | 271 |
| 세이셸 Seychelles | 빅토리아 | 455 | 97 | 213 | 0.70 | 2.40 | 1.5 | 14,545 | 8 |
| 소말리아 Somalia | 모가디슈 | 637,657 | 15,182 | 24 | 2.83 | 6.61 | 7.4 | 498 | 0 |
| 수단 Sudan | 하르툼 | 1,839,542 | 40,783 | 22 | 2.39 | 4.75 | 117.5 | 3,235 | 48 |
| 시에라리온 Sierra Leone | 프리타운 | 71,740 | 7,901 | 110 | 2.13 | 4.90 | 3.8 | 485 | 47 |
| 알제리 Algérie (Algeria) | 알제 | 2,381,741 | 42,546 | 18 | 1.98 | 2.96 | 170.4 | 4,063 | 1,046 |
| 앙골라 Angola | 루안다 | 1,246,700 | 29,250 | 23 | 3.29 | 5.95 | 124.2 | 3,955 | 133 |
| 에리트레아 Eritrea | 아스마라 | 121,100 | 5,188 | 43 | 1.18 | 4.40 | 7.7 | 1,253 | 0 |
| 에스와티니 Eswatini (구 Swaziland) | 음바바네 | 17,364 | 1,159 | 67 | 0.99 | 3.30 | 4.4 | 900 | 72 |
| 에티오피아 Ethiopia | 아디스아바바 | 1,063,652 | 107,535 | 101 | 2.62 | 4.63 | 80.6 | 763 | 499 |
| 우간다 Uganda | 캄팔라 | 241,551 | 40,007 | 166 | 3.59 | 5.91 | 25.9 | 769 | 413 |
| 이집트 Egypt | 카이로 | 1,002,450 | 98,962 | 99 | 2.03 | 3.38 | 235.4 | 2,367 | 970 |
| 잠비아 Zambia | 루사카 | 752,612 | 16,405 | 22 | 2.93 | 5.20 | 25.8 | 1,463 | 142 |
| 적도기니 Equatorial Guinea | 말라보 | 28,051 | 1,222 | 44 | 3.66 | 5.10 | 12.5 | 7,693 | 214 |
| 중앙아프리카공화국 Central African Republic | 방기 | 622,436 | 4,737 | 8 | 1.45 | 5.10 | 1.9 | 419 | 18 |
| 지부티 Djibouti | 지부티 | 23,200 | 1,078 | 46 | 1.56 | 3.40 | 1.8 | 1,912 | 4 |
| 짐바브웨 Zimbabwe | 하라레 | 390,757 | 15,160 | 39 | 1.46 | 4.00 | 17.8 | 955 | 73 |
| 차드 Chad | 은자메나 | 1,284,000 | 15,353 | 12 | 3.04 | 6.50 | 10.0 | 661 | 18 |
| 카메룬 Cameroon | 야운데 | 466,050 | 24,348 | 52 | 2.61 | 4.95 | 34.8 | 1,426 | 112 |
| 카보베르데 Cabo Verde (Cape Verde) | 프라이아 | 4,033 | 544 | 133 | 1.16 | 2.50 | 1.8 | 3,088 | 6 |
| 케냐 Kenya | 나이로비 | 581,834 | 52,951 | 91 | 2.32 | 4.10 | 74.9 | 1,491 | 1,221 |
| 코모로 Comoros | 모로니 | 1,861 | 874 | 469 | 2.24 | 4.60 | 0.6 | 805 | 4 |
| 코트디부아르 Côte d'Ivoire (Ivory Coast) | 야무수크로 | 322,921 | 25,823 | 80 | 2.55 | 5.14 | 40.4 | 1,607 | 239 |
| 콩고 Congo, Republic | 브라자빌 | 342,000 | 5,400 | 16 | 2.56 | 4.86 | 8.7 | 1,509 | 4 |
| 콩고민주공화국 Congo, Democratic Repubic | 킨샤사 | 2,345,095 | 86,791 | 37 | 3.22 | 6.40 | 37.2 | 449 | 185 |
| 탄자니아 Tanzania | 다르에스살람 | 945,087 | 55,891 | 59 | 2.97 | 5.20 | 52.1 | 639 | 641 |
| 토고 Togo | 로메 | 56,600 | 7,352 | 130 | 2.45 | 4.69 | 4.8 | 3,369 | 54 |
| 튀니지 Tunisie (Tunisia) | 튀니스 | 163,610 | 11,551 | 71 | 1.11 | 2.25 | 40.3 | 590 | 171 |

**유럽**

| 국가명 | 수도 | 면적 (km²) 2018 | 인구 (천 명) 2018 | 인구밀도 (명/km²) 2018 | 연평균 인구증가율 (%) 2015-2020 | 합계 출산율 (명) 2015 | 국내 총생산 (10억 달러) 2017 | 1인당 국민총소득 (달러) 2017 | 재외동포 (명) 2017 |
|---|---|---|---|---|---|---|---|---|---|
| 그리스 Greece | 아테네 | 131,957 | 10,741 | 81 | -0.45 | 1.34 | 200.3 | 17,957 | 311 |
| 네덜란드 Netherlands | 암스테르담 | 41,526 | 17,331 | 417 | 0.23 | 1.73 | 826.2 | 48,221 | 2,966 |
| 노르웨이 Norway | 오슬로 | 323,782 | 5,328 | 16 | 0.83 | 1.82 | 398.8 | 78,315 | 1,043 |
| 덴마크 Denmark | 코펜하겐 | 43,098 | 5,806 | 135 | 0.36 | 1.73 | 324.9 | 57,799 | 680 |
| 독일 Germany (Deutschland) | 베를린 | 357,168 | 83,019 | 232 | 0.48 | 1.43 | 3,677.4 | 45,709 | 40,170 |
| 라트비아 Latvia | 리가 | 64,562 | 1,919 | 30 | -1.15 | 1.50 | 30.3 | 15,411 | 64 |

| 국가명 | 수도 | 면적 (km²) | 인구 (천 명) | 인구밀도 (명/km²) | 연평균 인구증가율 (%) | 합계 출산율 (명) | 국내 총생산 (10억 달러) | 1인당 국민총소득 (달러) | 재외동포 (명) |
|---|---|---|---|---|---|---|---|---|---|
| | | 2018 | 2018 | 2018 | 2015-2020 | 2015 | 2017 | 2017 | 2017 |
| 러시아 Russia | 모스크바 | 17,125,242 | 146,877 | 9 | 0.13 | 1.70 | 1,577.5 | 10,681 | 169,638 |
| 루마니아 Romania | 부쿠레슈티 | 238,391 | 19,524 | 82 | -0.70 | 1.48 | 211.8 | 10,474 | 405 |
| 룩셈부르크 Luxembourg | 룩셈부르크 | 2,586 | 614 | 237 | 1.99 | 1.55 | 62.4 | 74,945 | 82 |
| 리투아니아 Lithuania | 빌뉴스 | 65,300 | 2,794 | 43 | -1.48 | 1.59 | 47.2 | 15,782 | 90 |
| 리히텐슈타인 Liechtenstein | 파두츠 | 160 | 38 | 240 | 0.35 | 1.50 | 5.2 | 143,151 | 0 |
| 모나코 Monaco | 모나코 | 2 | 38 | 18,960 | 0.79 | 1.40 | 6.5 | 168,000 | 0 |
| 몬테네그로 Montenegro | 포드고리차 | 13,812 | 622 | 45 | 0.04 | 1.60 | 4.8 | 7,748 | 6 |
| 몰도바 Moldova | 키시네프 | 33,843 | 3,548 | 105 | -0.18 | 1.27 | 8.1 | 2,133 | 84 |
| 몰타 Malta | 발레타 | 315 | 476 | 1,510 | 0.37 | 1.41 | 12.5 | 27,041 | 136 |
| 바티칸 Vatican City | 바티칸 | 0.44 | 1 | 2,273 | - | - | - | - | - |
| 벨기에 Belgium | 브뤼셀 | 30,528 | 11,474 | 376 | 0.53 | 1.78 | 492.7 | 43,468 | 1,085 |
| 벨라루스 Belarus | 민스크 | 207,600 | 9,465 | 46 | 0.02 | 1.64 | 54.4 | 5,533 | 1,356 |
| 보스니아-헤르체고비나 Bosnia & Herzegovina | 사라예보 | 51,209 | 3,511 | 69 | -0.89 | 1.20 | 18.2 | 5,181 | 16 |
| 북마케도니아 North Macedonia (구 Macedonia) | 스코페 | 25,713 | 2,075 | 81 | 0.04 | 1.50 | 11.3 | 5,213 | 15 |
| 불가리아 Bulgaria | 소피아 | 111,002 | 7,000 | 63 | -0.71 | 1.51 | 56.8 | 8,091 | 218 |
| 산마리노 San Marino | 산마리노 | 61 | 35 | 568 | 0.40 | 1.50 | 1.7 | 44,947 | 1 |
| 세르비아 Serbia | 베오그라드 | 77,474 | 6,901 | 89 | -0.32 | 1.60 | 41.4 | 4,385 | 124 |
| 스웨덴 Sweden | 스톡홀름 | 450,295 | 10,291 | 23 | 0.67 | 1.90 | 538.0 | 55,128 | 3,174 |
| 스위스 Switzerland | 베른 | 41,285 | 8,556 | 207 | 0.85 | 1.53 | 678.9 | 81,209 | 2,674 |
| 스페인(에스파냐) Spain (España) | 마드리드 | 505,990 | 46,733 | 92 | 0.04 | 1.33 | 1,311.3 | 28,287 | 4,520 |
| 슬로바키아 Slovakia | 브라티슬라바 | 49,036 | 5,450 | 111 | 0.09 | 1.39 | 95.8 | 17,171 | 1,638 |
| 슬로베니아 Slovenia | 류블랴나 | 20,273 | 2,067 | 102 | 0.08 | 1.58 | 48.8 | 22,849 | 51 |
| 아이슬란드 Iceland | 레이캬비크 | 102,775 | 357 | 3 | 0.66 | 1.98 | 23.9 | 71,532 | 17 |
| 아일랜드 Ireland | 더블린 | 70,273 | 4,857 | 69 | 1.19 | 2.00 | 333.7 | 57,355 | 3,063 |
| 안도라 Andorra | 안도라라벨랴 | 464 | 76 | 164 | -0.19 | 1.30 | 3.2 | 36,987 | 2 |
| 알바니아 Albania | 티라나 | 28,703 | 2,862 | 100 | -0.09 | 1.71 | 13.0 | 4,485 | 112 |
| 에스토니아 Estonia | 탈린 | 45,339 | 1,316 | 29 | 0.17 | 1.59 | 25.9 | 19,393 | 47 |
| 영국 United Kingdom | 런던 | 242,910 | 66,436 | 274 | 0.61 | 1.88 | 2,622.4 | 38,978 | 39,934 |
| 오스트리아 Austria | 빈 | 83,879 | 8,870 | 106 | 0.74 | 1.45 | 416.6 | 47,784 | 2,553 |
| 우크라이나 Ukraine | 키예프 | 603,628 | 42,056 | 70 | -0.54 | 1.49 | 112.2 | 2,604 | 13,070 |
| 이탈리아 Italia (Italy) | 로마 | 301,308 | 60,376 | 200 | -0.04 | 1.43 | 1,934.8 | 32,767 | 4,311 |
| 체코 Czech Republic | 프라하 | 78,867 | 10,653 | 135 | 0.20 | 1.48 | 215.7 | 19,266 | 2,061 |
| 크로아티아 Croatia | 자그레브 | 56,542 | 4,105 | 73 | -0.61 | 1.49 | 54.8 | 12,802 | 181 |
| 포르투갈 Portugal | 리스본 | 92,090 | 10,277 | 112 | -0.33 | 1.28 | 217.6 | 20,600 | 223 |
| 폴란드 Poland | 바르샤바 | 312,685 | 38,413 | 123 | -0.10 | 1.33 | 524.5 | 13,216 | 1,745 |
| 프랑스 France | 파리 | 543,965 | 67,009 | 123 | 0.25 | 1.98 | 2,582.5 | 40,617 | 16,251 |
| 핀란드 Finland | 헬싱키 | 338,424 | 5,522 | 16 | 0.22 | 1.77 | 251.9 | 46,147 | 611 |
| 헝가리 Hungary | 부다페스트 | 93,029 | 9,764 | 105 | -0.24 | 1.33 | 139.1 | 13,727 | 1,437 |

| 국가명 | 수도 | 면적<br>(km²)<br>2018 | 인구<br>(천 명)<br>2018 | 인구밀도<br>(명/km²)<br>2018 | 연평균<br>인구증가율<br>(%)<br>2015-2020 | 합계<br>출산율<br>(명)<br>2015 | 국내<br>총생산<br>(10억 달러)<br>2017 | 1인당<br>국민총소득<br>(달러)<br>2017 | 재외동포<br>(명)<br>2017 |
|---|---|---|---|---|---|---|---|---|---|
| **북아메리카** | | | | | | | | | |
| 미국 United States | 워싱턴 | 9,833,517 | 329,538 | 34 | 0.62 | 1.88 | 19,390.6 | 60,432 | 2,492,252 |
| 캐나다 Canada | 오타와 | 9,984,670 | 36,954 | 4 | 0.93 | 1.61 | 1,653.0 | 44,520 | 240,942 |
| **중·남아메리카** | | | | | | | | | |
| 가이아나 Guyana | 조지타운 | 214,999 | 782 | 4 | 0.49 | 2.60 | 3.7 | 4,698 | - |
| 과테말라 Guatemala | 과테말라 | 108,889 | 17,680 | 162 | 1.95 | 3.19 | 75.6 | 4,387 | 5,312 |
| 그레나다 Grenada | 세인트조지스 | 344 | 109 | 319 | 0.53 | 2.18 | 1.1 | 10,017 | 13 |
| 니카라과 Nicaragua | 마나과 | 121,428 | 6,394 | 53 | 1.25 | 2.32 | 13.8 | 2,159 | 774 |
| 도미니카공화국 Dominican<br>Republic | 산토도밍고 | 47,875 | 10,358 | 216 | 1.07 | 2.53 | 75.9 | 6,728 | 667 |
| 도미니카연방 Dominica | 로조 | 739 | 72 | 97 | 0.23 | 2.10 | 0.6 | 7,290 | - |
| 멕시코 Mexico | 멕시코시티 | 1,967,138 | 125,328 | 64 | 1.13 | 2.29 | 1,149.9 | 8,700 | 11,673 |
| 바베이도스 Barbados | 브리지타운 | 430 | 287 | 668 | 0.14 | 1.79 | 4.8 | 16,058 | 2 |
| 바하마 Bahamas | 나소 | 13,940 | 387 | 28 | 0.99 | 1.81 | 12.2 | 30,117 | - |
| 베네수엘라 Venezuela | 카라카스 | 916,445 | 31,828 | 35 | -1.13 | 2.40 | 76.5 | 2,724 | 516 |
| 벨리즈 Belize | 벨모판 | 22,965 | 398 | 17 | 1.94 | 2.64 | 1.8 | 4,503 | 24 |
| 볼리비아 Bolivia | 라파스 | 1,098,581 | 11,307 | 10 | 1.43 | 3.04 | 37.5 | 3,293 | 648 |
| 브라질 Brazil | 브라질리아 | 8,515,767 | 210,163 | 25 | 0.78 | 1.78 | 2,055.5 | 9,618 | 51,531 |
| 세인트루시아 Saint Lucia | 캐스트리스 | 617 | 180 | 292 | 0.50 | 1.50 | 1.7 | 8,910 | 4 |
| 세인트빈센트그레나딘 Saint<br>Vincent & the Grenadines | 킹스타운 | 389 | 111 | 284 | 0.33 | 2.00 | 0.8 | 7,178 | - |
| 세인트키츠네비스 Saint Kitts &<br>Nevis | 바스테르 | 270 | 56 | 209 | 0.76 | 1.80 | 0.9 | 16,607 | - |
| 수리남 Suriname | 파라마리보 | 163,820 | 568 | 3 | 0.96 | 2.46 | 3.3 | 5,578 | 54 |
| 아르헨티나 Argentina | 부에노스아이레스 | 2,780,400 | 44,495 | 16 | 0.96 | 2.35 | 637.6 | 14,042 | 23,194 |
| 아이티 Haiti | 포르토프랭스 | 27,065 | 11,263 | 416 | 1.28 | 3.13 | 8.4 | 771 | 165 |
| 앤티가바부다 Antigua &<br>Barbuda | 세인트존스 | 442 | 104 | 235 | 0.91 | 1.50 | 1.7 | 14,632 | - |
| 에콰도르 Ecuador | 키토 | 276,841 | 17,278 | 62 | 1.69 | 2.59 | 103.1 | 6,059 | 733 |
| 엘살바도르 El Salvador | 산살바도르 | 21,040 | 6,705 | 319 | 0.50 | 2.17 | 24.8 | 3,662 | 247 |
| 온두라스 Honduras | 테구시갈파 | 112,492 | 9,012 | 80 | 1.67 | 2.65 | 23.0 | 2,302 | 286 |
| 우루과이 Uruguay | 몬테비데오 | 176,215 | 2,990 | 17 | 0.36 | 2.04 | 56.2 | 15,751 | 301 |
| 자메이카 Jamaica | 킹스턴 | 10,991 | 2,727 | 248 | 0.48 | 2.08 | 14.8 | 4,934 | 94 |
| 칠레 Chile | 산티아고 | 756,096 | 17,374 | 23 | 1.24 | 1.82 | 277.1 | 14,748 | 2,635 |
| 코스타리카 Costa Rica | 산호세 | 51,100 | 5,058 | 99 | 0.99 | 1.85 | 57.1 | 10,988 | 461 |
| 콜롬비아 Colombia | 보고타 | 1,141,748 | 45,854 | 40 | 1.37 | 1.93 | 309.2 | 6,135 | 941 |
| 쿠바 Cuba | 아바나 | 109,884 | 11,221 | 102 | 0.00 | 1.71 | 96.9 | 8,433 | 33 |
| 트리니다드토바고 Trinidad &<br>Tobago | 포트오브스페인 | 5,155 | 1,359 | 264 | 0.42 | 1.80 | 22.1 | 15,605 | 37 |
| 파나마 Panama | 파나마 | 74,177 | 4,159 | 56 | 1.67 | 2.60 | 61.8 | 13,508 | 465 |
| 파라과이 Paraguay | 아순시온 | 406,752 | 7,053 | 17 | 1.29 | 2.60 | 29.7 | 4,135 | 5,090 |
| 페루 Peru | 리마 | 1,285,216 | 32,162 | 25 | 1.58 | 2.50 | 211.4 | 6,307 | 894 |

| 국가명 | 수도 | 면적 (km²) | 인구 (천 명) | 인구밀도 (명/km²) | 연평균 인구증가율 (%) | 합계 출산율 (명) | 국내 총생산 (10억 달러) | 1인당 국민총소득 (달러) | 재외동포 (명) |
|---|---|---|---|---|---|---|---|---|---|
| | | 2018 | 2018 | 2018 | 2015-2020 | 2015 | 2017 | 2017 | 2017 |
| **오세아니아** | | | | | | | | | |
| 나우루 Nauru | 야렌 | 21 | 11 | 524 | 0,84 | 3,90 | 0,1 | 12,722 | 0 |
| 뉴질랜드 New Zealand | 웰링턴 | 270,467 | 4,972 | 18 | 0,88 | 2,04 | 205,9 | 42,290 | 33,403 |
| 마셜제도 Marshall Islands | 마주로 | 181 | 56 | 307 | 0,60 | 4,10 | 0,2 | 4,977 | 24 |
| 마이크로네시아 Micronesia | 팔리키르 | 701 | 105 | 150 | 1,10 | 3,50 | 0,3 | 3,702 | 37 |
| 바누아투 Vanuatu | 포트빌라 | 12,281 | 305 | 25 | 2,49 | 4,20 | 0,9 | 3,091 | 46 |
| 사모아 Samoa | 아피아 | 2,831 | 199 | 70 | 0,50 | 4,70 | 0,9 | 4,216 | 0 |
| 솔로몬제도 Solomon Islands | 호니아라 | 28,370 | 683 | 24 | 2,60 | 4,10 | 1,3 | 2,002 | 58 |
| 오스트레일리아 Australia | 캔버라 | 7,692,024 | 25,428 | 3 | 1,27 | 1,89 | 1,323,4 | 52,673 | 180,004 |
| 키리바시 Kiribati | 타라와 | 811 | 120 | 148 | 1,48 | 3,80 | 0,2 | 2,982 | 11 |
| 통가 Tonga | 누쿠알로파 | 720 | 101 | 140 | 0,95 | 3,90 | 0,4 | 4,007 | 15 |
| 투발루 Tuvalu | 푸나푸티 | 26 | 10 | 392 | 1,21 | 3,20 | 0,03 | 3,550 | 0 |
| 파푸아뉴기니 Papua New Guinea | 포트모르즈비 | 462,840 | 8,559 | 18 | 1,97 | 3,84 | 21,1 | 2,459 | 180 |
| 팔라우 Palau | 멜레케오크 | 444 | 18 | 40 | 0,48 | 1,70 | 0,3 | 12,875 | 121 |
| 피지 Fiji | 수바 | 18,333 | 885 | 48 | 0,63 | 2,61 | 5,1 | 5,320 | 1,172 |

자료: 국가통계포털 http://kosis.kr; World Population Prospects 2019; World Population data Sheet 2015; https://en.wikipedia.org.

지은이

## 김학훈 金學勳

서울대학교 사범대학 지리교육과를 졸업하고, 미국 캘리포니아 주립대학교(L.A.)에서 석사, 애리조나대학교에서 지리학 박사학위를 취득했다. 국토개발연구원을 거쳐 1994년 청주대학교 지리교육과에 부임하였으며, 2004년 미국 조지메이슨대학교 지리학과의 객원교수를 역임했다. 2016년부터 청주대학교 도시계획부동산학과 교수로 재직 중이다. 한국도시지리학회 부회장, 한국경제지리 학회 부회장, 대한지리학회 부회장, 한국지역학회 회장을 역임하였으며, 현재 충청남도개발공사 기술자문위원, 충청북도 도시재생위원, 서울시 중구청 도시계획위원으로 활동하고 있다. 저역서로는 『개발과 환경』(공저), 『도시지리학』(공역)이 있으며, 최근의 논문 주제로는 마카오의 도시 발달, 폐광 취락의 재활성화, 동두천과 미군기지, 한국 도시의 경제 기반, 라스베이거스의 관광산업, 미국 최초의 공업도시 로웰 등이 있다.

## 옥한석 玉漢錫

서울대학교 사범대학 지리교육과를 졸업하고, 동 대학원 지리학과에서 석사, 박사학위를 취득했다. 1985년부터 강원대학교 지리교육과 교수로 재직 중이며, 1995년 미국 워싱턴대학교와 2007년 코네티컷대학교에서 객원교수를 지냈다. 한국지역지리학회 부회장, 대한지리학회 부회장, 한국사진지리학회 회장을 역임하였으며, 강원대학교 강원문화연구소장, 강원도 도시계획위원, 서울시 강동구 도시계획위원, 수도권 발전위원 등을 역임했다. 1998년 제40회 강원도 문화상(학술부문)을 수상했다. 저서 및 논문으로는 「동아시아 지중해론과 한국문명의 가능성: 문화변동론적 관점에서」, 『미래 한국지리 읽기』, 『강원문화의 이해』(공저), 『강원경제의 이해』(공저), 『강원교육과 인재양성』(공저), 『생활과 지리』, 『강원의 풍수와 인물』, 『향촌의 문화와 사회변동』, 『풍수지리: 시간리듬의 과학』 등이 있다.

## 심정보 沈正輔

충북대학교 사범대학 지리교육과를 졸업하고 동 대학원에서 석사, 일본 히로시마대학에서 박사학위를 취득했다. 진주교육대학교 연구교수, 동북아역사재단 연구위원을 거쳐 현재 서원대학교 지리교육과 교수로 재직 중이다. 한국지리환경교육학회 이사, 한국문화역사지리학회 이사, 동해연구회 이사, 국토지리정보원 지도박물관 유물감정평가위원, 독도재단 자문위원, 영토해양연구 편집위원으로 활동하고 있다. 저역서로는 『공간의 정치지리』(역), 『지구의의 사회사』(역), 『불편한 동해와 일본해』, 『地図でみる東海と日本海』 등이 있으며, 관심 분야는 근대 한일 지리교육 성립사 연구, 지리교과서 연구, 향토교육 연구, 동해/일본해 지명 연구, 독도 연구 등이다.

한울아카데미 2185

# 세계화 시대의 세계지리 읽기(제5판)

ⓒ 김학훈·옥한석·심정보, 2019

**지은이** ｜ 김학훈·옥한석·심정보
**펴낸이** ｜ 김종수
**펴낸곳** ｜ 한울엠플러스(주)
**편집책임** ｜ 조수임

**초판 1쇄 발행** ｜ 1999년 8월 30일
**개정판(제2판) 발행** ｜ 2002년 9월 10일
**전면개정판(제3판) 발행** ｜ 2005년 9월 5일
**전면2개정판 1쇄(제4판) 발행** ｜ 2011년 9월 5일
**제5판 발행** ｜ 2019년 9월 10일

**주소** ｜ 10881 경기도 파주시 광인사길 153 한울시소빌딩 3층
**전화** ｜ 031-955-0655
**팩스** ｜ 031-955-0656
**홈페이지** ｜ www.hanulbooks.kr
**등록번호** ｜ 제406-2015-000143호

Printed in Korea.
**ISBN** 978-89-460-7185-8 03980(양장)
**ISBN** 978-89-460-6802-5 03980(무선)

* 책값은 겉표지에 표시되어 있습니다.
* 이 도서는 강의를 위한 학생판 교재를 따로 준비했습니다.
* 강의 교재로 사용하실 때에는 본사로 연락해주십시오.